직무별 현직자가 말하는

KB131523

반 도 체
직무 바이블

반도체 취업을 위해 꼭 알아야 하는 직무의 모든 것!

방향 설정부터 취업과 이직을 위해 현직자가 알려주는 취업의 지름길

나와 맞는 직무를 찾는 것이 막막할 때

취업 준비를 하는데 어떤 직무가 있는지 모를 때

주위에 조언을 구할 현직자가 없을 때

세미오, 삼코치, 도슨트 반, 하삼린이, 렛유인연구소 지음

LEtuiN Books

직무별 현직자가 말하는
반도체 직무 바이블

1판 2쇄 발행 2024년 2월 1일
지은이 세미오, 삼코치, 도슨트 반, 하삼린이, 렛유인연구소
펴낸곳 렛유인북스

총괄 송나령
편집 권예린, 김근동
표지디자인 장인화

홈페이지 https://letuin.com
카페 http://cafe.naver.com/letuin
유튜브 취업사이다
대표전화 02-539-1779
대표이메일 letuin@naver.com

ISBN 979-11-92388-08-3   13500

이 책은 저작권법에 따라 보호를 받는 저작물이므로 무단 전재와 복제를 금지하며, 이 책 내용의
전부 또는 일부를 사용하려면 반드시 저작권자와 렛유인북스의 서면 동의를 받아야 합니다.

반도체 기업에 취업하고 싶으신가요?

세미오

이 산업은 대한민국을 먹여 살리는 산업이자, 우리나라에만 세계적으로 최상위 능력을 보유한 회사가 무려 두 개나 있습니다. 세계 각국에서는 이 산업을 갖지 못해 안달이고, 이 산업을 보유한 국가는 외부로 정보가 유출되지 않도록 꽁꽁 싸매고 있는 산업이 있습니다. 네, 그렇습니다. 바로 반도체 산업입니다.

우리가 익히 알고 있는 자동차나 철강, 선박 산업은 보통 중후장대 산업이라고 하여 거대한 제품을 생산하여 판매합니다. 이 과정에서 많은 사람이 투입되어 생산라인을 운영하고, 각 파트마다 자신이 맡은 업무를 진행합니다. 그런데 반도체 산업은 그 생산라인을 담당하는 '사람'이 없습니다. 왜냐하면 모든 생산라인의 공정이 자동화가 되어 있기 때문입니다.

그럼에도 불구하고 반도체 산업은 많은 사람이 필요합니다. 국내 최대 반도체 생산 기업인 삼성전자는 파운드리 사업에 뛰어들면서 해당 분야의 세계 1위인 TSMC와의 격차를 줄이기 위해 계속해서 연구/개발 인력을 증원하고 있으며, 생산량 증대를 위해 공격적으로 생산라인을 빠르게 확장하고 있습니다. 이 분야에서는 적어도 사람이 남아서 할 일이 없는 부서가 없다고 봐도 무방할 정도로, 항시 인력난에 시달리고 있는 산업입니다.

지금도 많은 사람이 반도체 산업으로 진출하고자 지원하고 있습니다. 예전보다는 관련 정보가 많지만, 보안 내용이 많은 반도체 산업의 특징상 정확한 정보가 많이 부족하다고 생각합니다. 이 책은 인터넷이나 구전으로만 떠도는 내용을 집대성한 것이 아닙니다. 실제 현직자들이 실제 업무에 대해 기록하였기에 이 책을 통해 회사 밖에서 바라보는 것과 실제 회사 내에서 하는 업무가 어떻게 다른지를 이해하고, 취업을 준비하는 데 많은 도움이 되었으면 하는 바람입니다.

프롤로그
2

회로설계 직무, 더 이상 '두려움'이 아닌 '자부심'으로 도전하세요!

삼코치

'내가 설계한 제품을 친구들이 사용한다면 얼마나 자랑스러울까?'

저는 이러한 회로설계의 매력에 이끌려 직무를 선택했습니다. 그러나 막상 취업을 준비하다 보니 어려운 점이 참 많았습니다.

'이론은 알겠는데, 그래서 무슨 일을 어떻게 하는 거지?'
'용어도 어렵고, 실습할 기회도 찾기 힘들구나…'

회로설계에 대한 정보도 부족하고, '연구/개발'이라는 타이틀에 괜히 겁이 나서 이 직무를 선택해야 할지에 대한 고민도 많았습니다. 그렇게 직무도 바꿔보고 이직도 해본 후에야, 비로소 확신을 갖고 회로설계 엔지니어가 될 수 있었습니다. 회로설계를 선택한 분이라면 십중팔구 같은 고민을 할 것입니다. 그러나 걱정하지 마세요. 회로설계 직무를 준비할 때 겪게 될 그 시행착오, 제가 줄여드리겠습니다. 이제는 '두려움'이 아닌 '자부심'으로 회로설계 직무에 도전하길 바랍니다!

인생에서 확신을 갖고 할 수 있는 일이 얼마나 될까요?

도슨트 반

우리는 취업을 준비하는 과정에서 무수히 많은 선택의 상황에 놓이게 됩니다. 하지만 보통은 정보의 방대함과 복잡함 속에서 쉽게 길을 잃습니다. 혹자는 이러한 우리를 '무한 탐색의 시대'에 살고 있다고 이야기합니다. 무언가에 전념하기보다는 YouTube, 인스타그램 속 다양한 인생의 선택지에서 눈을 떼지 못하기 때문입니다.

그래서 안내서가 있었으면 좋겠다고 생각했습니다. 여러분은 '반도체'라는 산업을 선택하고 취업 준비를 위해 이 책을 열어 보셨을 겁니다. 하지만 어떤 분들은 아직도 산업에 대한, 직무에 대한 확신이 없을지도 모르겠습니다. 그래도 이 책을 읽는 동안에는, 후회가 주는 두려움에서 빠져나와 본인의 선택에 집중했으면 좋겠습니다.

저는 반도체 공정설계 직무 내용을 중점적으로 다뤘습니다. 더불어 취업을 준비하며 느꼈던 감정과 떠올랐던 고민, 몸소 겪었던 경험을 한 덩어리로 뭉쳐, 글로 풀었습니다. 치열하게 살아온 스스로에 대한 믿음을 손에 쥐고, 이 안내서를 발판 삼아 원하는 바를 꼭 이루길 응원하겠습니다.

지금 이 순간에도 취업 준비를 하는 여러분에게

하삼린이

처음 취업 준비라는 것을 하면서 렛유인을 비롯한 많은 취업 준비 사이트를 전전하며 합격자들의 스펙에만 집중하던 시절이 있었습니다. 저 역시도 그들과 동일한 스펙을 가지게 된다면 최종 합격이라는 결과를 얻을 것만 같았습니다. 하지만 당장 자기소개서와 이력서를 준비하면서 이런 문구를 보았습니다.

"직무 중심의 자소서를 작성하라"

사실 이 말을 이해하기까지 많은 시간이 걸렸었고, '대체 직무라는 것이 무엇이길래 이토록 강조하는 것인가? 그저 기업의 채용 공고에서 확인할 수 있는 몇 줄의 직무 설명이 적혀있음에도 불구하고, 이걸 어떻게 자소서/이력서에 적용하여 사용하라는 것일까?'라는 고민의 시간이 있었습니다.

취업 준비생의 입장에서는 직무 관련하여 얻을 수 있는 정보가 많이 한정적입니다. 물론 최근에는 유튜브나 기업 홍보 사이트를 통해서 직무 정보가 많이 노출되어 있지만, 저의 개인적인 의견으로는 그 역시 직무의 일부분만 노출했다고 느껴집니다. 아무래도 단점에 대해서는 최대한 오픈하지 않으려는 것이 전략적인 방법이었을 것입니다.

하지만 입사하고 나서 상당히 많은 직원이 '직무가 맞지 않아서 퇴사/이직'이라는 선택하게 됩니다. 여러분들이 그토록 원하는 기업에서 퇴사라니? 이게 무슨 배부른 소리인가 할 수도 있겠습니다. 이 글 처음 부분에 '직무 중심의 자소서'라고 언급한 적이 있습니다. 여기에서 제가 강조하고 싶은 것은 '이번 기회를 통해서 정말 반도체 산업에서 '공정기술'이라는 직무가 어떠한 일을 하는지 알아가고, 글로써 모든 것을 표현할 수는 없지만 그래도 간접적인 체험이라도 꼭 했으면 좋겠다. 단순히 사람을 많이 뽑기 때문에, 전문 지식을 크게 요구하지 않으니깐? 등의 가벼운 결정을 하지 않았으면...' 하는 바람입니다. 또한, 처음 취업 준비를 하는 준비생들의 경우 지금부터라도 『반도체 직무 바이블』에 담긴 모든 직무에 대해서 시간 내서 꼭 읽고 나서 본인이 관심 가는 직무는 무엇인지 확인했으면 좋겠습니다.

제가 취업 준비를 했을 당시 렛유인 컨텐츠에 많은 도움을 받았었고, 실제로 원하는 반도체 기업에 입사를 할 수 있었습니다. 현직자가 된 지금, 이렇게 책을 집필한다는 것에 큰 자부심을 가지고 많은 내용을 담으려고 노력한 것 같습니다. 지금 이 순간에도 취업 준비를 위해서 노력하고 있는 여러분들을 반도체 산업에서 동료로 만나길 기대합니다.

CONTENTS

PART 1

반도체 산업 알아보기

PART 2

현직자가 말하는 반도체 직무

'현직자가 말하는 반도체 직무'에 포함된 현직자들의 리얼 Story

01 저자와 직무 소개	07 현직자가 말하는 자소서 팁
02 현직자와 함께 보는 채용 공고	08 현직자가 말하는 면접 팁
03 주요 업무 TOP 3	09 미리 알아두면 좋은 정보
04 현직자 일과 엿보기	10 현직자가 많이 쓰는 용어
05 연차별, 직급별 업무	11 현직자가 말하는 경험담
06 직무에 필요한 역량	12 취업 고민 해결소(FAQ)

*직무별로 내용순서가 다소 상이할 수 있습니다.

PART 3

현직자 인터뷰

┌─── '현직자 인터뷰'에 포함된 현직자들의 솔직 Interview ───┐

01 자기소개

02 직무＆업무 소개

03 취업 준비 꿀팁

04 현업 미리보기

05 마지막 한마디

PART 01
반도체 산업 알아보기

직무의 중요성

취업의 핵심, '직무'

1 신입 채용 시 가장 중요한 것은 '직무관련성'

지난 2021년 고용노동부와 한국고용정보원이 매출액 상위 500대 기업을 대상으로 취업준비생이 궁금해 하는 사항을 조사했습니다. 이미 제목에서도 알 수 있지만, 조사 결과에 따르면 신입 채용 시 입사지원서와 면접에서 가장 중요한 요소로 '직무 관련성'이 뽑혔습니다. 입사지원서에서는 '전공의 직무관련성'이 주요 고려 요소라는 응답이 무려 47.3%, 면접에서도 '직무관련 경험'이 37.9%로 조사되었습니다.

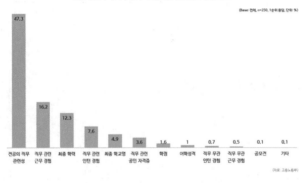

신입직 입사지원서 평가 시 중요하다고 판단하는 요소

(Base: 전체, n=250, 1순위 응답, 단위: %)

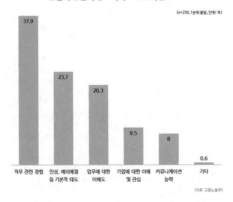

신입직 면접시 중요하다고 판단하는 요소

(n=250, 1순위 응답, 단위: %)

경력직 또한 입사지원서에서 '직무 관련 프로젝트·업무경험 여부'가 48.9%, 면접에서는 '직무 관련 전문성'이 76.5%로 신입직보다 더 직무 능력을 채용 시 가장 중요하게 보는 요소로 조사되었습니다.

이 수치를 보았을 때, 여러분은 어떤 생각이 들었나요? 수시 채용이 점점 확대되면서 직무가 점점 중요해지고 있다는 등의 이야기를 많이 들었을 텐데, 이렇게 수치로 보니 더 명확하게 체감할 수 있는 것 같습니다. 1위로 선정된 내용 외에 '직무 관련 근무 경험', '직무 관련 인턴 경험', '직무 관련 자격증', '업무에 대한 이해도' 또한 결국은 직무에 대한 내용으로, 신입과 경력 상관없이 '직무'는 채용 시 기업이 보는 가장 중요한 요소가 되었습니다.

참고 **고용노동부 보도자료 원문**

(500대) 기업의 청년 채용 인식조사 결과 발표

보도일 2021-11-12

- 신입, 경력직을 불문하고 직무 적합성과 직무능력을 최우선 고려
- 채용 결정요인으로 봉사활동, 공모전, 어학연수 등 단순 스펙은 우선순위가 낮은 요인으로 나타남

고용노동부(장관 안경덕)와 한국고용정보원(원장 나영돈)은 매출액 상위 500대 기업을 대상으로 8월 4부터 9월 17일까지 채용 결정요인 등 취업준비생이 궁금해하는 사항을 조사해 결과를 발표했다.

이번 조사는 지난 10월 28일 발표된 "취업준비생 애로 경감 방안"의 후속 조치로, 기업의 채용정보를 제공하여 취준생이 효율적으로 취업 준비 방향을 설정하도록 돕기 위한 목적으로 실시됐다. 조사 결과는 취업준비생이 성공적인 취업 준비 방향을 설정할 수 있도록 고용센터, 대학일자리센터 등에서 취업.진로 상담 시 적극적으로 활용되도록 할 예정이다.

신입 채용시 입사지원서와 면접에서 가장 중요한 요소는 직무 관련성
(입사지원서: 전공 직무관련성 47.3%, 면접: 직무관련 경험 37.9%)

조사 결과에 따르면, 신입 채용 시 가장 중요하게 고려하는 요소는 입사지원서에서는 전공의 직무관련성(47.3%)이었고, 면접에서도 직무관련 경험(37.9%)으로 나타나 직무와의 관련성이 채용의 가장 중요한 기준으로 나타났다.

입사지원서에서 중요하다고 판단하는 요소는 '전공의 직무 관련성' 47.3%, '직무 관련 근무 경험' 16.2%, '최종 학력' 12.3% 순으로 나타났다. 한편, 면접에서 중요한 요소는 '직무 관련 경험' 37.9%, '인성, 예의 등 기본적 태도' 23.7%, '업무에 대한 이해도' 20.3% 순으로 나타났다. 반면, 채용 결정 시 우선순위가 낮은 평가 요소로는 '봉사활동'이 30.3%로 가장 높았고, 다음으로는 '아르바이트' 14.1%, '공모전' 12.9%, '어학연수' 11.3% 순으로 나타났다.

경력직 채용시 입사지원서와 면접에서 가장 중요한 요소는 직무능력
(입사지원서: 직무관련 프로젝트 등 경험 48.9%, 면접: 직무 전문성 38.4%)

경력직 선발 시 가장 중요하게 고려하는 요소는 입사지원서에서는 직무 관련 프로젝트.업무 경험 여부(48.9%)였고, 면접에서도 직무 관련 전문성(76.5%)으로 나타나 직무능력이 채용의 가장 중요한 기준으로 나타났다.

구체적으로 살펴보면, 입사지원서 평가에서 중요하다고 판단하는 요소는 '직무 관련 프로젝트 · 업무경험 여부' 48.9%, '직무 관련 경력 기간' 25.3%, '전공의 직무 관련성' 14.1% 순으로 나타났다. 한편, 면접에서 중요한 요소로 '직무 관련 전문성'을 꼽은 기업이 76.5%로 압도적으로 높은 것으로 나타났다. 반면, 채용 결정 시 우선순위가 낮은 요소로는 '봉사활동'이 38.4%로 가장 높았고, 다음으로 '공모전' 18.2%, '어학연수' 10.4%, '직무 무관 공인 자격증' 8.4% 순으로 나타났다.

탈락했던 기업에 재지원할 경우, 스스로의 피드백과 달라진 점에 대한 노력, 탈락 이후 개선을 위한 노력이 중요한 것으로 나타남

이전에 필기 또는 면접에서 탈락 경험이 있는 지원자가 다시 해당 기업에 지원하는 경우, 이를 파악한다는 기업은 전체 250개 기업 중 63.6%에 해당하는 159개 기업으로 나타났다. 탈락 이력을 파악하는 159개 기업 중 대다수에 해당하는 119개 기업은 탈락 후 재지원하는 것 자체가 채용에 미치는 영향은 '무관'하다고 응답했다.

다만, 해당 기업에 탈락한 이력 자체가 향후 재지원 시 부정적인 영향을 미칠 수 있다고 생각해 불안한 취준생들은 '탈락사유에 대한 스스로의 피드백 및 달라진 점 노력'(52.2%), '탈락 이후 개선을 위한 노력'(51.6%), '소신있는 재지원 사유'(46.5%) 등을 준비하면 도움이 될 것이라고 조언했다.

고용노동부는 이번 조사를 통해 기업이 단순 스펙인 어학성적, 공모전 등보다 직무능력을 중시하는 경향을 실증적으로 확인하였고, 이를 반영해 취업준비생을 위한 다양한 직무체험 기회를 확충할 예정이다. 또한, 인성.예의 등 기본 태도는 여전히 중요하므로 모의 면접을 통한 맞춤형 피드백을 받을 수 있는 기회를 확대할 계획이다.

고용노동부는 이번 조사에 대해 채용의 양 당사자인 기업과 취업준비생의 의견을 수렴*한 결과, 조사의 취지와 필요성을 적극 공감했음을 고려하여, 앞으로도 청년들이 궁금한 업종, 내용을 반영해 조사대상과 항목을 다변화하여 계속 조사해나갈 예정이다.

권창준 청년고용정책관은 "채용경향 변화 속에서 어떻게 취업준비를 해야 할지 막막했을 취업준비생에게 이번 조사가 앞으로의 취업 준비 방향을 잡는 데에 도움을 주는 내비게이션으로 기능하기를 기대한다."라고 하면서, 아울러, "탈락 이후에도 피드백과 노력을 통해 충분히 합격할 수 있는 만큼 청년들이 취업 성공까지 힘낼 수 있도록 다양한 취업지원 프로그램을 통해 끝까지 응원하겠다."라고 말했다.

연구를 수행한 이요행 한국고용정보원 연구위원은 "조사 결과에서 보듯이 기업들의 1순위 채용 기준은 지원자의 직무적합성인 것으로 나타났다."라면서, "취업준비생들은 희망하는 직무를 조기에 결정하고 해당 직무와 관련되는 경험과 자격을 갖추기 위한 노력을 꾸준히 해나가는 것이 필요하다."라고 조언했다.

2 취업준비생의 영원한 적

그렇다면 기업들이 직무에 대해 이렇게 중요하게 생각하고 있는데, 취업준비생인 여러분은 직무에 대해 얼마큼 알고 준비하고 있나요? 대부분은 어떤 직무를 선택할지 막막해 아직 정하지 못하거나 정했더라도 정말 이 직무가 나에게 맞는 직무인지 고민이 있을 것이라고 생각합니다.

렛유인 자체 조사에 따르면 "취업을 준비하면서 가장 어려운 점은 무엇인가요?"라는 질문에 약 33%가 '직무에 대한 구체적인 이해'라고 답했습니다. 그 외 대답으로 '직무에 대한 정보 부족', '직무 경험', '무엇을 해야 될지 모르겠다', '무엇이 부족한지 모르겠다', '현직자들의 생각과 자소서 연결 방법' 등이 있었습니다. 이를 합치면 취업준비생의 과반수가 '직무'로 인해 취업 준비에 어려움을 겪고 있음을 알 수 있습니다.

취업준비생들이 직무로 인해 취업 준비에 어려움을 느끼는 이유를 짐작하자면, 취업을 원하는 산업에 어떤 직무들이 있고, 각각 어떤 일들을 하는지 제대로 알지 못하기 때문이라고 생각합니다. 또한 인터넷 상에 많은 현직자들이 있다지만, 직접 만날 수 있는 기회는 적은데 인터넷에 있는 내용은 너무 광범위하고 신뢰성을 파악하기 어려운 내용들이 많다는 이유도 있을 것입니다.

이렇게 직무로 인해 어려움을 겪고 있는 취업준비생들을 위해 단 1권으로 여러 직무를 비교하며 나에게 맞는 직무를 찾을 수 있고, 여러 현직자들의 이야기를 들으며 만날 수 있으며, 직접 경험해보지 않아도 책으로 간접 경험을 할 수 있도록 하기 위해 이 도서를 만들게 되었습니다. 『반도체 직무 바이블』은 회로설계, 공정설계, 공정기술, 설비기술까지 4명의 현직자들이 직접 본인의 직무에 대해 A부터 Z까지 상세하게 기술해놓았으며, 그 외 CS엔지니어, 평가 및 분석, 후공정 공정기술 직무는 짧지만 깊이 있는 내용의 인터뷰로 총 7명의 현직자들이 집필하였습니다.

다만, 이 책은 단순히 여러분들이 취업하는 그 순간만을 위해 직무를 설명해놓은 책은 아닙니다. 정말 현실적이고 사실적인 현직자들의 이야기를 통해 해당 직무에 대한 정확한 이해와 더불어 내가 이 직무를 선택했을 때 나의 5년 뒤, 10년 뒤 커리어는 어떻게 쌓을 수 있을지 도움을 주고자 하는 것이 이 책의 목적입니다.

현직자들 또한 이러한 마음으로 진심을 담아 여러분에게 많은 이야기를 해주고자 노력하였습니다. 다만 현직자이다 보니 본명이나 얼굴, 근무 중인 회사명에 대해 공개하지 않고 집필한 점은 여러분께 양해를 구하고 싶습니다. 그만큼 솔직하고 과감하게 이야기를 풀어놓았으니 이 책이 취업준비생 여러분들에게 많은 도움이 되었으면 하는 바입니다.

이 책을 읽으면서 추가되었으면 하는 직무나 내용이 있다면 아래 링크를 통해 설문지 제출해주시면 감사드리겠습니다. 더 좋은 도서를 위해 다음 개정판에서 담을 수 있도록 하겠습니다.

설문지 제출하러 가기 ☞

이공계 취업은 렛유인 WWW.LETUIN.COM

현직자가 말하는
반도체 산업과 직무

이번 챕터에서는 반도체 산업의 흐름을 파악하고, 실제로 반도체 산업에는 어떤 직무가 있는지 소개하도록 하겠습니다. 세계적으로 왜 반도체 산업이 각광받고 있는지, 어떤 나라와 어떤 기업이 반도체 생산을 위해 노력하고 있는지에 대해 이해하고, 반도체 생산공정과 반도체 산업의 각 직무가 어떤 일을 하는지 이해함으로써 다른 제조업과의 차이점을 알 수 있으며, 원하는 직무에 도전할 수 있는 배경지식을 얻게 될 것입니다.

01 현직자가 말하는 반도체 산업

1 반도체 산업의 이해

1. 왜 반도체 기업에 취업하려고 하지? 취업준비생에게 반도체는 왜 인기가 많을까?

이공계 전공자들은 예전부터 반도체 업계에 관심을 가졌지만, 최근에는 인문계 전공자까지 점점 반도체에 대해 관심을 보이고 있습니다. 대부분의 이공계 취업준비생은 반도체 산업을 기본으로 취업 준비를 하는데, 사실 정확하게 말하면 반도체가 아니라 삼성전자와 SK하이닉스라는 대기업에 취업하고 싶은 것이라고 말할 수 있습니다.

이러한 상황에서 많은 사람이 왜 반도체에 대해 공부하고, 반도체 산업으로 취업을 준비하는지에 대한 근본적인 질문을 던지면 좋지 않을까 생각합니다. 반도체 산업에 10년 이상 몸담으면서 반도체와 반도체 산업에 대해 느낀 점과 직무 상관없이 반도체를 준비하는 취업준비생들에게 전하고 싶은 말이나 우려점을 시작 전에 조금 가볍게 이야기하고자 합니다.

'반도체 회사에 입사하고 싶다!'

여러분은 분명 이런 생각을 하고 지금 이 도서를 펼쳤을 것입니다. 무려 30년이나 세계 1위를 지키고 있는 삼성전자의 메모리 반도체 사업, 그 뒤를 쫓고 있는 세계 2위의 회사 SK하이닉스, 그리고 그 생태계에서 한국이라는 나라를 빛내고 있는 여러 기업까지… 여러분은 그곳에 들어가서 한 부분을 담당하고 싶기 때문에 이 책을 폈을 것입니다.

국내 산업에서 워낙 큰 비중을 차지하는 산업이기도 하고, 인력도 많이 필요한 산업이기 때문에 이공계 대학을 졸업한 거의 대부분의 학생이 지원한다고 볼 수 있습니다. 그런데 최근에는 이공계 취업준비생뿐만 아니라 인문계 취업준비생까지도 지원 비중이 커지고 있습니다. 복수 전공이나 이중 전공을 통해서 이공계를 전공하는 학생도 많이 보이고, 심지어 많은 인문계 학생이 선호하는 서울 지역의 근무를 마다하고 Staff 부서나 영업, 마케팅으로 지원하는 경우도 늘고 있습니다.

이 인기의 근원지는 아마도 삼성전자와 SK하이닉스가 아닐까 생각합니다. 삼성전자는 현재 시가총액도, 매출액도 타의 추종을 불허하는 국내 최고, 아니 세계 최고의 회사 중 하나이고, SK하이닉스 역시 삼성전자에 비해 뒤처지기는 하지만 세계 유수의 기업 중 하나입니다. 최근에는 인재 유치를 위해 각 기업에서 경쟁적으로 연봉과 보너스를 상향 조정하고 있는데, 그만큼 업무의 매력도나 연봉, 그리고 복지 등이 탄탄하기 때문에 많은 취업준비생이 선호하는 것이라고 생각합니다.

2. 반도체란 무엇일까? 더 중요해지고 있는 반도체!

(1) 반도체의 기본 정의

반도체란 무엇일까요?

아, 물론 다 알고 있을 것이라고 생각합니다. 도체의 성격과 부도체의 성격을 가지고 있으며 전기를 가함에 따라 그 물성이 변하는 것이죠. 꼭 반도체 업계를 준비하지 않더라도 이 정도는 다 알고 있는 내용입니다. 그런데 대체 이게 뭐길래 세계 각국에서 필요로 하는 것일까요?

바로 이 변하는 물성 때문에 다양한 조건을 만들어 낼 수 있는데, 불순물을 첨가하거나 전류치를 변화하는 등의 다양한 조건에 따라서 우리가 필요로 하는 다양한 제품을 생산할 수 있습니다. 여러분이 많이 사용하는 PC가 바로 반도체 공학의 꽃과 같은 제품이라고 할 수 있습니다. 두뇌를 담당하는 CPU, 그래픽 성능을 좌지우지하는 GPU, Data와 더 빠르게 연결할 수 있도록 돕는 RAM, 그리고 각종 Data를 빠르고 안전하게 저장할 수 있는 SSD까지… 정말 거의 모든 제품이 반도체로 구성되어 있습니다.

이러한 반도체는 전기를 통해 기기를 제어하는데, 이때 사용하는 것이 바로 0과 1로 구성된 Digital 언어입니다. 흔히 반도체는 0과 1로 이루어진 언어의 세계라고 표현하는데, 이는 반도체를 정말 정확하게 설명한 것이라고 할 수 있습니다. 0과 1의 조합을 통해서 자연, 인공물, 심지어 문화적 창조물까지도 Digital로 전환할 수 있습니다. **최근에는 0과 1만을 사용하는 2진법뿐만 아니라 그 한계를 뛰어넘는 3진법 반도체도 구현**되어 양산을 준비하고 있습니다. 이렇듯 반도체 세계는 지금도 정신없이 빠르게 달려나가고 있습니다.

> 2진법의 경우 0과 1, 3진법의 경우 0, 1, 2로 표현하는데, 예를 들어 숫자 128을 표현하려면 2진법으로는 8개의 비트(2진법 단위)가 필요하지만, 3진법으로는 5개의 트리트(3진법 단위)만 있으면 저장이 가능합니다.

(2) 점점 더 중요해지는 반도체

스마트폰뿐만 아니라 로봇, 첨단무기, 자동차 등 거의 모든 기기에 반도체가 들어가기 시작했습니다. 먼저 이 이야기를 하고 난 후에 본격적으로 반도체 산업에 대해 이야기하겠습니다!

최근 자동차 반도체에 대한 이야기를 들어 보셨나요?

[그림 2-1] 반도체 관련 기사 (출처: paxnetnews, newstomato)

지금까지 전형적인 중후장대 사업이라고 생각하던 자동차 산업이 반도체 수급난 때문에 흔들리고 있습니다. 그런데 도대체 반도체가 자동차의 어느 부분에 들어가길래 반도체가 없으면 차량 생산에 차질이 생긴다고 말하는 걸까요? 이것은 바로 자동차의 Digital화 때문에 발생한 현상입니다. 예전에는 자동차 시동을 켤 때 키를 넣어서 회전했지만, 지금은 Power 버튼을 눌러서 가동합니다. 당장 이것부터 스위치 형태의 반도체를 사용합니다. 게다가 시동 버튼을 누를 때 차 안에 키가 없으면 동작되지 않습니다. 이것 역시 반도체를 통해 근처에 센서가 감지되지 않으면 동작하지 않도록 설정해 둔 것입니다. 그리고 각종 계기판과 차량 내부 상태를 점검하는 시스템이 구동되는데, 이 역시도 모두 Digital화 되면서 반도체 없이는 아무것도 동작이 되지 않는 상태가 되었습니다. 하다못해 차량 트렁크의 문을 직접 닫지 않고 버튼을 누르거나 센서를 동작시키는 것조차도 반도체 때문에 가능한 일입니다. 이정도면 반도체가 없을 경우에 왜 차량 생산에 차질이 생기는지 이해가 되었을 것이라고 생각합니다.

이보다 더한 반도체 사랑이 묻어 있는 산업들이 있습니다. 바로 로봇이나 항공 등의 첨단 산업 분야입니다. 이 분야는 기계의 외관 재질이나 각종 물성 등이 굉장히 중요한 역할을 하고 있으나, 기계의 움직임을 관장하는 반도체가 없다면 아무런 쓸모가 없는 고철 덩어리라고 할 수 있을 것입니다. 따라서 쉽게 생각하면 자동으로 동작하는 거의 모든 것은 반도체 때문에 가능한 것이고, 그 반도체가 없다면 애초에 산업 자체가 형성조차 되지 않았을 것입니다.

그리고 세계 최고의 군사 대국인 미국에서 자랑하는 각종 무기는 어느샌가 사람이 직접 들고 백병전으로 싸우는 것이 아니라, 자동으로 미사일을 발사하거나 드론 등을 통해서 원하는 위치의 집중 타격을 가할 수 있도록 구성되었습니다. 항간에는 전쟁을 사람이 하는 것이 아니라 기계로 한다고 표현할 정도입니다. 최근 우크라이나와 러시아의 전쟁을 보면 압도적인 전력차를 보인다고 평가받던 러시아의 군대가 서방 국가의 지원을 받은 우크라이나의 각종 첨단 무기 앞에서 무너지는 경우를 볼 수 있습니다. 이 역시도 반도체가 중추적인 역할을 하고 있다고 할 수 있죠.

더군다나 필수 생활가전인 냉장고나 TV, 세탁기 등에도 각종 반도체의 비중이 늘고 있습니다. 이렇듯 산업 자체는 계속 확장되고 있습니다. 기업 상황에 따라 변화는 있지만, 산업 자체의 미래는 아주 밝다고 볼 수 있습니다. 그렇다면 우리는 이제 이 반도체라는 것에 대해 조금 더 자세하게 알아보도록 하겠습니다.

2 반도체 산업 이슈 및 기술 동향

1. 반도체 산업 이슈

세계적으로 반도체 회사들의 약진이 계속되면서 산업에도 다양한 변화가 찾아오게 되었습니다. 메모리 반도체의 경우 10년 이상의 치킨게임 끝에 승리한 삼성전자와 SK하이닉스가 세계 절반 이상의 점유율을 갖게 되었고, 그 외의 미국과 일본, 대만 업체가 합병되어 3위 업체가 되었습니다. 물론 그러는 사이에 무섭게 쫓아오는 중국도 반도체 업체에 국가적인 자본을 투자하여 바짝 뒤따라오고 있습니다.

그런데 비메모리 업체의 경우 아예 시장이 갈라지는 현상을 보이고 있습니다. 과거 Intel의 Chip이 세계 최고라고 했던 시기가 있었는데, 지금은 다양한 업체에서 서로 자신의 Chip이 더 뛰어나다고 하며 뛰어난 설계 기술을 보여주고 있습니다. 운영체제 역시 기존의 MS Window만 고려하던 시기에서, 이제는 다양한 운영체제를 고려하는 범용성을 갖춰야 상황이 되었습니다.

또한 비메모리 반도체는 설계와 생산을 같이 진행하는 IDM에서 서서히 분업화되는 양상을 갖게 되었습니다. 이때 혜성같이 등장한 회사가 바로 대만의 TSMC인데, 이들은 메모리와 비메모리 생산 및 설계 시장만 있던 상황에서 '파운드리'라는 새로운 카테고리를 만들어 냈습니다. 설계는 제외하고 오직 수주받은 제품만 생산하는 것을 파운드리 사업이라고 하는데, 그동안 반도체 공장 투자를 망설이던 설계 능력이 있는 많은 업체들은 환호했습니다. '고객과는 경쟁하지 않는다'라는 창업 이념을 가진 TSMC에 생산을 맡기면, 설계적인 부분에 있어서 안전성과 더불어 우수한 성능의 제품 제작도 가능해졌기 때문이죠.

반도체 공장은 설립할 때 많은 제약을 받습니다. 각종 유해 화학물질을 사용하기 때문에 주변 주민에게 좋은 평가를 받지 못할 뿐만 아니라, 엄청나게 많은 Gas와 전력, 용수를 사용하여 지자체마다 정해져 있는 총량을 넘어가는 자원을 사용하는 경우가 많기 때문에 공장 허가시 굉장히 까다로운 제약 조건을 통과해야 합니다. 그리고 사업 규모가 매우 큰 편이기 때문에 생산 시설의 난이도와 비용, 그리고 들어가는 설비의 가격까지 부담이 크다고 할 수 있습니다. 현재 벌써 20년 이 지난 설비를 아직도 사용하는 반도체 회사가 많은 것을 보면, 그만큼 비용적인 부담이 크기 때문에 구입하는 것보다 기존에 있는 것을 계속 고쳐서 사용하는 편이 더욱 가성비가 좋다고 해석할 수 있습니다.

이렇듯 반도체가 전 세계적으로 각광받고 있지만, 실제로 설비나 제품을 생산할 수 있는 국가는 굉장히 소수에 불과합니다. 그 이유는 원천기술 자체가 알려진 것이 별로 없기도 하고, 대규모 투자가 단행되지 않으면 시작조차 어려운 경우가 많아서입니다. 또한 환경적인 영향도 적지 않아서 공장을 짓는 것조차 시작하기도 어려운 경우도 있습니다. 특히 국가적인 이슈나 제품 기술적인 이슈도 많이 존재하죠.

(1) 반도체의 중요성이 커짐에 따른 G2 국가의 패권싸움

● 미국과 중국의 패권싸움과 많은 국가 및 기업에서의 반도체 산업 / 설비 투자

반도체 시장이 점점 커지면서 전략적으로 굉장히 중요한 산업이 되었습니다. 실제로 국내에 위치한 삼성전자나 SK하이닉스의 공장을 가보면 '국가전략시설'이라는 표시를 확인할 수 있습니다. 그리고 출입하기 위해서는 굉장히 까다로운 절차를 거쳐야 하는데, 그만큼 기업 자체뿐만 아니라 국가적으로도 숨겨야 할 비밀이 많다는 것을 의미합니다.

현재 G2(미국, 중국)가 서로 힘 겨루기를 하는 상황에서, 외환 보유고가 세계 최고인 중국이 미국의 반도체 기업을 인수하거나 최신 기술의 반도체 설비를 구매하기위해 지속적인 노력을 하고 있습니다. 하지만 미국의 입장에서 반도체는 단순한 사업이 아닙니다. 반도체는 대부분의 전자제품에 들어가기 때문에 사람들이 사용하는 모든 기기를 관장한다고 볼 수 있는, 그 안에 녹아 있는 첨단기술이 넘어갈 수 있는 상황이기에 이를 그냥 두고 볼 수는 없습니다. 아무리 자본주의 시장에서 돈이 좋다고 해도, 당장 황금알을 낳는 거위 같은 반도체 산업을 중국에 넘기는 일은 마치 거위의 배를 가르는 것과 같죠. 그래서 미국은 국가적으로 중국에 제재를 가하기 시작합니다. 트럼프 전 미국 대통령이 취임한 이후 중국에 대해 가장 먼저 취한 정책이 바로 반도체 생산 기기 수출입 금지 명령입니다. 서로 간에 굉장한 타격이 있었지만, 원천 기술과 거대한 시장을 가진 미국은 아쉬울 게 없는 상황이었다고 할 수 있습니다.

그 전까지 세계 유수의 기업을 턱밑까지 쫓아왔다고 표현하던 중국의 반도체 기업들(SMIC, YMTC 등)은 생산 기기를 구매하지 못할 뿐만 아니라 판매처가 줄어들어서 경쟁력이 급격하게 떨어지기 시작했습니다. 다만 중국은 여러 우회 경로를 통해서 계속해서 수입을 내고 있으며, 앞으로도 미국과 중국의 경쟁은 지속될 예정입니다.

(2) 수율 문제

● 삼성전자의 4나노 파운드리 수율 문제, TSMC의 3나노 공정 수율 확보 어려움 등

반도체를 생산할 때 가장 중요하게 생각하는 단어가 무엇일까요? 바로 CAPA와 수율입니다. 이 단어는 실제 현업에서도 가장 중요하게 생각하는 단어입니다. CAPA의 경우 Capacity의 약자로써, 생산이 가능한 수준을 의미합니다. 반도체 설비가 아무리 뛰어나고 훌륭한 기술을 가지고 있다고 해도, 공장 자체가 작거나 그 수가 적으면 생산할 수 있는 반도체의 양이 얼마되지 않을 것입니다. 국내외 많은 기업이 부지를 확보하고 계속해서 공장을 늘려나가는 이유도 바로 CAPA를 늘리기 위한 노력의 일환이라고 볼 수 있습니다. 다만 CAPA의 경우 정말 '쩐의 전쟁'이라고 표현할 정도로 돈을 쏟아 부으면 그만큼 효과가 나타납니다. 그래서 이 부분은 기업과 국가의 강력한 의지에 따라 결정됩니다.

그러면 수율은 어떤 의미일까요? 수율은 반도체 Chip을 생산하는 동그란 Wafer 한 장에 판매가 가능한 수준의 Chip의 확률을 의미합니다. 당연하게도 이 수율이 높으면 높을수록 좋다고 할 수 있죠. 동일한 제품을 대량생산해서 재고를 쌓아 놓고 파는 메모리 사업의 경우 수율이 좋을 수 있으나, 반대로 다품종 소량생산을 기준으로 제품을 생산하는 파운드리 업체의 입장에서는 수율 개선을 위해 짧은 기간 내에 효과를 볼 수 있는 방법을 활용해야 합니다. 그런데 Chipset의 정밀도가 높아지면서(나노수 감소) 수율에 문제가 발생하게 되었습니다. 무작정 많은 Wafer를 넣어서 물량을 맞출 수도 있지만, 현실적으로는 수지타산이 맞지 않기 때문에 일정 이상의 수율을 기반으로 해야 합니다. 그런데 설계를 하는 회사와 생산을 하는 회사가 서로 다르다 보니 설계의 난도는 올라가지만, 제품을 생산하는 설비의 성능은 향상되지 않기 때문에 파운드리 업체 TSMC, 삼성 등의 수율 하락 문제가 발생하고 있습니다.

아마도 빠른 시일 내에 5나노 이하의 제품에서 수율을 상승시키는 것은 어려울 것이라고 생각합니다. 공정의 난도가 급격히 높아지면서 삼성과 TSMC가 서로 다른 기술을 적용했으나 어느 업체도 속시원하게 해결하지 못했습니다. 특히 파운드리 업체 중 압도적으로 세계 1위를 달리고 있는 TSMC 입장에서도 현 상황에서 더 빠른 기술 발전은 어려움이 있다고 토로할 정도이니, 후발주자역시 한동안은 같은 고통을 겪을 것이라고 생각합니다. 다만 과거에도 이러한 문제가 발생했을때 다양한 방법을 통해서 결국은 극복했던 기업들의 의지를 보면 충분히 해결 가능할 것입니다.

(3) 반도체 공급난

● 차량용 반도체 부족으로 인한 자동차 산업의 타격

COVID-19가 전 세계를 휩쓸면서 산업의 변화가 빠르게 진행되었습니다. 그 과정에서 매우 크게 변한 분야가 바로 반도체 산업인데, 다른 산업과는 다르게 정말 초호황의 길로 접어들었습니다. 재택근무와 재택교육을 함으로 인해 PC와 노트북, 각종 태블릿PC 등이 한동안은 재고가 없을 만큼 제품 판매량이 급증했습니다. 제품의 수요가 증가하고, 이 제품들의 원가에 큰 영향을 미치던 반도체 가격이 상승하면서 대부분의 반도체 기업들이 기존의 생산라인에서 주력상품을 전환하게 되었습니다.

반도체는 생산기간이 상당히 긴 제품입니다. 최종 생산까지 최소 3개월 이상이 소요되기 때문에 발주를 넣는다고 해서 내일 당장 제품을 보내줄 수는 없습니다. 따라서 반도체 시장에서 COVID-19 기간에 가장 먼저 생산을 줄이고 생산라인 자체를 폐쇄해 버린 것이 바로 차량용 반도체 공정입니다. 자동차에 들어가는 반도체의 경우 제품의 요구 사항(외부환경 노출 관련 온도/방수 등의 문제)이 너무 많고, 제품 생산의 난도가 높지 않기 때문에 굳이 더 좋은 시장을 버리고 자동차 반도체 시장을 택할 이유가 전혀 없었기 때문이었죠. 참고로 자동차 반도체는 애초에 고사양 반도체가 아닙니다. 동시에 여러 가지 역할을 하거나 고성능에 발열이 적은 최신 기술이 필요한 것이 아니라, 특정한 기능만을 수행하는 비교적 낮은 성능의 반도체가 무수히 많이 들어가는 구조로 되어 있습니다. 그리고 그 반도체들은 역할별로 다른 기능을 수행하도록 설계되어 있죠.

수요와 공급 논리에 의해 High-end 반도체 시장으로 속속 전환하는 과정에서 의외로 COVID-19로 수혜를 받은 자동차 업계가 차량용 반도체 부족이라는 철퇴를 맞게 되었습니다. 차량용 반도체는 사실 Low-end 시장으로, 개별적인 단가는 높을 수 있으나 한 장의 Wafer 안에 생산할 수 있는 제품의 수가 상대적으로 매우 적은 편이기 때문에 기업 입장에서는 수익률이 좋지 않습니다. 더군다나 평범한 반도체 기업도 쉽게 생산할 수 있는 제품이 대부분이기 때문에 제품의 대량 양산이 가능했던 반도체 선두기업들은 해당 제품의 생산을 급격하게 줄이게 되었습니다.

그런데 자동차 산업은 과거 Analog적인 시스템에서 Digital화가 진행되어 반도체가 없으면 생산 자체가 불가능한 문제가 발생했습니다. 마치 자동차를 생산하는데 유리가 없어서 유리 없이 생산해야 하는 상황이 발생했다고 할 수 있죠. 게다가 차량용 반도체 부족이 심화되면서 최근에는 신차보다 중고차의 가격이 더 높은 아이러니한 상황도 발생했습니다. 다만 단기적으로 생산과 수요가 어긋나서 발생한 문제이기 때문에 시장 논리에 의해서 차량용 반도체 가격이 점점 상승하고, 공급이 늘어나면 장기적으로는 해결 가능한 문제라고 생각합니다.

> 신차의 경우 보통 6개월, 길면 3년 정도 기다려야 하는 상황인데, 중고차는 바로 사용이 가능하기 때문에 수요가 늘었다고 판단합니다.

(4) 기업들의 M&A

● SK하이닉스의 Intel 메모리 사업부 인수 및 키파운드리 인수, Intel의 타워세미컨덕터 인수, AMD의 자일링스 인수 등

반도체 시장에 다양한 업체가 있긴 하나 기술력에서 차이가 날 뿐, 규격화 제품을 생산하기 때문에 실제 동일한 기술 선상의 제품은 거의 유사한 성능과 모양을 가지는 경우가 대부분입니다. 그래서 기업 간의 M&A가 발생하면 점유율을 거의 그대로 가져갈 수 있기 때문에 중국은 미국이나 다른 해외 업체들의 인수합병에 계속 목을 매고 있습니다. 이는 중국뿐만 아니라 반도체 산업이 주사업으로 자리매김한 국가의 기업이라면 한 번씩은 시도를 한다고 할 수 있죠. 과거 미국의 마이크론과 독일의 키몬다, 일본의 엘피다가 모두 인수합병이 진행되어 결국 마이크론으로 합병되었고, 지금까지 세계 3위를 굳건하게 유지하고 있는 것을 보면 효과는 확실하다고 판단됩니다.

SK하이닉스의 Intel의 NAND Flash 부문과 8인치 제품을 주로 생산하는 키파운드리 업체의 합병이 바로 이에 일환이 아닐까 생각합니다. 키파운드리의 경우 SK하이닉스와는 체격이 다른 업체였기 때문에 어렵지 않게 인수가 가능했다고 판단하나, Intel의 NAND Flash 사업부 인수의 경우 굉장한 규모의 인수였기 때문에 많은 반도체 기업과 국가에 집중을 받았습니다. 반도체 기업의 인수합병의 경우 반도체와 깊게 연관되어 있는 국가들의 허가를 받아야 하는데, 21년 말에 중국에서 허가가 되어 현재까지도 인수가 진행 중인 것으로 알고 있습니다. 이 부분에서 알 수 있듯이 국가 간의 인수합병의 경우 빠르게 진행되기가 어려울 뿐만 아니라 주변 국가에서 합병에 대해 많은 반대를 하기도 합니다.

최근에는 미국 엔비디아(GPU 설계 및 생산 업체)의 영국 ARM 인수가 실패로 마무리되었습니다. 가상화폐와 COVID-19로 인해 소위 돈방석에 앉게 된 엔비디아는 모바일 AP 설계 시장에 진입하기 위해 시장에 매물로 나온 ARM을 인수하고 싶어 했습니다. 그러나 바로 앞에서 언급했던 연관 국가들의 반대때문에 그 계획은 실패로 돌아갔습니다. 인수되는 업체의 당국인 영국 뿐만 아니라 유럽 연합 전체와 중국에서 극심히 반대했죠. 왜냐하면 반도체의 경우 소수의 업체만 시장에 들어와 있는 상황이기에 독과점의 폐해가 매우 크게 걱정되었기 때문입니다. 세계 메모리 시장을 주름잡고 있는 삼성전자와 SK하이닉스가 메모리 시장에서 점유율이 더이상 늘지 않은 이유가

바로 이 독과점 문제가 발생했을 경우 각종 불이익이 우려되기 때문입니다. 어쩌면 인수합병 시장은 단순히 금전적인 문제보다 국가 간의 견제와 우려가 더 큰 요소로 작용한다고 볼 수 있습니다.

2. 반도체 기술 동향과 트렌드

(1) 2nm, 3nm 양산

나노미터(nm)라는 단위는 많이 들어 봤을 것입니다. 반도체가 대중화가 되면서 사실 가장 많이 언급된 용어가 바로 이 나노미터라는 단어입니다. 최근 파운드리 사업에서 '몇 나노 공정을 언제까지 도입하겠다'라는 이야기가 자주 나오고 있습니다. 물론 학습을 통해서, 뉴스를 통해서 나노 앞에 붙는 숫자가 작을수록 좋다는 것은 알겠는데, 정확히 이게 무엇을 의미하는지 알고 있나요?

결론부터 말하면, 반도체 공정에서 말하는 나노미터는 반도체 안에서 전기 신호들이 지나다니는 길, 즉 전기 회로의 선폭을 가리킵니다. 이 숫자가 작을수록 반도체에 새겨진 전기 회로가 가늘다는 의미입니다. 1nm이 10억분의 1미터이므로, 5nm 공정이라는 것은 2억분의 1미터 정도로 가는 전기 회로를 새길 수 있는 정밀한 기술로 반도체를 만들었다는 것을 의미합니다. 너무나 당연하게도 공정을 미세화하면 얻을 수 있는 장점이 많은데, 먼저 생산 효율이 굉장히 높아집니다. 현재 반도체가 만들어지는 Wafer의 최대 크기는 300mm로 한정되어 있습니다. 우리가 보통 반도체 또는 반도체 Chip이라고 부르는 것은 바로 이 Wafer로 만든 집적 회로를 의미합니다. 그리고 Die라고 하는 작은 사각형 형태로 쪼개서 여기에 전기 회로를 새겨 넣고 Transistor라는 것을 박아서 만들게 되죠. 공정이 미세할수록 300mm Wafer 내의 Die 크기를 줄일 수 있기 때문에 한 Wafer로 더 많은 집적 회로를 생산할 수 있습니다.

마찬가지로 같은 Die 안에 더 세밀하게 회로를 새길 수 있다면 더 많은 Transistor를 넣을 수 있습니다. 이 Transistor의 개수는 반도체 성능을 결정하는 중요한 요소인데, Transistor가 많으면 많을수록 성능이 빨라집니다. 참고로 5nm 공정으로 제작된 애플 M1 Chip에는 Transistor가 160억 개나 들어있다고 합니다. 물론 공정 미세화를 진행하지 않더라도 다이 크기를 키워서 Transistor의 개수를 늘릴 수는 있지만, 그렇게 하면 한정된 Wafer의 크기로 인해서 하나의 Wafer에서 생산되는 Chip의 개수는 줄어들게 됩니다. 그리고 덤으로 반도체에 가장 치명적인 문제인 발열과 전력 소모를 수반하게 되죠. 하나의 다이가 커지면서 이동해야 할 공간이 넓어지니 힘이 들어서 열이 나는 것은 당연한 일입니다.

그래서 모든 반도체 업체들은 공정 미세화에 목숨을 겁니다. 거의 대부분 B2B 사업이기 때문에 굳이 광고를 하지 않아도 되지만, 신제품을 개발했다면 이는 누구보다 빠르게 홍보합니다. 삼성전자나 SK하이닉스뿐만 아니라 TSMC도 서로 이러한 나노 경쟁에서 지지 않으려고 노력하는 모습을 통해 치열한 시장 경쟁의 모습을 단편적으로나마 볼 수 있습니다.

하지만 동일하게 5nm 공정 이후로 모든 회사가 힘겨워하는 상황입니다. 최근에는 파운드리 사업에서 가장 앞서 있다고 평가받은 TSMC에서 조차 3nm 공정은 당장은 어렵다는 발표를 했습니다. 근본적인 이유는 바로 회로를 가늘게 그려 넣는 것 자체가 쉽지 않아서입니다. 반도체에 회로를 파내기 전에 밑그림을 그려 주는 과정을 노광이라고 하는데, 기존 공법으로는 한계가 있어서 EUV 노광장비를 사용합니다. EUV 노광장비는 이름 그대로 극자외선(Extreme UltraViolet)을 사용하는 것인데, 기존의 불화아르곤(ArF)을 활용하는 장비보다 더 세밀하게 그릴 수 있습니다. 4B연필로 회로를 그리다가 연필심이 가는 샤프로 회로를 그린다고 할까요? 그만큼 극적으로 얇은 회로를 그릴 수 있습니다.

그런데 이 EUV 공정이 가능한 기계를 현재까지는 네덜란드의 ASML이라는 회사에서만 생산하고 있습니다. 생산 회사가 하나뿐일 때 발생하는 문제점은 모두가 알고 있을 것입니다. 독점이기 때문에 애초에 구하기 어려워서 굳이 가격을 내릴 필요도 없고, 제품 개선이나 혁신적인 제품 개발을 위해 노력하기 보다는 현재 상황을 유지하려고 합니다. 따라서 End-user인 각 회사들이 다가가기 어렵게 된 상태입니다. 설비에 문제가 발생하더라도 현업 엔지니어가 고치는 것이 아니라 ASML사의 엔지니어가 들어올 때까지 기다려야 하고, 노하우도 전수하지 않기 때문에 어려움을 겪고 있는 상태입니다.

그리고 또 다른 문제로는 '터널링 현상'이 발생하는데, 이는 양자역학에서 나오는 내용입니다. 우리가 사는 세상은 아래와 위로 구분되어 있기 때문에 위와 연결이 되어 있지 않는 한 계속 아래로만 지나갈 수 있습니다. 그런데 이 양자역학이 적용되는 세계에서는 아래로만 지나갈 수 있다고 생각했던 것이 갑자기 위로도 올라올 수 있는 상황이 되어 버립니다. 특히 전자의 세계에서 이런 말도 안 될 것 같은 현상이 발생하는데, 이를 터널링 현상이라고 합니다. 이것의 문제는 설계를 제대로 했다고 생각했는데, 그대로 움직이지 않으니 반도체가 오작동을 일으키게 되어서 항상 일정해야 할 전자가 새어 나가는 누설 전류가 발생합니다. 시간이 지날수록 공정 난도는 점점 올라가는데 설비 생산이 가능한 업체가 하나로 압축되어 버리면서 전반적인 나노 경쟁이 다소 정체된 상황입니다. 하지만 언제나 그렇듯, 사람들은 또 이를 극복할 수 있는 무언가를 개발하여 도달하지 못할 것 같은 1nm 시대를 만들어 갈 것이라고 생각합니다.

(2) 176단 3D NAND

NAND Flash 쪽은 나노 경쟁과는 다소 다른 경쟁 양상을 선보이고 있습니다. 소위 V-Nand (Vertical Nand Flash)라고 하여 누가 더 높게 쌓는가를 경쟁하고 있죠. 현재 NAND Flash는 Data를 저장하는 Cell을 몇 층으로 쌓을 수 있는가에 따라 기술 수준이 결정되고 있는 상황입니다. Cell의 층수를 단(段)이라고 하는데, 176단 NAND Flash는 Cell을 176겹으로 쌓아 올렸다는 것을 의미합니다. 이러한 적층 기술은 가장 아래 Cell과 맨 위층에 있는 Cell을 하나의 묶음(구멍 1개)으로 만든 Single Stack과 하나의 묶음을 두 개로 합친 Double Stack으로 나누어집니다.

Cell을 묶는 구멍의 개수가 적을수록 Data 손실이 적어 Double Stack보다 Single Stack이 더 앞선 기술로 평가받고 있습니다. 다만 Cell을 계속 쌓는 데 기술적인 어려움이 있기 때문에 업계에서는 100단을 Single Stack의 한계로 보고 있습니다. 현재까지는 삼성전자만이 전 세계에서 유일하게 100단 이상(128단)의 NAND Flash Single Stack 기술을 가지고 가지고 있습니다. 업계 2위인 SK하이닉스와 업계 3위인 미국의 마이크론은 72단부터 Double Stack을 활용하고 있습니다.

이렇게 앞선 기술을 가진 삼성이라고 하지만, 최근에 176단 최초 개발이라는 타이틀을 빼앗기고 말았습니다. 바로 뒤에 있던 SK하이닉스도 아니고 3위인 마이크론에게 빼앗겼는데, 이로 인해서 기술 선도 기업이라는 타이틀을 잃게 되었습니다. 하지만 기본적으로 보유하고 있는 기술력이 굉장히 뛰어나기 때문에 200단 NAND Flash에서는 가장 먼저 제품을 생산할 것으로 평가받고 있습니다. 또한 삼성에서는 128단 Single Stack에 96단을 더한 224단 NAND Flash를 준비하고 있으며, 기존의 176단보다 생산성과 Data 전송속도를 30% 이상 개선할 수 있다고 밝혔습니다.

물론 경쟁사인 마이크론과 SK하이닉스 역시 빠르게 200단 이상의 NAND Flash 제품 개발에 박차를 가하고 있으며, 이르면 올해 말, 늦어도 내년에는 모든 생산 기업들이 200단 이상의 NAND Flash를 개발하여 양산을 시작할 수 있을 것으로 판단됩니다.

> 22년 10월 기준으로 삼성전자/SK하이닉스/마이크론 모두 230단 이상의 제품을 양산할 준비를 하고 있습니다.

(3) AI 반도체

한국에서 AI에 가장 큰 관심을 보인 것이 언제일까요? 저는 2016년 3월에 있었던 한국의 바둑기사 이세돌과 구글 알파고의 바둑 경기가 아니었을까 생각합니다. 바둑에는 정말 수많은 수가 있기 때문에 AI는 절대로 인간을 이길 수 없다고 호언장담했는데, 결과는 모두의 예상을 깨고 인간이 처참하게 패배했습니다. 그나마 비록 한 번일지라도 이긴 것이 대단하다고 생각하는데, 알파고의 통산 전적이 74전 73승 1패인 것을 보면 그 유일한 패배가 한국의 바둑기사 이세돌이라는 것이 자랑스럽기까지 합니다.

이렇듯 AI는 우리 근간에 다가와 있는 상태입니다. 블록체인, 드론, 자율주행, 대화형 플랫폼, 실감형 미디어 등과 같이 어느덧 익숙한 것도 많습니다. 세계적인 IT 업체들이 AI 반도체 개발에 경쟁적으로 뛰어들고 있습니다. 그중에서도 인공지능 기술의 발전으로 인해 자율주행차 및 로봇에 탑재되는 AI 반도체의 수요가 확대되면서, 먼저 시장을 선점하여 영향력을 넓히기 위한 기반 구축에 투자하려는 양상을 보입니다.

AI 반도체는 기존의 CPU가 정보를 입력하는 순서대로 계산하는 것과는 달리 한꺼번에 많은 연산을 동시에 처리합니다. 쉽게 말해 인간의 뇌가 수많은 정보를 동시에 처리하는 것과 같이, 이미지 처리나 음성 인식 등과 같은 복잡한 연산을 동시에 분산 처리하는 기술이라고 할 수 있습니다. AI 반도체는 향후 개발되는 기술들의 베이스가 되는 반도체이기 때문에 앞다투어 영향력을 늘리려고 하고 있습니다.

AI 반도체는 AI 서비스 구현에 필요한 대규모 연산을 초고속/저전력으로 실행할 수 있는 시스템 반도체입니다. 현재 대다수 기업은 GPU(Graphics Processing Unit)를 통해서 AI Data 센터를 운영하고 있지만, GPU 가격의 급등과 전력 사용량 문제로 인해 운영비용의 부담을 겪고 있습니다. 반면에 AI 반도체는 낮은 전력으로 대량의 Data를 동시에 처리할 수 있기 때문에 이러한 문제를 해결할 수 있는 대안으로 떠오르고 있습니다.

> 사실 근본적인 이유는 블록체인을 기반으로 한 암호화폐의 급부상입니다. 암호화폐 채굴에 필요한 GPU 가격의 상승으로 인해 실제 GPU가 필요한 사람들에게는 재앙과도 같은 일이었습니다.

딥러닝 등 AI 기술혁신을 통해 현재의 CPU + GPU(1세대)부터 NPU[1](2세대)로 발전하고 있으며, 향후 뉴로모픽[2] 형태로 변화될 것으로 전망하고 있습니다. 다만 아직은 초기 단계의 시장이기 때문에 국내에서도 메모리 반도체 중심 사업에서 시스템 반도체 사업으로 확장하기 위해 다양한 노력을 하고 있는 상황입니다. 특히 서버 클라우드 인프라를 넘어서 모바일, 자동차, 가전 등과 융합한다면 폭발적으로 성장할 수 있는 기회의 땅이라고 예측하고 있습니다.

또한 최근 스마트폰을 구매하면 초기에는 배터리 소모 속도가 빠르다가, 약 일주일 정도 지나면 사용자의 사용 패턴에 따라 적응되는 방식으로 사용되기도 하고, Software적으로는 간단한 단어만을 이용하여 그려진 그림이 대회에서 수상하기도 하는 등의 놀라운 성과를 보이고 있습니다. 적어도 이러한 분야에서 사용되는 AI 반도체가 있는 한 과거 마차와 같이 내가 일하고자 하는 분야가 없어지는 문제는 특별히 고민하지 않아도 될 것 같습니다.

---

1 신경망처리장치(Neural)를 사용하는 심층 Deep Learning에서 복잡한 행렬 곱셈 연산을 수행하는 장치
2 인간의 뇌 구조를 모방해 만든 반도체 Chip으로 대용량 Data를 병렬 처리해 적은 전력으로도 복잡한 연산, 추론, 학습 등이 가능함. 이 때문에 자율주행차, 드론, 음성 인식 등 4차 산업혁명 분야에서 폭넓게 활용될 수 있는 차세대 기술로 주목받고 있음

02 반도체 산업 구조와 기본 지식

1 반도체 기업 구조

■ 반도체 기업 분류

■ 반도체 밸류체인

[그림 2-2] 반도체 Value Chain과 기업 유형

[그림 2-2]는 반도체 기업 분류를 나타내고 있습니다. 보통 반도체 밸류체인이라고 해서 반도체 내에서 진행되는 설계-제조-후공정-판매 및 유통까지의 과정을 어떤 회사에서 담당하고 있는지를 보여줍니다. 반도체의 경우 워낙 규모가 크기 때문에 모든 업무를 할 수 있는 회사가 극히 드뭅니다. 보통 IDM이라고 하는, 우리가 익히 아는 종합 반도체 회사만이 이 모든 과정을 소화할 수 있습니다. 우리가 아는 삼성전자와 SK하이닉스가 바로 IDM 업체입니다.

과거에는 반도체 공장, 즉 Fab이라고 하는 공장이 있어야 반도체업이 가능했습니다. 아무리 설계를 잘하더라도 공장이 없으면 생산이 불가능하기 때문에 사업을 진행할 수가 없었습니다. 기본적으로 설계를 하고 공정의 수율을 높이는 과정은 Fab이 있어야 가능한 일인데, 한 부분만 가능한 회사는 경쟁력을 갖출 수가 없기 때문이죠. 그런데 이 시장이 항상 장밋빛 미래만 있던 것은 아닙니다. 과거 메모리 반도체의 창시자인 Intel이 메모리 반도체를 버리고 비메모리 반도체 시장만 하겠다고 나갔던 일도 있었고, 메모리 반도체 시장의 과도한 공급으로 인한 치킨 게임으로 하위 업체들이 한꺼번에 부도가 나거나 인수합병 된 이력도 있습니다. 불황의 시점에는 회사의 존폐 위기가 오는 상황이 발생하고는 했는데, 그러한 과정에서 전체 공정을 하는 회사들은 공정을 분리하여 회사를 매각하기도 했고, 세계화가 진행되고 해외에 Fab을 만드는 일이 잦아지면서 설계와 제조가 분리되는 현상이 일어나기 시작했습니다.

설계 능력이 뛰어난 회사도 있었지만, 실제로 설계만을 전문으로 하는 회사들의 기술력이 월등히 좋아지는 시점이 오기 시작했습니다. 특히 Intel의 경우 평생 최고의 자리에서 웃고만 있을 줄 알았던 CPU 시장에서 점차 AMD의 CPU에 잠식되기 시작했습니다. 설계와 제조, 판매까지 모두 한 번에 하던 Intel과는 다르게 AMD의 경우 설계와 판매만 하는 Fabless 형태의 사업을 진행했기 때문에 가능한 일이었습니다. 이 같은 일이 가능했던 이유는 반도체 시장에 새로운 사업이 등장했기 때문입니다. 바로 파운드리라고 불리는, 오직 제조와 후공정만 하는 업체가 등장하기 시작한 것입니다.

일반적으로 반도체 Fab의 경우 조 단위의 금액이 투입되는 것이 일반적입니다. 그래서 소규모 회사는 애초에 Fab을 엄두도 낼 수 없기 때문에 생산 능력이 없었던 설계 회사들은 자신의 제품을 생산해 줄 회사를 원했습니다. 반도체의 경우 각종 공정이 기술력을 바탕으로 이루어지기 때문에 다른 회사에 도면을 주는 것을 엄격히 금지합니다. 왜냐하면 유출이 되는 경우 자신의 노하우를 모두 노출을 하게 되기 때문이죠. 최근에 삼성전자 임직원이 재택 근무를 하던 때에 직원 중 한 명이 기술을 유출하려다가 경찰에 체포된 사건이 있었습니다. 물론 난이도에 따라서 유출이 되더라도 다른 회사가 따라할 수 없는 기술력을 갖춘 회사도 있겠지만, 이처럼 기술 유출은 매우 민감한 사항입니다.

그런데 그런 부분을 해결할 수 있는 방법을 대만의 TSMC에서 가지고 나왔습니다. 이 회사는 설계와 판매는 하지 않고, 오직 제품의 생산과 후공정(Packaging)만 진행합니다. 설계와 판매만 가능한 회사 입장에서는 생산 기술력만 확보된 회사라면 믿고 맡길 수 있었죠. 파운드리 업체를 이용하면 조 단위의 투자를 하지 않더라도 반도체를 생산할 수 있고, 게다가 설계의 난도가 올라가도 생산 시설의 투자는 파운드리를 담당하는 회사가 하기 때문에 총생산 비용을 아낄 수 있습니다. 반대로 파운드리를 담당하는 회사의 경우에는 고객사가 원하는 제품만을 만들어서 생산하면 재고에 대한 문제를 떠안지 않아도 되기 때문에 서로 Win-Win할 수 있는 상황이 되었습니다.

새로운 형태의 반도체 회사를 창조한 TSMC는 50% 이상의 점유율로 압도적인 세계 1위를 달리고 있습니다. 삼성전자가 열심히 뒤쫓고 있지만, 생각보다 인력과 투자액 측면에서 차이가 많이 나는 편입니다.

그리고 그사이에 Fabless 업체의 설계를 파운드리 업체의 생산으로 이어지게 할 수 있는 중간 업체인 디자인하우스도 같이 성장하게 되었습니다. 디자인하우스는 Fabless 업체가 그린 설계도를 파운드리 업체가 생산할 수 있도록 바꿔주는 일을 담당합니다. [그림 2-2]에서 알 수 있듯이 GUC와 알파칩스, 국내에는 에이디테크놀로지, 하나텍과 같은 업체가 있습니다. 삼성전자나 SK하이닉스 등 반도체를 대표하는 IDM 업체만을 알고 있는 분들에게는 조금 생소할 수 있지만, GUC가 TSMC의 투자에 힘입어 디자인하우스 세계 1위를 달리고 있습니다.

또한 OSAT(Outsourced Semiconductor Assembly and Test)라고 하는 반도체 패키징과 검사를 수행하는 업체도 등장했습니다. Amkor, ASE, chipPAC과 같이 이를 주업으로 하는 회사가 있는데, 국내에 세계 최고의 반도체 업체가 두 개나 있기 때문에 국내에는 OSAT 회사가 많이 존재합니다. 애플에서 만드는 '애플카'의 자율주행 모듈 및 패키지 개발을 국내 업체에 맡겼다는 기사가 나올 정도이니 이 분야에서도 경쟁력이 상승하고 있다고 할 수 있습니다. 다만 OSAT 업계 역시 파운드리 업계가 생기면서 등장한 분야이기 때문에 대만의 업체들이 업계 우위를 차지하고 있습니다.

> 디자인하우스가 설계/제조를 연결해 주는 역할이라면, OSAT는 후공정과 판매를 연결하는 역할이라고 생각하면 됩니다.

미리 언급했던 Fabless 업계의 선두주자는 여러분도 이미 익숙할 만한 퀄컴, 엔비디아, 미디어텍, AMD, 애플, 구글 등입니다. IDM 업계를 제외하면 어디선가 한 번쯤은 들어봤을 만한 쟁쟁한 회사입니다. 특히 애플의 경우 반도체 업계 전체를 모두 합친 것만큼의 매출액이 나올 정도로 거대한 규모의 업체입니다. 위의 [그림 2-2]를 보면 삼성전자나 SK하이닉스, Intel 등과 같은 IDM 업체는 전과정을 처리할 수 있기 때문에 더 높은 매출과 영업이익이 나올 것으로 예상할 수 있으나, 실제로는 분업을 통해서 더 큰 매출을 올리고 있는 회사들이 존재합니다. 따라서 많은 회사가 상황에 따라서 분사하거나 다시 합병하는 등의 경영 전략을 세우고 있습니다.

2 반도체 전체 공정

① 웨이퍼 제조 ▶ **②** 산화공정 ▶ **③** 포토공정 ▶ **④** 식각공정

⑧ 패키징 공정 ◀ **⑦** EDS공정 ◀ **⑥** 금속배선공정 ◀ **⑤** 증착& 이온주입 공정

[그림 2-3] 8대 공정 과정

[그림 2-3]은 반도체 8대 공정에 대한 내용입니다. 사실 반도체 회사를 지원할 때 이 정도 지식은 기본이죠? 흔히 목판 인쇄 과정과 비슷하다고 표현하는데, 감광액을 뿌리고 산화하고 그림을 그린 후 해당 부분만 찍어내는 과정이 바로 목판 인쇄와 닮았다고 표현하는 부분일 것입니다. 8대 공정은 쉽게 말하면 산화시키고, 식각하고, 배선 넣고, 이온 주입하고, 필요 없는 것을 갈아버린 다음 세정하는 공정이라고 보면 됩니다. 아직 어려운가요?

[그림 2-4] FOSB(좌) / FOUP(우) (출처: 상아프론테크)

반도체의 시작은 Wafer입니다. 동그란 실리콘 덩어리를 얇게 잘라서 그 위에 다양한 공정을 통해 반도체를 만들어 내는데, 처음에 Wafer를 보면 은색의 거울과도 같은 형태를 띠고 있습니다. 그리고 그러한 Wafer를 FOSB(Front Opening Shipping Box)라고 하는 곳에 담아서 Fab 내로 투입하고, Fab 내에서 FOUP(Front Opening Unified Pod)로 바꿔서 공정 과정을 진행합니다. 두 개의 차이는 화학적 성능의 차이라고 생각하면 됩니다.

[그림 2-5] Wafer

　이렇게 투입된 Wafer는 8대 공정에 따라서 과정이 진행됩니다. 먼저 산화 공정을 거칩니다.
산화 공정을 거치는 이유는 Wafer의 절연막 역할을 하는 산화막(SiO_2)을 형성해서 회로와 회로
사이에 누설 전류가 흐르는 것을 차단하기 위함입니다. 산화막은 이온 주입 공정에서 확산 방지막
역할을 합니다. 이 공정의 경우 Etch에서 Dry Cleaning으로 진행하고 있습니다. 이때 각 Chamber
(챔버)의 진공 상태를 유지하기 위해서 진공펌프를 사용하며, 해당 설비에서 공정을 진행하고 나
온 불순물을 제거하기 위해서 Scrubber(스크러버)를 활용하고, 챔버 내 공정 조건을 위한 온도
유지를 위해서 Chiller(칠러)를 활용합니다. 설비마다 사용하는 업체는 다르지만 진공이 필요한
모든 공정은 진공펌프, Scrubber, Chiller를 필수로 사용합니다.

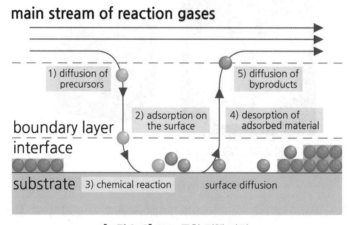

[그림 2-6] CVD 증착 진행 과정

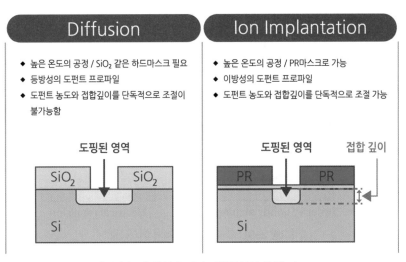

Diffusion

◆ 높은 온도의 공정 / SiO₂ 같은 하드마스크 필요
◆ 등방성의 도펀트 프로파일
◆ 도펀트 농도와 접합깊이를 단독적으로 조절이 불가능함

도핑된 영역

SiO₂   SiO₂

Si

Ion Implantation

◆ 높은 온도의 공정 / PR마스크로 가능
◆ 이방성의 도펀트 프로파일
◆ 도펀트 농도와 접합깊이를 단독적으로 조절 가능

도핑된 영역   접합 깊이

PR   PR

Si

[그림 2-7] 확산 공정과 이온주입의 특성 비교

증착과 이온 주입 공정의 경우 각각 CVD와 Implant 공정에서 진행합니다. 이온 주입 공정의 경우 부도체인 Wafer에 이온을 주입하여 전류를 흐르게 하는 전도성을 부여하기 위해서 진행하는 과정입니다.

그리고 반도체 Chip에는 미세하고 수많은 Layer(층)가 존재하는데, 반도체의 원재료가 되는 단결정 실리콘 Wafer 위에 단계적으로 박막을 입히고 회로를 그려 넣는 Photo 공정을 거쳐 불필요한 부분을 선택적으로 제거하는 Etch 공정, Clean 공정을 여러 번 반복합니다. 이때 회로 간의 구분과 연결, 보호 역할을 하는 얇을 막을 박막(Thin flim)이라고 합니다.

CMP

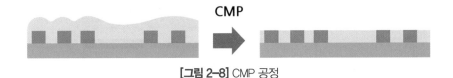

[그림 2-8] CMP 공정

연마는 CMP 공정에서 담당하고 있습니다. 보통 Wafer의 표면을 평탄화하는 과정에는 화학적 식각과 기계적 식각이 있는데, CMP에서는 후자인 기계적 식각을 진행합니다. 이는 반도체 소자의 고집적화, 고속화에 따라 공정 진행 전 Wafer의 완벽한 평탄화가 수반되어야 세밀한 공정이 진행될 수 있기 때문에 도입하기 시작하였습니다. 다른 7대 공정과는 다르게 나중에 하나의 공정으로 인정받게 되었죠. 흔히 기계적 마모가 수반되기 때문에 표면을 거칠게 밀어내는 형태로 진행되는데, 해당 공정 이후에는 보통 Cleaning 공정이 수반됩니다.

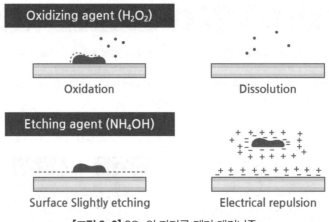

[그림 2-9] SC-의 파티클 제거 메커니즘

Clean 공정은 크게 Wet Clean과 Dry Clean으로 나누어집니다. 과거에는 Wet Clean만을 진행했으나, 제품의 세밀화와 공정의 변화로 인해서 Dry Clean도 병행해서 진행하고 있습니다. 공정의 이름에서 알 수 있듯이 Wafer의 표면을 깨끗하게 하는 것과 더불어 HF, H_2SO_4, H_3PO_4 등의 화학 물질을 통해서 Wafer 표면의 화학적 식각을 진행합니다. 해당 화학 물질은 선택적 식각을 통해서 표면에 있는 막을 제거하고 내부에 있는 막은 제거하지 않는 효과를 냅니다. 초기에는 모두 Wet Clean만을 활용했으나, 점차 마진폭이 줄어들고 선택비가 중요해지면서, Wet Clean만으로는 해결이 불가능한 Step이 나타났고, 이에 따라 점차 Dry Clean을 사용하는 폭이 넓어지고 있습니다.

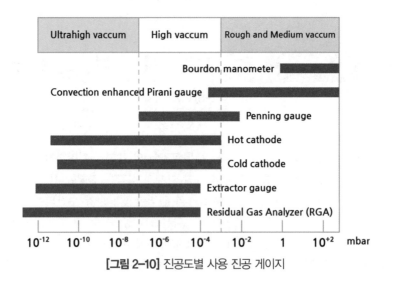

[그림 2-10] 진공도별 사용 진공 게이지

Gas를 사용하는 공정은 대부분 내부의 활성화를 일정하게 유지하기 위해서 진공을 활용합니다. 그래서 [그림 2-10]과 같은 진공에 대한 학습도 진행하는데, 저진공, 고진공, 초고진공 등 각 압력치마다 활용하는 Position이 존재합니다. 너무나 당연하게도 초고진공은 Wafer와 맞닿는 Chamber 내부에서 활용됩니다.

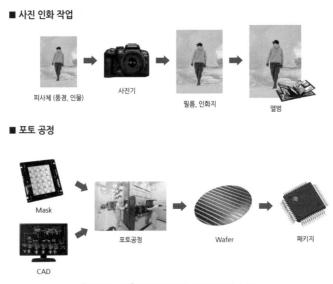

■ 사진 인화 작업

피사체 (풍경, 인물)   사진기   필름, 인화지   앨범

■ 포토 공정

Mask   포토공정   Wafer   패키지

CAD

[그림 2-11] 포토공정과 사진 작업 비교

아마도 반도체 공정의 꽃이라고 할 수 있는 Photo 공정은 엔지니어들이 컴퓨터 시스템(CAD)을 이용해 Wafer에 그려 넣을 전자회로 패턴을 설계하는 것으로, 이 회로의 정밀도가 반도체의 집적도를 나타냅니다. Reticle이라고 부르는 Photo Mask에 설계된 회로 패턴을 옮겨서 제작합니다. 마치 사진을 인화하듯이 Photo Mask의 정밀회로가 Wafer에 현상되죠. 최근 EUV라고 하여 각광받는 공정이 바로 Photo 공정에서 사용하는 설비이며, 실제 현업에서도 가장 어렵기 때문에 높게 평가하고 있습니다.

Photo, Etch, 이온 주입, Deposition 공정 등을 반복하면 Wafer 위에 수많은 반도체 회로가 만들어지는데, 이 회로가 동작하기 위해서는 외부에서 전기적 신호를 가해야 합니다. 이렇게 신호가 잘 전달되도록 반도체 회로 패턴에 따라 전기길(금속선)을 연결하는 작업을 금속 배선 공정(Metal)이라고 합니다. 이때 사용되는 금속재료는 기판과의 좋은 부착성(Adhesion), 낮은 전기저항, 열적/화학적 안정성, 패턴 형성의 용이성, 높은 신뢰성, 낮은 제조 가격 등의 필요조건을 가집니다.

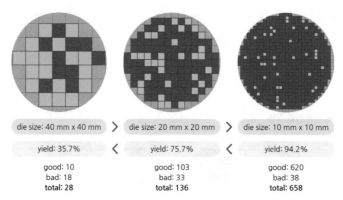

die size: 40 mm x 40 mm	>	die size: 20 mm x 20 mm	<	die size: 10 mm x 10 mm
yield: 35.7%	<	yield: 75.7%	<	yield: 94.2%
good: 10		good: 103		good: 620
bad: 18		bad: 33		bad: 38
total: 28		total: 136		total: 658

[그림 2-12] 다이 사이즈에 따른 수율 변화

전공정을 마무리하면 EDS(Electrical Die Sorting)라고 하여 반도체의 수율을 검증하는 과정에 들어갑니다. 반도체의 전기적 특성 검사를 통해서 개별 Chip들이 원하는 품질 수준에 도달했는지 확인합니다. 수선(Repair) 가능한 Chip은 다시 양품으로 만들고, 불가능한 Chip은 특정 표시(Inking)를 통해 불량으로 판정합니다. 전공정 검사 시 잡아내지 못하는 문제도 EDS에서 검증하여 확인되는 경우가 있습니다.

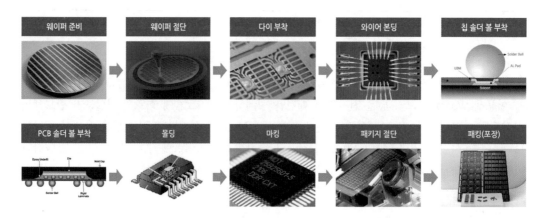

[그림 2-13] 패키지 공정 순서

Sawing과 패키징은 후공정입니다. 앞에서 Wafer의 모양이 어떻게 생겼다고 했었는지 기억하나요? 바로 동그란 원판이라고 하였습니다. 그런데 실제로 여러분이 사용하는 PC나 스마트폰에 사용되는 반도체는 대부분 사각형으로 생긴 것을 볼 수 있습니다. 그러면 어떻게 원형에서 사각형으로 바뀌는 걸까요? 바로 사용이 가능한 Chip 형태로 자르는 것(Sawing)입니다. 그리고 제품에 사용 가능하도록 Packaging합니다. 반도체 Chip을 기판이나 전자기기에 장착하기 위해서는 그에 맞게 포장해야 하는데, 반도체 Chip이 외부와 신호를 주고 받을 수 있도록 길을 만들어주고 다양한 외부환경으로부터 안전하게 보호받는 형태로 만드는 과정을 Packaging이라고 합니다.

마지막으로 Packaging 이후 Test를 진행합니다. 단순하게 양품 및 불량품 선별에 국한하지 않고, Test 과정을 통해 확보된 Data를 기반으로 수율 분석이나 불량 원인 분석에 대해 피드백하고, 이를 기반으로 IDM과 Fabless 업체들은 수율 개선이나 양산 리스크를 최소화하여 제품의 안정성을 도모합니다.

이렇게 반도체 공정은 매우 많은 기술의 집합체로써, 출하까지 짧으면 1개월에서 3개월 이상이 소요됩니다. 따라서 변화에 빠르게 대처하기에는 다소 어려움이 있기 때문에 생산 전에 미리 미래를 예측하고 생산이 진행되어야 합니다. 반도체 업계에서 근무하는 분들이 가장 힘들어하는 부분 중의 하나가 매출 변동성인데, 이 변동성으로 인해서 반도체 사이클이라는 것이 존재합니다. 수요와 공급의 불일치로 반복되는 가격 상승과 하락으로 인해 제작이 가능한 회사의 수도 줄었다, 늘었다를 반복합니다.

> 보통 치킨게임이라고 불리는 방식으로, 공급이 증가함에 따라 가격이 하락하는 상황에서 일반적으로는 공급을 줄여야 하지만, 공급 수량은 더 많이, 가격은 더 저렴하게 공급하여 다른 업체를 고사시키는 방식을 활용하고는 합니다.

03 반도체 직무

지금까지 살펴본 내용을 토대로 이제는 여러분이 지원해야 할 반도체 직무에 대해 알아보는 시간을 가지도록 하겠습니다. 일반적으로 제조업이기 때문에 대부분 익숙한 직무들이 포진되어있습니다. 다만 조금 다른 점은 설비가 24시간 가동되어야 하기 때문에 Fab에서 근무하는 인원의 경우 24시간 근무에 맞춰 시간을 배분합니다. 교대 근무라고 해서 8시간씩 근무하는데, 영업/마케팅/기획 직군은 라인 근무가 없기 때문에 교대 근무와는 전혀 관계가 없지만, 단위 공정 및 설비 직군 외에 연구/개발 직군도 라인에서 근무해야 하는 경우에는 교대 근무를 합니다. 다만 교대 근무를 하면 그만큼 회사에서 보상을 해 주니 미리 겁먹을 필요는 없습니다.

1 IDM의 직무 VS 재료+설비 / 장비사 직무

먼저 국내에서 가장 많은 인원을 채용하는 국내 최고의 종합 반도체 회사(IDM)인 삼성전자와 SK하이닉스의 설비 직군과 보통 업체 혹은 협력사라고 일컫는 장비사의 설비 직군을 비교해 보겠습니다.

> 회사마다 다소 명칭이 다른 경우가 있으나 보통은 CS (Customer Service)라고 합니다.

IDM의 설비 직군은 Fab 내 각 단위 공정의 반도체 장비의 유지/보수가 주목적입니다. 보통 최첨단 장비이긴 하지만, 공정별로 미세한 조건을 잡습니다. 온도, 습도, 진동, 농도, 비율 등과 같이 생산 제품에 영향을 줄 수 있는 거의 모든 요소들을 관리하는데, 이러한 부분을 Interlock이라고 하는 것을 통해서 제어합니다. 엔지니어는 위의 요소를 관리함에 있어서 상/하한치를 주어 기존과 다른 트렌드를 보여주거나 갑자기 변동되는 것을 사전에 감지하여 설비를 정지시키고 문제점을 파악하며, 기존의 조건과 동일하게 맞출 수 있도록 작업합니다. 이뿐만 아니라 하드웨어적으로도 설비가 정지될 수 있는 요소(예 Robot의 동작 문제, Foup Door가 열리지 않아서 더이상 진행이 되지 않는 경우 등)가 있다면 정지된 설비를 확인하여 다시 재가동이 될 수 있도록 합니다.

그런데 위와 같은 업무를 하다가 보면 엔지니어가 할 수 없거나 정확하게 방법을 모르는 경우가 발생합니다. 문제가 발생한 설비를 다시 점검했는데도 불구하고 IDM의 엔지니어가 더이상 작업하기 어려운 경우에는 장비사의 CS 엔지니어에게 요청합니다. 장비사는 IDM이 직접 처리하기 어렵거나 불가능한 업무를 대응하는 역할하는데, AS 비용을 지불하고 장비사의 엔지니어에게 요청하는 것으로 각 장비사는 계약에 의거하여 라인에 입실해서 문제에 대응합니다. 당연히 장비사 엔지니어의 경우 IDM 엔지니어보다는 좀 더 심도 있게 점검과 검증을 하며, 일반적으로는 문제 해결이 될 때까지 지속해서 업무를 진행합니다.

IDM의 엔지니어의 경우 8시간 교대 근무로 인해 근무 시간이 계속해서 변경됩니다. 또한 가끔은 설비에 아무 문제가 없어 평화롭게 하루가 지나가기도 하지만, 종종 다음 근무자가 오더라도 집에 가기 어려울 정도로 업무가 많은 날도 있습니다. 장비사 엔지니어의 경우 평소에는 대부분 주간 근무를 진행하다가 당번 형식으로 야간에 대응하는 경우가 많습니다. 그러나 고객사인 IDM 측에서 언제, 어떻게 대응을 요청할지 예측할 수 없습니다.

2 반도체 대표 직무

그렇다면 실제로 반도체 내에 있는 업무를 알아보도록 하겠습니다. 종합 반도체 회사인 삼성전자를 기준으로 업무를 설명해 보겠습니다. 괄호 안에는 SK하이닉스에서 유사하게 통용되는 업무를 표현했습니다.

1. 영업 / 마케팅 / 기획 (Hynix: 기술사무 직군 전반)

혹시 반도체 업계가 아닌 다른 업계에서 영업, 마케팅, 기획 직무가 없는 것을 본 적이 있나요? 정말 작은 중소기업을 제외하고 여느 회사든지 해당 업무는 존재합니다. 영업과 마케팅의 경우 서로 같이 있는 경우가 많은데, 삼성전자 역시 영업과 마케팅 부서는 같이 존재하고 서로 순환을 하는 경우가 많습니다.

반도체의 경우 대부분 알고 있는 B2C 업계와는 다르게 B2B만 존재합니다. 삼성전자 내에서 영업은 보통 국내 영업과 해외 영업으로 구분되며, 당연하게도 제품 판매를 우선으로 합니다. 반도체 경기에 따라 제품 판매가 수월할 때도, 수월하지 않을 때도 있지만, 최근에는 판매할 제품이 모자라서 제조 쪽에 더 많은 물량을 요청하는 경우가 많습니다.

마케팅의 경우 영업을 잘 할 수 있게 도와주는 역할로, 반도체 업계에서는 마케팅 업무가 조금은 모호한 감이 있습니다. 고객사를 상대로 제품의 성능을 설명하고 신제품에 대해서 소개하는 것이 주업무이므로, 제품에 대한 이해도가 높아야 하기 때문에 해당 부서는 보통 기술 엔지니어가 직무를 변경하여 근무하는 경우가 많습니다.

> 그래서 대부분의 반도체 업계는 영업/마케팅을 한꺼번에 묶어서 진행하고는 합니다.

기획 업무는 이름에서 바로 알 수 있듯이, 단기/중장기 계획을 세우고 Fab 기획 및 내부 Layout 설정 등의 다양한 업무를 진행합니다. 해당 팀의 경우 회사 규모가 너무 크기 때문에 기획 파트에서는 순수 기획 업무만 담당하고, 각종 Fab과 관련한 업무는 부서를 따로 만들어서 해당 업무만 집중해서 처리할 수 있도록 부서가 분리되어 있습니다. 인문계열 취업준비생이 가장 가고 싶어하는 부서이기도 합니다만, 전반적으로 다른 부서에 비해서 업무 강도가 굉장히 높은 편이기 때문에 많은 준비가 필요한 곳입니다.

2. 회로설계 (Hynix: 설계)

회로설계는 크게 Analog 설계와 Digital 설계, 그리고 검증 및 솔루션 개발 부서로 나누어집니다. Analog 설계의 경우 Sensor, PMIC, DDI, Security, RFIC 등 Analog IP 제품에 적용이 되는 설계하고, Digital 설계의 경우 CPU, GPU, GPS, ISP 등의 Digital IP 설계 및 AI 전용 NPU 등을 설계하는 역할을 합니다. 일반적으로 부서는 프로젝트 단위로 움직입니다. Analog 설계를 한다고 해서 Digital 설계를 전혀 하지 않거나 Digital 설계를 한다고 해서 Analog 설계를 하지 않는 것은 아니고, 본인의 희망이나 부서의 상황에 맞춰서 계속 변경됩니다. 일반적으로 차세대 제품군이 세대별로 정리되면 설계도 팀을 나눠서 진행합니다. 프로젝트를 진행할 때와 진행하지 않을 때에 업무량의 차이가 존재하는 편입니다.

회로 검증 및 솔루션 개발의 경우, 설계 과정의 회로 검증과 불량 분석의 최적화 방안을 연구하고 제품별 요구사항 및 실제 사용 환경에서의 동작 및 효율성을 검증합니다. 또한 고객 사용 Tool 개발 및 기술을 지원합니다. End-user에게 있어서 가장 중요한 검증 과정으로써, 반도체 업계의 경쟁이 심화됨에 따라 더 중요한 직군이 되고 있습니다.

3. 신호 및 시스템 설계 (Hynix: 설계/소자)

무선통신 기술에 관한 이해를 바탕으로 Modem과 Connectivity(WiFi/BT/GNSS) 관련 무선통신 알고리즘을 연구하고, Multimedia 관련 영상처리 알고리즘과 AI Deep Learning 알고리즘을 연구하는 직무입니다. 통신 기술의 경우 계속해서 발전하고 있고, 영상처리 역시 계속해서 발전하고 있기 때문에 통신 분야에서 중요한 직무입니다. 전반적으로 학력이 높은 인원들이 배치되어 설계 업무를 진행합니다.

4. 기구개발 (Hynix: 설계/소자)

반도체 설비의 진동/소음 저감 설계 및 하드웨어 방열시스템 설계 등 반도체 라인에서의 적합한 형상을 개발하고 발생한 문제의 원인을 분석하여 개선해 나가는 역할을 합니다. 일반적으로 설비 제조사와 Co-work이 활발하게 진행되며, 특정 공정의 경우 공동으로 개발하여 설비에 적용하는 업무를 진행합니다.

전장설계는 생산에 필요한 전장 부품 및 회로를 설계하고 개발하는 업무를 진행하며, 설비제어 및 운영에 필요한 전장 부품의 선정 및 통합, 배선/제어보드 설계를 수행합니다. 또한 디바이스를 효율적으로 제어/관리하는 솔루션을 개발하고 성능을 최적화하는 업무를 맡습니다.

5. 공정설계 (Hynix: 설계/소자/Solution SW/R&D공정)

반도체 공정 프로세스를 설계하고, 요구 성능 및 품질 확보를 위한 소자와 최적의 Layout, Mask를 개발하는 직무입니다. 공정설계 역시 반도체 라인 업무와 마찬가지로 공정별로 인원이 분산배치되어 있습니다. 흔히 설비에서 사용하는 프로세스를 나타내는 표를 Recipe라고 하는데, 이 공정 조건이 최적화되어 있어야 러닝타임이 짧아지고 공정별 물리적 특성도 정확하게 활용할 수 있습니다.

이 분야 중 하나인 소자 개발 및 불량 분석의 경우, 제품 요구 성능과 품질을 확보하기 위한 소자 설계가 있습니다. 각 소자의 특성에 따라 반도체 Wafer에 적용되는 특성이 조금씩 달라지는데, 이 부분을 개발하는 역할을 하며 제품의 양산성 확보 및 신뢰성 향상에도 기여합니다.

그리고 공정설계뿐만 아니라 공정기술 분야에서도 동일하게 적용되는 부분으로, 공정 조건, 제품 특성 및 원가/수율 등의 제품 개발, 생산 활동 제반의 연구를 합니다. 흔히 연구소 쪽에서 큰 틀을 만들어서 양산기술로 넘기면 각 양산기술의 단위 공정에서는 해당 Recipe를 가지고 개량하여 활용합니다.

6. 설비기술 (Hynix: Maintenance/양산기술)

설비기술의 경우 라인 내에서 사용하는 반도체 설비들의 유지 및 보수를 중점적으로 진행하며, 나아가서는 반도체 설비의 생산성 향상 및 안전 증대를 위한 개선 업무를 진행합니다. PM(Preventive Maintenance)을 통해 설비 가동률 및 성능 향상에 기여하고, BM(Break Maintenance)를 통한 설비 고장 분석 및 개선을 진행합니다. 설비별로 주기적으로 관리해야 하는 부품을 기간 내 교체를 통해서 BM률을 감소시키며, 이를 통해 원가 절감 및 생산성 향상에도 기여합니다.

설비의 문제점을 판정하기 위해서 분석 Tool을 활용합니다. 보통 Interlock이라고 하는 시스템을 도입하여 설비에 이상점이 발견되는 즉시 설비의 진행을 멈추고 점검을 할 수 있는 시간을 갖습니다. 또한 Data를 취합하여 Big Data 분석을 통해 동일한 문제를 사전에 확인하여 제거할 수 있도록 합니다.

7. 생산 / 양산관리 (Hynix: Operator/양산관리)

생산관리는 각 제품의 생산 계획 수립 및 자재 수급 관리, 원가관리를 통한 생산성 향상을 주업무로 합니다. 각 라인 혹은 공정별로 생산하는 제품이 다른데, 제품별 생산에 따라 기획 및 진도를 관리하고 각 월별 생산량 조절을 통해서 고객사의 수요에 맞춘 대응을 합니다. 또한 라인 내 Layout을 관장하여 설비의 배치를 효율적으로 하며, 효율적으로 생산 인프라를 활용할 수 있도록 합니다.

생산 시스템의 경우 설비의 상태를 확인하고 설비에서 Alarm이나 Interlock 발생 시에 즉각적으로 모니터링할 수 있도록 적용하고 있으며, 스마트팩토리 구축을 통한 라인의 완전 자동화 시스템 및 인프라 시스템의 최적화 Logic을 수립합니다.

8. 공정기술 (Hynix: 양산기술)

반도체 8대 공정기술 및 기반 기술을 연구, 개발하여 생산성을 향상시키는 직무입니다. 앞서 설명한 공정개발과 마찬가지로 프로세스의 최적화 및 개발 업무를 맡으며, 신제품 양산을 위해서 공정의 최적화도 진행합니다. 특히 생산성 향상과 수율 향상을 위해서 각종 조건에 대한 평가를 진행하는데, 공정기술 혼자 단독으로 가능한 업무도 있지만 설비 기술과 Co-work하여 진행해야 하는 업무도 굉장히 많이 존재합니다.

양산을 담당하는 업무를 하다 보면 설비에 문제가 발생하거나 후속 검사 시 문제가 발생하여 진행되었던 Wafer에 대한 관리가 필요한 경우가 있는데, 이때 각 상황에 맞게 적절한 Recipe를 활용하여 Wafer에서 발생한 문제를 최소화하는 업무도 병행합니다. 이 때문에 설비기술과 마찬가지로 24시간, 3교대 근무를 반드시 진행합니다.

9. 테스트 및 패키징 (Hynix: 양산기술(P&T))

패키징 개발은 고성능 반도체 패키지 및 첨단 제조 공정을 개발하고 최적화를 진행하며, 제품의 성능 및 생산 효율 향상을 통해 반도체의 가치를 극대화하는 직무입니다. 패키지 디자인의 경우 Device와 Set Board 간의 신호 및 전력 전송을 위해서 패키지 디자인을 하는 업무로, 전기적/열적/기계적인 시뮬레이션을 통한 패키지의 구조와 소재, 공정의 최적화를 최우선으로 합니다.

10. 소프트웨어 (Hynix: IT, Solution SW, System Engineering)

소프트웨어 직군은 소프트웨어 기술에 관한 지식을 바탕으로 반도체가 활용된 솔루션 제품을 연구/개발하는 직무로, 현재 전 직군 중 가장 몸값이 높아진 직군입니다.

펌웨어, 미들웨어, 시스템 소프트웨어, 애플리케이션 소프트웨어를 개발하는 부서는 각 제품 (SSD, eStorage, DRAM Module, CPU, GPU 등)의 요구사항에 부합하는 소프트웨어를 개발하고, 각 제품에 적용되는 부분에서 평가 및 제품 성능의 최적화, 그리고 호스트 시스템 동작연구와 제품 호환성을 연구합니다. 생산되는 모든 제품의 소프트웨어를 개발함으로써 End-user가 사용하는데 문제가 없도록 하는 것이 목표입니다.

Automotive 및 AI, IoT, Cloud, 보안 소프트웨어 개발의 경우 최근 가장 각광받는 분야 중 하나로써 머신러닝과 딥러닝, 음성 및 자연어 처리와 Cloud Platform 개발에 집중하고 있습니다. 또한 보안 부분의 경우 지속적인 해킹 문제로 모든 회사에서 중요시하는 하나의 업으로 발전하고 있으며, 암호화와 통신/네트워크 보안 및 평가 등을 수행하고 있습니다.

그 외에도 제품 설계 및 검증 자동화를 개발하는 부서와 차세대 기술을 연구하는 부서도 존재합니다. 전반적으로 부서의 인원을 많이 충원하고 있으며, 그만큼 업무량도 증가하고 있는 부서 중에 하나로 볼 수 있습니다.

11. 인프라 (Hynix: Utility 기술)

반도체 라인에서 가장 중요한 것을 꼽자면 바로 인프라입니다. 흔히 전기, 용수 등 생산에 필요한 모든 제반 시설을 담당하는 부서로서, 반도체 생산 인프라와 일반 건축물 신축 및 유지보수, 전력 공급과 반도체 생산에 필요한 초순수, Gas, Chemical, HVAC 등 Utility를 안전하고 안정적으로 공급하기 위해서 시스템 설계 및 개발, 유지보수 등을 하는 직무입니다.

건설 기술의 경우 초기 Fab이 지어질 때 건설 프로젝트 기획과 설계, 감리를 담당하며, 향후 Fab이 완성된 이후 프로젝트를 통해 분기별로 Fab 내에 필요한 Utility의 기초 부분을 사전에 건설하여 설비의 Set-up이 원활하게 될 수 있도록 돕는 역할을 합니다.

Facility 및 Utility 기술의 경우 실제 건설 기술에서 사전에 준비해 놓은 Utility의 기초 부분을 활용하여 실제 사용되는 설비와 연결하는 역할을 합니다. 각 설비에서 실제 사용하는 Utility의 양을 계산하여 공급 부하율을 계산 및 최적화하는 업무와 Fab 내 Leak 발생과 같은 비정상 상황 발생 시 긴급하게 대응하는 활동을 하고 있습니다.

Gas/Chemical 기술의 경우 Facility 및 Utility 기술에서 연결하여 가동 중인 Fab 내 설비에 대해 Specialty Gas 및 Chemical을 적정한 압력 및 유량, 순도를 유지한 상태에서 안정적으로 공급하는 업무를 수행합니다. 또한 소재의 이원화 업무를 통해서 한쪽에서 문제가 발생했을 때 대응이 가능하도록 하고, 각종 설계 및 시공 시 원가 절감 및 공급 안정화 업무를 진행합니다.

전기 기술의 경우 Fab 내 전력 계통을 운영합니다. 초기 Fab 건설 시 신규 증설에 대응하며, 설비별 전원 사양 및 사용량에 따른 전원공급이 될 수 있게 합니다. 특히 UPS 및 GPS를 활용하여 설비의 급격한 전력 강하가 발생하더라도 빠르게 복구할 수 있도록 설비의 사양을 관리하고 점검하는 부서입니다.

12. CS 엔지니어

CS 엔지니어는 보통 삼성전자나 SK하이닉스에는 있는 직군이 아닙니다. 보통 설비 장비를 공급하는 회사나 설비를 공급하지 않더라도 IDM 업계의 Order를 받아 업무를 진행하는 업체에서 일하는 인원입니다. 일반적으로 IDM의 설비기술 엔지니어와 업무를 자주 하는데, 장비사의 CS 엔지니어의 경우 IDM의 설비기술 엔지니어보다 설비에 대해 깊이 이해하고 있기 때문에 자주 설비기술 엔지니어들에게 문의를 받는 합니다.

설비기술과 공정기술의 엔지니어와 마찬가지로 이들도 대응을 위해서 24시간 근무를 하는데, 보통 당번 형태로 업무를 진행하고 이때는 주로 집에 있다가 필요시에만 고객사로 출근합니다. 보통 IDM과 계약에 따라서 대응하는 시간이 정해지는데, 최근에는 되도록 너무 긴박한 대응이나 야간 대응을 하지 않는 방향으로 바뀌고 있습니다.

13. 상품기획 (Hynix: 상품기획/기술인증)

상품기획은 보통 마케팅 부서와 협업하여 업무를 진행합니다. 일반적으로 상품 개발 방향과 수익성 분석을 포함한 중장기 제품 및 Technology Roadmap과 전략을 수립하는 업무를 담당합니다. 고객사의 클레임이나 요구 사항, Audit 등의 다양한 상황에 대해 대응해야 하며, 기술적인 내용의 습득이 필요하기 때문에 현업 엔지니어가 상품기획 업무로 전환하는 경우가 많습니다. 전반적으로 외국어 사용 빈도가 많은 편이기 때문에 고객사와 직접적인 커뮤니케이션이 가능해야 하는 부서이기도 합니다.

14. 분석기술 / 품질 (Hynix: 품질보증)

국내 IDM 기업들이 세계 최고 수준인 이유는 무엇일까요? 뛰어난 설계 능력이나 과감한 R&D, 뛰어난 양산기술 등을 꼽을 수 있지만, 무엇보다 대단한 것은 문제의 원인을 검출할 수 있는 분석 기술과 품질팀의 노력이 있기 때문이라고 생각합니다. 이를 담당하는 것이 바로 분석기술/품질 직군입니다. 제품을 생산하면서 발생할 수 있는 문제에 대해 사전에 점검하는 업무를 진행하고, 다양한 조건에서 제품에 문제가 될 수 있는 부분을 미연에 방지하는 업무를 수행합니다.

특히 신제품 개발 시 발생할 수 있는 제품의 다양한 결함이나 Particle Source, 그리고 전기 배선에 따른 동작 상태 여부 등과 같이 반도체 동작 시 문제가 될 수 있는 부분을 피드백하며, 불량에 대한 분석을 R&D와 양산기술과 함께 검증합니다.

지금까지 전반적인 반도체 업계의 현황과 트렌드, 각 공정과 업무를 소개했습니다. 다시 책의 맨 앞으로 돌아가서 서두에 소개한 내용이 어색하게 느껴지지 않는다면, 이제 반도체 회사에 지원할 수 있는 기본적인 지식은 습득했다고 생각합니다. 물론 이번 챕터에서 소개한 기본적인 반도체 지식이 지원하는 회사의 면접에서 나올 만한 수준은 아닙니다. 다만 이러한 지식도 없이 무작성 공부부터 시작하면 기초 부족으로 인해 달리기도 전에 쥐가 나서 쓰러질 수 밖에 없을 것입니다.

이제부터 설비기술/회로설계/공정설계/공정기술 등과 같이 각 직무의 현직자 분들이 해당 직무에 대해 조금 더 심도있게 소개한 내용이 이어지는데, 그 내용들이 반도체 회사에서는 무슨 일을 하는지에 대한 충분한 답이 될 수 있을 것이라고 생각합니다. 다른 업계에 비해서 수행하는 업무에 대해 대외적으로 알려진 것이 별로 없어서 어떤 직무를 선택해야 할지, 내가 입사하면 어떤 업무를 하게 될지 궁금해 하는 경우가 많은데, 이 책의 마지막을 덮으면서 '그래, 나는 이 직무를 꼭 지원해야겠어'라고 확신할 수 있는 여러분이 되었으면 좋겠습니다.

MEMO

PART 02
현직자가 말하는 반도체 직무

회로설계

들어가기 앞서서

이번 챕터에서는 연구/개발 직무의 핵심인 회로설계에 대해 다뤄보겠습니다. 우리가 사용하는 스마트폰, TV, 노트북 등의 모든 전자기기는 회로설계 엔지니어가 설계한 대로 동작하고 있는 것입니다. Analog, Digital, Layout 설계를 통해 자신의 생각대로 세상을 움직일 수 있는 멋진 직무이죠. 하지만 알려진 정보와 체험의 기회가 적은 편이기에 많은 오해가 있기도 합니다. 이번 챕터를 끝까지 읽고 나면 '오, 이런 숨겨진 팁이 있었네!', '반드시 석사를 해야 하는 건 아니구나' 등을 깨달을 수 있으며, 회로설계 직무에 대한 확신을 얻게 될 것입니다.

01 저자와 직무 소개

1 저자 소개

삼코치

전자공학과 학사 졸업

前 스타트업 제품설계팀(인턴)
1) MCU Firm-ware 설계 / 양산 / 고객 대응
2) PCB[1] 회로설계 / 양산 / 고객 대응
3) 타사 bench-marking 자료작성

前 가전제품 S사 생산기술팀(인턴)
1) All-in-One 정수기 품질개선 / 원가절감
2) 라인생산 효율 증대
3) PLC 프로그래밍을 통한 라인 제어

前 의료기기 제조업 ASIC[2] 개발팀(정규직)
1) 메인보드 PCB 회로설계
2) Image Sensor Analog / Layout 설계
3) 미국 샌프란시스코 ISSCC 제품 홍보

現 반도체회사 S사 시스템반도체 회로설계
1) 시스템 반도체 Analog IP[3] 회로설계
2) 외국 엔지니어 고객 대응
3) A급 회로 특허 출원

---

1 [10. 현직자가 많이 쓰는 용어] 1번 참고
2 [10. 현직자가 많이 쓰는 용어] 2번 참고
3 [10. 현직자가 많이 쓰는 용어] 3번 참고

안녕하세요, 스타트업 인턴 경험부터 대기업 회로설계 직무까지 파란만장한 취업의 길을 걸어온 **삼코치**입니다! 저는 현재 **대기업 S사에서 시스템 반도체, 그중에서도 Analog IP Chip 회로를 설계**하고 있습니다.

시스템 반도체 말고 메모리 반도체 회로설계에 더 관심이 있는 분들도 계시죠? 그리고 Digital 회로설계, Layout, 검증, 방법론 등 Analog 회로설계 외 다른 세부 직무에 관심이 있는 분도 계실 거예요.

제가 시스템 반도체의 Analog 회로를 설계하고 있어서 이 글을 읽기 전에 여러분이 '직무적으로 큰 도움을 받지 못하는 것 아닐까?'라고 생각할 수도 있습니다. 그러나 걱정하지 마세요. **여러분의 궁금증을 시원하게 해결해 드리고, 회로설계 직무 선택에 대한 확신을 심어드리겠습니다!** 또한 제 이야기를 전부 듣고 나면 '이걸 왜 지금 읽었지? 당장 써먹을 수 있는 내용도 많잖아?'라고 생각하게 될 것입니다.

그렇다면 먼저, 메모리 반도체와 시스템 반도체가 어떻게 다른지부터 간단하게 짚고 넘어가도록 할게요.

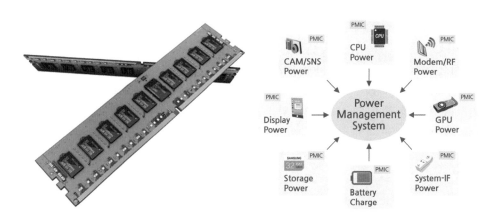

[그림 1-1] 메모리 반도체(좌), 시스템 반도체(우)

반도체 산업은 크게 **메모리 반도체**와 **시스템 반도체**로 구분할 수 있습니다. 메모리 반도체는 DRAM/NAND 기반의 서버용, PC용, 모바일용 제품을 만들고, 소품종 대량생산을 위한 미세공정과 하이테크 기술이 중요합니다. 반면에 시스템 반도체는 CIS, DDI, PMIC, RFIC, MODEM, SoC[4] 등 다양한 제품을 만들고 다품종 소량생산을 위한 여러 가지 기술이 요구되는 분야입니다. 이렇게 제품 Level에서 반도체의 종류가 구분됩니다. **하지만 제품에 들어가는 회로 자체는 메모리 반도체든 시스템 반도체든 유사한 부분이 많습니다.** 어떠한 제품이든 OPAMP, BGR, LDO, Oscillator 등의 기본적인 Analog 회로와 D-flip/flop, NAND/NOR Gate, SR-latch, Adder, MUX 등의 기본적인 Digital 회로가 들어가기 때문이죠.

---

4 [10. 현직자가 많이 쓰는 용어] 4번 참고

또한, 파운드리 업체에 GDS[5]를 넘기려면 Layout을 설계해야 하고, Chip이 나오면 PCB를 이용해 Chip을 검증하는 업무도 동일하게 진행해야 합니다. 마지막으로 Simulation과 검증에 대한 방법론을 연구하는 것도 모두 공통적이죠.

저는 취업을 준비할 당시에 메모리 반도체와 시스템 반도체 중 여러 제품을 취급하면서 다양한 회로와 기술을 다뤄볼 수 있는 시스템 반도체에 조금 더 매력을 느꼈습니다. 그리고 Analog 회로설계를 전공으로 배울 때 어려움을 느꼈고, 그래서 역으로 Digital 회로설계 직무보다 진입장벽이 높은 대신 더 경쟁력이 있을 것 같다고 생각하여 이 직무를 선택했습니다. 그렇게 시스템 반도체 Analog IP 회로설계 직무는 제 삶의 일부가 되었습니다.

> 그러나 지금 와서 알게 된 사실이지만, 경쟁력은 '어떤 직무를 하느냐'로 결정되는 것이 아니라, '어떻게 상대방에게 만족감을 주느냐'로 결정되는 것입니다.

그런데 막상 업무를 하다 보니 Digital, Layout 검증, 방법론을 이해하지 못하면 일하기 힘든 경우가 많았습니다. 그래서 사내 교육이든 외부 교육이든 기회가 있으면 틈틈이 교육을 듣고 있습니다. 또한 친구나 예전 스터디원, 선배 등 다양한 지인을 통해 다른 세부 직무도 간접적으로 경험 중입니다.

비록 제가 시스템 반도체의 Analog IP를 설계하고 있지만 메모리 반도체 회로설계와 유사한 점이 참 많죠? 또한 다양한 교육의 기회와 간접 경험을 통해 Digital, Layout 검증, 방법론 등 다양한 세부 직무를 꿰고 있는 삼코치, 믿을 수 있겠죠?

---

[5] Cadence Design Systems에서 개발한 Graphic Data System File. 파일 층, 도형 및 Text Label 등을 포함하는 Layout 같은 회로에 관한 정보를 포함하는 집적회로 설계 파일을 의미함

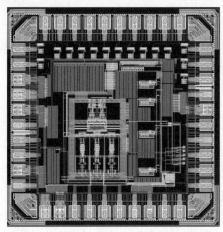 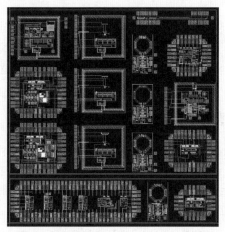

[그림 1-2] 다양한 IP Library의 Layout (Hard IP) (출처: IDEC)

파운드리 회로설계를 따로 언급하지 않은 이유가 궁금할 거예요. 파운드리 회로설계는 사실 시스템 반도체 회로설계와 유사하기 때문이에요. 그렇다면 이 둘을 비교해 보도록 하죠.

시스템 반도체 업체는 Full Chip을 설계하여 완성된 Chip을 고객에게 납품하는 사업을 합니다. 여러분이 알고 있는 검은색으로 패킹된 이 Chip을 삼성전자 MX사업부, APPLE, META PLATFORM 등의 고객사에 대량으로 판매하는 것이죠. 여러분이 일반적으로 생각하는 제조업체처럼 물건을 팔아 수익을 창출하는 회사라고 생각하면 좋습니다.

반면에 **파운드리 업체**는 Chip이 아닌 이를 구성하고 있는 다양한 IP 블록을 설계하고 이 설계 데이터를 판매합니다. IP 블록은 공정 사항이 반영되어 있는 Layout이 완성된 형태(Hard IP) 혹은 Verilog 언어로 모듈화된 형태(Soft IP)가 있습니다. 바로 이 설계도를 Fabless[6] 업체에 판매하여 이익을 얻는 것이죠.

시스템 반도체 업체 입장에서는 괜히 내부 인력을 써서 새로운 IP 설계에 도전했다가 문제가 발생하여 시간과 비용을 날리는 경우가 있을 수도 있겠죠? 바로 이때, 파운드리에서 이미 양산을 통해 검증된 IP 블록의 설계도를 돈을 주고 사용하는 것이 결과적으로 더 큰 이득인 셈이죠.

따라서 파운드리 회로설계는 IP Level로 회로를 설계하는 것뿐이지 시스템 반도체 회로설계와 특별히 다를 것은 없습니다!

---

6 반도체를 설계만 하고 제작은 하지 않는 기업을 말함. 중앙처리장치(CPU)나 모바일 프로세서(AP), 통신 모뎀 (Modem)/Image Sensor 같은 시스템 반도체 Chip의 설계를 맡음

2 삼코치의 취업 Story

그렇다면 왜 저는 반도체 회로설계 직무를 선택했을까요? 그리고 어떻게 학사 출신으로 이 직무를 수행할 수 있었을까요? 지금부터 저의 취업 Story를 들려드릴 테니, 이를 통해 회로설계 직무에 도전하는 많은 분들이 용기를 얻으셨으면 좋겠습니다.

1. 불필요한 경험? NO! 미래의 무기

학부생 시절의 저는 전공 학점 3점 후반의 성적을 보유한 평범한 전자공학과 학생이었습니다. 그리고 대개 그렇듯 3학년 1학기 때부터 취업에 대해 고민하기 시작했습니다. 이때는 특정 회사의 특정 직무를 준비하는 것보다는 다양하게 경험하는 것이 중요하다고 생각했어요. 그래서 다양한 공모전에 출전했죠. 공모전에서 큰 상을 받으면 취업의 길이 쉽게 열릴 것이라고 생각했습니다. 대부분의 공모전이 '반도체 회로 Level' 보다는 '완성된 제품 Level'로 이루어져 있었습니다. 그래서 자연스럽게 취업의 방향을 스마트폰, 가전제품, 차량설계 등 완성된 제품 Level 단위의 회로설계 직무로 준비했습니다. 그러던 중 회로설계 직무를 준비하는 학사들이 반드시 마주하는 고민을 하게 되었습니다.

'나는 회로설계를 하고 싶어. 그런데 이 직무는 석/박사를 많이 뽑는 것 같아. 상대적으로 TO가 많은 생산, 공정, 설비 직무로 지원해야 취업 확률이 높지 않을까?'

'그런데 또 회로설계를 안 해보면 나중에 후회할 것 같아. 그렇다고 석사를 하자니, 시간도 오래 걸리고 돈도 빨리 벌고 싶어. 어떻게 하면 좋을까?'

전자공학의 꽃은 회로설계라고 생각했고, TO가 많은 직무에 지원할지 아니면 내가 하고 싶은 직무에 소신 지원할지에 대해 참 많은 고민했습니다. 저는 어떤 선택을 했을까요?

'그래, 할 수 있는 것부터 해보자!'

나중에 후회하지 않기 위해 소신 지원을 선택했고, 특별한 재능이 없었던 저는 그저 할 수 있는 것부터 도전해 보기로 했습니다. 가장 먼저 도전한 것은 대학교 산학연계 인턴으로 **스타트업 제품 개발팀**에 지원한 것이었습니다. 인기가 많은 직무인 회로 및 Firm-ware 설계 직무에 지원했고, 인기가 많은 직무이기 때문에 경쟁률이 높을 것이라고 생각했습니다. 그러나 예상과 다르게 도전하는 사람이 많지 않아서 쉽게 합격할 수 있었습니다. 그리고 이 회사에서 MCU, Firm-ware 및 PCB 회로를 설계해 보고, 고객과의 미팅을 통해 스타트업의 독특한 수익 모델을 경험할 수 있었습니다.

곧바로 이어서 같은 산학연계 인턴으로 **가전제품 S사 생산기술팀**에 도전했습니다. 회로설계 TO가 있었다면 회로설계 직무로 지원했을 텐데, 아쉽게도 회로설계 TO가 없어서 가장 유사한 직무인 생산기술 직무로 지원했습니다. 다행히 생산기술팀이 회로를 설계하는 연구소와 소통을 많이 했기 때문에 회로설계 연구원이 어떻게 일하는지 간접적으로 배울 수 있었습니다. 무엇보다 제품의 생산과 품질을 관리하는 부서에서는 어떻게 연구소와 협업하는지에 대해 역지사지로 깨닫게 된 것이 가장 큰 수확이었죠.

이후에 대학교를 졸업하고 본격적으로 취업에 도전했습니다. 가장 가고 싶었던 회사(현재 회사)를 열심히 준비했지만, 아쉽게도 인적성 시험에서 탈락했습니다. 그래서 공백기 동안 직무 경험을 쌓기 위해 먼저 **의료기기 중견기업 회사에서 회로설계 직무** 역량을 쌓기로 했습니다. 회사에 다니면서 완성된 제품 Level의 회로를 설계하는 엔지니어보다 반도체 회로설계 엔지니어가 더욱 대우받는다는 사실을 알게 되었고, 반도체 회로설계 직무로 마음을 굳히게 되었습니다. 그리고 제가 원했던 Image Sensor를 설계하는 **ASIC 개발팀**에서 바닥부터 열심히 업무를 익혔습니다. 학사 출신이었기 때문에 업무를 따라가기 위해 스스로 세미나를 열고 공부했던 기억이 아직도 생생합니다. 그리고 마침내 원하는 회사로 이직에 성공하여 원하던 시스템 반도체 회로를 설계하게 되었습니다.

> 이때 가장 발전한 것 같습니다.

이렇게 다양한 경험을 했기 때문에 저는 제가 선택한 길에 확신이 있었습니다. 또한 모든 경험마다 저만의 결론을 메모해 둔 덕분에 정리된 결론들을 취업할 때 적재적소에 사용할 수 있었죠. 그리고 이렇게 책을 쓸 수 있는 원동력이 되어주기도 했습니다.

특히 위 경험 중 여러분께 공유하고 싶은 특별한 에피소드가 있어서 한 가지 소개하겠습니다.

2. 끊임없는 관심 + 기회를 붙잡는 용기 = 실현

바로 의료기기 중견기업 회사에서 있었던 일입니다. 사실 제가 처음에 배치된 부서는 **ASIC 개발팀**이 아닌, 메인보드를 설계하는 **HW 개발팀**이었습니다. 그러나 반도체 회로설계를 하고 싶었기 때문에 아쉬움이 컸죠.

그러던 어느 날, ASIC 개발팀과 협업을 할 일이 생겼습니다. 지금 생각해도 어떻게 그런 용기가 생겼는지 모르겠지만, 협업하면서 ASIC 개발팀 팀장님께 "제가 ASIC에 관심이 많은데 도와드릴 수 있는 일이 없을까요?"라고 어필해 봤습니다. 팀장님은 제가 반도체 회로설계 Tool을 써봤는지 물어보셨고, 써보지 않은 것을 확인하셨습니다. 그리고 아무 일도 일어나지 않았죠. 그렇게 그냥 묻혀 지나가는 사건인 줄 알았습니다.

6개월이 지난 어느 날, ASIC 개발팀의 팀장님이 조용히 오시더니 저에게 아직도 ASIC에 관심이 있는지 물어보셨습니다. ASIC 개발팀 인력이 부족한 탓에 평소 ASIC에 관심이 많았던 저를 스카우트하려고 한 것이었죠.

"ASIC 개발을 한시도 생각해 보지 않은 적이 없습니다!"

이미 제가 속해 있던 팀의 팀장님과는 합의가 되어 있는 상태였기 때문에 간단하게 인수인계만 하고 원하던 반도체 회로를 설계할 수 있게 되었습니다. 신입임에도 불구하고 하고자 하는 열정과 관심, 그리고 용기를 알아봐 주신 것이죠.

더욱 놀라운 사실은 반도체 회로설계 세계에서 올림픽이라고 불리는 가장 유명한 학회인 ISSCC에 참석할 기회를 주신 것입니다. 미국 샌프란시스코에서 트렌디한 기술들, 그리고 학회의 거장들을 만나 보면서 더 큰 세상을 바라볼 수 있는 눈을 갖게 되었습니다. 또한 학사임에도 불구하고 스스로 공부하면서 업무에 따라가고자 노력하니 유명 대학교 석/박사 통합 과정도 제안받을 수 있었습니다. 회사에 다니면서 프로젝트를 연계하여 박사 학위까지 취득할 수 있는 기회였죠.

물론 지금은 다른 인생 목표가 생겨서 이렇게 이직을 했습니다. 그래서 학위를 따지는 못했지만, 마음만 먹으면 학사 출신에서 성장하여 반도체 회로설계의 끝판왕까지 가볼 수 있었죠.

이렇게 삼코치의 취업 Story를 여러분께 소개한 이유는 두 가지입니다.

첫째, 어떤 경험이라도 불필요한 경험은 없으며, 스스로 결론을 내리고 메모해 두면 언젠가는 무기로 쓸 수 있다는 사실을 알려드리고 싶었습니다.

제가 지금 회사에 취업할 수 있었던 이유, 그리고 이렇게 책을 쓰고 강의하고 컨설팅을 할 수 있게 된 이유도 다양한 회사 경험과 탈락의 경험이 있었기 때문입니다. 인턴을 하면서 어떻게 회사를 운영하는지, 고객들과 어떻게 미팅을 하는지, 회로설계와는 어떤 관련이 있는지를 기록했습니다. 또한 인적성과 면접에서 탈락했을 때도 그 이유를 피드백하여 '나만의 공략법'을 만들어 두었습니다.

이 과정이 없었다면 지금의 삼코치도 없었을 것입니다. 취업이라는 단기적 목표를 넘어 인생의 기회를 잡기 위해 항상 **긍정적인 마음으로 실패의 경험조차 여러분의 무기**로 만들었으면 좋겠습니다.

둘째, 학사 출신이더라도 끊임없이 관심을 갖고 경험을 쌓은 뒤, 용기를 내면 결국 해낼 수 있다는 것을 보여드리고 싶었습니다.

회사는 정해진 법칙대로 운영되는 곳이 아니라 사람과 사람 사이에서 융통성 있게 돌아가는 곳입니다. 그래서 내가 어떻게 하느냐가 가장 중요하고 본인의 행동에 따라 결과가 크게 달라집니다. 이것은 저뿐만 아니라 제 주변의 지인들이 입을 모아 말하는 것이기도 합니다.

제가 회로설계 직무에 도전하다 보니 제 주변에도 회로설계 직무에 도전하는 분이 많았습니다. 단번에 취업에 성공한 분도 있지만, 2~3년간 마음고생하면서 취업을 준비한 분도 있었습니다. 그러나 시기의 차이일 뿐 현재는 모두 회로설계 직무에 합격하여 훌륭히 업무를 수행 중입니다. **그리고 그분들이 성공할 수 있었던 원동력은 저와 같은 끊임없는 관심과 용기**였다고 말할 수 있습니다.

MEMO

회로설계 직무로 취업을 준비할 때의 시행착오를 줄여드리기 위해 시스템 반도체 회로설계 직무의 JD(Job Description)에 대해서 알아보겠습니다.

앞서 이야기한 것처럼 **설계하는 제품만 다를 뿐이지 메모리 사업부, 파운드리 사업부의 회로설계 직무와 하는 일, 다루는 회로, 그리고 세부 직무는 90% 유사**합니다. 그러니 Chip 회로설계를 목표로 하는 분들은 모두 많은 도움을 얻을 수 있을 것입니다.

직무소개 회로설계 System LSI 사업부

시스템 반도체 (AP, Modem, Image/Bio/Automotive Sensor, PMIC, DDI, Security, RFIC 등)를 개발하기 위한 Analog/Digital 회로를 설계, 검증하고, 고객에게 솔루션을 제공하는 직무

[그림 1-3] 삼성전자 System LSI 사업부 채용공고 ①

시스템 반도체는 위와 같이 정말 다양한 제품군(AP[7], Modem, Image/Bio/Automotive Sensor, PMIC, DDI, Security, RFIC 등)을 설계합니다. 그리고 각각의 제품마다 설계팀이 존재하죠.

> 제품의 종류가 너무 많아서 시스템 반도체를 설계하고 있는 저도 각각의 제품에 대해 구체적으로 알지는 못해요. 예를 들어, 저는 AP를 설계하지 않는데 가끔 친구들이 '왜 너희는 AP를 잘 못 만들어?'라고 물어보면 잘 알지 못해서 반박할 수가 없습니다. 이렇게 현직자들에게 특정 제품에 대해 구체적으로 물어봐도 크게 도움을 받지 못하는 경우도 있습니다.

그렇다면 어떻게 내가 알고 싶은 각각의 제품에 대한 최신 Trend와 기술을 학습할 수 있을까요? 이에 대한 구체적인 방안은 09 **미리 알아두면 좋은 정보** 부분에서 다루고 있으니 꼭 끝까지 읽어주세요!

---

7 Application Processor의 약자. CPU 기능과 다른 장치를 제어하는 Chip-set의 기능을 모두 포함하는 Mobile processor로, 스마트폰이나 태블릿PC 등에 필요한 OS, Application을 구동시키며(CPU), 여러 가지 시스템 장치 및 Interface를 Control 하는 기능을 하나의 Chip에 모두 포함하는 System-on-Chip를 말함

그럼 조금 더 자세히 살펴보도록 하죠.

채용공고 회로설계

주요 업무

1. Analog 회로설계
- 시스템 반도체 제품(Sensor, SOC, PMIC, DDI, Security, RFIC 등) 특성에 맞는 Analog IP 개발 및 제품 적용
- ADC, Amplifier, Regulator, DC-DC, Antenna 등 저전력/초고속 Analog 회로설계
- 고속 신호 전송을 위한 I/O 회로, Physical Layer, SI/PI 연구 개발

[그림 1-4] 삼성전자 System LSI 사업부 채용공고 ②

[그림 1-4]를 보면 Analog 회로설계에서 하는 일을 제품 관점에서 잘 설명해 놓았습니다. 구체적으로 하는 일과 Work Flow에 대해서는 03 **주요 업무 TOP 3**를 참고해 주세요. 여기서는 각 용어에 대해 다뤄보겠습니다.

제품에 대해서는 앞에서 다뤘고, ADC는 Analog 신호를 Digital 신호로 바꿔주는 변환 회로로, 센싱하기 위한 모든 Chip에 들어가는 정말 중요한 회로입니다. Amplifier는 전자회로 시간에 배운 Differential Amplifier부터 시작해서 다양한 종류의 증폭기를 설계하고, 이를 이용하여 일정하지 않은 전압을 일정하게 만들어 주는 Regulator(예 DC-DC Converter, LDO)를 설계합니다.

> Analog의 핵심은 Low-power, High-speed, Low-noise 설계인데, 이 세 가지가 모두 Trade-off 관계에 있어서 설계가 쉽지 않습니다.

또한 I/O는 Input/Output 회로이며, Chip의 PAD를 통해 오가는 통신 시그널에 대해 Digital Bit로 바꿔주는 Physical Layer에 대해 설계하고, 이 통신 시그널이 깨끗한 신호로 오갈 수 있도록 Signal Integrity(SI), Power Integrity(PI)[8]를 개발합니다. PLL(Phase-locked Loop) 등의 회로를 이용하여 직렬변환기인 Serdes(Serializer, Deserializer) Interface를 설계하기도 하죠.

---

8 신호의 무결성, 즉 신호가 얼마만큼 깨끗하게 잘 전달될 수 있는지(SI), 공급전압이 얼마나 깨끗하게 전달될 수 있는지(PI)에 대한 지표. Chip이 집적화 및 고속화되면서 오작동, EMI 등의 문제가 발생하기 때문에 중요한 성능 지표라고 할 수 있음

주요 업무

2. Digital 회로설계

- 제품별 특화 Digital IP 설계 (CPU, GPU, WiFi, BT, GNSS, Video, Audio, ISP, Security)
- AI 전용 NPU 설계 (고성능 저전력 NPU Core 설계 및 Modeling)
- Mobile, Automotive SoC 회로 설계 (RTL Design, Integration, and Simulation)
- Image Sensor, DDI, PMIC Logic 설계
- 제품별 기능 구현 및 분석/평가를 위한 FPGA 설계
- System Architecture (Bandwidth, Power, Scenario) 최적화

[그림 1-5] 삼성전자 System LSI 사업부 채용공고 ③

마찬가지로 Digital 회로설계에서 하는 일을 제품 관점에서 잘 설명해 놓았습니다. 이 또한 구체적인 내용은 03 **주요 업무 TOP 3**를 참고해 주세요. 여기서는 각 용어에 대해 다뤄보겠습니다.

먼저 CPU, GPU, WiFi, BT, GNSS[9], Video, Audio, ISP[10], Security는 모두 AP에 들어가는 Digital IP입니다. CPU, GPU는 연산을 수행하는 IP로, 빠른 동작 수행을 위해 파이프라인[11]으로 설계합니다. CPU가 직렬연산, GPU가 병렬연산에 최적화되어 있다면, 최근에 핫한 기술인 NPU는 머신러닝 연산에 최적화되어 있습니다. 그러나 NPU라고 해서 무조건 성능이 좋은 것은 아닙니다. 오히려 단순한 연산을 여러 번 반복해야 할 때는 CPU가 가장 성능이 좋죠.

WiFi와 BT, 그리고 GNSS는 외부와 무선통신을 하기 위한 통신용 Digital IP로, 프로토콜이라는 통신 규칙을 공부해야 하고 이것을 Digital 회로로 구현합니다. Stack, Master/Slave 등 통신 관련 전공 과목에서 배우는 지식이 필요하죠.

Video와 Audio, ISP는 영상과 음성을 처리하는 Digital IP입니다. Analog 신호를 Digital 신호로 변환하는 ADC와 Digital 신호를 Analog 신호로 변환하는 DAC 등을 설계해야 하고, 오디오, 비디오 코덱 등에 관한 지식, 그리고 전공 과목으로 수강한 DSP, 영상 신호 처리 등의 지식이 필요한 분야입니다.

Security에서는 NFC 등 모바일폰의 보안을 담당하는 Digital 회로를 설계하며, 여기서는 프로토콜과 암호학을 따로 배워야지만 설계와 검증이 가능합니다. 저도 신입사원 때 암호학에 대해 살짝 공부해 봤는데 새로운 개념이라 꽤 어려웠습니다.

---

9 Global Navigation Satellite System의 약자. 우주 궤도를 돌고 있는 인공위성을 이용하여 지상에 있는 물체의 위치, 고속, 속도에 관한 정보를 제공하는 시스템

10 Image Signal Processing의 약자. 카메라 Sensor로부터 들어오는 Raw-data를 가공해 주는 전반적인 Image Processing의 과정을 의미함

11 [10. 현직자가 많이 쓰는 용어] 5번 참고

Mobile, Automotive SoC는 앞에서 설명한 AP이고, 단독으로 설계되는 것이 아니라 각종 Digital IP가 종합적으로 모여서 설계됩니다. 이것을 각각의 타이밍에 맞게 RTL[12] 코딩을 진행하고 Logic Synthesis를 한 뒤 Simulation 하죠.

Image Sensor, DDI, PMIC Logic 설계는 아래에 System Architecture[13]와 함께 Digital 시나리오를 설계하는 것입니다. Digital 시나리오는 각각의 Analog IP와 Digital IP들이 서로 맞물려서 Case별로 원하는 기능을 할 수 있도록 전체 Logic을 관장하는 Digital 회로라고 생각하면 됩니다. 즉 세부 IP가 아닌 System-level의 설계인 셈이죠. 여기서 **빠른 속도를 위해 Band-width를 최적화하고, Low-power Wireless 제품을 위해 Power를 최적화**시킵니다. Clock gating[14] 등의 기법이 활용되죠.

마지막으로 FPGA[15]는 제품 평가를 위해 설계하는데, 이미 완성되어 있는 FPGA Chip에 다른 Chip을 검증하기 위한 동작을 RTL로 코딩하여 저장해 둡니다. FPGA뿐 아니라 MCU Firm-ware도 설계하여 제품 평가에 이용하죠. 아마 전공 실습과목으로 FPGA를 한 번쯤 다뤄 보았을 것입니다.

채용공고 회로설계

주요 업무

3. 회로 검증 및 솔루션 제공
- 설계 과정의 회로 검증, 불량 분석 및 최적화 방안 연구
- 제품별 요구 사항 및 실제 사용 환경(온도, 위치, 전기적 특성)에서의 동작 및 효율성 검증
- H/W Security Attack / Defense 기술 개발 및 보안 인증
- 고객 사용 Tool 개발 및 기술 지원

[그림 1-6] 삼성전자 System LSI 사업부 채용공고 ④

시스템 반도체에서 Solution이란, 어떤 문제 사항이 있을 때 해결책을 모색하는 일로 검증 또는 평가와 유사한 말입니다. 그래서 시스템 반도체 분야에서 검증 또는 평가팀＝Solution 팀으로 이해해도 회로설계 내에서는 큰 무리가 없습니다.
반면에 메모리 반도체에서의 Solution이란, DRAM과 같은 메모리 Chip 단품에 SoC를 결합한 형태의 차세대 메모리를 뜻합니다. 정해진 규격에 따라 생산되는 기존의 단품 메모리와 달리 고객이 원하는 대로 맞춤형 기능 탑재가 가능하다는 장점이 있습니다.

---

12 Register-transfer Level의 약자. Register와 Logic 회로를 이용하여 Synchronous Digital 회로를 설계하는 Level을 의미함
13 시스템 구성 및 동작 원리. 일반적으로 통신, Interface, Memory, 처리 Processor 등으로 구성됨
14 [10. 현직자가 많이 쓰는 용어] 6번 참고
15 [10. 현직자가 많이 쓰는 용어] 7번 참고

여기서부터는 좀 생소할 거예요. **'왜 회로설계 직무로 들어가서 설계가 아닌 검증을 하지?'**라고 생각할 수도 있습니다. 그런데 검증 및 Solution 팀은 아주 중요한 일을 하고 있어요. 설계팀과 품질팀, 그리고 고객 사이에 이슈 사항이 있으면 빠르게 대응해야 하죠. 검증 및 Solution 업무는 크게 두 가지로 나누어집니다.

첫 번째는 Simulation 검증 및 Solution입니다. 회로설계 엔지니어가 설계해 놓은 회로를 이용하여 다양한 환경과 조건에서 이리저리 Simulation해 보고 문제점을 찾아서 분석하는 일을 합니다. 따라서 Simulation 검증 및 Solution 업무를 수행하려면 기본적인 회로에 대한 지식과 이론을 알고 있는 동시에, 제품 사용 환경과 조건, 그리고 제품 동작 시나리오를 꿰고 있어야 합니다. 더불어 Simulation Tool의 효율적인 활용법도 알고 있어야겠죠?

두 번째는 실측 검증 및 Solution입니다. Chip의 실측 검증을 위해 Evaluation Board[16]를 설계하고 고객에게 제공할 Data-Sheet[17]를 만들기도 합니다. 더불어 경쟁 업체에서 Chip을 Decap[18]하여 설계된 내용을 알아보려고 할 때, 이것을 어떻게 방어해낼 것인지를 연구하고 보안에 대한 인증을 받는 업무를 합니다.

따라서 Simulation Tool을 다뤄본 경험, PCB 회로설계에 대한 경험이나 Chip의 보안에 대해 물리적으로 다뤄 본 경험이 있다면 **회로 검증 및 Solution 팀을 목표로 어필**해 보는 것도 나쁘지 않습니다.

채용공고 회로설계

주요 업무

4. 설계/검증 방법론 개발 및 Layout 설계
- 설계기술 개발 및 검증 방법론 연구, 설계 자동화 Solution 개발
- Physical Layout 설계

[그림 1-7]삼성전자 System LSI 사업부 채용공고 ⑤

> 검증과 마찬가지로 '왜 회로설계 직무로 가서 검증 방법을 개발하지?'라고 생각할 수 있어요. 하지만 수많은 Simulation 검증과 실측 검증 업무 중에 필요한 것들만 자동화시켜서 효율적으로 수행하려면 검증 방법론에 대한 개발이 필수입니다.

---

16 IC 등의 성능을 Test하기 위한 일종의 Jig-board를 의미함

17 어떤 제품의 성능과 특성을 구매자가 자세히 알 수 있도록 설명한 문서. 회로를 설계할 때 고려해야 할 내용이 기재되어 있음

18 Decapasulator의 약자로, Chip을 절단해서 Junction의 깊이와 넓이 등 다른 요소를 구별하려는 방법. 공정상에서 발생하는 불량을 줄이기 위해 사용되며, 또한 타회사 제품의 기술 정도를 확인하여 Bench-marking 하기 위해 사용되기도 함

여기서 하는 일은 UVM[19] 기법과 Verilog[20], verdi[21] 등의 언어, Tool을 이용해서 Chip 전체를 다양한 방법으로 검증해 보면서, 최적화된 방법이 정해지면 이것을 개발자들에게 제공하는 것입니다. 또한 해당 팀에 최적화된 In-house[22] Tool을 개발하여 제공하기도 합니다. 이러한 설계/검증 방법론 개발의 최종 목표는 설계 및 검증의 TAT[23]를 줄이는 것입니다.

생소한 분야인 만큼 위와 같은 내용을 어필한다면 오히려 차별성이 돋보일 것입니다. 그리고 Physical Layout에 대한 구체적인 내용은 03 **주요 업무 TOP 3**를 참고하길 바랍니다.

채용공고 회로설계

추천 과목
• 전기전자 : 전자기학, 회로이론, 논리설계, 컴퓨터 구조, 디지털 전자회로, 아날로그 전자회로, 디지털 시스템 설계 및 실험, 디지털 신호처리, 프로그래밍, 확률 및 랜덤프로세스

[그림 1-8] 삼성전자 System LSI 사업부 채용공고 ⑥

Recommended Subject는 대부분의 전자공학과 커리큘럼에 있을 만한 과목이기 때문에 잘 알고 있을 것이라고 생각합니다. 여기서는 꼭 수강해야 하는 과목과 알아두어야 할 기본 지식, 그리고 부가적으로 생각할 만한 과목에 관해서 이야기하겠습니다.

일단 전자기학, 회로이론, 논리설계, 물리전자에 관한 과목은 필수입니다. 전자의 물리적인 메커니즘을 이해하기 위해 전자기학이 필요하고, 수동소자 및 다이오드, 증폭기의 이해와 더 나아가 전자회로까지 연결하기 위해서는 회로이론이 필요합니다. 또한 Digital 회로설계를 배울 때 bool 대수에 대한 이해가 필요하므로 논리설계도 필요하고, 반도체 소자에 대한 기본적인 상식을 배우기 위해 물리전자도 필요합니다.

그리고 **가능하면 심화 전공을 많이 수강해 두는 것이 좋습니다.** [그림 1-8]에서 심화 전공이라고 하면 Digital 전자회로, Analog 전자회로, Digital 시스템 설계 및 실험 정도가 있습니다. 또한 반도체공학, SoC 설계, RF 회로설계 과목도 있다면 함께 들어 두는 것을 권장합니다.

---

19 [10. 현직자가 많이 쓰는 용어] 8번 참고

20 [10. 현직자가 많이 쓰는 용어] 9번 참고

21 Digital Logic을 검증하는 데 사용하는 Compiler, Simulation, Debug Tool. 다양하고 복잡한 설계 환경을 통합하는 데 도움을 주며 Digital 설계 Debugging 위한 플랫폼이기도 함. 일반적으로 50% 이상 설계자의 Debug 시간을 단축하며, 설계에 더 많이 집중할 수 있도록 도움을 줌

22 사무실 안에서 이뤄지는 일을 뜻하는 용어로, 회사에서 연구, 개발, 분석, 공학 등을 담당하는 인력을 In-house라고 지칭함. 내부 인력이나 환경을 의미하는 용어

23 Turn Around Time의 약자. 제품을 생산하는데 소요되는 총시간(단위: 일)을 의미함. Fab의 경우 Wafer In ~ FAB Out 구간을 통과하는 데 걸리는 시간을 의미함

Short-Channel Effect나 Channel Length Modulation 등을 이해하고 회로를 설계하기 위해서 반도체공학이, MOSFET을 이용한 OPAMP, BGR, LDO 등의 회로를 설계하기 위해서 Analog 집적회로 설계가, Verilog를 이용한 RTL 코딩을 위해서 Digital System 설계가, 마이크로프로세서 및 메모리 등을 탑재한 SoC 시스템 설계를 위해서 SoC 설계가, 임피던스 매칭 및 Smith Chart[24]를 이용한 초고주파 회로설계를 위해서는 RF 회로설계가 필요하기 때문입니다.

> 특히 심화 전공을 수강해야 하는 가장 큰 이유는 바로 서류전형에서 실제로 심화 전공 수강 이력을 점수화해서 평가하기 때문입니다. 제가 한국전자통신연구원(ETRI: 정부출연연구소)에 서류를 낼 때는 대놓고 수강했던 심화 전공 5개를 쓰라고 할 정도였습니다. 그러니 여유가 된다면 다른 것보다도 심화 전공을 꼭 챙겨 들어 주세요.

덧붙여서 **전공 학점은 고고익선**입니다. 학점만큼 공식적으로 인증받은 객관적인 지표가 없죠. 성실함의 지표이기도 하고요.

그렇다면 프로그래밍과 확률 및 랜덤 프로세스 과목은 왜 필요할까요? 일단 회로설계에 직접 사용하는 지식은 없기 때문에 우선순위가 밀리는 과목이라고 생각합니다. 그럼에도 불구하고 들어 두면 어필할 수 있는 부분이 있습니다.

확률 및 랜덤 프로세스는 회로설계에서 Monte-Carlo Simulation[25]을 할 때, 수천 번 Simulation한 통계적 결과를 다룰 때 사용합니다. 평균과 표준편차에 대한 개념이 필요하죠. 이 전공을 더 중요하게 활용하는 직무는 회로검증 및 Solution 직무입니다. **검증은 Chip 한, 두 개만 가지고 하는 것이 아니라 수십 ~ 수천 개를 가지고 하는 것**이기 때문에 이것을 확률적으로 어떻게 다룰 것인지, 어디부터 어디까지가 Pass이고 Fail인지, 어떤 Spec을 타겟으로 해야 수율이 잘 나오는지 등에 대한 필수적인 지식인 것이죠. 따라서 이 과목은 검증 직무를 노린다면 어필할 수 있는 과목입니다.

마지막으로 프로그래밍은 곧바로 나오는 **Requirements**에서 자세하게 설명하겠습니다.

---

24 전송 선로(Transmission line)의 편리한 계산을 위해 고안한 것으로, 복소임피던스를 시각화한 원형의 도표
25 [10. 현직자가 많이 쓰는 용어] 10번 참고

채용공고 회로설계

자격 요건

- Analog 및 Digital 회로설계를 이해하고 분석 가능한 자
- 프로그래밍 언어 (Verilog/C 등) 구현 가능한 자
- 회로 개발 Tool(Oscilloscope, Spectrum Analyzer, Signal Generator, Cadence, Ansys 등) 역량 보유자

[그림 1-9] 삼성전자 System LSI 사업부 채용공고 ⑦

Analog 및 Digital 회로설계를 이해하고 분석 가능하다는 부분을 과목으로 설명해보겠습니다. 먼저 Analog의 경우 전자회로 시간에 배운 기본 OPAMP가 있다면, 이것을 활용한 Cascode, Folded-Cascode, Telescopic, Gain-boosting 등의 다양한 OPAMP도 함께 공부했을 것입니다. 결국 기본적인 전자회로의 지식을 가지고 이렇게 응용된 회로에 대해 DC 해석, AC 해석, 노이즈 해석, Head-room, 소비전력 등 다양한 Spec을 해석해낼 수 있는지를 말합니다.

> 중요한 것은 자기소개서나 면접에서 이러한 지식을 논할 때, 정답을 말하는 것보다 기초 지식을 바탕으로 본인만의 논리를 내세워서 이야기하는 것이 중요합니다. 구체적인 내용은 **현직자가 말하는 면접 팁**을 참고해주세요.

Digital의 경우는 Digital 회로설계 전공을 배울 때 Verilog 언어의 기본적인 문법을 공부했을 것입니다. 그러므로 이것을 가지고 조합논리회로나 순차회로를 구분하여 설명할 수 있는지, 특히 순차회로에서 코딩이 꼬이거나 꼬이지 않더라도 Fan-out[26]에 의한 다양한 문제가 생길 수 있는데 이것을 분석할 수 있는지, 어떻게 해결할 수 있는지 등에 대해서 다룰 수 있으면 좋습니다. **틀려도 상관없고, 기초 지식을 바탕으로 본인만의 논리를 내세울 수 있으면 됩니다.**

그리고 Verilog는 Digital 회로설계를 할 때 필요한 하드웨어 언어입니다. 전공 과목에서 VHDL[27]로 공부했을 수도 있는데 요즘엔 90% 이상 Verilog를 사용하니, Digital 회로설계를 세부 직무로 노리는 분은 이 언어의 문법을 공부하고 프로젝트를 경험하면 좋을 것입니다.

---

26 Digital 회로에서 많이 사용되는 표준논리소자(TTL이나 CMOS 등) 등은 1개의 출력신호에 접속할 수 있는 입력신호의 수에 대한 제한을 의미함. Fan-out이 발생하는 이유는 출력단 Transistor에서 공급할 수 있는 전류에 제한이 있기 때문임

27 [10. 현직자가 많이 쓰는 용어] 11번 참고

그렇다면 Digital 회로설계 언어도 아닌 **C언어**는 왜 필요할까요? C언어가 필요한 이유는 RTL 코딩하기 전에 C언어 알고리즘으로 먼저 Feasibility[28]를 검증해야 하기 때문입니다. 즉, 어떠한 기능을 정의 내리고 설계하기 전에, 그것이 이상적으로 잘 동작이 되는지를 파악하고, 잘 안 되면 기능 자체를 수정해야 하죠. **그래서 Digital 회로설계 엔지니어들은 C언어도 잘해야 합니다.**

그렇다면 프로그래밍 언어는 필수일까요? 제 생각엔 회로설계로 지원한다면 일단 Verilog나 C언어에 대한 과목을 필수로 수강하는 게 좋을 것 같습니다. 그러나 만약 그중에서 Digital 회로설계가 아닌 Analog 등 다른 세부 직무를 지원할 계획이라면 군이 프로그래밍 언어에 대해 자기소개서나 면접에서 어필하지 않고, 세부 직무에 대한 역량을 집중적으로 어필해도 될 것 같습니다. 그 이유는 **수강한 전공 과목과 학점이 서류에서 점수화되기 때문에** 일단 서류 합격을 위해서 프로그래밍 언어를 수강해야 유리하지만, 본인이 하고 싶은 직무가 Digital 회로설계가 아니라면 군이 면접에서 어필하지 않아도 될 요소이기 때문입니다. 저 또한 Analog를 주무기로 삼았기 때문에 프로그래밍 과목은 듣기만 하고 따로 어필하진 않았습니다. 물론 Digital 회로설계에 관심있다면 이쪽으로는 필수로 준비해 두어야 합니다.

더불어 **Python**도 어필할 수 있으면 좋습니다. Python을 잘하면 Simulation이나 검증 자동화 프로그램을 개발하여 효율적으로 업무를 할 수 있어서 생각보다 자주 활용됩니다. 군이 따지면 Pluses에 있어야 할 항목입니다. 다른 사업부의 회로설계 직무에는 Python도 표기가 되어 있어서 궁금증 해결을 위해 위해 언급했습니다. 필수는 아니고, 어필할 수 있는 보조 무기라고 생각하면 좋습니다.

마지막으로 회로개발 Tool에서 Oscilloscope는 실시간으로 파형을 측정하는 장비이고, Spectrum Analyzer는 주파수 도메인으로 신호를 측정하는 장비, Signal Generator는 Sine-wave 등 각종 파형을 만드는 장비입니다. 또한 Cadence는 Analog, Layout 회로설계와 Simulation을 제공해 주는 소프트웨어 Tool회사이며, Ansys는 PCB를 전기적으로 해석해 주는 소프트웨어 Tool입니다.

정리하면 측정 장비는 실측 검증을 할 때 필요하고, Cadence 社의 Tool은 Chip 회로를 설계할 때, Ansys는 PCB 회로를 설계할 때 필요한 Tool입니다. 문제는 이러한 장비와 소프트웨어 Tool이 산업용으로 수천 ~ 수억 원에 판매되고 있어서 학부생 입장에서는 다뤄볼 기회가 많지 않다는 것입니다. 따라서 개인적인 생각으로 측정 장비의 경우 전공과목 실습시간에 열심히 실험해 보는 것으로 충분할 것 같고, 소프트웨어 Tool은 학생용 라이센스나 무료 Tool을 찾아서 써보면 좋을 것 같습니다. 무료 Tool에 대해서는 03 **주요 업무 TOP 3**의 '**사용하는 Tool**'에서 서술하였으니 내용을 참고하세요.

> 회로개발 Tool의 사용 여부보다는 무료 Tool을 써보더라도 어떤 목적으로 왜, 어떻게 사용했고, 문제를 어떻게 해결했는지, 현업에서는 어떻게 활용할 수 있는지가 훨씬 중요합니다. 저도 첫 회사에 입사했을 때는 전공 실습시간에 사용했던 Tool이 전부였습니다. 그러나 이 Tool로 Flash ADC를 설계했던 경험이 있었고, 이것으로 회로설계 역량을 어필하기에 충분했습니다.

---

28 타당성 검증은 어느 제품의 기술적 가능성을 기본으로 사업성, 경쟁력 등을 평가하여 타당성, 즉 추진 여부를 결정하기 위한 검증을 말함

결론적으로 Requirements에 대한 우선순위를 매겨 보면 아래와 같이 정리할 수 있습니다.

첫째, Analog 및 Digital 회로설계 이해 및 분석 가능

전공과 관련이 있고 기본적인 내용이기 때문에 필수라고 생각합니다.

둘째, 프로그래밍 언어 구현 가능

선택사항으로, Digital 회로설계 지원 시에는 필수이기 때문입니다.

셋째, 회로개발 Tool 역량 보유

상업용 Tool을 써봤는지보다는 무료 Tool이라도 어떤 내용을 다뤘는지가 중요하기 때문에 Tool 자체는 중요하지 않다고 생각합니다.

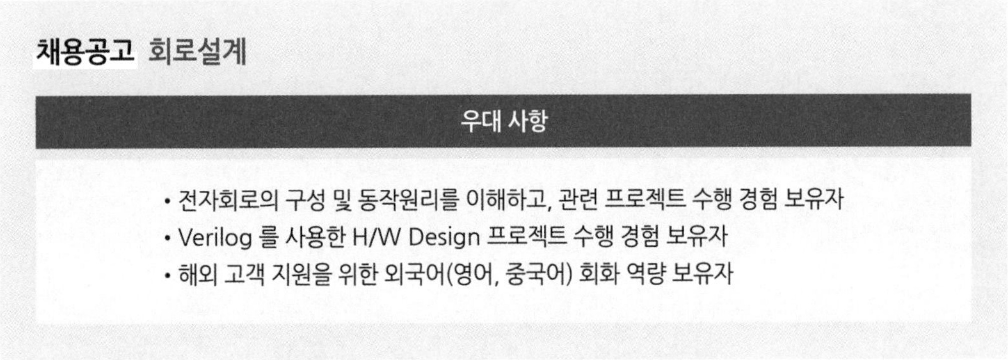

채용공고 회로설계

우대 사항
• 전자회로의 구성 및 동작원리를 이해하고, 관련 프로젝트 수행 경험 보유자 • Verilog 를 사용한 H/W Design 프로젝트 수행 경험 보유자 • 해외 고객 지원을 위한 외국어(영어, 중국어) 회화 역량 보유자

[그림 1-10] 삼성전자 System LSI 사업부 채용공고 ⑧

관련 프로젝트는 전공 실습과목에서 경험할 수 있는 OPAMP 설계, Digital 타이머 설계 정도의 가벼운 내용부터 외부 교육을 통한 DC-DC Converter 설계, Neuromorphic[29] Digital IP 설계 등 현업과 관련된 프로젝트, 그리고 마지막으로 실제 Chip을 설계하여 실물로 제작해 보는 MPW[30] 설계 정도가 있습니다.

여기에서 '아, 나는 겨우 Pspice Tool로 OPAMP 정도만 설계해 봤는데, 너무 부족한가?'라고 생각할 수도 있습니다. **그러나 프로젝트의 난이도나 개수보다 더 중요한 것은 '방향성'입니다.** 즉, 이것저것 해 보는 것보다 특정 제품이나 특정 회로를 목표로 방향성 있게 준비하는 것이 중요한 것이죠. 그래야지만 목표 의식과 관심을 갖고 준비한 지원자라는 인상을 줄 수 있습니다.

제 경우를 예로 들면 저는 어려운 난이도의 프로젝트를 하지는 않았지만, CMOS Image Sensor와 관련하여 Image Sensor를 사용한 공모전과 ADC 논문 학습 정도만으로도 면접까지 충분히 잘 치를 수 있었습니다. 다시 한번 강조하면 얕게 여러 개 아는 것보다 관심 있는 분야에 대한 밀도 있는 경험을 하는 것이 좋습니다.

---

29 뇌는 복잡한 과정을 통해 빠른 속도의 연산 과정을 거침에도 불구하고 불과 약 20W의 낮은 에너지로 기억이나 연산, 학습 등을 동시에 수행하는데, 이러한 뇌의 장점을 모방한 기술을 말함

30 [10. 현직자가 많이 쓰는 용어] 12번 참고

외국어는 취업을 위해서라면 최소 점수만 취득해 두면 됩니다. 제 기억으로는 오픽 기준으로 IL이 최소 요건이었습니다. 그러나 뒤에서 이야기할 **'취업을 위해 준비하는 영어 스피킹, 현업에서도 과연 중요할까요?'** 에피소드를 읽어 보면 외국어를 잘하면 100% 업무에 도움이 된다는 것을 알게 될 것입니다. 따라서 일단 취업을 위한 최소 요건을 맞춰 두고, 취업이 아닌 현업을 위해서라면 조금 더 공부하는 것을 추천합니다.

MEMO

주요 업무를 설명하기에 앞서, 먼저 **Chip 설계 Flow**를 가볍게 살펴보겠습니다.

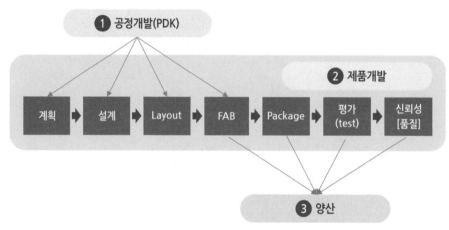

[그림 1-11] 반도체 제품 개발 프로세스 (출처: IDEC)

[그림 1-11]을 보면 **계획부터 신뢰성 Test까지 프로세스가 진행**되는 것을 알 수 있습니다. 신뢰성 Test까지 끝나면 비로소 Chip을 양산하여 고객에게 납품하는 것이죠.

회로설계 직무는 이 모든 프로세스에 관여하고 있으며, 여러분이 예측하는 진짜 설계는 그중에서 **설계, Layout**에만 해당합니다. 설계, Layout은 다시 **Analog, Digital, Layout 설계**로 나눌 수 있고, 이렇게 **주요 업무 TOP 3**를 알아보겠습니다.

또한 나머지 프로세스에 대해 회로설계 엔지니어가 관여하는 업무들은 **Sub 업무**에서 다뤄 보도록 하겠습니다.

1 Analog 회로설계

1. 설계 Flow

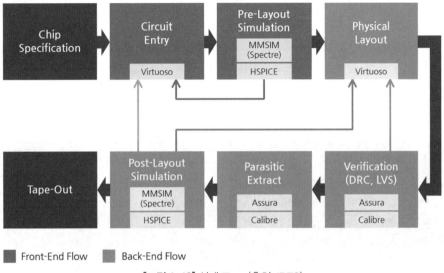

[그림 1-12] 설계 Flow (출처: IDEC)

Analog 회로설계의 Flow를 간단하게 설명해 보겠습니다.

먼저 기획 회의를 통해 **Chip의 기능, Spec을 설정**합니다. 설계팀 내부에서가 아니라 고객사, 영업/마케팅, 품질팀, 검증팀 등 필요에 따라 다양한 팀과 논의하고 정하죠. 여기서 잘못 결정하여 나중에 설계를 다 하고 나서 기능과 Spec을 수정해야 할 일이 생기면 상당히 골치가 아픕니다. 수정할 면적이 없을 수도 있고, 다른 IP와의 Logic이 꼬일 수도 있기 때문입니다. 그래서 일반적으로 기획 회의만 거의 2~3개월 할 정도로 중요한 부분입니다.

기능과 Spec이 정해지면, 다음으로 **각 IP 블록들의 담당자를 배정하여 Chip의 Schematic[31]을 설계**합니다. 집으로 비유하면 누구는 현관을, 누구는 거실을, 누구는 화장실을 맡아서 설계하는 것입니다. 여러분이 배운 전공 지식을 이때 많이 사용합니다.

Schematic 설계가 완료되면 **Layout 전에 Pre-Simulation[32]을 수행**합니다. 예상한 결과가 나오면 Schematic에 대응하는 Layout을 설계합니다. 원하는 기능이 나오지 않거나 Spec을 만족하지 못하면 다시 Schematic을 수정하죠.

---

31 추상적인 그래픽 기호를 사용하여 시스템 요소를 표현한 회로도. 일반적으로 학부생 때 배움
32 [10. 현직자가 많이 쓰는 용어] 13번 참고

Layout을 설계하고 나면 Metal-Line들에 의해 Parasitic Capacitance와 Resistance 성분이 발생하는데, 이것들을 추출한 뒤 Schematic에 반영하여 **Post-Simulation[33]을 수행**합니다. 마찬가지로 여기에서 원하는 결과가 나오지 않으면 다시 Schematic을 수정하여 전체 과정을 반복합니다.

비로소 원하는 결과가 나오면 Tape-out[34] 하여 파운드리 업체에 GDS 파일을 넘기고 설계 업무는 한숨 돌릴 수 있게 됩니다.

이후에 파운드리 업체에서 Chip 제작을 완료하여 샘플을 전달하면 이것을 가지고 Oscilloscope, 멀티 미터 등의 측정 장비로 검증하죠. 이를 Verification이라고 합니다.

2. 수행 업무

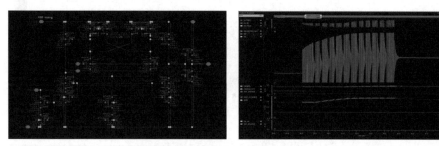

[그림 1-13] Analog 회로 Schematic(좌), Analog 회로 Simulation 결과 파형(우) (출처: miscircuitos)

Analog 회로는 Chip에서 Analog 신호를 처리하는 모든 부분에 들어가는 회로입니다. OPAMP, BGR, LDO, Oscillator, DC-DC Converter, ADC 등의 IP가 있고, 이러한 IP들을 설계하는 업무를 합니다. 전원을 공급하고, 기준 전압과 기준 전류를 생성하고, Digital 신호로 전환해 주는 것이 Analog 회로의 역할입니다.

여기에서 전자회로 수업 시간에 배운 Single Stage amp부터 Current Mirror, Differential amp까지 기본 회로를 바탕으로 설계하게 됩니다. Analog 회로가 거창해 보여도 막상 설계해 보면 결국 기본 회로를 정확히 이해한 뒤 응용한 것에 지나지 않습니다.

> 제가 신입사원 때, 거창한 회로를 찾아보고 있었는데 '기본 회로는 완벽히 이해하고 있니?'라고 물어봤던 선배님의 질문이 아직도 기억에 남습니다.

Analog 회로를 설계할 때는 일반적으로 Cadence 社의 Tool을 이용하여 각 소자의 Symbol로 Schematic을 설계하고, Simulation을 진행합니다.

---

33 [10. 현직자가 많이 쓰는 용어] 14번 참고
34 [10. 현직자가 많이 쓰는 용어] 25번 참고

Simulation은 공정 변수와 온도, 공급 전압 등을 고려한 Corner Simulation[35], 산포를 확인하기 위한 Monte Carlo Simulation, Layout 설계 전에 돌려보는 Pre-Simulation, Layout 설계 이후에 돌려보는 Post-Simulation, Metal-line의 Quality를 보증하기 위한 EM[36] 등 다양한 Simulation이 있습니다. **대부분 생소한 Simulation일 것이기 때문에 주석을 꼭 참조해 주세요!**

또한 회로설계를 위해 논문을 참조하기도 합니다. 논문을 참조하는 이유는 이슈를 해결하기 위해서입니다. 예를 들어 Speed 즉, Band-width를 높이면 안정성이 떨어져서 회로가 발진할 수도 있습니다. 이러한 이슈를 해결하기 위해서 다양한 Trade-off를 고려하여 관련 논문을 참조한 뒤에 최적화된 설계를 하는 것이죠. 특히 공정의 틀어짐과 산포에 대해 Corner Simulation, Monte Carlo Simulation을 통해 Margin을 두어 설계해야 하는데, 여기서 Analog가 왜 섬세한 회로인지를 알 수 있습니다. **바로 이러한 PVT Variation[37]을 이겨내고 설계해야 하기 때문이죠.**

> Analog 회로를 설계하려면 섬세함이 필요합니다!

3. 사용하는 Tool

Analog 회로설계에서 사용하는 Tool을 아래 정도로 정리할 수 있습니다.

〈표 1-1〉 Analog 회로설계 Tool

구분	Tool 명칭
Analog Schematic, Layout 설계 Tool	Virtuoso
Analog Simulation Tool	MMSIM, Hspice
Layout 검증 Tool	Hercules, Calibre, Assura
기생 저항 및 Capacitance 추출 Tool	StarRCXT

대부분 처음 보는 Tool일 텐데 걱정할 필요는 없습니다. 이러한 Tool이 있다고 소개만 하는 것이기 때문에 실질적으로 취업을 준비할 때는 위와 같은 Tool을 사용해 봤다는 것 자체가 중요하진 않습니다. 오히려 학부생 때 다뤄봤을 법한 Pspice나 LTspice 등의 무료 Simulation Tool을 이용해서 어떤 회로를 다뤄봤는지가 더 중요합니다.

하지만 제가 이렇게 이야기해도 상업용 Tool을 다뤄보고 싶은 분이 있을 것입니다. 이런 분들은 학부 연구생을 통해 Lab실에서 Tool을 다뤄보거나 외부 교육기관에서 혹은 인턴 활동을 통해 Tool을 다뤄보는 방법도 있으니 참고하세요.

---

35 [10. 현직자가 많이 쓰는 용어] 15번 참고
36 [10. 현직자가 많이 쓰는 용어] 26번 참고
37 Process, Voltage, Temperature Variation의 약자. 공정, 전원 전압, 온도에 대해 가변되는 성질을 의미함

4. Analog 회로설계 JD 다시 보기

채용공고 회로설계

주요 업무

1. Analog 회로설계
- 시스템 반도체 제품(Sensor, SOC, PMIC, DDI, Security, RFIC 등) 특성에 맞는 Analog IP 개발 및 제품 적용
- ADC, Amplifier, Regulator, DC-DC, Antenna 등 저전력/초고속 Analog 회로설계
- 고속 신호 전송을 위한 I/O 회로, Physical Layer, SI/PI 연구 개발

[그림 1-14] 삼성전자 System LSI 사업부 채용공고 ②

다시 JD로 돌아오면 [그림 1-14]에 제시된 다양한 Analog IP들이 어떻게 설계되는지 이제 어느 정도 짐작이 될 것입니다. 간단히 정리하면 위 IP들의 기능과 Spec을 설정하여 Schematic 을 설계하고 Layout한 뒤에 다양한 Simulation을 통해 검증하는 직무라고 할 수 있습니다. Analog 회로설계 역량은 이 과정에서 **Power, Speed, Mis-Match, Noise, Area 등의 Trade-off를 잘 따져가면서 회로가 원하는 성능이 나오도록 하는 것**입니다.

2 Digital 회로설계

1. 설계 Flow

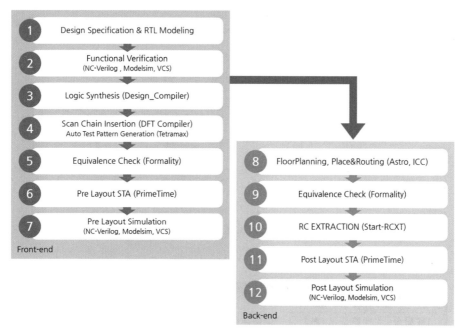

[그림 1-15] Digital 회로설계 Flow (출처: IDEC)

Digital 회로설계의 Flow 역시 Analog 회로설계와 유사합니다.

먼저 기획 회의를 통해 **Chip의 기능과 Spec을 정합니다.** 여기서 중요한 점은 Digital 시나리오를 잘 짜야 한다는 것입니다. Chip의 사용자는 설계자의 의도와 다르게 여러 가지 상황에서 Chip을 사용할 수 있기 때문에 가능한 모든 시나리오에 대해 검토해야 합니다. 제가 잠깐 Digital 시나리오 회의에 참여한 적이 있는데, 온종일 머리가 아플 정도였습니다.

기획이 끝나면 곧바로 Digital 회로설계로 넘어가는 것이 아니라, **C언어로 기능적 구현이 가능한지를 확인**해 봅니다. 처음부터 Digital 회로설계를 진행하면 하드웨어적으로 발생하는 문제인지, 애초에 기능적으로 구현할 수 없는 문제인지를 구분해내기가 쉽지 않기 때문이죠. 그래서 Digital 회로를 설계하려면 C언어를 적어도 해석할 수 있어야 합니다.

C언어를 통해 기능적인 문제가 없는 것이 확인되면 **RTL 코딩으로 모델링을 진행한 뒤 Logic을 Synthesis 합니다.** 우리가 알고 있는 Transistor Level로 바꿔주는 것이죠.

이후에는 타이밍 문제에 따른 Violation은 없는지 검증한 뒤, Analog와 마찬가지로 Pre-Simulation, Layout(auto P&R[38]), Parasitic Capacitance와 Resistance 성분 추출, Pre-Simulation을 합니다. 이후의 과정도 Analog와 같게 GDS를 추출하여 Tape-out을 진행합니다.

이제야 Digital 회로 설계자들도 한숨 돌리게 됐습니다.

2. 수행 업무

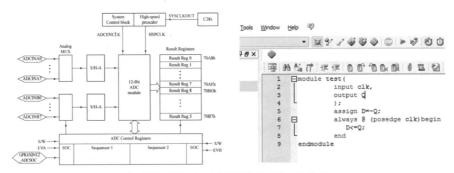

[그림 1-16] Digital 회로도(좌), RTL 코딩(우)

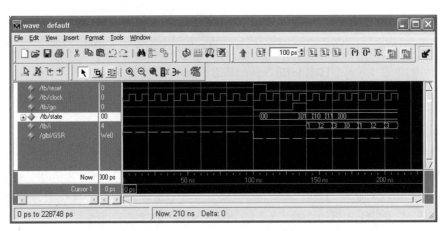

[그림 1-17] Digital 회로 Simulation 결과 파형 (출처: web.mit.edu)

Digital 회로설계는 마치 **C언어 코딩과 비슷**합니다. 코딩을 통해 Logic으로 이루어진 회로의 기능을 구현하는 것이죠. C언어와 다른 점은 Logic을 Synthesis하고, P&R을 통해 Layout을 하고 나면 다양한 이슈가 발생한다는 것입니다. 예를 들어 Clock Skew, Delay, Fan-out, Slack, Slew, Bouncing[39] 등의 이슈가 있죠.

---

38 [10. 현직자가 많이 쓰는 용어] 27번 참고
39 Key를 입력할 때 입력되는 부분을 자신은 한번 입력했지만, 기계적인 진동 때문에 Digital Logic이 여러 번 누른 것으로 잘못 인식될 수가 있음. 이를 바운싱이라고 함

이러한 이슈의 근본적인 원인은 Parasitic Capacitance 성분 때문입니다. Transistor 자체에도 Capacitance 성분이 있고, Metal-line에도 Capacitance 성분이 있습니다. 따라서 Transistor 개수가 많아지거나 Digital Path가 길어지면 속도가 느려지고, 동시에 출발한 신호들이 제각기 다른 타이밍에 도착하는 것이 문제가 됩니다.

이러한 이슈를 해결하는 방법은 시스템 주파수를 낮추거나 주파수를 바로 잡아주는 PLL[40] 회로를 같이 사용하거나, Pipe-line 기법을 통해 Data-path를 짧게 끊어주는 방법이 있습니다. 또한 하나의 Output을 너무 많은 Transistor가 Input으로 사용하지 않게 구성을 바꿔주는 등의 다양한 기법이 있습니다.

Digital 회로설계에서 구체적으로 다루는 IP를 소개하면 Adder, MUX, Shift Register 등의 간단한 Logic 회로를 바탕으로 JD에서 봤던 IP를 포함하여 ACC, ALU, Counter, Timing Controller 등의 큰 기능을 하는 IP를 설계합니다. 또한 Analog IP들이 서로 기능에 맞춰서 돌아갈 수 있도록 시나리오를 Logic으로 설계하기도 하죠.

Digital 회로설계에서 중요하게 다루는 사항 세 가지를 소개하겠습니다.

첫째, Power 소모를 최적화하기 위한 Power Gating, Clock Gating 등의 기법
둘째, Speed와 Sync를 맞추기 위한 Pipe-line 기법
셋째, 면적을 줄이기 위한 Transistor 수 감량

> 이 세 가지 Trade-off를 줄여서 PPA(Power, Performance, rea)라고도 합니다.

이 세 가지 사항이 서로 Trade-off 관계에 있기 때문에 Digital 회로설계 엔지니어라면 이 부분을 충분히 고민해야 합니다.

---

[40] Phase-Locked Loop의 약자. 입력 신호와 출력 신호에서 되먹임된 신호와의 위상차를 이용해 출력 신호를 제어하는 시스템을 말함. 입력된 신호에 맞추어 출력 신호의 주파수 조절하는 것이 목적

3. 사용하는 Tool

Digital 회로설계에서 사용하는 Tool을 소개하면 아래 정도로 정리할 수 있습니다.

〈표 1-2〉 Digital 회로설계 Tool

구분	Tool 명칭
Logic Synthesis Tool	Design Compiler
Digital Simulation Tool	NC_Verilog, Modelsim, VCS
P&R Layout 설계 Tool	Astro, ICC
Static timing analysis (STA)를 통한 Violation 검증 Tool	PrimeTime
기생 저항 및 Capacitance 추출 Tool	StarRCXT

Analog 회로설계 Tool과 마찬가지로 위 Tool들은 상업용 Tool이기 때문에 학부생 입장에서 다뤄 보기는 힘들 것입니다. 따라서 이는 참고만 하고, Digital 회로설계 전공 실습시간에 사용하는 무료 FPGA 설계 Tool인 Quartus나 Vivado를 이용해서 Verilog 코딩 및 Synthesis, Simulation을 활용한 여러가지 프로젝트를 진행해 보는 것을 추천합니다.

> 어떤 Tool을 사용해 봤는지보다는 어떤 프로젝트를 어떻게 수행할 것인지에 초점을 맞추기 바랍니다!

4. Digital 회로설계 JD 다시 보기

채용공고 회로설계

주요 업무

2. Digital 회로설계
- 제품별 특화 Digital IP 설계 (CPU, GPU, WiFi, BT, GNSS, Video, Audio, ISP, Security)
- AI 전용 NPU 설계 (고성능 저전력 NPU Core 설계 및 Modeling)
- Mobile, Automotive SoC 회로 설계 (RTL Design, Integration, and Simulation)
- Image Sensor, DDI, PMIC Logic 설계
- 제품별 기능 구현 및 분석/평가를 위한 FPGA 설계
- System Architecture (Bandwidth, Power, Scenario) 최적화

[그림 1-18] 삼성전자 System LSI 사업부 채용공고 ③

다시 JD로 돌아오면 이제 이해가 잘 될 것입니다. 간략히 정리하면 위와 같은 다양한 Digital IP에 대해 기본적인 Logic 회로를 활용하여 RTL 코딩을 진행한 뒤, Synthesis하고 Simulation 하는 직무이죠. Digital 회로설계의 역량은 바로 이 과정에서 누가 더 **Power, Speed, Transistor 개수를 잘 최적화하느냐**의 싸움이 되겠습니다.

3 Layout 설계

1. 설계 Flow

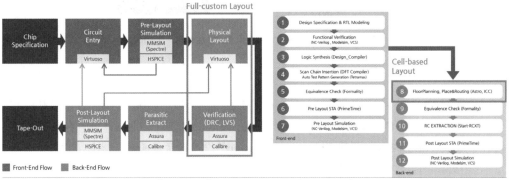

[그림 1-19] Layout 설계 Flow (출처: IDEC)

　　Layout 설계 Flow의 경우, Analog와 Digital 회로설계가 완료된 후에 진행되는 설계 프로세스입니다. Analog, Digital 회로설계 Flow에서 이미 설명했지만, 다시 한번 설명하면 회로설계 후 Pre-Simulation 이후에 Layout 설계가 진행되기 때문에 **보통 Analog와 Digital 회로설계를 먼저 한다고 해서 Front-end, Layout을 나중에 한다고 해서 Back-end라고 부릅니다.**

　　덧붙이면 Layout은 작은 Cell 단위부터 설계해 나가기 시작하여 전체 TOP을 설계합니다. Layout 설계가 완료되면 공정하기에 적합한지, Schematic과 Matching이 잘 되는지 DRC[41], LVS[42] 검증한 뒤, Tape-out 하면 비로소 모든 설계가 끝나게 됩니다.

　　Layout 엔지니어도 이제 한숨 돌리고 주말에 편히 쉴 수 있게 되었습니다.

---

41 [10. 현직자가 많이 쓰는 용어] 16번 참고
42 [10. 현직자가 많이 쓰는 용어] 17번 참고

2. 수행 업무

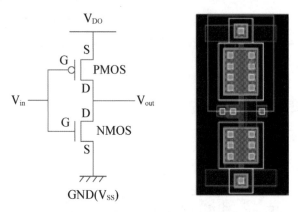

[그림 1-20] CMOS Inverter schematic과 Layout

Layout 엔지니어는 Analog, Digital 회로 설계자로부터 회로를 전달받아 Layout을 설계합니다. Layout에는 **Full-Custom Design**[43]으로 Logic Level까지 모든 것을 일일이 손으로 그리는 기법이 있고, **Auto P&R을 통해 Cell-based Design**[44] 기법으로 손쉽게 그리는 기법, 마지막으로 두 기법을 적절하게 섞은 **Mixed Design**[45] 기법이 존재합니다.

이미 설계된 회로를 가지고 그리기만 한다고 해서 Analog, Digital 회로설계보다 덜 중요한 직무가 결코 아닙니다. 같은 회로라고 해도 어떻게 Layout을 하느냐에 따라 회로의 성능이 크게 차이가 나기 때문입니다. 그래서 Layout 엔지니어는 Analog 회로에서 Matching을 위해 Unit Size[46]와 Common Centroid[47] 기법을 활용하고, Digital 회로에서는 Junction Capacitance[48] 및 Parasitic Capacitance를 줄여서 속도를 개선합니다. 그리고 DRC, LVS 검증 후에 다시 각 회로설계 담당자에게 넘겨 주죠. 문제가 없으면 Tape-out 하여 설계를 마무리합니다.

Layout은 Flow 상에서 Back-end에 위치한 만큼 Chip의 양산 일정과 가장 맞닿아 있는 직무입니다. 따라서 **빠르고 정확하게 회로를 그려내는 것이 중요**하며, 여기서 Layout 역량을 가지고 병렬적으로 진행되는 여러 프로젝트에 대한 일정 관리를 잘하면 회사에서도 특별 대우를 해줍니다.

> 제가 알고 있는 TOP Layout 설계 엔지니어도 상위 고과는 기본이고, S급 인력으로 분류되어 특별 대우를 받고 있습니다.

---

43 [10. 현직자가 많이 쓰는 용어] 18번 참고

44 [10. 현직자가 많이 쓰는 용어] 19번 참고

45 [10. 현직자가 많이 쓰는 용어] 20번 참고

46 하나의 Size를 정한 뒤 복사하여 사용하는 기법. 공정 산포를 거의 똑같이 타기 때문에 정확한 비율로 회로를 설계할 때 주로 이용함

47 [10. 현직자가 많이 쓰는 용어] 21번 참고

48 PN 접합부에서 발생하는 기생 Capacitance. 의도적으로 사용할 때도 있지만 원하지 않을 때가 많으며, 회로의 Speed를 떨어뜨리는 주요 원인 중 하나라고 할 수 있음

3. 사용하는 Tool

Layout 설계에서 사용하는 Tool을 소개하면 아래 정도로 정리할 수 있습니다.

〈표 1-3〉 Layout 설계 Tool

구분	Tool 명칭
Full-custom Design용 Layout Tool	Laker, Virtuoso
Cell-based Design용 P&R Layout Tool	Astro, ICC

Layout은 학부생 때 잘 배우지 않기 때문에 Tool이 더욱 생소할 수 있습니다. 따라서 마찬가지로 Tool은 참고만 하고, 만약 무료 Tool로 Layout을 경험해 보고 싶다면 구글에 'staticfreesoft'를 검색해서 'Electric'이라는 Tool을 사용해 보면 되겠습니다.

4. Layout 설계 JD 다시 보기

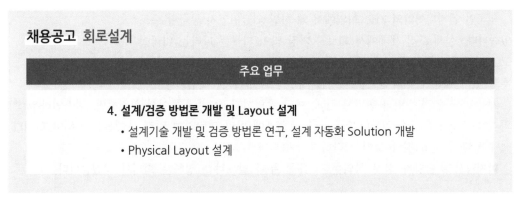

[그림 1-21] 삼성전자 System LSI 사업부 채용공고 ④

이제 JD에서 Physical Layout이 어떤 직무인지 알 수 있을 것입니다. 정리하면 Analog나 Digital 회로의 회로도를 공급받아서 공정이 가능한 형태로 Physical Drawing을 하는 직무입니다. 그리고 Layout 엔지니어의 최대 역량은 **프로게이머급의 신속, 정확한 Layout 설계를 통해 TAT를 맞추는 한편,** 회로들이 이상적인 성능을 잘 낼 수 있도록 **다양한 Layout 기법을 적재적소에 활용하는 능력**이라고 할 수 있습니다.

4 Sub 업무

직접적인 회로설계가 아닌 업무도 소개하겠습니다. Sub 업무는 말이 Sub이지, 전체 시간만 놓고 보면 업무의 약 60%를 차지할 정도로 더 많은 비중을 차지합니다. 그럼 Sub 업무에는 어떤 것들이 있는지 세 가지로 분류하여 설명하겠습니다.

1. 기획 회의

제품을 설계하기 전에 회의를 통해 먼저 **수요를 예측하고, 기능을 정하고, Spec을 점검**해야 합니다. 기획 회의 단계에서 충분히 합의하지 못하면 설계를 마무리한 뒤에 다시 처음부터 수정해야 하는 큰 일이 발생할 수 있습니다. 따라서 기획 회의는 일반적으로 2~3개월 간 길게 진행합니다.

기획 회의의 종류는 간단하게 **고객사와의 기획 회의, 외국인 엔지니어와의 기술 회의, 제품 개발 일정 수립, 협력사 컨택, 예산 수립, 담당자 선정**으로 이어집니다.

고객사와의 기획 회의는 Chip을 사용하려는 회사와 하는 회의입니다. 이때 최대한 보유하고 있는 기술을 어필하고, 고객사의 요구를 잘 맞춰 주어야 합니다.

외국인 엔지니어와의 기술 회의에서 왜 하필 외국인인지 궁금할 수도 있습니다. 실제로 전 세계에서 회로를 가장 많이 다루는 나라는 미국이고, 그 밖에도 중국과 인도 등 인구가 많은 국가에서도 회로를 많이 다루고 있기 때문에 외국인 엔지니어를 자주 마주치게 될 것입니다.

> 기술적인 내용을 설명하여 설득하는 것이 핵심입니다!

제품 개발 일정 수립과 협력사 컨택, 예산 수립까지 한 번에 묶어서 설명하면, 디자인하우스[49]와 같은 Layout 외주 업체나 Packaging 업체에 미리 연락하여 일정과 예산을 정해야 합니다. 설계가 다 끝나고 찾아 보기 시작하면 늦습니다.

마지막으로 담당자 선정 회의는 각 IP를 누가 맡느냐를 정하는 회의가 되겠습니다.

---

49 [10. 현직자가 많이 쓰는 용어] 28번 참고

2. FAB 검증 Set-up Guide

설계를 완료하고 파운드리 업체에 Tape-out 하고 나서도 숨 돌릴 틈도 없이 이어지는 업무가 있습니다. 바로 **FAB 검증 Set-up을 Guide 하는 업무**입니다. 설계자가 설계만 하고 Chip을 Test하는 데 손 놓고 있으면, 파운드리 Test 엔지니어들은 마음대로 Test할 수 밖에 없습니다. 그래서 각각의 Test를 어떻게 해야 하는지 Guide하고 이것을 문서화해서 넘겨야 하는데, 이 과정이 꽤 힘이 듭니다.

어떠한 Test 항목이 있는지 나열해 보면 **EDS Test, ESD Test, Test-plan 작성, ATE Set-up 가이드, Correlation[50] 검증 등**이 있습니다.

EDS는 반도체 8대 공정을 공부한 분이라면 들어봤을 것입니다. Chip을 Packaging 하기 전에 Wafer Level 상태에서 전기적으로 검증하여 불량이 없는지 확인하는 Test입니다.

ESD는 정전기로, 수천~수만 볼트의 전압이 Chip에 인가되었을 때 설계해 둔 ESD Cell에 의해 Chip이 잘 보호되는지를 Test 합니다.

ATE는 Automatic TEST Environment의 약자로, 대량의 Chip을 자동화하여 테스트하기 위한 환경을 구축하는 것인데, 이 ATE Set-up을 Guide하는 작업이 많은 시간을 잡아 먹습니다. 여기서 Test-plan을 작성해 주는 것이죠.

Correlation 검증은 ATE를 통해 완성된 Sample을 이용하여 설계자들이 직접 실측했을 때 파운드리 업체에서 Test한 결과와 일치하는지 확인하는 작업입니다. 만약 잘못되어 있으면 다시 Guide를 해 줘야 하죠.

3. 품질 / 양산 Support

Chip Test를 마무리했다고 해서 설계 업무가 모두 끝난 것은 아닙니다. 마지막 관문으로 **QUAL[51] 이라고 하는 품질 검증**이 남아있죠. 품질 검증은 고객들이 Chip을 사용할 때 발생할 수 있는 여러 가지 환경을 설정하여 Test하는 것입니다. 여기에서 발생하는 업무는 **Evaluation Board 설계 가이드, 전압/온도/습도 Stress Test 결과 분석 등**이 있습니다.

드디어 고객사에 전달할 Data-sheet 작성, 내부적인 관리를 위한 설계 보고서 작성, 문제를 해결하기 위해 회로를 다시 손보는 Revision[52] 계획 수립 그리고 양산 중 고객사 이슈 대응을 마지막으로 설계의 모든 업무가 마무리됩니다.

하나의 Chip을 기획해서 양산할 때, 설계 엔지니어들이 해야 할 일은 이렇게나 많습니다.

---

50 공정사에서 Chip을 제작하여 검증한 내용과 설계자가 실측한 결과를 비교해 보는 것

51 시스템이 주어진 사용 조건 아래에서 의도한 기간에 고유의 기능을 고장 발생 없이 성공적으로 수행할 수 있는지에 대한 능력을 검증하는 것.

52 문제가 있는 회로를 개선하거나 수정하는 것. Revision 후에 Version이 Update됨

04 현직자 일과 엿보기

1 프로젝트 3개가 동시에 진행될 때

이른 출근 (07:00~09:00)	오전 업무 (09:00~12:00)	점심 (12:00~13:00)	오후 업무 (13:00~18:00)

A. 시차에 맞춘 회의 준비
 	
C. 실험실 자리 잡기
	A. 고객사 or 내부 회의
	B. Analog 회로설계 및
	  Simulation
	C. Chip 매뉴얼 검증
		• 오전 업무의 연장	A. Action Item 정리 및
			  Planning
			B. Layout 가이드
			C. 검증 가이드 문서 제작

하나의 프로젝트 일정을 크게 구분해 보면 **(A) 기획**, **(B) 설계(Chip이 나오기 전)**, **(C) 검증(Chip이 나온 후)**으로 나눠볼 수 있습니다. 그리고 세 가지 일정에 맞춰서 업무가 달라집니다.

프로젝트는 한 사람 앞에 하나만 있는 것이 아니라 대개 2~3개 혹은 그 이상 병렬로 주어집니다. 따라서 여러 개의 프로젝트를 동시다발적으로 하는 경우가 대부분이기 때문에 프로젝트 세 개를 동시에 진행하는 상황을 가정하고 설명하겠습니다.

위 시간표를 보면 A, B, C 세 개의 프로젝트가 동시에 진행되는 상황을 가정해 보았습니다. **A는 기획 단계, B는 설계 단계, C는 검증 단계입니다.**

먼저 **A에서 미국 고객사의 외국인 엔지니어와 회의해야 할 때는 일찍 출근합니다.** 시차 때문에 오전 8~9시에 회의를 하기에 미리 준비해 두어야 하죠. 회의 자료는 주로 고객사에 전달할 자료들로 구성됩니다. 해당 Chip의 동작 기능과 Spec, 우리가 보유한 기술, 예상 일정, 보증할 수 있는 사항 등을 자료로 만들죠. 각 담당자가 담당하는 부분을 작성하여 프로젝트 매니저가 취합하는 식으로 이루어집니다.

또한 **C에서 검증을 위한 실험실 자리를 잡기 위해 일찍 출근하기도 합니다.** 급하게 검증해야 할 항목이 있는데 늦은 오전 시간이나 오후에 가면 이미 실험실에 사람들이 가득 차 있습니다. 양해를 구하면서 촉박하게 검증할 바에 차라리 일찍 와서 여유 있게 하는 것이 좋습니다. 검증은 주로 멀티 미터와 Oscilloscope로 Evaluation Board를 찍어 보고 파형을 분석하여, 설계 의도대로 결과가 나오는지를 확인하는 식으로 이루어집니다. Chip 하나만 확인해서는 놓치는 부분이 있을 수 있기 때문에 여러 개를 검증해 봅니다.

그리고 비로소 오전 9시 이후에는 A의 고객사와 회의를 합니다. 고객사 요청에 따라 우리가 할 수 있는 사항을 설명하고, 결론적으로 무엇을, 언제까지 해야 할지를 결정합니다. 이것을 Action Item이라고 하죠.

B에서는 제가 맡은 회로를 설계하고 Simulation 합니다. 이미 회의를 통해 결정된 사항에 대해서는 빠르게 설계해 나갑니다. 이때는 논문을 통해 좋은 아이디어를 얻는데, 바로 적용하진 않습니다. 이런 것은 프로젝트를 진행하기 전에 여유가 있을 때 미리 Test해 봐야 합니다. 일정 안에 빠르게 설계해서 원하는 Simulation 결과를 얻는 것을 목표로 합니다.

C에서는 자리 잡은 실험실에서 매뉴얼로 Chip 검증을 이어 나갑니다. 시간이 오래 걸리는 온도 Test, 기능을 보기 위해 복잡한 설정을 해야 하는 Test, 같은 행위를 여러 번 반복해야 하는 반복성 Test 등을 이때 진행합니다. 매뉴얼로 검증할 때 PC와 Chip이 통신을 하지 못 하거나 Evaluation Board가 망가졌거나, 케이블이 손상됐거나 측정 장비가 고장나 있다거나 등의 다양한 문제 상황이 발생합니다. 이러한 문제 상황을 해결하면서 검증하려면 오전에 충분한 시간을 갖고 업무를 진행해야 합니다.

> 바쁠 땐 점심을 Take-out 해 와서 업무를 이어서 합니다. 오전 업무의 연장선이죠.

오후 업무가 시작되면 A에서 오전에 진행된 회의에서 나온 Action Item을 정리하고 계획을 수립합니다. 어떠한 회의가 됐든지 간에 결론이 없는 회의는 없습니다. 회의 후에는 항상 해야 할 것을 만들고 수행합니다.

B에서는 설계가 마무리되면 Layout 엔지니어분들에게 Layout을 가이드해 줍니다. 같은 회로라도 Layout을 어떻게 하는지에 따라 성능 차이가 심하기 때문에 가이드를 잘 해주어야 합니다. 특히 Analog 회로의 경우에는 Matching에 신경 써야 하고, Clock-Line으로부터 이격을 해야 하는 등 고려해야 할 사항이 많습니다. 저는 다른 업무보다 Layout 가이드를 먼저 빠르게 진행하는데, 그 이유는 Layout 엔지니어와 합을 맞춰 서로 놀고 있는 시간을 없애기 위해서 입니다. 그렇지 않으면 순서가 꼬여서 일정이 지연될 수 있습니다.

C에서는 Chip 검증 가이드 문서를 작성합니다. 파운드리 업체에서 Chip을 제작한 후 Test하여 메모리를 Write 해서 주는데, 이때 어떻게 Test하고, 어떻게 메모리를 Write 해야 할지에 대한 가이드 문서를 작성합니다. 설계자만이 그 의도를 알고 있기 때문에 문제없이 의도를 전달하려면 최대한 세세하게, 직관적으로 문서를 작성해야 합니다.

하지만 Chip 설계 업무는 Cycle이 있어서 바쁘지 않은 시즌도 존재합니다. 주로 Tape-out을 한 직후입니다. 이 경우에는 하루의 루틴이 조금 달라지죠. 다음으로 프로젝트가 바쁘지 않을 때의 주간 시간표를 소개하겠습니다.

2 평범한 하루일 때

출근 직전 (05:00~09:00)	오전 업무 (09:00~12:00)	점심 (12:00~13:00)	오후 업무 (13:00~18:00)
• 미라클 모닝 실천 • 아침 식사 • 전자책 읽기 • 유튜브 시청	• 메일 확인 • 요청사항 대응 • 오전 회의	• 티 타임 • 산책 • 가벼운 운동	• 설계 • 문서작성 • 오후 회의

이 시간표는 프로젝트를 고려하지 않은 저의 일상적인 일과를 정리한 것입니다.

출근 전까지는 회사가 아닌 저만의 시간을 보내기 위해 미라클 모닝을 실천하고 있습니다. 일찍 일어나서 턱걸이, 계단 오르기 등의 가벼운 운동과 독서, 자기 계발 유튜브 시청, 그리고 저만의 비즈니스를 하고 있죠.

> 취업하면 회사에만 의존하지 말고, 사이드 프로젝트를 하나 진행해 보는 것을 추천합니다. 아이러니하게 회사 생활을 더욱 활력적으로 할 수 있습니다!

출근 후 오전 시간에는 주로 메일을 확인하고 요청사항에 대응합니다. 요청사항이 있다는 것은 대부분 마감 시간이 얼마 남지 않았다는 것이기 때문에 우선순위를 높여서 전체 프로젝트에 문제가 없도록 해결해 둡니다. 그리고 오전 회의가 있으면 회의에 참석합니다. 회의가 끝나면 실행해야 할 Action Item을 정리해서 계획을 세워두죠.

점심 시간에는 식사 후에 부서 사람들과 티 타임을 갖거나 가벼운 산책을 즐깁니다. 탁구나 농구 등 가벼운 운동을 할 때도 있죠. 점심 시간은 업무 외적인 시간이지만 정말 중요한 시간입니다. 햇빛을 받으면서 호르몬을 활성화해서 오후 업무에 집중할 수 있게 만들어 주기도 하지만, 더 큰 이유는 업무 외적인 중요한 인생 이야기를 선배들과 나눌 수 있는 소중한 시간이기 때문이죠.

오후 업무 시간에는 주로 메인 업무를 합니다. 집중해서 처리해야 하는 업무를 이때 몰아서 하는 편입니다. 주로 회로설계나 Simulation 검증, 가이드 문서작성을 오후에 하고 있습니다. 오후 늦게 잡힌 회의에도 눈물을 머금고 참석합니다. 아무쪼록 1인분 이상을 해낼 순 없더라도 주어진 업무만큼은 책임 의식을 갖고 문제없이 진행될 수 있도록 합니다.

회로설계 엔지니어에게 영어는 중요할까요? 현업에서 많이 사용할까요? **결론은 '잘하면 업무에 100% 도움이 된다'입니다.** 현업에서 있었던 영어에 관한 에피소드를 소개하겠습니다.

저의 영어 오픽 성적은 IH입니다. 딱 한국에서 태어나서 어학연수를 다녀오지 않고, 취업을 위해 한 달 정도 공부하고 받을 수 있는 성적이죠. 즉, 취업을 위한 영어 스피킹을 공부했었습니다.

이런 저에게 첫 직장에서 시련이 찾아 왔습니다. 바로 함께 일하는 회로설계 엔지니어가 핀란드 사람이었던 것이죠. 제가 부여받은 임무는 이분에게 I/O PADs Custom 설계를 요청하는 것이었습니다. 소문으로는 이 분에게 조금 독특한 면이 있다고 알려져 있었고, 그래서 저는 최대한 공손하게 영어로 전화했습니다.

"Hi OO, As I told you before, we need Customized I/O PADs. So I will send you one document including our requirements. Could you check it first?"

그러나 상대방의 대답은 제가 예상한 모범 답변이 아니었습니다.

"Sorry Mr. OO. I'm revising SRAM circuit now, and I gotta do it first. ~"

매우 당황스러웠습니다. 일단 악센트가 독특해서 제가 알고 있는 단어들도 잘 들리지 않았습니다. 그리고 제가 한마디를 하면 안 되는 이유를 열 마디로 설명하더군요. 저는 어떻게든 설득해서 업무의 우선순위를 정해야 했고, 30분 가까이 땀을 삐질삐질 흘리면서 겨우 성공했습니다. 저는 이 경우가 특별한 사례이고, 이직하면 영어를 쓰지 않을 줄 알았습니다.

그런데 이직하고 나니 이번엔 고객사에 외국인 엔지니어가 있네요. 또 영어를 해야 했습니다. 이번에는 쏟아지는 인도 악센트에 가는 귀도 먹어가면서 땀을 삐질삐질 흘리며 대응을 했습니다.

'아… 이래서 사람들이 영어, 영어 하는구나…'

영어가 중요하다는 것은 귀에 못 박히도록 들어왔지만, 막상 영어를 사용해야 할 상황이 닥쳐서야 그 중요성을 실감했습니다. 영어를 못하면 1인분도 할 수 없는 상황이 생긴다는 것을요.

그래서 최근에는 일주일에 세 번씩 원어민과 꾸준히 자유로운 주제로 전화 영어를 하고 있습니다. **여러분도 단순히 취업 목적이 아니라, 실제로 외국인 엔지니어와 협업하는 상황을 상상하면서 영어 스피킹을 준비하길 바랍니다.**

05 연차별, 직급별 업무

> 21년도 기준 개편 전 직급체계를 토대로 작성하였습니다. 22년도부터 S사는 직급체계가 폐지되었음을 미리 알려드립니다.

많은 분이 입사 당시에는 개발자, 연구원으로서 일하고 싶어 합니다. 저 또한 차세대 Image Sensor 기술을 Leading하는 엔지니어를 목표로 입사했었죠. 그리고 저년차 때는 실제로 연구, 개발 업무를 많이 합니다.

그러나 고년차가 될수록 **책임지고 프로젝트를 Leading하는 프로젝트 매니저 역할**을 강요받습니다. 그리고 여기서 다양한 분기점이 발생하죠. 그럼 지금부터 제가 보고 들은 연차별, 직급별 업무와 다양한 커리어 패스에 대해 소개하겠습니다.

1 CL2(별도의 명칭 없음, 호칭은 '~님')

1. 하는 일

처음 학사로 입사하면 **수많은 교육**을 받습니다. 직무와 간접적으로 관련 있는 공정, 통계, 논문 작성법, 영어 스피킹부터 시작해서 직접적으로 관련 있는 Analog, Digital, Layout 설계 교육까지 말이죠.

그리고 팀 배치가 된 후에 각자 배정받은 팀으로 가게 되면 보통 **세미나**를 하게 될 것입니다. 팀마다 중요하게 생각하는 회로와 Point가 달라서 세미나를 통해 학습하는 것이 필수이기 때문입니다. 돌이켜 보면 저는 세미나를 통해 가장 많이 성장했고, 이때 배운 내용을 아직도 현업에서 잘 활용하고 있습니다.

> 이때 선배로부터 날카로운 질문을 받게 됩니다. 하지만 걱정하지 마세요. 선배들은 여러분을 사랑(?)합니다.

그렇게 6개월 ~ 1년 정도가 지나면 본격적으로 사수 선배를 도우면서 업무를 배우기 시작합니다. 사수 선배가 맡은 회로의 일부 파트를 공부하여 검증하고 개선하는 식의 업무를 진행합니다.

학사에게 회로설계를 안 시키지 않냐고요? 절대 아닙니다. 오히려 회사에서는 학사에게도 회로설계를 시키고 싶어 하지만, 회사의 매출과 운명이 달린 만큼 어느 정도 실력이 쌓일 때까지 차근 차근 성장시킨 뒤에 어려운 회로설계를 맡기게 되는 것이죠. 많은 관심과 용기만 있다면 학사도 충분히 어려운 설계를 할 수 있습니다.

2. 향후 커리어 패스

CL2에서의 커리어 패스는 크게 세 가지입니다.

첫째, 업무 선택입니다. 처음에 배정받은 업무가 본인에게 잘 맞는지는 부서장도, 심지어 본인도 잘 모릅니다. 2~3년까지는 그 업무를 해 보고 부서장과의 면담을 통해서 그대로 할지, 다른 업무를 맡을지를 결정합니다. 이때 선택하는 직무가 향후 커리어 패스로 이어집니다. 그러니 면담할 때 적극적으로 어필해야 합니다. 실제로 몇몇 선배들은 Analog IP를 맡다가 면담을 통해 Digital 시나리오를 설계하는 업무로 옮겨서 더욱 승승장구하고 있습니다. 따라서 처음 맡은 일이 본인에게 맞지 않더라도 나중에 바꿀 기회가 많이 있으니 일단 한 번 해보는 것이 좋습니다.

둘째, 팀 이동입니다. 팀 또한 마찬가지로 배정받은 팀이 본인에게 잘 맞는지는 처음에 알 수 없습니다. 따라서 1~2년 팀에 적응하면서 본인의 팀이 마음에 든다면 그대로, 더 잘 맞는 다른 팀이 있다면 부서장과의 면담을 통해 옮겨볼 수도 있습니다. 여기서 하고 싶은 말은 처음 배정받는 팀과 세부 직무는 운으로 결정되는 것이 맞지만, 회사는 사람이 운영하는 곳이기 때문에 인간적이고 융통성이 있다는 것입니다. 그러니 지금의 상황에 만족하거나 또는 좌절하지 말고, 본인이 하고 싶은 일이 있으면 항상 관심을 갖고 준비해서 어필해야 합니다.

셋째, 상위 고과를 통한 학위 취득입니다. 회사마다 다르겠지만, 일반적으로 상위 고과를 세 번 연속으로 받으면 석사나 박사 학위 취득 기회가 주어집니다. 학위를 진행 중일 때는 보너스를 받진 못하지만, 상위 고과를 받을 수 있고 학위도 취득할 수 있는 좋은 기회입니다. 또한 회사에서 관리받는 사람이 되기 때문에 직책을 갖게 될 수도 있습니다. 직책자 중에 석사, 박사가 많은 이유 중 하나이기도 하죠. 따라서 학사라고 할지라도 얼마나 관심을 갖고 노력하는지에 따라 많은 기회를 얻을 수 있으니 선을 긋지 않는 것이 중요하겠죠?

2 CL3(책임)

1. 하는 일

일반적으로 9년 차 ~ 18년 차까지의 직급입니다. 다른 회사와 비교하면 과장, 차장 직급이죠. 책임이라는 직급은 말 그대로 책임을 지고 프로젝트를 Leading하는 직급입니다. 이쯤되면 **기술적인 부분에서 본인이 맡은 파트의 전문가**가 되어 있을 시기입니다. 따라서 이때부터는 **프로젝트 일부를 Leading** 하기 시작합니다. 예를 들어 Chip에서 Analog IP들이 모여 있는 상위 Cell을 Analog IP TOP이라고 부르는데, 바로 이러한 TOP을 맡게 됩니다. 즉, 이제 더이상 직접적인 설계와 거리가 멀어지고, 저년차 팀원들이 세부적인 설계를 하면 그것을 취합하여 프로젝트가 돌아갈 수 있도록 합니다.

여기서 크게 두 가지 생각이 들 것입니다.

'나는 관리가 아니라, 개발이 하고 싶은데…'

저 역시 아무것도 몰랐을 때는 개발만 하고 싶었습니다. 그러나 누군가 프로젝트를 책임지고 이끌어가지 않으면 안 된다는 사실을 곧 알게 되었습니다. 따라서 진급, 직책에 대한 욕심이 있다면 관리직을 맡는 것은 선택이 아닌 필수입니다. 따라서 관리직을 잘 수행하려면 저년차일 때에도 본인의 업무뿐만 아니라 다른 업무에도 관심을 갖고 대화를 많이 하고, 다양한 교육에 참여해야 합니다.

두 번째로는 이런 생각이 들 수 있습니다.

'관리만 하면 엄청 편한 거 아닌가?'

절대 그렇지 않습니다. 수업 시간에 했던 팀 프로젝트를 생각해 봅시다. 내가 팀장을 맡았고, 나에 의해 팀원의 학점이 결정된다고 생각하면 그 부담감이 엄청날 것입니다. 프로젝트 매니저 또한 외부 업체와 협력하여 프로젝트를 진행하는 도중에 발생할 수 있는 Risk를 짊어져야 하고, 문제가 생기면 주말에 나와서 책임지고 일 처리를 해야 합니다.

이러한 일들을 수행해야지만 진급 및 직책을 달 수 있습니다.

> 온종일 회의만 하다가 하루가 끝나는 경우가 대부분이고, 저년차 팀원들과 상위 직책자 사이에서 의견을 조율하는 일도 쉽지 않습니다.

2. 향후 커리어 패스

책임이라는 직책은 힘든 자리이기 때문에 여기서 다양한 분기점이 발생합니다. 따라서 커리어 패스를 크게 세 가지로 구분해 볼 수 있습니다.

첫째, 직책을 맡아서 상위 고과를 받고 수석으로 진급하는 경우입니다. 회사에서 가장 잘 풀린 경우라고 할 수 있죠. 앞에서 설명한 일들을 잘 수행하고 좋은 퍼포먼스를 지속해서 보이면 직책을 달 수 있습니다. 직책자는 책임이 더욱 커지지만 그에 대한 보상이 수당으로 주어지고, 상위 고과를 잘 받을 수도 있습니다. 많은 분이 이렇게 되기 위해 노력하죠.

둘째, 이직을 통해 몸값을 높이는 것입니다. 앞에서 책임 직급은 본인이 맡은 업무에 대한 전문가가 되어 있을 때라고 이야기했습니다. 그래서 다른 회사로부터 많은 헤드헌팅과 스카우트 제의가 들어옵니다. 당연히 더 높은 연봉과 처우를 대가로 제안하는 것이죠. 만약 본인이 지금 위치나 회사가 마음에 들지 않고, 더 큰 꿈을 생각하면 이직을 할 수 있습니다. 또한 굳이 다른 회사에서 제의가 오지 않더라도, 꾸준히 이직을 위해 자기 계발을 하며 준비하는 분도 있습니다. 마찬가지로 더 높은 연봉과 더 좋은 처우의 회사를 골라서 경력직으로 이직하기 위함입니다.

셋째, 상위 고과를 통한 학위 취득입니다. CL2에서 이야기한 커리어 패스와 중복되는 내용입니다. 차이점이 있다면 책임 때는 일반적으로 석사 학위보다 박사 학위를 취득하는 분이 더 많다는 것입니다. 이렇게 학위를 따고 학위 취득 중에도 상위 고과를 받으면 첫 번째로 설명한 수석 진급 루트로 갈 수 있습니다.

3 CL4(수석)

1. 하는 일

일반적으로 18년 차 이후의 직급입니다. 다른 회사와 비교한다면 부장 직급이죠. 수석을 달았다는 것은 크고 작은 사건들 속에서 살아남은 백전노장이라는 말과 같습니다. 책임까지는 그래도 어느 정도 잘하면 오를 수 있는 직급이지만, 수석은 책임지고 하는 일에서 지속해서 좋은 결과를 만들어야지만 가능한 직급이기 때문입니다. 이때는 일반적으로 제품 전체를 Leading하거나 조언자로 활동합니다.

제품 전체 Leading에 대해서는 어느 정도 감이 오겠지만, 조언자로 활동하는 것이 무엇을 의미하는지 궁금해 할 분이 많을 것 같습니다. 군대로 비유하면 수석님들은 현자의 지혜를 공유해 주는 주임원사 같은 역할을 합니다. 일례로 회로설계를 정말 잘하는 선배가 열심히 회로설계를 하고 있던 어느 날, 수석님 한 분이 뒷짐을 지고 둘러보다가 선배분의 회로를 쓱 보게 되었습니다. 그리고 한 마디하고 지나가셨죠.

"이거 이렇게 하면 안 돼, 이런 문제가 생겨"

확인해 보니 실제로 Chip이 동작하지 못할 수 있는 치명적인 문제가 있었고, 수석님의 말 한마디로 바로잡을 수 있었습니다.

이것이 바로 수석님의 힘입니다!

2. 향후 커리어 패스

수석 직급의 커리어 패스도 크게 세 가지로 나누어집니다.

첫째, 임원으로 진급하는 것입니다. 지속해서 프로젝트뿐만 아니라 다양한 제품을 Leading하고 좋은 성과를 보여 주면 임원으로 진급할 수 있는 기회가 생깁니다. 그러나 성과가 좋다고 무조건 임원으로 진급할 수 있는 것은 아닙니다. 기본적으로 임원 TO가 있어야 하고, 여러 가지 상황이 뒷받침되어야 하죠. 즉 운과 실력이 함께 있어야지만 가능합니다.

둘째, 퇴직입니다. 정년을 바라보는 시기이기 때문에 임원으로 진급하지 못하면 퇴직하는 경우가 많습니다. 물론 퇴직 후에 다른 회사에서 업을 이어갈 수 있지만, 책임 직급일 때와는 다르게 더 좋은 대우로 가는 것은 아닙니다. 혹은 모아둔 자본금으로 다른 일, 자영업, 창업, 사업을 하는 경우도 있습니다. 다년간의 사회 경험과 자본이라면 못할 것도 없죠.

셋째, 임금피크제를 통한 만년 수석입니다. 임금피크제란 일정 연령이 된 근로자의 임금을 삭감하면서 그 대신 정년까지 고용을 보장하는 제도입니다. 임금을 이전보다 더 적게 받지만, 회사의 복지를 계속해서 누리면서 일도 하고 급여를 받을 수 있기 때문에 각자 상황에 따라 좋은 선택이 될 수 있습니다.

MEMO

06 직무에 필요한 역량

1 직무 수행을 위해 필요한 인성 역량

1. 대외적으로 알려진 인성 역량

(1) 회사의 인재상

대외적으로 알려진 인성 역량으로 대표적인 것은 각 회사의 인재상일 것입니다. 주요 대기업의 인재상을 간단히 확인해 보겠습니다.

- **삼성그룹**
  - 열정, 도덕성, 창의 혁신으로 끊임없는 열정으로 미래에 도전하는 인재

- **SK그룹**
  - 자발적이고 의욕적으로 두뇌를 활용하는 인재
  - 스스로 동기부여 하여 높은 목표를 도전하고 기존의 틀을 깨는 과감한 실행을 하는 인재
  - 그 과정에서 필요한 역량을 개발하기 위해 노력하여 팀워크를 발휘하는 인재

- **현대그룹**
  - 미래를 예측하고 변화를 주도하는 인재
  - 긍정적으로 생각하고 실천하며 스스로 판단하여 행동하고 책임지는 인재
  - 부단한 자기 계발로 항상 새로운 인재
  - 부지런하고 검소하며 정직하고 예의 바른 인재
  - 고객에게 헌신하며 나라와 사회에 봉사하는 인재
  - 환경을 생각하며 서로 믿고 더불어 사는 인재

- **LG그룹**
  - 꿈과 열정을 가지고 세계 최고에 도전하는 인재
  - 팀워크를 이루며 자율적이고 창의적으로 일하는 인재
  - 고객을 최우선으로 생각하고 끊임없이 혁신하는 인재
  - 꾸준히 실력을 배양하여 정정당당하게 경쟁하는 인재

여러분은 각 기업의 인재상을 보면서 어떤 생각을 했나요? 제가 한 생각은 **'뻔하고 좋은 말은 모조리 다 써놨네. 그리고 다 똑같은 말하고 있네'**였습니다. 아마 여러분도 비슷하게 느꼈을 것이라고 생각합니다.

인재상은 상식선에서 좋은 가치들이 맞습니다. 만약 여러분이 일 시킬 사람을 뽑는다고 상상해 봅시다. 열정 있고, 주도적이고, 예의 바르고, 창의력 있는 사람이 있다면 뽑지 않을 이유가 있을까요? 그런데 **특별함이 없습니다. 또한 변별력도 없습니다.**

> 비슷해 보이는 사람들 속에서 누구 한 명을 뽑아야 하는데, 그 사람을 뽑을 만한 이유가 이러한 변별력 없는 인재상이 될 수 없죠.

그래서 회사의 인재상은 참고만 하고 너무 매몰되지 않으면 좋겠습니다. 그보다는 인재상을 제대로 활용하는 방법이 중요할 것 같습니다. 인재상을 자기소개서에 어떻게 활용하면 좋을까요? 제 생각을 이야기해 보겠습니다.

저는 자기소개서를 작성할 때 **인성 역량이 하나로 치우치지 않고 잘 배분됐는지 확인하는 용도**로 사용했습니다. 자기소개서는 문항마다 물어보는 포인트와 가치관이 다릅니다. 따라서 하나의 인성 역량으로만 대응하는 것은 비효율적이고, 합격 확률이 떨어질 수도 있습니다.

예를 들어 모든 문항에 대해 '열정'이라는 주제로 자기소개서를 작성하는 것보다는 두 문항 정도 '협업', '창의성'과 같은 키워드로 배분하는 것이 좋습니다.

(2) 일반적인 인성 역량: 전문성, 열정, 주도성, 책임감, 문제해결능력 등

회사의 인재상과 비슷한 맥락입니다. 일반적으로 위와 같은 인성 역량이 중요하긴 합니다. 그런데 다른 직무의 관점에서도 생각해 보죠.

품질을 관리하는 평가 및 분석 직무를 지원한다고 가정해 봅시다. 평가 및 분석 직무 또한 전문적이고, 열정적이고, 주도적이고, 책임을 다하고, 스스로 문제를 해결할 수 있는 역량을 가진 엔지니어를 요구할 것입니다. 더 나아가 이공계 직무뿐 아니라 영업/마케팅, 재무/회계, 전략/기획과 같은 문과 직무에서도 모두 똑같은 역량을 요구할 것입니다.

즉, 일반적인 인성 역량이 중요한 것은 맞지만, **어느 직무에서나 똑같이 중요하기 때문에 그 자체만으로는 경쟁력이 없다**고 생각합니다. 경쟁력이 없다면 뽑을 이유도 없습니다. 차별성 있는 인성 역량을 기르고 자기소개서와 면접에서 어필하기 위해서는 그것이 본인의 직무에서만 통용되는 구체적인 형태로 다듬어져야 합니다. 따라서 직무 역량을 통해 인성 역량을 간접적으로 드러내는 것이 가장 좋은 방법이 아닐까 합니다.

다음에 이어지는 **직무 역량을 통해 간접적으로 인성 역량 드러내기**를 참고하면 도움이 될 것입니다.

2. 직무 역량을 통해 간접적으로 인성 역량 드러내기

엔지니어에게 중요한 역량은 실무를 수행하는 엔지니어와 프로젝트를 이끄는 프로젝트 매니저의 입장에서 충분히 와 닿을 수 있어야 합니다. 그러기 위해서는 **구체적이면서도 업무에 직접적인 도움**이 될 수 있어야 하죠.

제가 프로젝트 매니저는 아니지만, 실제로 면접관으로 참여한 리더분들과 이야기하면서 '이러한 역량을 가진 분들을 뽑지 않을까?'라는 생각을 한 적이 있습니다. 바로 직무 역량을 통해 간접적으로 인성 역량을 드러내는 지원자인데요, 구체적으로 소개해 보겠습니다.

(1) '회로 디버깅'을 통해 드러내는 책임감, 전문성, 문제해결능력 역량

Chip을 막상 만들고 나면 원하지 않는 기능을 하거나 Spec에서 벗어나거나, MASS[53]로 확인해 보면 산포를 너무 크게 타는 등의 다양한 문제가 발생합니다. 이러한 문제에 대해서 발 빠르게 대응할 수 있어야 하는데, 이때 회로 디버깅 능력이 필수입니다.

회로를 디버깅하는 것은 두 가지 의미를 내포하는데, **첫째, Schematic이나 RTL, 그리고 Simulation 파형을 통해 어디에 문제가 있는지 역 추론하는 방법과 둘째, Chip을 실제로 Oscilloscope나 멀티미터로 측정하여 예상되는 파형과 어떤 괴리가 있는지 확인해 보는 방법**입니다.

결과 파형이 나왔을 때 본인이 의도한 파형이 아니라면 그것이 왜 그렇게 나오는지를 입력 혹은 출력으로부터 하나씩 파헤쳐갈 수 있어야 합니다. 이것이 회로를 디버깅할 수 있는 역량입니다. 따라서 이러한 회로 디버깅 역량은 자연스럽게 **책임감, 전문성, 문제해결능력** 등의 인성역량으로 이어집니다. 동시에 프로젝트 매니저 입장에서 이런 역량을 가진 지원자를 뽑으면 신속하게 고객을 대응해야 하는 상황에서 큰 도움이 될 것이라는 생각을 할 수 있게 만듭니다. 또한 전공 수업 시간에 실습했던 경험이나 공모전 등의 프로젝트 경험에서 마주한 여러 가지 문제 상황 중에서 회로와 관련한 내용이 있다면 어떻게 문제 원인을 분석해 나갔는지를 구체적으로 서술하여 어필하면 좋을 것입니다.

제가 전자회로 실습시간 때 다뤘던 Two-stage OPAMP를 자기소개서에서 어떻게 회로 디버깅 역량으로 어필했는지 보여드리겠습니다. 이 OPAMP는 대부분의 전기/전자공학과 분들이 전공 과목에서 다룰 것이기 때문에 충분히 공감할 수 있을 것입니다.

---

[53] 대량 양산을 의미함. 몇 개의 Chip이 정상이라고 해서 앞으로 양산되는 Chip이 정상이라고 보장할 수 없으므로 수백 개를 양산하여 Data를 분석함

"저는 Analog 회로에서 증폭기를 디버깅할 수 있는 역량을 갖고 있습니다. Two-stage OPAMP를 설계하면서 Transient Simulation[54] 중 Ringing[55]이 심하게 일어나는 문제가 있었습니다. 원인 분석을 위해 Output부터 파형을 확인해 보다가, Phase Margin[56] 보상을 위해 설계해 둔 밀러 Capacitance[57]가 있음에도 불구하고 Phase Margin이 부족하다는 것을 알게 되었습니다. Capacitance를 조금 더 키우고, Zero를 해결하기 위한 저항을 추가하여 문제를 해결할 수 있었습니다. Size는 조금 더 커지겠지만, 더 안정적인 전력을 공급하기 위한 LDO에 활용될 수 있을 것입니다."

이렇게 간단한 회로라고 해도 깊이 파보고 이것을 회로 디버깅 역량과 연결해 봅시다!

위 자기소개서를 읽어 보면 기본적인 회로를 다뤘음에도 책임감, 전문성, 문제해결능력이 있는 지원자임을 느낄 수 있을 것입니다.

(2) 'Tool 활용 경험'을 통해 드러내는 창의성, 주도성, 열정 역량

먼저 Tool이라고 해서 비싼 상업용 Tool을 이용한 경험이 꼭 필요한 것은 아닙니다. 오히려 단순하게 상업용 Tool을 사용했다는 사실만 전달하는 것은 저에게 '그래서 어쨌다는 거지?'라는 궁금증과 함께 매력이 떨어져 보이거든요. 따라서 단순하게 상업용 **Tool을 사용해 본 경험을 서술하기 보다는 무료 Tool일지라도 이것을 어떻게 활용하여 프로젝트에 적용해 봤는지를 서술해야 합니다.** 그리고 Tool을 어떻게 활용했는지에 따라 **창의성, 주도성, 열정** 등의 인성 역량을 확인할 수 있습니다. 제가 학부생 때 사용했던 무료 Tool을 자기소개서에 어떻게 활용했는지 보여드리겠습니다.

"**첫째, 아나콘다(Python 무료 Tool)를 이용한 Simulation 결과 분석입니다.** Simulation은 Pspice를 이용하여 진행했으며, 조건을 바꿔가면서 수십 번 Simulation 해야 하는 상황이었습니다. 모든 Simulation의 초기 데이터를 보고 통계를 내야 하는 상황이었는데, 엄청난 노력과 정성으로 할 수도 있었지만, 효율성을 따져 본 후 아나콘다 Tool을 활용하여 '.txt' 파일을 엑셀로 옮겨서 자동으로 통계를 낼 수 있게 프로그램을 구성했습니다. 생각보다 Python의 오픈소스가 많아서 금방 구현할 수 있었는데, 최대 장점은 저뿐만 아니라 후배들도 쉽게 분석할 수 있었다는 것이었습니다.

둘째, MATLAB(학생용 라이센스)과 Pspice를 연동시켜서 Transistor Size의 최적점을 찾아낸 경험이 있습니다. ADC 설계 프로젝트 중에 Power Consumption, Speed, Size가 최적화된 Transistor Size를 구하기 위해 Pspice와 MATLAB을 연동하여 최적해를 구했습니다. 하나의 Simulation Tool만으로는 구하기 힘들었던 해를 MATLAB과 연동하니 3D Image로 확인하여

---

54 x축을 시간 축으로 하는 Simulation

55 스위칭할 때 발생하는 고주파 성분

56 Magnitude(gain)의 1배 (0dB)이 될 때, Phase가 −180˚ 보다 작은 정도를 의미함. 클수록 시스템이 안정하다는 것을 나타냄

57 Miller effect를 이용하여 Phase Margin을 보상해주는 Capacitor

분석할 수 있었습니다. 이와 같은 역량은 현업에서도 다양한 Trade-off가 있는 Analog 회로를 설계할 때 큰 도움이 될 것입니다."

이렇게 무료 Tool만 가지고도 충분히 창의성, 주도성, 열정뿐만 아니라 전문성도 드러낼 수 있음을 느낄 수 있을 것입니다.

> 그러니 무료 Tool이라고 너무 무시하지 말고, 어떻게 활용할 수 있을지에 대해 깊게 생각해 보세요!

(3) '논문 및 최신 Trend 기술 학습'을 통해 드러내는 열정, 주도성, 전문성 역량

본인이 구체적으로 하고 싶은 일을 결정하고, 그에 대한 논문이나 최신 Trend 기술을 찾은 뒤 기록해 두면 큰 도움이 됩니다. 현업에서 이렇게 주도적으로 학습하지 않고 하던 일만 계속하면 도태되기 쉽습니다. 팀 성과를 만들어 내야 하는 리더에게 주도적이지 않은 팀원은 결코 좋은 팀원이 아닙니다.

꼭 대단하고 거창한 기술이 아니더라도 괜찮습니다. **본인이 관심 있는 분야에 대해 꾸준히 공부해 왔음을 어필하면 좋습니다.** 그러기 위해서는 먼저 관심 있는 분야를 설정하는 것이 중요합니다. 일단 하나를 설정해 보고 이것 저것 찾아보는 것이죠. 만약 최신 Trend 기술을 찾아 보기 어렵다면 DART(Data Analysis, Retrieval and Transfer System, 전자공시시스템)를 활용한 **최신 Trend 기술 파악** 부분를 참조하면 도움이 될 것입니다. 이렇게 논문이나 최신 Trend 기술을 학습하는 태도를 통해 열정, 주도성, 전문성 등의 인성 역량을 확인할 수 있습니다. 저는 어떤 식으로 이 역량을 어필할 수 있었는지 알려드리겠습니다.

저는 CIS에 관심이 많았기 때문에 여기에 들어가는 회로와 기술들, 논문을 학습하여 면접 때 언급했습니다. BSI[58], ToF[59] 등의 기술을 주제로 공부했었죠. 그리고 이것을 이직 사유에 보태어 면접관에게 설명하니 그분들이 좋아하는 것이 그냥 눈에 보였습니다. 답변 내용을 알려드리겠습니다.

"저는 차세대 Image Sensor를 기술 발굴이라는 꿈을 이루기 위해 이직을 결심했습니다. 지금 다니고 있는 회사도 Image Sensor를 다루고 있다는 점에서는 같지만, X-ray 디텍터[60]라는 특수한 분야를 다루다 보니 회로가 한정적이었습니다. 그래서 꿈을 이루는 데 한계를 느꼈습니다. 반면에 OOO 사업부는 트렌디한 기술들, 예를 들어 High-resolution을 위한 BSI 기법과 차세대 Image Sensor를 위한 ToF 기술들을 연구하고 있고, 저는 이러한 OOO 사업부에서 꿈을 이룰 수 있을 것이라 확신하여 이직을 결심했습니다."

이렇게 **구체적으로 하고 싶은 일을 밝히고 스스로 학습하는 지원자**는 향후 지원자 스스로 발전해 나갈 뿐만 아니라 더 나아가 조직 전체를 발전시킬 수 있기 때문에 리더들의 환영을 받을 것입니다.

---

58 Back Side Illumination의 약자. Image Sensor가 빛을 흡수할 때 금속 배선에 방해받지 않고 빛을 잘 흡수할 수 있도록 Chip의 금속 배선 층 위에 수광부를 위치시키는 기술. 메탈 배선 층과 빛의 충돌이 없어 고화질의 Image를 얻을 수 있음

59 Time of Flight의 약자. 신호(근적외선, 초음파, 레이저 등)를 이용하여 어떤 사물의 거리를 측정하는 기술. 카메라의 3D 촬영에 필요함

60 X-Ray Image 영상을 읽어 들이는 검출기

2 직무 수행을 위해 필요한 전공 역량

1. 심화 전공 수강

전자공학과라면 일반적으로 2~3학년 때는 회로이론, Digital 논리회로, 전자기학, 신호 및 시스템, 물리전자 등의 기본 전공과목을 수강할 것입니다. 그리고 4학년 때는 Analog 집적회로설계, SoC 설계, Digital 회로설계, RF 회로설계, 영상처리 등 심화 전공을 수강할 수 있죠.

이때 **상황이 허락하면 심화 전공을 최대한 많이 수강**하는 것이 좋습니다. 이력서에서 심화 전공을 수강한 것 자체를 점수화해서 계산하기도 하고, 다음에 직무 관련 경험을 쌓을 때 기틀이 되기 때문입니다. 그리고 자기소개서나 면접에서 심화 전공을 언급하면 자연스럽게 관심의 표현이 되고, 열정, 주도성, 탐구력 등의 인성 역량도 함께 보여줄 수 있습니다.

> 서류 합격률이 높은 지원자들의 특징 중 하나인 만큼 중요한 역량이라고 할 수 있죠!

또한 **실제로 직무를 수행할 때 심화 전공으로 수강한 지식을 생각보다 많이 사용합니다.** 한번 공부해 두면 다음에 공부할 때 전공이 입체적으로 보이면서 응용까지 가능하게 되죠. 그러므로 심화 전공을 가리지 말고 많이 수강하는 것을 추천합니다.

2. 졸업 논문을 포함한 회로설계 프로젝트

이어서 회로설계와 관련된 프로젝트 경험이 있어야 합니다. 간단한 실험이나 공모전 경험은 어렵지 않게 정보를 얻을 수 있습니다. 반면에 반도체 회로설계에 대한 프로젝트는 생각보다 접하기 힘들죠. 따라서 **반도체 회로설계와 관련된 프로젝트 경험**이 있으면 좋은 경쟁력이 됩니다.

가장 좋은 방법은 학부 연구생으로 지원하여 회로설계를 주제로 졸업 논문을 작성하는 것입니다. 교수님의 코칭을 받으면서 꽤 긴 기간 동안 프로젝트를 수행해 볼 수 있기 때문에 큰 도움이 될 수 있습니다.

만약 이미 졸업해서 학부 연구생 지원이 힘들다면 렛유인을 비롯한 다양한 실무 교육 경험을 찾아보세요. 현업을 바탕으로 만들어진 프로젝트를 수행해 볼 수 있기 때문에 이력서와 자기소개서, 면접에서 사용할 수 있는 무기가 만들어질 것입니다.

3 필수는 아니지만 있으면 도움이 되는 역량

주된 직무 역량은 아니지만 정말 중요한 역량 하나가 남아 있습니다. 바로 **협업**에 대한 역량입니다.

> 협업이라고 하니 벌써 진부하게 들리실 수도 있습니다. 그러나 회로설계 엔지니어에게 협업은 생명과도 같은 역량입니다!

Sub 업무에서 설명한 것처럼 회로설계 엔지니어는 단순하게 회로만 설계하지 않습니다. 기획부터 양산까지, 모든 프로세스에 관여하기 때문에 타부서와 협업이 필수입니다.

조금 더 현실적인 내용을 이야기해 드리겠습니다. 일을 잘한다는 것은 무엇일까요? 오랜 시간 동안 야근하는 것이 일을 잘하는 것일까요? 절대 그렇지 않습니다. 이것은 오히려 비효율적으로 일하고 있다는 것을 대변합니다. 일을 잘하는 것은 **주어진 일을 얼마나 효율적으로 빠르게 처리하느냐**입니다. 똑같은 일을 더 적은 시간에 처리하는 것이 일을 잘하는 것이죠. 그런데 일을 하다 보면 아무리 시간을 들여서 노력해도 쉽게 해결되지 않는 것들이 많습니다.

예를 들어 기획 회의 때 내가 맡은 IP의 Spec이 상당히 Tight하게 잡혔다고 가정해 봅시다. 회로를 이래저래 설계해 봐도 목표한 Spec이 잘 맞춰지지 않습니다. 그래서 야근도 하고, 주말에 나와서 Simulation을 계속 돌려 봤습니다. 차라리 이렇게 해서라도 해결할 수 있으면 괜찮은데 마감일까지 해결하지 못 했다면 열심히 노력했을지 몰라도 이 사람은 회사 입장에서 일하지 않은 사람이 되어 버리고 맙니다.

만약 Spec을 낮추기 위해 검증팀과 단 한번이라도 회의를 했다면 어떻게 됐을까요? 이전 프로젝트에서 Spec을 낮춰도 되는 근거를 찾아서 회의를 통해 검증팀을 설득했다면 야근과 주말 출근을 하지 않더라도 업무를 완벽하게 수행한 사람이 될 것입니다.

바로 이러한 경우처럼 일을 효율적으로 하기 위해서는 협업이 필수입니다. 따라서 **협업에 대한 인성 역량을 진부하다고 생각하지 말고, 현업의 관점에서 이야기를 잘 풀어 가면 좋을 것 같습니다.**

MEMO

07 현직자가 말하는 자소서 팁

앞서 설명한 역량이 잘 드러나도록 자기소개서를 작성하기 위해서 먼저 항목마다 **물어보는 의도를 잘 파악**해야 합니다. 그리고 의도에 맞는 역량을 **본인만의 관점에서 재해석**하여 작성하는 것이 Point 입니다. 대표적으로 삼성전자의 자소서 문항이 이러한 인성 역량을 잘 물어보고 있습니다.

그렇다면 회로설계 직무를 수행하는 현직자 관점에서, 해당 직무에 지원할 때 각 문항에 대해 어떻게 답변하는 것이 좋은지 삼성전자 자소서를 통해 알아보겠습니다.

Q1 삼성전자를 지원한 이유와 입사 후 회사에서 이루고 싶은 꿈을 기술하십시오.

지원동기와 목표에 대해 묻는 문항입니다. 먼저 지원동기에 관한 저의 생각을 이야기해 보겠습니다.

가장 중요한 것은 **구체적으로 하고 싶은 일을 밝히는 것**이라고 생각합니다. 구체적으로 하고 싶은 일이 있다는 것 자체가 직무에 대한 관심과 열정의 증거이기 때문이죠. 그래서 어떤 일을 하고 싶은지만 들어도 얼마나 준비된 지원자인지 짐작이 될 정도입니다. 따라서 이런 흐름으로 적으면 좋을 것 같습니다.

먼저 **어떤 사업부, 어떤 팀에서, 어떤 제품의 어떤 회로를 설계하고 싶다**라는 느낌으로 하고 싶은 일을 작성합니다. 이어서 **그 회사만의 특별한 기술이나 사업을 언급**해주는 것이죠. 이렇게 하면 다른 회사가 아닌 이 회사에 지원한 이유를 정확하게 명시할 수 있고, 제가 만약 이 기술을 개발 중이라면 무척 반가워서 좋은 점수를 줄 것 같습니다. 그리고 마지막으로 **하고 싶은 일을 위해 본인이 노력했던 내용**을 나열하면 완벽할 것 같습니다.

다음으로 '회사에서 이루고 싶은 꿈' 즉, 목표에 관한 내용을 두 가지로 나눠서 생각해 봤습니다. 바로 신입으로서 할 수 있는 일과 직책자로서 할 수 있는 일입니다.

먼저 **신입으로서 할 수 있는 일을 정확하게 인지**하고 실천하겠다는 식으로 작성하면 현실성 있고 설득력이 생깁니다. 실제로 이러한 신입사원이 후배로 들어오면 좋을 것 같습니다. 그리고 직책자는 **책임자, 관리자로서 팀원을 이끌어서 성과를 달성**하겠다는 관점에서 작성하면 직책자 분들이 좋아할 것입니다.

Q2 본인의 성장 과정을 간략히 기술하되 현재의 자신에게 가장 큰 영향을 끼친 사건, 인물 등을 포함하여 기술하시기 바랍니다. (※작품 속 가상인물도 가능)

이 문항은 본인이 중요하게 생각하는 2~3개 정도의 가치관을 제시하고 그 생각을 전달하면 좋습니다. 회로설계 직무로 지원했다고 해서 꼭 프로젝트나 공모전과 같은 경험일 필요는 없다고 생각합니다. 오히려 **인간적인 면모를 보여줄 수 있으면 좋을 것** 같습니다. 직무에 관한 내용은 4번 항목에서 실컷 다룰 테니까요.

저는 여기서 **나만의 특별한 가치관이나 깨달음**에 대해 적는 것을 추천합니다. 즉, 같은 단어일지라도 다른 의미로 전달될 수 있도록 말이죠.

글의 흐름은 'A 가치관 제시, A 가치관에 대한 통념 제시, 그것이 B라는 에피소드에 의해 깨짐, 새로운 A라는 정의를 내려서 실천 중' 정도를 생각해 봤습니다. 이렇게 작성한 글을 제가 평가한다면 통념이 깨지면서 지원자를 다시 보게 될 것 같네요.

Q3 최근 사회 이슈 중 중요하다고 생각되는 한 가지를 선택하고 이에 관한 자신의 견해를 기술해 주시기 바랍니다.

이 문항은 **중립적인 가치관**을 제시할 수 있는 내용이 무난해 보입니다. 예를 들어 COVID-19로 인한 재택근무를 소재로, 근로자의 관점과 회사의 관점에서 본인의 생각을 서술하고, 절충안을 제시하는 정도가 되겠습니다.

주제를 굳이 직무 중심적, 기술 중심적으로 설정하지 않아도 좋으니, 평소에 관심있던 분야에 대해 가치 중립적으로 서술하면 좋을 것 같습니다.

Q4 지원한 직무 관련 본인이 갖고 있는 전문지식/경험(심화 전공, 프로젝트, 논문, 공모전 등)을 작성하고, 이를 바탕으로 본인이 지원 직무에 적합한 사유를 구체적으로 서술해 주시기 바랍니다.

본인의 역량을 자랑할 문항은 바로 4번 문항입니다. 직무 적합성을 뽐내기 위해 회로설계에 관해 준비해 왔던 직무 역량을 2~3개 정도 정해서 작성하면 좋습니다. 핵심 내용은 **왜 그것을 수행했는지, 어떠한 Trade-off가 있는지, 그것이 어떻게 현업에서 활용될 수 있는지**의 관점에서 작성합니다.

참고로 4번 항목은 직무 면접과 연결되기 때문에 뒤에 이어지는 **직무 면접** 내용과 함께 보면 더욱 도움이 될 것 같습니다.

앞에서 언급한 내용을 바탕으로 간단한 예시를 들어 설명해 보았습니다. 참고하여 좋은 자기소개서를 작성해 보세요!

1. 삼성전자를 지원한 이유와 입사 후 회사에서 이루고 싶은 꿈을 기술하십시오.

저는 ToF Image Sensor의 High-resolution을 위한 SAR ADC를 설계를 통해 OOO 사업부에 기여하고 싶습니다. OOO 사업부는 테트라셀[61], ISO-Cell[62] 기술 등의 선진 기술을 바탕으로 자율주행 자동차에서 Sensor 시장을 바라보고 있습니다. 저는 여기에 더 높은 해상도를 위한 SAR ADC[63]를 연구해본 경험이 있습니다. (중략)

신입으로 입사하게 되면 먼저 세미나를 통해 착실히 Analog, Digital 회로설계 역량을 쌓는 동시에, 선배분들의 업무를 도와 Back-data를 만들고 효율화시키는 것을 목표로 하고 싶습니다. (중략)

그리고 10년 후, 직책자가 된다면 부서원들 각각의 역량을 파악하여 차세대 Image Sensor 기술 발굴을 위해 그 역량을 적재적소에 배치할 수 있도록 노력할 것입니다. (중략)

2. 본인의 성장 과정을 간략히 기술하되 현재의 자신에게 가장 큰 영향을 끼친 사건, 인물 등을 포함하여 기술하시기 바랍니다. (※작품 속 가상인물도 가능)

OOO 프로젝트를 진행하면서 협업에 대한 가치관이 크게 바뀌었습니다. 프로젝트를 수행하기 전에 협업이란 단순히 이야기를 잘하는 것으로 생각했습니다. 그러나 협업을 잘하는 팀원을 관찰하면서 상대에 대한 호기심을 갖는 것이 더 중요하다는 사실을 알게 되었습니다. (관련 에피소드 중략)

3. 지원한 직무 관련 본인이 갖고 있는 전문지식/경험(심화 전공, 프로젝트, 논문, 공모전 등)을 작성하고, 이를 바탕으로 본인이 지원 직무에 적합한 사유를 구체적으로 서술해 주시기 바랍니다.

High-Speed Sensor 설계를 위해 렛유인에서 6bit Flash ADC 풀커스텀 설계 프로젝트를 진행한 경험이 있습니다. Analog 집적회로 시간에 배운 ADC의 Speed~Resolution에 대한 Trade-off와 더불어 전력효율을 개선하고자 하였습니다. 논문을 통해 사례를 찾아보고, SAR ADC처럼 동작할 수 있도록 멀티플렉서를 이용해 비교기의 수를 15개에서 4개로 줄였습니다. 그 결과, 전력을 기존 1.4mW에서 0.56mW로 줄일 수 있었습니다. 이와 같은 Low-power 회로는 현업에서 Wireless 제품의 Sensor-device에 활용될 수 있을 것으로 생각합니다.

---

61 어두운 곳에서 사진을 찍을 땐 같은 색상 네 개의 픽셀이 하나의 큰 픽셀처럼 작동해 더 많은 빛을 포착하는 기술

62 CMOS Image Sensor를 구성하는 화소에 모이는 빛을 최대한 활용할 수 있도록 Sensor의 구조를 혁신적으로 변화시킨 기술로, 픽셀이 작아도 빛이 잘 모일 수 있음

63 Successive Approximation ADC의 약자. 내부에 DAC와 비교기를 사용하여 각각의 비트에 대해 한 Clock에 상위(MSB)부터 LSB 쪽으로 결정해가는 방식의 ADC

MEMO

08 현직자가 말하는 면접 팁

저는 면접에서 탈락한 뒤 철저한 피드백을 통해 합격했기 때문에 **'실력'으로 '운'을 압도**할 수 있다고 믿습니다. 제가 정립한 탈락과 합격의 경계 사이에 있는 보물 같은 Tip을 풀어 보겠습니다.

1 임원 면접

1. 지원동기에 '회사 자랑'이 아니라 '구체적인 목표' 담기

면접을 준비할 때 은근히 어려운 질문이 바로 지원동기였습니다. 평소 생각지도 않은 회사를 대상으로 지원동기를 지어내기란 여간 어려운 일이 아니었죠.

처음에 저는 회사에 대한 정보와 지원 직무에 대한 상식을 **총동원해서** 지원동기를 준비했습니다. 그러나 이러한 정보는 면접관을 설득할 수 있는 결정적인 요소가 아니었습니다. **더 중요한 것은 답변에 담겨있는 회사에 대한, 그리고 지원 직무에 대한 구체적인 목표였습니다.**

면접관은 면접자의 답변에서 구체적이고 목표의식 있는 경험을 쌓아 왔는지를 확인하고 싶어 합니다. 따라서 여러분의 모든 경험에는 취업을 위해 그냥 해 본 활동이 아닌, 명확한 목적이 있어야 합니다.

> 만약 특별한 목표 없이 수행한 활동들이 있다면, 여러분이 구체적으로 하고 싶은 일과 어떻게 연결할 수 있을지 깊게 고민해 보면 도움이 될 것입니다.

2. 특별한 경험보다는 특별한 깨달음 만들기

면접을 준비하면서 저는 특별한 경험이 면접관의 호기심을 불러 일으키고, 호감을 살 수 있다고 생각했습니다. 하지만 특별한 경험 자체만으로는 면접관의 호감을 얻을 수 없었습니다.

저뿐만 아니라 같이 면접 스터디를 하던 스터디원도 어학연수와 같은 특별한 경험을 이야기했지만, 오히려 면접관에게 질타를 받고 돌아왔습니다. 스터디원의 답변을 간략하게 알려드리면, '필리핀에 가서 다양한 문화를 배웠습니다. 이를 통해 삼성에서 다양한 사람들과 어울려서 일할 수 있을 것입니다'라는 식이었습니다. 경험은 특별한데, 생각이 특별하지 않았던 것이죠. 특별한 경험 자체만으로 면접관의 호감을 얻을 수 없었던 것입니다. 그것보다는 특별한 생각과 깨달음이 중요했죠.

특별한 깨달음을 만들기 위해서는 ① **경험의 목표를 만들어야 하고, ② 처음에 느끼는 보편적인 생각과 깨달음을 버리고 다시 한 번 그 경험에 대해 다른 관점에서 생각**해 봐야 합니다. 이렇게 하면 **나만의 특별한 깨달음**이 만들어질 것입니다.

3. 부정적인 꼬리표 떼고, 긍정적인 꼬리표 달기

면접을 진행하다 보면 초반부터 이상하게 꼬이는 경우가 있습니다. 내가 의도한 것은 이게 아닌데 면접관이 제멋대로 해석해서 어느새 내가 이상한 사람이 되어 있는 경우가 있죠. 특히 임원 면접에서 대부분의 임원들은 본인이 살아온 인생이 정답이라고 생각하고 확신하기 때문에 한 번 꼬이면 돌이킬 수 없습니다.

저도 이직에 대한 부정적인 질문을 받은 적이 있습니다. 저로서는 취업을 위해 이것저것 경험을 쌓아온 것일 뿐인데 면접관이 삐딱하게 질문하기 시작했습니다.

> **"삼코치씨는 왜 이렇게 이직을 자주 하셨어요?**
> **우리 회사에는 왜 지원하셨어요?"**

열심히 대답했지만, 오히려 상황이 안 좋아지는 느낌이었습니다. 꼬리 질문이 끊임없이 들어왔습니다. 참고로 꼬리 질문을 세 개 이상 받는 것은 보통 좋지 않은 신호입니다. 면접관이 납득하지 못했다는 것이죠. 이때는 빨리 이 악순환을 끊어내야 합니다. 그렇지 않고 그대로 끌고 가면 서로 시간만 날리고 있는 것이 됩니다.

이때를 대비해서 **반전 매력 요소를 전략적으로 가져가는 것을 추천**합니다. '이 사람은 이직을 자주 한 것으로 봐서 문제가 있는 사람이군'이라고 생각했던 것이 오히려 **기특함**으로 바뀔 수 있도록 말이죠.

부정적으로 낙인찍힐 만한 **요소를 나열하면, 편입, 잦은 이직, 낮은 학점, 부족한 직무 관련 활동, 부족한 공모전 경험, 동아리 활동 없음 등**이 있습니다. 이러한 부분이 있다면 꼭 반전 무기를 하나 마련해 두는 것을 추천합니다.

4. 웃음 포인트, 표정 관리 팁

웃는 것이 중요하다는 것은 잘 알고 있을 것입니다. 그러나 막상 면접에서 미소를 자연스럽게 띠는 것은 쉬운 일이 아니죠. 저 또한 긴장되는 순간에 표정 관리가 잘 되지 않았습니다. 그래서 직접 탐구하고 얻은 결론 두 가지를 소개하겠습니다.

첫째, 면접을 볼 때 항상 웃을 필요는 없습니다. 웃어야 할 때만 웃으면 됩니다. 처음 인사할 때, 질문받는 동안, 아이스 브레이킹 때, 답변을 마무리한 직후, 마지막 할 말을 한 뒤 인사할 때 정도만 가볍게 웃으면 됩니다.

둘째, 진지한 답변을 할 때 눈썹을 올려 보는 것입니다. 강조하고자 하는 단어나 말의 어미에 눈썹을 살짝 올려 보세요. 로봇같아 보이던 표정에 생동감이 생기고, 같은 말을 해도 훨씬 신뢰감을 줄 수 있습니다.

5. 사과하고, 면접관의 의견 지지하기

면접을 진행하다 보면 면접관과 의견이 엇갈리는 경우가 있습니다. 일상에서 다른 사람과 의견이 엇갈릴 때야 그냥 '나와 생각이 다른가 보다~' 하고 넘어가면 될 일이지만, 면접은 조금 다릅니다. 면접관은 본인의 생각과 다르다고 생각하지 않고, 면접자의 생각이 틀렸다고 생각하기 때문이죠.

특히 임원들은 산전수전을 겪으며 높은 자리까지 올라간 분이기 때문에 본인 생각대로 이해가 되지 않으면 싫어할 때가 많습니다. 이러한 생각에 대해 이해하려고 하지 말고 일단 받아드리는 것도 좋은 방법입니다. 즉, **면접관에게 꼬리를 내리고 보상해 주는 느낌으로 이야기를 풀어보세요.** 그래야 마음을 살 수 있습니다.

6. 면접관의 미소를 긍정적인 시그널로 착각하지 말기

면접관들은 긍정적인 시그널을 표현하지 않도록 훈련받는다고 합니다. 따라서 '연습 많이 하셨네요', '준비 많이 하셨네요', '생각 많이 해보셨네요' 등의 준비된 사항에 대한 칭찬 외에는 긍정적인 시그널로 착각하면 안 됩니다.

> 오히려 탈락 버튼을 누른 채로 고객 서비스 차원에서 보여주는 웃음일 수 있습니다.

이런 것보다 중요한 것은 **질문에 숨은 의도를 파악**하는 것입니다. 질문의 의도를 크게 다섯 가지로 정리해 봤습니다. 의도에 따라 어떻게 답변할지 잘 생각해 보길 바랍니다.

첫 번째, 면접 태도를 파악하기 위한 질문

두 번째, 본인의 예측과 맞는지 확인하는 질문

세 번째, 어딘가 부족해 보이는 부분을 확인하기 위한 질문

네 번째, 일부러 흔들기 위한 질문

다섯 번째, 순수하게 진짜 궁금해서 던지는 질문

7. 두괄식으로 던지고, 10초의 시간 요청하기

면접 중 준비하지 않은 질문을 할 때가 가장 당황스러울 것입니다. 저도 아무리 예상 질문을 대비해도 준비가 안 된 질문때문에 흔들린 경험이 많습니다.

이때는 페이스 유지를 위해서 스스로 시간을 통제하면 좋습니다. 10초 정도 기다려줄 수 있는지 최대한 공손하게 요청을 드리는 것이죠. 그리고 그 **10초 동안 생각을 정리한 뒤에 두괄식으로 답변하여 나의 의도부터 정확하게 전달**하면 좋습니다. 일단 두괄식으로 답변하고 나면 조금 횡설수설하더라도 하고자 하는 말을 이미 해뒀기 때문에 괜찮습니다.

8. 나의 말에 손짓 섞기

제스처를 곁들이면 비언어적 요소를 통해 신뢰도가 상승할 수 있다고 합니다. 저도 다양한 시도를 하면서 제 나름대로 노하우를 터득했습니다. 제스처에 대한 저만의 Tip을 간단하게 적어보겠습니다.

일단 가슴 아래쪽에서 팔목을 무릎에 붙인 채로, 혹은 살짝만 올려서 제스처를 취합니다. 그리고 앉는 자세는 엉덩이를 의자 뒤에 붙이고 허리를 활처럼 폅니다. 질문하는 면접관이 있다면 면접관을 향해 몸을 살짝 기울여서 관심을 표현합니다. 답변할 때도 답변 시간의 80%는 질문했던 면접관을 쳐다보면서 대답합니다. 마지막으로 면접관이 질문을 하고 있을 때는 고개를 가볍게 끄덕입니다.

이러한 제스처를 통해 전달력을 극대화하고, 신뢰감을 이끌어낼 수 있을 것입니다.

9. 면접 실력은 감각이 아니라 노력의 결과입니다!

면접은 실력일까요, 감각일까요? 저는 둘 다라고 생각합니다. 하지만 노력을 통해 실력을 만들어 두는 것을 추천합니다. 노력을 통해 면접 실력을 만들면 좋은 점이 많기 때문이죠.

가장 큰 이점은 **컨디션에 좌우되지 않는다는 것**입니다. 훈련을 통해 만들어졌기 때문에 컨디션과 관계없이 좋은 실력을 계속해서 유지할 수 있죠. 또한 **자신감에 근거**가 생깁니다. 피드백을 통해 나의 문제가 개선되면 성공에 대한 자신감이 생기게 되죠. 그렇다면 구체적으로 어떻게 노력하는 것이 좋을까요? 저는 이렇게 준비했습니다.

면접 스터디를 구할 때 1회씩 여러 팀을 구했습니다. 그리고 이전에 받은 피드백에 관한 대응 전략을 세워서 다음 스터디에 활용했습니다. 그리고 다시 반응을 살펴서 이 전략을 쓸지 말지를 판단했죠. 다음으로 저의 모습을 **녹화**해서 연습했습니다. 연습할 때 가장 중요한 것은 자신을 **객관화**해서 봐야 한다는 것입니다. **메타인지**라고도 하죠. 실제로 녹화해서 연습해 보니 말투나 자세, 답변의 길이 등 스스로 부족한 부분이 보였습니다. 이것을 하나씩 고쳐 나가다 보니 자신감이 생겼습니다.

10. 내가 생각하는 나, 면접관이 생각하는 나

MBTI는 면접을 준비할 때 매우 유용한 Tool입니다. **나를 객관적으로 파악하여 대응**할 수 있기 때문입니다. 저도 처음 면접을 준비할 때, 스스로 어느 정도 외향적인 사람이라고 생각하고 'E' 성향으로 면접을 준비했습니다. 그런데 면접관들이 저를 그렇게 바라봐 주지 않는 눈치였습니다. 나중에 MBTI 결과를 보니 'E'가 아닌 'I'로 시작하더군요.

> 진짜 외향적인 사람의 특징을 보고 나니, 저는 외향적으로 보이고 싶었던 'I'였습니다.

문득 '면접관도 나를 이렇게 본 게 아니었을까?'라는 생각이 들었습니다. 그래서 MBTI 결과를 참조하여 면접을 준비하게 되었습니다.

특히 MBTI를 통해 본인의 부족한 부분에 대한 답변을 준비할 수 있다는 큰 이점이 있습니다. 예를 들어 공모전 활동만 하고 학점만 좋은 사람이라면 MBTI 결과에서 분명히 이러한 부분과 반대되는 부분이 약점으로 나올 것입니다. 따라서 이를 토대로 봉사활동이나 동아리 활동 등의 경험을 보완하여 취약 부분을 커버할 수 있도록 준비할 수 있습니다.

참고   **임원 면접 답변 예시**

앞에서 언급한 각 항목에 대해서 어떤 식으로 답변할 수 있는지 예시를 적어 봤는데, 각자 본인의 상황에 맞게 잘 다듬어서 사용하면 좋을 것 같습니다.

1. 지원동기에 '회사 자랑'이 아니라 '구체적인 목표' 담기

실제로 제가 답변했던 내용을 예로 들어보겠습니다.

"저는 Image Sensor 기술의 차세대 기술 발굴을 목표로 OOO 사업부에 지원했습니다. 현재 OOO 사업부의 Image Sensor 기술은 모바일에 한정되어 있습니다. 향후 OOO 사업부에서 다양한 애플리케이션에 들어가는 Image Sensor를 개발하기 위해선 방사선에 강건한 회로를 설계할 수 있어야 할 것입니다. 저는 A 업무를 통해 X-ray Hardness[64] 설계 경험을 쌓아 왔고, 이를 바탕으로 차세대 Image Sensor 기술 발굴에 기여하고 싶습니다."

2. 특별한 경험보다는, 특별한 깨달음 만들기

누구나 할 수 있는 편의점 아르바이트 경험을 예로 들어보겠습니다.

"저는 다양한 손님을 접하면서 대처 방안을 스스로 만들어 보고자 편의점 아르바이트했습니다. 여러 유형의 손님을 분석하다 보니 손님이 궁극적으로 원하는 니즈를 파악할 수 있었습니다. 그래서 그 니즈에 맞춰 인사를 바르게 한다거나, 단골이라면 다음에 올 때 요구한 사항을 반영해 보겠다는 멘트를 하니 손님들이 만족해 했습니다. 결국 타부서와 협업할 때도 상대가 최종적으로 원하는 것이 무엇인지 먼저 파악하는 것이 중요할 것으로 생각합니다."

---

64 X-ray를 받아도 동작에 이상이 없도록 강건하게 만드는 회로 기법을 의미함

3. 부정적인 꼬리표 떼고, 긍정적인 꼬리표 달기

이직에 대한 답변을 예시로 들어보겠습니다. 이직한다고 하면 괜히 '문제가 있는 사람이지 않을까?'라는 의심이 들 것입니다. 그러나 아래와 같이 말하면 의심이 이내 기특함으로 변하는 것을 경험할 것입니다.

"제가 이직을 자주 한 이유는 궁극적으로 OOO 사업부 반도체 회로설계를 지원하기 위함이었습니다. 처음 지원했을 때 합격했으면 가장 좋았겠지만 잘 풀리지 않았고, 유사 산업군 회사에 다니면서 지원한 직무의 Trend를 파악하기 위해 노력했습니다. 실제로 제 스터디 노트에는 8월부터 스크랩한 OO 회사의 기술 관련 내용이 적혀있습니다."

4. 사과하고, 면접관의 의견 지지하기

면접관: 워라밸에 대해서 어떻게 생각하세요?

나 : 네, 저는 효율성을 중시하기 때문에 불필요한 일을 최대한 줄이고, 효율성을 늘리는 일에 시간을 써서 워라밸을 만들 수 있다고 생각합니다.

면접관: 효율성보다 시스템이 더 중요하지 않을까요?

※ 이런 꼬리 질문을 하는 것은 내 생각이 틀렸다는 신호를 보내는 것입니다. 이럴 때는 재빨리 면접관의 의견에 동조해야 합니다.

나 : 제가 학생 때는 시스템이란 것이 없어서 아무래도 효율성에 치중해 왔는데, 면접관님의 말씀을 듣고 보니 회사에서는 시스템을 더 우선으로 생각해야 할 것 같습니다. 개인의 관점에서는 비효율적으로 보이는 일이더라도, 전체 시스템이 잘 돌아갈 수 있도록 시스템에 맞춰 가는 것이 중요할 것 같습니다.

5. 두괄식으로 던지고, 10초의 시간 요청하기

면접관: 가장 힘들었던 경험은 언제였나요?

나 : 면접관님, 가장 힘들었던 경험에 대해서는 잘 생각해 보지 못했는데, 잠시만 생각한 뒤에 답변을 드려도 되겠습니까?

면접관: 네, 그러도록 하세요.

나 : 네 저는 OOO 아르바이트를 한 경험이 힘들었습니다. 왜냐하면 OOO 했기 때문입니다.

※ 여기서 작은 팁 하나 더! 생각 중에는 면접관의 발 끝에 시선을 두면 안정적으로 시선 처리를 할 수 있습니다. 괜히 위로 시선 처리를 해서 이야기를 지어낸다는 생각이 들지 않도록 합시다.

2 직무 면접

직무 면접의 경우, 문제 풀이 후 질의 응답을 하거나 프로젝트 경험을 말하는 식으로 진행됩니다. 어떤 형태든지 간에 직무 면접에서 평가하고자 하는 것은 정해져 있습니다. 바로 **논리력, 문제해결능력, 직무이해도**입니다.

중고 신입이라면 지금까지 수행해 온 업무를 중심으로 준비하고, 신입이라면 연관성 높은 프로젝트 위주로 내용을 준비합니다. 내용을 준비할 때는 면접관들이 좋아할 만한 Point를 생각해서 준비해야 합니다.

먼저 해당 업무, 해당 프로젝트에 대해서 왜 그 업무, 프로젝트를 진행했는지 설명할 수 있어야 합니다. 그리고 업무 또는 프로젝트 진행 중에 어떤 문제 상황이 있었고, 어떻게 해결했는지를 설명할 수 있어야 합니다. 여기에서 중요한 것은 왜 그렇게 해결했는지, 그렇게 했을 때의 다른 문제점 (Trade-off)은 없었는지, 그럼에도 불구하고 그렇게 한 이유는 무엇인지, 다른 문제도 개선할 수 있는지 등 WHY, WHAT, HOW에 초점을 맞춰서 대응할 수 있어야 합니다. 그리고 마지막으로 해당 업무와 프로젝트의 결론을 현업에서 어떻게 활용할 수 있는지에 대해 설명합니다.

> 그냥 회사에서 시켜서, 대학교 과제라서, 교수님이 시켜서 했다고 말하면 안 되겠죠?

직무면접에 대한 막연한 불안감이 있는 분이 많을 것입니다. 저도 그랬으니까요. 그러나 제가 느끼기에 직무 면접은 대학 수업 중 PASS/NON-PASS **과목**처럼 어느 정도만 잘 이야기하면 PASS 하는 느낌이었습니다. 그러니 너무 불안해 하지 말고, 경험을 잘 정리하고 위에서 설명한 내용을 한 번씩만 준비하면 문제없이 통과할 수 있을 것입니다.

> **참고** · **직무 면접 티키타카 대화의 예시**
>
> 제가 겪었던 직무 면접을 최대한 복기하여 예시로 보여드릴 테니, 이를 참고하여 직무 면접을 준비할 때 방향을 잘 설정하기를 바랍니다.
>
> 면접관 1: 자기소개 부탁드립니다.
>
> 나 : (자기소개 중략)
>
> 면접관 2: 이전 직장에서는 어떤 일을 하셨나요?
>
> 나 : 네, 이전 직장에서는 X-ray 디텍터 Image Sensor의 Analog와 Layout 회로를 설계하였습니다. 일반적인 Image Sensor와는 다르게 픽셀의 크기도 50μm 이상이 되고, X-ray에 강건한 회로설계가 필요한 분야였습니다.
>
> 면접관 1: Image Sensor를 설계하면서 어떤 점이 가장 힘드셨었나요?

나 : 가장 힘들었던 점은 12inch Wafer를 통으로 쓰는 Image Sensor였기 때문에 Metal-Line에 의해 기준 전압이 강하되어 Image가 Gradation처럼 나온다는 것이었습니다.

면접관 2: 맞아요. 저희는 더 작은 Image Sensor이지만 그런 문제점이 있죠. 그럼 어떻게 문제를 해결하셨나요?

나 : 최대한 기준 전압이 여러 방면에서 들어올 수 있도록 여러 곳에 PAD를 배치했습니다. 이렇게 하면 기준 전압이 Gradation처럼 강하되는 현상을 최대한 막을 수 있게 됩니다.

면접관 3: 알겠습니다. 이력서에 보니깐 VGA 회로도 설계하셨네요? 반가워서 그러는데 이 회로는 어떻게 설계하셨어요?

나 : 네, VGA는 Voltage Gain Amp로, Image Sensor의 민감성과 관련된 회로입니다. Switched-Capacitor 형식으로 구현하였고, Amp는 Image Sensor의 Dynamic Range를 늘리기 위해 High-gain, High-Swing이 가능한 Two-stage OPAMP로 구현하였습니다.

면접관 1: Switched-Capacitor 방식을 쓰면 어떤 점이 좋고, 어떤 점이 안 좋죠?

나 : 먼저 장점은 Capacitor의 비율로 Gain을 조절할 수 있기 때문에, 이 Capacitor를 Unit Size로 구현하면 매우 정확하게 원하는 Gain을 얻을 수 있습니다. 그러나 단점은 여러 개의 Capacitor가 필요한 만큼 면적을 많이 차지한다는 것입니다.

면접관 2: 그럼 Capacitor를 작게 하면 되지 않나요?

나 : Capacitor가 작으면 Speed가 빠르지만, Ringing 현상과 Noise에 취약해지는 단점을 갖고 있습니다.

면접관 3: 그럼 Capacitor의 Size는 어떻게 결정하셨어요?

나 : 제가 Switched-Capacitor의 Analog 회로와 Layout을 동시에 설계하였기 때문에 미리 사용할 면적을 계산할 수 있었고, 사용할 수 있는 가장 큰 면적에서부터 Capacitor의 Size를 줄여 나가며 Simulation을 해봤습니다. 그중 제가 원하는 Spec이 나오는 시점을 벗어나기 직전의 Size를 찾아내어 사용하였습니다.

면접관 3: 네, 알겠습니다. 개인적으로 제가 잘 아는 회로라서 반가워서 물어봤습니다. 마지막 할 말 있으면 해주세요.

나 : (마지막 할 말 중략)

면접관 1: 수고하셨습니다.

나 : 감사합니다!

1 취업 준비가 처음인데, 어떤 것부터 준비하면 좋을까?

처음 취업을 준비하면 막막할 것입니다. 어떤 회사가 있는지, 어떤 직무가 있는지, 어떻게 준비해야 하는지 잘 모르기 때문이죠. 따라서 **스스로 확신할 수 있을 만한 근거들을 쌓아가는 게 가장 중요**하다고 생각합니다.

제가 만약 다시 처음 취업을 준비할 때로 돌아간다면 세 가지 관점에서 준비할 것입니다.

1. 학점 관리 등 나중에 바꿀 수 없는 Spec에 집중할 것입니다.

직무 경험이나 면접 스킬 등은 나중에 얼마든지 기를 수 있는 역량입니다. 반면에 학점을 포함해서 노력해도 바꿀 수 없는 요소들이 있죠. 예를 들어 학점, 심화 전공 수강, 학부 연구생 등... 이러한 Spec을 관리해 놓지 않으면 자기 확신이 떨어집니다. 그리고 서류에서 탈락했을 때 Spec이 문제인지, 다른 것이 문제인지 불필요한 고민을 하게 되죠. 그래서 **나중에 할 수 있는 것보다는, 나중에 할 수 없는 것에 먼저 집중할 것입니다.**

2. 3학년 여름방학 시점 정도의 시간적 여유가 있다면, 여러 가지 경험을 통해 구체적으로 하고 싶은 일을 정할 것입니다.

학기 중에는 첫 번째로 말한 Spec에 집중해야 하기 때문에 상대적으로 여유가 있는 방학 기간을 이용해야 합니다. 꼭 직무에 관한 경험이 아니더라도 **아무나 할 수 없는 경험을 해볼 것**입니다. 공모전, 인턴, 배낭여행, 특이한 취미활동, 사업 등을 말이죠. 제가 이러한 생각을 한 이유는 나아가려는 방향에 확신을 갖기 위해서는 결국 이것저것 해보는 수밖에 없다는 것을 알기 때문입니다. 또한 아무나 할 수 없는 경험으로부터 무기가 만들어지는 것도 잘 알고 있기 때문입니다.

3. 마지막으로, 내가 지원하고자 하는 채용 시즌보다 한 시즌 빠르게 이력서와 자기소개서, 인적성, 면접을 준비할 것입니다.

대학교 학창 시절과 회사 생활에는 큰 세계관의 차이가 있습니다. 학생이라는 신분에서 벗어나서 직장인이 되기 위해서는 직장인을 이해해야 하죠. 충분히 좋은 Spec을 갖고도 취업에 실패하는 이유가 바로 이것 때문입니다. 그래서 **반드시 겪어야 할 시행착오를 한 시즌 더 빨리 경험해서 대비할 것**입니다.

다시 처음 취업을 준비하던 때로 돌아간다면 **직무 경험을 쌓는 것에 우선순위를 두진 않을 것**입니다. 기본적인 Spec이 갖춰져 있고, 방향만 잘 잡아 놓는다면 직무 경험은 나중에도 누구나 충분히 쌓을 수 있기 때문입니다. 그러니 너무 직무 경험을 쌓기 위해 노력하기 보다는 **시기마다 해야 할 것들에 집중**하는 것을 권장합니다.

2 현직자가 참고하는 사이트와 업무 팁

1. DART(Data Analysis, Retrieval and Transfer System, 전자공시시스템)를 활용한 최신 Trend 기술 파악

DART란 상장법인 등이 공시서류를 인터넷으로 제출하고, 투자자 등 이용자는 제출 즉시 인터넷을 통해 조회할 수 있도록 하는 종합적 기업공시 시스템입니다.

> 지원하려는 회사가 무슨 일을 하는지, 어떤 사업전략이 있는지, 특히 최근에 개발하는 Trendy한 기술과 제품이 무엇인지 파악하려면 DART만 한 것이 없습니다.

제가 이전에 Image Sensor에 관심이 있어서 삼성전자에서 어떤 기술을 연구하고 있는지 찾아본 적이 있었습니다. 이때 **DART를 어떻게 활용**했는지 알려드리겠습니다.

먼저 DART에서 삼성전자를 검색합니다. 그리고 가장 최근 사업보고서, 분기보고서, 반기보고서 중 하나를 클릭합니다. 보고서에서 다양한 정보를 확인할 수 있습니다. 여기서 검색창에 **'연구'를 검색**해 봅니다. 연구에 투자하지 않는 회사는 미래가 없기 때문에 대부분 회사에서 연구에 대한 정보를 제시할 것입니다. 검색해 보니 'DRAM 내장 3단 적층 구조 적용 ISOCELL, 테트라셀, 슈퍼PD기술' 등 정말 Trendy한 기술들이 많이 보입니다. 이제 **이 키워드를 다시 구글링** 합니다. 이렇게 관련 기사나 블로그를 방문하여 공부하면 됩니다.

삼성전자뿐만 아니라 아니라 LG전자, 현대자동차 등의 대기업, 심지어는 상장되어 있는 중소/중견기업들도 웬만하면 연구 내용과 실적에 대해 명시되어 있습니다. 따라서 이 방법은 삼성전자, SK하이닉스와 같은 대기업뿐만 아니라 다른 회사에도 활용할 수 있는 **치트키**라고 생각합니다.

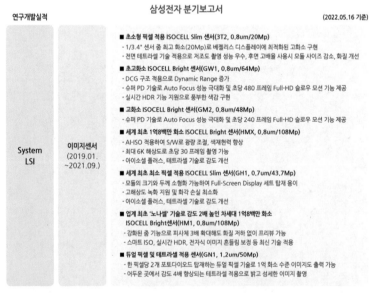

[그림 1-22] 삼성전자 S.LSI 사업부 분기보고서 中 연구개발실적 내용 일부 (출처: dart)

2. 회로설계 관련 논문 검색 Tip

[그림 1-23] IEEE (출처: IEEE)

　프로젝트를 수행하다 보면 관련 논문을 참조해서 문제를 개선해야 하는 경우가 발생합니다. 그런데 해당 문제를 어떻게 검색해야 양질의 논문이 나오는지 모를 때가 많죠. 이때 제가 활용하는 Tip을 공유하겠습니다. 이전 회사에서 일할 때 석사분께서 귀띔해준 방법인데, 간단하지만 정말 좋은 방법입니다.

　바로 회로 관련 논문을 검색할 때, OOO IEEE라고 검색하는 것입니다. IEEE는 전기 전자 기술자 협회(Institute of Electrical and Electronics Engineers)로, 전기/전자공학 전문가들의 국제조직입니다. 그래서 인지도도 높고, 양질의 논문을 많이 가지고 있죠.

　예를 들어 Two-stage OPAMP를 설계 중인데, 논문을 참고해야 하는 상황이라고 가정해 봅시다. 그러면 구글 검색창에 Two-stage OPAMP IEEE라고 검색하면 무수히 많은 양질의 논문이 검색될 것입니다. 그리고 읽고 싶은 논문의 제목이나 번호를 복사해 뒀다가 대학교 IP를 이용하는 등 무료로 논문을 볼 수 있는 방법을 찾아서 보면 됩니다.

　여러분도 비싼 등록금을 내고 다니는 대학교인 만큼 학교에서 무료로 논문을 찾아 보면서 본전 이상을 뽑아 보세요!

> 저는 회사 PC의 IP가 IEEE 계정에 접근할 수 있게 되어 있어서 집보다는 회사에서 논문을 보는 편입니다.

3. 반도체설계 교육센터(IDEC) 활용하기

[그림 1-24] 반도체설계 교육센터 (출처: IDEC)

반도체 회로설계에 대한 정보가 국내에는 아주 적은 편입니다. 국내보다는 회로설계를 잘하는 나라인 미국 등에 자료가 많습니다. 그래서 반도체 회로설계에 대한 교육을 받고 싶어도 받을 곳이 없어서 고민하는 경우가 많습니다. 이럴 때 무료 강의와 자료를 받을 수 있는 곳이 있습니다. 바로 IDEC(IC DESIGN EDUCATION CENTER)입니다.

IDEC은 대전에 있는 KAIST를 기점으로 대학교마다 센터가 있습니다. 그리고 대학교마다 진행한 강의를 찍어서 사이트에 올려 주죠. 이 사이트의 동영상 강좌나 교육자료 탭에서 원하는 키워드를 검색해서 수강하면 됩니다. 연간교육 일정을 확인해서 일정이 맞으면 **직접 현장 강의를 듣고 수료증**을 받을 수도 있습니다.

현장 강의의 가장 큰 장점은 비싼 상업용 Tool을 경험해 볼 기회가 있다는 것입니다. 저는 이러한 Tool을 이전 회사에 들어가서야 비로소 써볼 수 있었는데, 시간과 기회만 있었다면 IDEC에서 현장 강의로 미리 체험해봤을 것 같습니다.

> 대표적인 무료 강의로는 'CMOS Analog 회로설계 기초', 'Cell-Based 설계 Flow 교육', 'Vivado를 활용한 Xilinx FPGA 설계 실습', '리눅스 기초 및 설계 환경 구축 자동화' 정도가 있습니다.

저도 현업을 하면서 잊어버린 내용을 복습할 겸 가끔 강의나 자료를 찾아서 보고 있습니다.

3 현직자가 전하는 개인적인 조언

취업을 준비할 때 여러분이 꼭 했으면 하는 것이 취업 시나리오를 짜는 것 **볼드처리 해 주세요.**

아무리 좋은 학점을 받고 직무 역량을 충분히 준비했어도, 여러 가지 변수와 제어할 수 없는 운의 요소때문에 취업에 실패할 수도 있습니다. 한 번에 성공한다면 상관없지만, 문제는 실패했을 때입니다.

'이번에 진짜 열심히 준비했는데… 다시 준비해야 하나?
아니면 다른 회사로 갔다가 중고 신입으로 써야 하나?
아니야. 이왕 이렇게 된 김에 석사를 해 볼까?'

오만가지 생각이 들면서 혼란스러워집니다. 그리고 일찍 방향을 잡은 주변 친구들을 보면서 갈팡질팡할 것입니다. 이러한 심리를 잘 아는 이유는 바로 제가 겪었던 일이기 때문입니다. 첫 도전에 실패한 뒤 너무 혼란스러웠습니다. 그래서 저는 저만의 기준으로 나아가기 위해 시나리오를 짰습니다.

'이번에도 A 회사 취업에 실패하면 곧바로 B 회사를 노려 봐야지.
지금까지의 흐름을 보면 B 회사는 충분히 될 것 같고,
B 회사에서 직무 역량을 쌓는 동시에 회사에서 대학원 진학 기회도 노려 봐야겠어.
그래도 한편으로 계속 A 회사에 지원하면서 우선순위를 이직에 두겠어.'

그리고 실제로 A 회사에 탈락하자마자 B 회사에 지원해서 최종 합격을 했습니다. 또한 석/박사 통합 학위 취득의 기회도 찾아 왔었죠. 그런데 A 회사에 합격하면서 이직을 선택하게 되었습니다. 이렇게 본인만의 기준으로 취업 시나리오를 작성해 두면 두 가지 효과를 얻을 수 있습니다. **첫째, 실패한 직후 빠르게 멘탈을 회복하여 악수를 둘 확률이 낮아집니다.** 잠깐은 힘들겠지만, 계획해 둔 시나리오가 있기 때문에 이내 힘든 마음을 털어내고 계획대로 움직일 수 있습니다. 이성적인 판단을 유지할 수 있게 되는 것이죠. **둘째, 준비하는 도중에 심리 싸움에서 밀리지 않게 됩니다.** 시나리오가 일종의 보험 역할을 해서 '떨어지면 어떡하지?'와 같은 탈락의 두려움이 낮아집니다. 그리고 불필요한 근심, 걱정이 사라졌을 때 본인의 능력을 최대치로 발휘할 수 있게 됩니다.

시나리오가 중간에 수정될 수는 있지만, 일단 만들어 두고 수정하는 것과 전혀 없는 것은 정반대의 결과를 낳을 것입니다.

> 취업을 준비할 때 꼭 '취업 시나리오'를 작성해서 준비하는 기간과 결과가 고통스러운 순간이 아닌, 계획을 실현하는 순간이 되었으면 좋겠습니다.

10 현직자가 많이 쓰는 용어

실무 용어는 공통으로 사용하는 것도 있지만, 회사마다, 팀마다, 제품마다, 세부 직무마다 그 조직만이 사용하는 특수한 것도 있습니다. 이러한 특수한 용어들은 저 또한 저희 부서에서 사용하는 용어밖에 알지 못합니다.

따라서 저는 **Analog 회로설계, Digital 회로설계, Layout 설계, 검증 및 방법론 직무에서 범용으로 사용하는 용어**를 소개하겠습니다.

1 익혀두면 좋은 용어

먼저 직무 역량을 쌓을 때, 그리고 Chip 회로설계 직무를 준비할 때 익혀두면 좋은 용어에 대해 설명하겠습니다. 용어를 선정한 기준은 다음과 같습니다.

- 현업에서 실제로 사용하는 사용 빈도가 높은 용어
- 학부생이 프로젝트나 학부연구생 등의 직무 학습 과정을 통해 접할 수 있는 수준의 용어
- 자기소개서와 직무 면접에서 사용하면 면접관들이 좋아할 만한 용어
- 조금만 관심을 갖고 검색해 보면 충분히 학습할 수 있는 용어

아래 용어를 참고하여 Chip 회로설계 직무에 관심을 갖고 공부하면 직무 역량뿐만 아니라 자기소개서를 작성하거나 직무 면접을 볼 때도 큰 도움을 받을 수 있을 것입니다.

1. PCB(Printed Circuit Board) 주석 1

저항기, 콘덴서 등 전자 물품들을 인쇄판에 고정한 뒤, 부품 사이에 구리 배선을 줄줄이 연결하여 만든 전자회로 기판이라고 볼 수 있습니다. 납땜이나 Bread-board 점퍼선을 활용하여 회로를 연결하는 작업을 해 본 적이 있을 것입니다. 이것을 똑같이 1,000개 이상 제작하는 것은 매우 힘듭니다. 그래서 PCB가 탄생했습니다. 이 PCB는 주로 Chip을 Test하기 위한 Evalution-Board로 사용합니다. 즉, 검증 및 Solution팀에서 설계하고 다루는 Board입니다.

2. ASIC(Application Specific Integrated Circuit) 주석 2

ASIC은 Application Specific Integrated Circuit의 약자로, 주문형 반도체를 말합니다. 반도체 수요 업체의 요구에 맞춰서 시스템 업체가 시스템의 특정 부분을 하나의 반도체 회로로 개발하여 전달하는 방식입니다. 특정 회로를 위해 사용되며, 기존의 범용 반도체*와 상대적인 개념으로 특정 용도 IC(ASIC)라고 통칭합니다.

*범용 반도체: 반도체 업체가 생산하는 표준화된 반도체(Standard IC)

3. IP(Intellectual Property) 주석 3

SoC를 구성하는 개별기능 블록을 가리키는 것으로, 신속한 SoC의 설계를 위해 필요한 IP 설계 데이터를 타사와 거래하기도 합니다. IP라는 명칭은 방대한 지적 노동의 산물인 것을 강조하기 위한 것이며, SIP(Semiconductor IP) 또는 VC(Virtual Componet)라고도 합니다. 형태에 따라 Soft IP, Firm IP, Hard IP로 나뉩니다. 간단히 말하면 ADC, DC-DC Converter 등 하나의 기능을 하는 블록이라고 생각하면 됩니다.

4. SoC(System on Chip) 주석 4

PCB 위에 다양한 Chip들을 탑재하여 실장해 온 전자회로 시스템을 하나의 Chip 위에 집적하여 실현하는 고집적 반도체를 말합니다. 기본적인 구성 요소로는 한 개 이상의 Micro-processor, ROM/RAM 등의 Memory-block, Oscillator와 PLL과 같은 주파수 제어 관련 Block, USB 등 외부 Interface-block이 있습니다.

여기에서 헷갈릴 만한 부분은 스마트폰에 들어가는 AP만을 SoC라고 생각하는 경우가 있습니다. 하지만 AP뿐만 아니라 다양한 Chip들이 위의 요소를 갖추면 SoC라고 할 수 있습니다.

5. 파이프 라인(Pipe-line) 주석 11

하나의 데이터 처리 단계의 출력이 다음 단계의 입력으로 이어지는 형태로 연결된 구조를 말합니다. Point는 모든 처리 단계가 쉬지 않고 동작하는 것입니다. 예를 들어 데이터를 처리하는 데 3단계가 필요할 때, 첫 번째 단계가 일을 끝내고 두 번째 단계에 데이터를 넘기면, 곧바로 첫 번째 단계가 다음 일을 받아 처리하는 구조입니다. 이렇게 하면 모든 단계를 처리하는 시간이 아닌, 가장 느린 단계의 처리 시간이 전체 처리 시간이 되어 처리 속도가 빨라집니다.

Digital 회로를 설계할 때 자주 이용하는 기법으로, D-flip/flop 또는 Latch를 이용한 Resistor와 Delay를 활용하여 구현합니다. High-speed 구현에 필수 기법입니다.

6. Clock Gating 주석 14

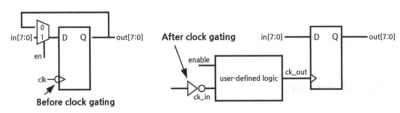

[그림 1-25] Clock Gating 예시 (출처: semiengineering)

Digital 회로설계에서 Low-power Processor 설계 기법의 하나입니다. 사용하지 않는 모듈의 입력으로 들어가는 Clock을 AND Gate등을 사용하여 Enable/Disable시키는 기법입니다. 사용하지 않는 블록에 Clock이 인가되면 지속해서 Dynamic Leakage가 발생하는데, 이것을 막아주죠.

일반적으로 Clock으로 문제가 발생하면 치명적인 문제가 발생하기 때문에 모든 작업을 끝낸 후에 하는 것이 좋습니다.

7. FPGA(Field Programmable Gate Array) 주석 15

이미 완성되어 있는 Chip에 프로그램을 다운로드해서 논리 Block과 배선 Block을 구현하는 설계 방법입니다. 디자인한 소스 코드를 검증하거나 제품의 수가 소량일 경우에 주로 사용하는 방법으로, Xilinx 社와 Altera 社의 Tool을 사용하는 것이 일반적입니다. 특히 Xilinx 社의 Look-Up Table(LUT)* 방식이 보편화되어 있습니다. Chip 가격이 비싸고 속도는 느리지만, 시작품 개발 비용이 저렴하고 네 가지 방법 중 가장 빠른 제작이 가능하다는 장점이 있습니다. 전자과라면 FPGA를 이용한 Digital 논리회로 설계를 한 번쯤 경험했을 것입니다.

*Look-Up Table: FPGA 내부에 미리 구현되어있는 다양한 Logic을 선택하여 사용할 수 있게 구성된 Unit

8. UVM(Universal Verification Methodology) [주석 19]

검증을 위한 효율적인 개발 및 재사용을 가능하게 하는 Test-bench* 구축 방법론 중 하나입니다. UVM은 객체지향 프로그래밍을 바탕으로 계층적 구조의 Test-bench를 사용하여 이에 따른 장점이 있습니다. 객체지향 프로그래밍으로 Test-bench를 구축하면 Test에 대한 Test-bench의 재사용, 수정 및 관리가 용이해집니다. UVM은 System-Verilog, Verilog, VHDL을 사용한 RTL 모델에 동일한 Test-bench 구축 환경을 사용할 수 있습니다.

*Test-bench: 회로를 Simulation하기 위한 Test 환경 구성

9. Verilog [주석 20]

Verilog는 전자회로 및 시스템에 쓰이는 하드웨어 기술 언어(HDL, Hardware Description Language)입니다. 회로를 설계할 때 사용하는 언어로, 하드웨어는 순차적으로 돌아가지 않고 Clock에 따라서 동시에 동작하기 때문에 시간과 동시성(Concurrency)을 표현할 수 있습니다.

컴파일 과정이 일반적인 프로그래밍 언어와 다릅니다. 반면에 기본적인 문법은 C언어와 유사하기 때문에 if, for, while 등의 제어문을 사용할 수 있습니다. 세부적인 문법에서는 차이점이 존재합니다. 한 가지 차이점을 예로 들면 Verilog에서는 중괄호 대신에 begin ~ end를 사용하여 묶어준다는 것입니다.

10. Monte Carlo Simulation [주석 25]

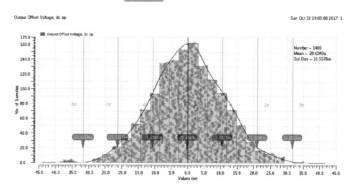

[그림 1-26] Monte Carlo Simulation 예시 (출처: community.cadence)

Monte Carlo 방법이란 반복된 무작위 추출을 이용해서 함수의 값을 수리적으로 근사하는 알고리즘을 부르는 용어입니다. 공정을 진행하다 보면 편차가 발생하기 때문에 Mis-match에 의한 산포가 생기는데, 이러한 산포 경우의 수는 무한에 가깝습니다. 그래서 Monte Carlo 방법을 통해 약 1,000~2,000회 Simulation을 해 보고 여기에서 나오는 통계값인 평균, 표준편차를 확인하는 것을 Monte Carlo Simulation이라고 합니다. 산포가 크면 Trim*이라고 하는 기법을 사용하여 산포를 바로잡습니다.

*Trim: 저항열 등을 이용하여 산포가 있는 전압 또는 전류를 원하는 값으로 바로잡는 기법

11. VHDL 주석 27

VHDL은 VHSIC Hardware Description Language의 약자입니다. 'V'는 VHSIC을 나타내는데 이는 Very High Speed Integrated Circuit으로, 고속의 IC Chip을 만들려는 미 국방성의 첨단계획으로 만들어진 언어입니다. C언어를 기반으로 하는 Verilog와 다르게 Ada, Pacal 언어를 기반으로 하기 때문에 조금 더 복잡합니다. 현재 Verilog와 VHDL 중, 더 최신 언어이면서 VHDL 보다 간단한 언어인 Verilog를 많이 사용하는 추세입니다.

12. MPW(Multi Project Wafer) 주석 30

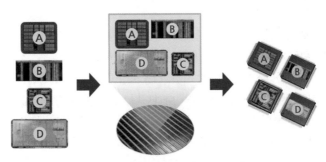

[그림 1-27] MPW 예시 (출처: PGC)

여러 설계자에 의해 설계된 다른 프로젝트들을 한 wafer 상에 제조함으로써 비용을 각각의 설계자들에게 분담시키는 방법입니다. 학부 연구생을 하거나 기간을 잘 맞추면 반도체설계교육센터(IDEC)에서 주최하는 MPW 프로젝트를 수행해 볼 수 있습니다. Wafer Level의 Chip을 설계하여 검증까지 해 볼 수 있는 기회이기 때문에 인턴을 제외한 실무 경험 중 최상위 경험이라 할 수 있습니다.

13. Pre-Simulation 주석 32

Layout 전의 Simulation입니다. 일반적으로 말하는 Simulation이며, 기생 성분이 고려되지 않았기 때문에 이상적인 결과가 출력됩니다.

14. Post-Simulation 주석 33

Layout 후의 Simulation입니다. 기생 성분이 포함된 Simulation이기 때문에 Speed가 느려지고, 더 많은 전류가 사용됩니다.

15. Process Corner Simulation 주석 35

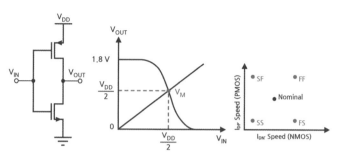

[그림 1-28] Process Corner Simulation 예시 (출처: semanticscholar)

　공정을 진행할 때 Lot*에 따라 어떤 Lot은 도핑이 좀 더 많이 되고, 또 어떤 Lot은 도핑이 적게 될 수 있습니다. 그래서 Lot에 따른 소자마다 문턱 전압이 약간 다를 수 있습니다. PMOS/NMOS가 빠를 때, 느릴 때, 일반적일 때를 나눠서 Fast, Slow, Typical이라고 합니다. 둘 다 Fast, Fast일 때는 Power Worst Case로 일반적으로 전류 소모가 가장 큽니다. 반대로 Slow, Slow일 때는 Speed Worst Case로 동작 속도가 가장 느립니다.

　이러한 것을 공정의 귀퉁이에 있다고 표현하여 Process Corner라고 하는데, 그 이유는 최악을 가정한 상황이기 때문입니다. 이 조건에서 Simulation하는 것을 Process Corner Simulation이라고 합니다.

*Lot : 제조 단위. 일한 조건 아래에서 만들어진 균일한 특성 및 품질을 갖는 제품군으로, 1회 검사 단위를 말함. 보통 1 Lot은 25개의 Wafer 묶음을 의미함

16. DRC 주석 41

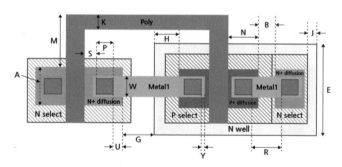

[그림 1-29] DRC 예시 (출처: VLSI expert)

　Layout 엔지니어가 설계한 Layout과 이 Layout이 나타내는 회로 Schematic이 정확하게 일치하는지를 검토하는 프로그램입니다. Design rule이나 다른 사항들을 고려하지 않고, 오직 설계한 Layout에서 NMOS와 PMOS의 위치, 배선, VDD와 GND의 연결 여부 등을 검토합니다.

17. LVS 주석 42

LVS는 Layout versus Schematic의 약자로, Layout 엔지니어가 설계한 Layout과 이 Layout이 나타내는 회로 Schematic이 정확하게 일치하는지를 검토하는 프로그램입니다.

Design rule이나 다른 사항들을 고려하지 않고 오직 설계한 Layout에서 NMOS와 PMOS의 위치, 배선, VDD와 GND의 연결 여부 등을 검토합니다.

18. Full-Custom Design 주석 43

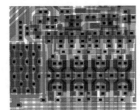

[그림 1-30] Full Custom Design (출처: IDEC)

표준 셀 라이브러리(Standard Cell*)를 사용하지 않고 모든 회로를 설계자가 직접 디자인하는 방법을 말합니다. 설계자가 일일이 디자인하는 만큼 최소화된 면적에서 최적화된 성능을 구현할 수 있습니다. 처음의 제작 비용이 비싸고, 설계 기간이 길어지고, 복잡성과 위험성이 높아진다는 단점이 있습니다. 반면에 면적을 보다 감소시킬 수 있기 때문에 Chip 단가가 저렴하다는 장점이 있습니다.

*Standard Cell: Cell의 높이는 표준화되어 모두 같지만, 폭은 기능에 따라 변경할 수 있는 Cell로, 이 Cell들을 붙여서 배치하는 것만으로 Power, Ground, Well 등이 자동으로 연결됨

19. Cell-based Design 주석 44

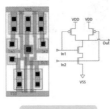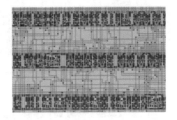

[그림 1-31] Cell based Design (출처: IDEC)

표준 셀 라이브러리(Standard Cell)와 메모리 생성기를 사용하는 설계 방법을 말합니다. 주로 Digital 설계에서 사용합니다. 표준화된 것을 이용하는 만큼 설계 기간은 Full-Custom Design 에 비해 훨씬 줄어들지만, Chip 면적은 Full-Custom Design에 비해 커집니다.

20. Mixed Design 주석 45

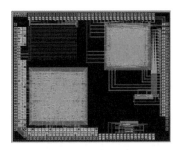

[그림 1-32] Mixed Design (출처: IDEC)

Full-custom Design과 Cell-based Design을 혼용하는 설계 방법입니다. 두 가지 방법의 장점을 살려서 설계에 투입되는 시간과 수고를 줄일 수 있습니다. 요즘 Chip은 90% 이상 Mixed Design 방식을 사용하고 있습니다.

21. Common Centroid Layout 주석 47

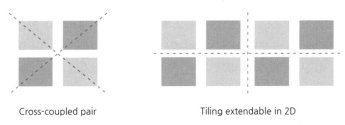

[그림 1-33] Common Centroid Layout (출처: semiwiki)

중심점을 같게 하여 위치에 대해 선형적으로 변하는 공정 변화로 인한 두 Transistor 간에 Mis-match 효과를 상쇄시키는 Layout 기법을 말합니다. Matching 특성에서 Gradient Effect가 중요한 Factor로 작용하는데, 이 기법을 쓰면 Transistor를 중심에 정확하게 일치시켜 주고 Parameter를 동일하게 해줄 수 있습니다. Layout 면적이 커진다는 단점은 있지만, Analog 회로의 Differential pair Transistor에는 Matching 특성이 매우 중요하기 때문에 필수로 사용해야 합니다.

22. ASSP(Application Specific Standard Product)

ASIC과 달리 특정 영역에서 많은 사용자가 공통적으로 사용하는 제품입니다. 주문 제작된 IC도 하나 이상의 사용자가 구매하면 더는 ASIC으로 보지 않고 ASSP라 부릅니다.

23. FoM(Figure of Merit)

FoM은 Figure of Merit의 약자로, 성능 지수를 말합니다. 어떠한 목적이 있고 그 목적을 달성하기 위해 어떤 수식을 결정하고, 여러 조건에서 몇 개를 추려서 그 값으로 성능을 비교하는 지표입니다. 예를 들어서 ADC에서 주로 사용되는 FoM은 아래와 같습니다.

$$\text{FoM} = \text{Power} / (\text{Fs} \times 2\text{ENOB})$$
(Power: 소비전력 / Fs: sample rate / ENOB: effective number of bit)

졸업 논문을 작성하거나 논문을 참고할 때 자주 볼 수 있습니다.

24. PDK(Process Design Kit)

특정 반도체 공정에서 회로를 설계할 때 사용하는 설계 정보를 정리한 것입니다. 예를 들어 TSMC는 자동차 IC를 위한 7nm 제조 공정에 최적화한 PDK를 제공하고 있습니다. 자동차 IC를 설계할 업체는 TSMC의 7nm 제조 공정을 이용해서 Chip을 생산하려면 이 PDK를 구입해서 설계해야 합니다. 따라서 같은 회로일지라도 어떤 PDK를 사용했는지에 따라 Spec이 달라집니다.

2 현직자가 추천하지 않는 용어

현업에서 사용하는 모든 용어가 반드시 직무 역량에 도움이 되는 것
은 아닙니다. 앞에서 소개한 용어보다 사용 빈도가 낮거나 취업 준비할
때 중요도가 떨어지는 용어가 있습니다. 용어를 선정한 기준은 다음과
같습니다.

> 우선순위가 낮은 용어들
> 이니 후순위로 공부하는
> 것을 권장합니다.

- 현업에서 사용하지만 자주 사용하지 않는 용어
- 학부생이 직접적으로 접하거나 학습하기 힘든 용어
- 자소서 & 직무면접 때 활용할 수 있지만 중요도가 밀리는 용어

굳이 사용하지 않아도 되는 용어라고 해서 그냥 넘기지 말고, 한 번은 자세히 읽어 보길 바랍니
다. 반도체 Chip 회로설계 직무로 입사하면 어차피 듣게 되는 용어이기 때문입니다.

사실 더욱 중요한 것은 이러한 단어마저 관심을 갖고 공부하는 태도
가 결국 '내가 얼마나 해당 직무에 관심이 있는지'에 대한 생각을 보여주
고, 이러한 생각이 직/간접적으로 면접관에게 드러나기 때문입니다.

> 항상 배우는 태도로, 폭넓
> 게 관심을 갖고 받아드렸
> 으면 좋겠습니다!

25. Tape-out 주석 34

제조를 위해 보내지기 전 집적회로 또는 인쇄 회로 기판에 대한 설계 프로세스의 최종 결과입
니다. 요즘에는 GDS라는 확장자 파일로 파운드리 업체에 전달하지만, 예전에는 카트리지를 이용
한 실제 Tape을 이용하여 전달했기 때문에 Tape-out이라는 이름을 갖게 되었습니다.

26. EM 주석 36

EM은 Electro-migration의 약자입니다. 높은 전류 및 온도에 의해 Metal이 물리적으로 변형
을 일으켜 short 되거나 open 될 수 있습니다. 이러한 Metal의 Quality를 특성화하기 위하여
진행하는 검증입니다.

27. P&R 주석 38

P&R은 Place & Route의 약자입니다. 설계된 회로 정보를 바탕으로 공정에서 제공되는 논리
소자 Cell을 자동으로 원하는 위치에 배치(Place)하고 배선(Routing)하는 방법입니다.

Cell-based로 설계되는 Digital 집적회로를 구현할 때 일반적으로 사용되는 방법으로, Full-custom
Design과 혼합하여 사용하는 경우도 많습니다. Auto P&R이라고도 합니다.

28. 디자인하우스 주석 49

　Fabless 기업이 설계한 제품을 각 파운드리 생산공정에 적합하도록 최적화된 디자인 서비스를 제공하는 역할을 하는 회사를 말합니다. Fabless 업체가 설계한 반도체 설계 도면을 제조용 설계 도면으로 다시 디자인합니다.

　대부분의 Fabless 기업은 Layout과 설계를 직접 수행하지 않고, 디자인하우스를 이용합니다. 왜냐하면 Layout을 잘하기 위해서는 설계뿐만 아니라 공정도 잘 알아야 하고, Tool도 잘 다룰 줄 알아야 하기 때문입니다.

29. ATVG(Automatic TEST Vector Generation)

　일반적으로 결점 적용 범위(Fault Simulation)의 Level을 증가시키고, 기능을 검사하기 위한 Test Pattern들을 증가시키기 위해 이용합니다.

30. Back Annotation

　Back Annotation은 Layout 설계 후에 발생하는 기생 저항과 기생 Capacitor를 추출하는 작업을 말합니다. Back Annotation 이후에는 추출된 기생 성분을 회로에 추가하여 Post-Simulation을 수행합니다.

31. DIE

　일반적으로 우리가 부르는 Chip을 의미합니다. DIE는 회로나 소자의 Array를 포함하는 Wafer를 Scribe Line을 따라 잘라서 얻은 하나의 집적된 회로 덩어리입니다.

32. ERC

　과다한 Fan-out[*], Open(개방), Short(단락)와 같은 전기 법칙의 위반들에 대해서 회로 Layout을 검토하는 프로그램입니다.

[*]Fan-out: 논리회로에서 하나의 논리 게이트의 출력이 얼마나 많은 논리 게이트 입력으로 사용되었는지를 나타내는 말입니다.

33. Netlist

　임의의 설계 구성 Cell과 이들의 연결 상태에 대한 정보를 나열한 것입니다. Simulation을 돌리려면 회로에 대한 Netlist가 필요합니다.

34. Proto-type

어떤 특정한 응용에 대해 첫 번째 설계 또는 첫 번째 동작 모델의 형태를 의미합니다. 정확성과 기능을 평가하기 위한 시제품 혹은 시작품입니다. 어떠한 제품이든 개발할 때 만들자마자 양산을 시작하는 것이 아니라 Proto-type을 만들어 보고 평가하여 수정하는 식으로 개발이 진행됩니다.

35. Logic Synthesis

RTL(Register-Transfer Level)로 구현된 추상적인 회로를 실제 Gate들을 통해 구현하는 과정을 말합니다. 우리는 원하는 기능을 구현한 이 Digital 회로를 실질적인 Gate(혹은 Standard Cell)들을 이용하여 똑같이 구현하는 과정을 Logic Synthesis라고 합니다.

36. Floor-Planing

최적의 Layout을 얻기 위하여 Chip Layout 영역 내의 기능 Block들을 배치하고, 그 기능 Block들 사이를 연결하여 할당하는 과정입니다. 일반적으로 설계 프로세스 전반부에서 진행합니다.

한 직장인이 말하는
반도체 직무

PART 02

Chapter 01

회로설계

11 현직자가 말하는 경험담

1 저자의 개인적인 경험

회로설계 직무를 준비 중인 분들이 가장 궁금해하는 것 중 하나가 바로 이것입니다.

"학사로 회로설계 직무를 수행할 수 있나요?
직접적인 회로설계 업무가 아니라 그냥 잡일만 하게 되지 않을까요?"

저도 이 부분을 걱정하면서 입사했습니다. 그러나 너무 걱정하지 마세요. **간단한 회로에서부터 경력이 쌓여감에 따라 어렵고 복잡한 회로설계 업무도 충분히 하게 됩니다.** 이 부분은 제가 신입사원 때 수행했던 업무에 대한 이야기를 들어 보면 확신이 생길 것입니다.

1. 신입사원 때 수행한 업무 ①: Pixel 수율 향상을 위한 Layout Revision

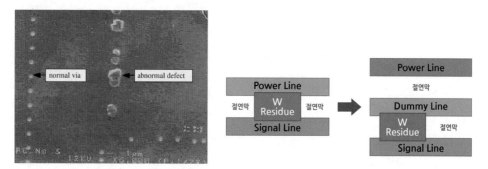

[그림 1-34] 텅스텐 Residue에 의한 불량 사진(좌), 텅스텐 Residue 문제 개선 Solution(우) (출처: semanticscholar)

당시에 Image Sensor의 수율이 60% 정도로 높지 않아서 문제가 있었습니다. 원인을 분석해 보니 Metal-layer에서 1층의 Power-line과 2층의 Signal-line이 Short 되는 현상이 문제였습니다. Metal-layer 사이에는 VIA[65]라고 하는 Metal-layer를 연결해주는 통로가 있는데, 원하지 않는 곳에서 통로가 형성된 것이 문제였죠. 파운드리 업체에서 W(텅스텐)으로 VIA를 형성하

---

65 Vertical Interconnect Access의 약자로, 여러 층의 기판이나 Layer를 이어주는 통로를 말함

는데, 이때 Residue(잔여물)가 다른 곳에 붙는 현상이 간혹 발생한다고 했습니다. 이렇게 Power-Line과 Signal-Line이 Short 되면 해당 Signal-Line이 무조건 High로 처리되면서 전부 하얗게 나오게 되어 이 Image Sensor는 고객이 쓸 수 없게 됩니다.

이 문제를 제가 해결해야 했습니다. 회로설계 엔지니어로서는 W residue가 발생하는 이 공정을 직접 제어할 수 없어서 Layout Revision을 통해 Metal-Layer를 수정하기로 했습니다. 해결 방법은 의외로 간단했습니다. Power-Line과 Signal-Line 사이에 Dummy Metal-Layer를 배치하는 것이었습니다. 즉 사용하지 않는 Metal-Layer를 2층에 끼워 넣고, Signal-Line을 3층으로 올려서 두 Line을 이격시킨 것이죠. 이렇게 하면 Power-Line과 Signal-Line이 short 될 확률이 급격히 줄어들게 됩니다. **이와 같은 방법으로 수율을 10% 증가시킬 수 있었습니다.**

2. 신입사원 때 수행한 업무 ②: Body Leakage를 막기 위한 Self-body 처리

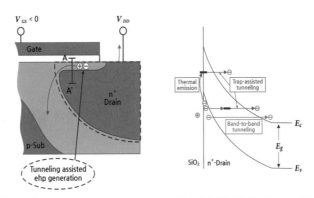

[그림 1-35] Gate Induced Drain Leakage(GIDL) 현상 (출처: ResearchGate)

기존에 진행해 온 프로젝트와는 다르게 최대 전원 전압을 기존보다 높은 환경에서 사용해야 할 때가 있었습니다. 기존에는 최대 5.5V 환경에 대해 Corner-Simulation을 진행했지만, 이번에는 최대 6.3V의 환경에서 Test해야 했죠. 이때 Current Mirror에 문제가 발생했습니다.

이전까지 NMOS와 PMOS을 Cascode로 쌓아 Current Mirror를 사용하고 있었는데, 전원 전압이 높아지다 보니 NMOS 입장에서 Drain 전압이 높아질 수밖에 없었습니다. 그러자 Drain to Body로 Leakage Current가 발생했습니다. 마치 수도꼭지를 꼭 잠가도 수압이 매우 높으면 어딘가로 누수되는 현상이 발생하는 것과 유사하죠. 이렇게 되면 이 Leakage Current만큼 전류가 더 흐르게 되어 정확한 전류를 Mirroring 할 수 없게 됩니다.

제가 맡은 IP Bolck이었기 때문에 제가 이 문제를 해결해야 했습니다. 회로설계 엔지니어 입장에서는 이 Leakage Current의 원인이 무엇인지 규명할 필요는 없었습니다. 소자 측면에서의 문제이기 때문에 이것은 소자를 다루는 파운드리 업체의 몫입니다. 그래서 저는 소자와 관계없이 문제를 해결하길 원했습니다. **한참 고민하던 중, Source와 Body를 서로 연결하는 Self-body를 생각해 내었습니다.** 이 둘을 묶으면 Drain에서 Body로 흐르는 Leakage Current가 다시

Source로 흐르게 되면서 원하는 전류를 그대로 Mirroring 할 수 있게 되는 것이었죠. Self-body를 사용하려면 Well 하나를 더 써야 해서 Layout 면적이 더 필요했지만, 다행히 여분의 면적이 남아있어 어렵지 않게 해결할 수 있었습니다.

이 두 가지 경험을 통해서 여러분께 하고 싶은 말은 **학사도 간단한 회로를 수정하면서부터 직접적인 설계에 참여**할 수 있다는 것입니다.

추가로, 업무를 처음 수행하면 마치 운전면허 학원에서 처음 도로 주행을 할 때처럼 실수에 대한 부담감이 생깁니다. 한 번의 실수로 Chip이 동작하지 않으면 등에 식은땀이 흐르죠. 그러나 **실수도 신입 때 하는 것이 중요합니다.** 애초에 큰 책임을 져야 하는 업무를 맡기지 않을뿐더러, 일이 생겨도 책임자는 따로 있기 때문입니다.

> 그래서 오히려 처음 마음가짐을 '책임은 내가 지지 않는다'라는 역설적인 마인드로 업무에 임하면 더욱 크게 성장할 수 있을 것입니다.

3. 회로설계에 환상을 갖지 말자!

또 한 가지 여러분에게 공유할 경험이 있습니다. 바로 **'회로설계 직무에 환상을 갖지 말자'**입니다.

제가 처음에 회로설계 직무를 선택한 이유는 R&D의 멋짐, 논문을 읽고 회로를 설계하는 모습, 자부심 높은 연구원의 모습을 기대했기 때문입니다. 그리고 아마도 회로설계 직무에 지원하는 분이라면 대부분 이런 환상을 갖고 있을 것이라고 생각합니다.

물론 아주 잠깐이었지만, 직접 회로설계를 할 때는 기대한 모습과 같다고 느끼기도 했습니다. 그러나 어느 정도 시간이 지나고 보니 설계하는 시간보다 설계 외적인 업무를 하는 시간이 압도적으로 많다는 것을 알게 되었습니다. 바로 Sub 업무에서 말한 그 업무들이 많이 시간을 잡아 먹었죠. 기획 회의, FAB Set-up Guide, 품질/양산 Support를 모두 수행하면 가끔은 회로를 설계하러 온 것인지, 요청에만 대응하러 온 것인지 헷갈리기도 했습니다.

그래서 **회로설계 직무를 목표하는 분은 너무 환상을 갖지 말고, 설계 외적인 일도 많다는 것을 고려하고 선택**하는 것이 좋습니다. 그래야 나중에 후회할 일이 적을 테니까요.

2 지인들의 경험

Q1 회로설계 워라밸은 좋다고 생각하시나요?

든든한 버팀목,
사수 C 선배님
(S사 Analog IP
설계)

> 회사 by 회사, 팀 by 팀이긴 하지만, 회로설계의 워라밸은 생각보다 좋은 편입니다. Project Cycle이 존재하기 때문에 바쁘지 않을 때는 칼퇴, 조퇴가 가능합니다. 바쁠 때 주말에도 나올 수 있다는 것은 함정!

Q2 학사 출신으로 지금 이 자리까지 오시게 되었는데 그 이유가 뭐라고 생각하시나요?

학사들의 희망,
H 수석님
(S사 회로 TOP
설계)

> 내가 학사 출신인데도 수석을 달고 직책을 맡을 수 있는 이유는, 반도체 산업은 결국 경험이 중요하기 때문이에요. 아무리 좋은 아이디어가 있어도 양산까지 해 보지 않았으면 현실화를 장담할 수 없죠.
> 반도체 회로설계는 일정 부분 진입장벽이 존재합니다. 이것은 재능이나 학위가 아닌 경험으로 만들어지기 때문에 경력이 상당히 중요합니다.

Q3 내가 지금 설계하고 있는 게 어느 제품에 어떻게 쓰이는지도 모르는데, 설계를 하고 있어. 이렇게 하는 게 맞나 싶기도 하고… 너는 어때?

프로 고민러,
전 직장 J 동기
(R사 Layout
설계)

> 반도체 산업은 B2B 제조업이기 때문에 특성상 완성된 제품 관점에서 세상을 바라보는 시야가 좁을 수 있습니다. 의도적으로 시야를 넓게 보기 위해 노력해야 하죠. 직책을 달기 위해서도 넓게 보는 시야가 필요합니다.

Q4 아, N사랑 C사가 우리보다 연봉을 더 많이 주네… 이럴 줄 알았으면 나도 컴퓨터공학과로 입학해서 Python을 공부할 걸 그랬어… 요즘 AI가 뜨고 있잖아!

프로 투덜이,
P 친구
(H사 Digital
회로설계)

> 어떤 회사를 가든, 어떤 일을 하든 남의 떡이 더 커 보인답니다. 누구에게나 고민이 있는 것처럼 말이죠. 저도 회로설계 직무의 한계를 느끼고 있지만, 친구들은 회로설계만큼 전문적인 직무가 어디 있냐고 하죠.

12 취업 고민 해결소(FAQ)

💬 Topic 1. 회로설계에 대한 소문!

Q1 회로설계 직무는 학사보다는 석, 박사를 더 선호하지 않나요? 학사와 석사의 TO 비율은 어떻게 되나요?

A 기업 규모에 따라 다릅니다. 일반적으로 대기업은 Analog, Digital, Layout, 검증 직무에 대해 모두 학사를 뽑습니다. 비율도 학사와 석사의 비율이 6 : 4 정도로 학사 가 좀 더 많은 편입니다. 하지만 학사 지원자 수가 월등히 많기 때문에 경쟁률은 학 사가 더 높습니다!

반면에 중소/중견기업에서는 Analog 회로설계 직무에서 학사를 잘 뽑지 않습니 다. 그러나 Digital, Layout, 검증 직무에 대해서는 학사도 많이 뽑기 때문에 어떤 세 부 직무를 선택하느냐에 따라 전략이 달라져야 합니다.

Q2 회로설계 직무는 학벌이랑 학점을 많이 보나요?

A 학벌은 회사 by 회사입니다. 특정 회사를 콕 집어서 말하기는 어렵지만, 상대적으 로 고학벌을 뽑는 회사가 있는 반면, 학벌을 전혀 보지 않는 회사도 있습니다. 제 경험에 따르면 TO가 많을수록 학벌을 잘 보지 않는 경향이 있습니다.

학점은 대부분의 회사에서 많이 봅니다. 가장 객관적인 지표이면서, 직무 적합성 을 평가할 수 있기 때문이죠. 연구개발 직무의 특징이기도 합니다. 그러니 직무 경험 보다는 학점을 먼저 챙겨두는 것이 유리합니다.

Q3 회로설계는 전자과가 아니면 많이 힘들까요?

A   불가능하진 않지만 험난한 길입니다. 회로설계 역량만 증명하면 되는 전자과와는 달리, 다른 과임에도 불구하고 회로설계 직무를 선택하려는 동기와 뒷받침되는 지식, 경험이 명확해야 합니다. '그냥 한 번 도전해봐야지'라는 식으로 접근하면 안 될 가능성이 크고, '내가 비록 다른 과이지만, 전자과 이상으로 회로설계에 관심이 있고 잘 해낼 자신이 있어. 목표도 뚜렷해.'라는 소신이 있다면 지원해 볼 만합니다. 그리고 회로설계와 관련된 전공과목 수강 이력과 경험이 충분한지부터 점검해 보세요. 말이 아닌 근거가 있어야 합니다!

💬 Topic 2. 그래, 회로설계로 간다! 근데 어디에 넣지?

Q4 메모리 회로설계 vs 파운드리 회로설계 vs S.LSI 회로설계

A 각 사업부는 제품 Level에서만 차이가 있고, 세부 직무에 대해서는 큰 차이가 없습니다. 각 사업부에서 다루는 제품이나 IP에 대해서 시스템 반도체는 02 현직자와 함께 보는 채용 공고, 3. 주요 업무 TOP 3 부분을, 메모리 반도체는 09 미리 알아두면 좋은 정보 – DART를 활용한 최신 Trend 기술 파악 부분을 참고하면 좋을 것 같습니다.

Q5 학부 과정에서 메모리 반도체와 시스템 반도체 구분 없이 전공을 수강했는데, 사업부를 선택할 때 중점을 둬야 하는 기준이 있을까요?

A 메모리 반도체와 시스템 반도체 선택에서 중요한 것은 수강한 전공이 아닌, 특정 제품에 대한 관심입니다. 학부 과정에서는 일반적으로 메모리 반도체와 시스템 반도체를 구분 지어서 수업하진 않죠. 따라서 학부 과정과 별개로 특정 제품이나 회로를 정해서 공부하고, 경험을 쌓아 어필하는 것이 중요합니다.

예를 들어 공모전에서 Sensor들을 사용하면서 Sensor에 관심을 갖게 됐다면, Sensor 관련 회로 지식과 경험을 쌓아서 S.LSI 사업부나 파운드리 사업부를 선택할 수 있습니다. 또한 Digital 회로설계 전공 수업에서 메모리 구조를 설계해 본 경험이 있다면, 메모리 사업부를 선택할 수 있습니다. OPAMP나 I/O Interface처럼 모든 사업부에 사용되는 IP설계 경험이 있다면, 어떤 사업부를 선택하든 괜찮습니다.

다만 어떤 제품에, 어떻게 적용할지 현업의 관점에서 충분히 고민한 후에 어필하길 바랍니다.

06 SK하이닉스 설계와 소자 직무를 합친 게 삼성전자 회로설계인가요?

A 아닙니다. 'SK하이닉스 설계 = 삼성전자 DS 회로설계'입니다. 회로설계 직무는 이상적인 소자(MOSFET, RESISTOR, CAPACITOR 등)가 있다고 가정하고, 이것을 어떻게 배치하여 어떤 기능을 하는 Chip을 만들지 설계도를 만드는 직무라고 할 수 있습니다.

그리고 'SK하이닉스 소자 + 공정(R&D) = 삼성전자 DS 공정설계'입니다. 소자는 이상적인 소자를 만들기 위해 연구/개발하는 직무이고, 공정설계는 이상적인 소자가 공정에서 어떻게 높은 수율과 품질로 구현될 수 있는지 연구/개발하는 직무라고 생각하면 됩니다.

💬 Topic 3. 회로설계에 지원하고 싶은데, 역량은 어떻게 쌓아요?

Q7 학사가 회로설계 직무에 취업하기 위해 도움이 되는 경험은 어떤 것들이 있나요?

A 학사로서 할 수 있는 경험들은 다소 한정되어 있긴 합니다. 나열해 보면 심화 전공 수강, 회로 관련 졸업 논문 작성, 학부 연구생 경험, 렛유인을 비롯한 외부 교육 수강, 직접 Chip을 제작해 보는 MPW 경험, 인턴, 중고 신입 등이 있습니다.

프로젝트 Level에서는 Razavi 교수님의 [Design of Analog CMOS Integrated Circuits] 책에 나오는 회로들(BGR, LDO, 다양한 OPAMP, PLL 등), Harris 교수님의 [Digital Design and Computer Architecture, RISC-V Edition] 책에 나오는 회로들 (CPU, Memory, Interface 등)에 대해서 주제를 잡고 수행해 보는 것도 큰 도움이 될 것입니다. 현업에서도 많이 사용합니다.

Q8 학사로 회로설계 직무에 지원하면 Analog 설계보다는 Digital 설계로 많이 간다고 하는데 사실인가요?

A 사업부나 회사마다 편차가 있지만, 학사는 Digital 회로설계로 가는 비율이 Analog 보다 조금 더 높습니다. 중소/중견기업은 애초에 세부 직무를 나눠서 뽑으니 논외로 치고, 대기업에서는 Digital 회로설계 인력이 Analog 보다 더 많이 필요합니다. 제가 다니는 회사 기준으로 7:3 정도의 비율로 Digital이 더 많습니다.

Digital 회로설계를 더 많이 뽑긴 하지만, Analog 회로설계에 대한 경험이 충분하고 관심도 많다면, 세부 직무를 정할 때 잘 어필하여 Analog 회로설계 직무를 수행할 수도 있습니다.

Q9 Analog와 Digial 설계 중 한 가지만 딱 정해서 경험을 쌓는 것이 좋을까요?

A 시간적 여유가 있다면 둘 다 경험을 쌓고, 그렇지 않다면 한 가지만 정해서 경험을 쌓는 것이 좋아 보입니다. 회사는 구체적인 직무 역량이 있는 사람을 좋아합니다. 따라서 결국 하나의 깊이 있는 경험이 필요하긴 합니다.

그렇다고 해서 처음부터 딱 하나만 정해서 준비하다 보면 시야가 좁아지고, 나중에 잘못 선택한 것에 대해 후회하게 될 가능성이 있습니다. 그러므로 개인적으로는 4학년 1학기까지는 둘 다 경험해 보고, 4학년 2학기부터 졸업 후에는 하나를 정해서 집중적으로 경험하는 것이 좋지 않을까 싶습니다.

Q10 S사 JD에 C언어나 Verilog 같은 컴퓨터 언어가 Plus 요소로 요소로 제시되어 있는데, 시간적 여유가 있다면 이것들도 준비하는 게 좋을까요? 아니면 다른 직무 역량에 집중하는 게 좋을까요?

A Digital 회로설계를 세부 직무로 선택할 것이라면 Verilog는 필수 역량입니다. 그러나 C언어는 후순위이며, 옵션입니다. C언어는 Main이 아닌 Sub이므로, 만약 Digital 회로설계로 지원하려는데 Verilog에 대한 경험이 충분하다면 C언어 역량을 늘리는 것도 도움이 됩니다. 그러나 우선순위는 아니기 때문에 Verilog 경험이 없다면 먼저 Verilog 언어 사용 역량에 집중해야 합니다.

참고로 Analog 회로설계로 지원할 것이라면 두 언어 모두 전공으로 수강하되 깊이 있게 공부할 필요는 없습니다.

💬 Topic 4. 중고 신입

Q11 쌩신입으로 입사하는 건 결국 힘든 건가요? 삼코치님께서도 인턴, 정규직 경험을 거친 후에 중고 신입으로 입사하셨는데, 일단 중소기업에서 경험을 쌓고 중고 신입으로 넣는 게 더 좋을까요?

A 쌩신입으로 입사하는 비율이 예전보다 줄긴 했지만, 여전히 가능합니다. 제가 최근에도 컨설팅했을 때 합격생 10명 중 4명이 쌩신입이었습니다. 이것이 가능한 이유는 '전공 이수학점, 심화 전공, 평균 학점 〉직무 경험' 등의 기본 역량이 뒷받침 됐기 때문입니다. 전공 학점이 좋고, 직무 관련 교육도 받은 쌩신입이라면 자신 있게 지원해도 좋습니다.

그런데 이미 졸업을 해서 고정 스펙을 바꿀 수 없는 상황이라면, 또는 원하는 기업에 못 가서 아직 쌩신입으로 도전 중이라면 직무나 산업 유사성이 있는 회사에 들어가서 중고 신입으로 도전하는 것을 추천합니다. 회사에 다니면서 이직 준비를 하는 것은 절대로 쉽지 않습니다. 그러나 쌩신입 신분으로 준비할 때의 불안감, 재정적 어려움, 회사 경험의 부재가 더욱 버텨내기 힘들기 때문에 저는 중고 신입으로 우회하는 것이 여러모로 좋다고 생각합니다.

Q12 경력이 1년 미만인데, 중고 신입이라고 어필하기에 애매한 부분이 있습니다. 현직자 입장에서 중고 신입으로 지원할 때 어필하면 좋은 부분에 관한 Tip이 있을까요?

A 가장 먼저 생각해야 하는 것은 바로 직무 유사성입니다. 직무가 완벽히 일치하거나 유사 직무라면 경력이 2개월이라도 어필해야 합니다. 어필할 수 있는 Point는 내가 어디에 관심이 있는지, 수행하고 있는 직무와 받은 교육을 통해 지원하는 회사에 어떻게 이바지할 수 있는지 입니다. 이 부분을 중심으로 잘 정리해 보기를 바랍니다. '회사 생활을 한 번 해 봤다'라는 식의 단순한 사실만으로는 절대 어필할 수 없습니다! 한가지 Tip을 드리면 '내가 아직 2개월 밖에 경험하지 못 했지만, 이번에 받은 교육을 통해 이 회사에 어떤 도움을 줄 수 있을까?'에 대해 깊게 생각해 보세요. 하다못해 신입사원으로서 교육용 자료 작성이나 세미나 발표라도 이바지할 수 있을 것입니다.

반면에 완전히 다른 직무라면 고민해 봐야 합니다. 면접에서 반드시 직무를 왜 바꿨는지에 대해 물어볼 것이기 때문에 이것을 잘 커버할 수 있다면 어필하고, 그렇지 않다면 서류에도 적지 않는 것이 낫습니다. 이렇게 이야기하는 이유는 이 부분에서 말려서 탈락하는 Case를 많이 봤기 때문입니다.

Chapter

02

공정설계

들어가기 앞서서

이번 챕터에서는 반도체 설계의 꽃이라고 할 수 있는 공정설계 직무에 대해 소개하고자 합니다. 공정설계 직무는 '공정'보다 '설계'에 방점이 찍혀있는, 소자 중심의 직무입니다. 다양한 평가를 통해 소자의 성능을 향상시키고, 더 나아가 산포 개선을 통해 Wafer의 수율을 높이는 업무를 수행합니다. 그럼 지금부터 공정설계 직무에서는 경쟁력 있는 Chip을 만들기 위해 어떤 일을 하고 있는지 같이 살펴보겠습니다.

01 저자와 직무 소개

저자 소개

도슨트 반

전자공학 학사 졸업

現 반도체 S사 Foundry 공정설계
1) 개발/양산 제품 공정설계 및 고객 대응

안녕하세요! 대기업 S사에서 공정설계 직무를 맡고 있는 반도체 엔지니어 **도슨트 반**입니다. 아직은 아는 것보다는 배울 게 더 많은 저년차 사원이지만, 취업준비생인 여러분께 조금이나마 보탬이 되고자 펜을 들게 되었습니다.

저는 여러분께 제가 취업을 준비하면서 가졌던 생각과 입사 후 회사 생활을 하며 느낀 점을 바탕으로 저의 경험을 공유하려고 합니다. 앞으로의 내용을 통해 여러분이 취업을 준비하면서 가질 수 있는 답답함과 궁금증의 무게를 조금이라도 가볍게 할 수 있었으면 좋겠습니다.

알다시피 반도체 관련 인턴십, 프로젝트 혹은 공모전 등은 찾아보기가 은근히 까다롭습니다. 교내외 활동을 살펴봐도 프로그래밍이나 모터 제어, 통신 관련 분야는 다양한 대회나 대외활동이 있지만, 반도체 분야로 들어서면 찾아보기가 힘든 현실입니다. 최근에는 반도체 공정 실습 같은 활동이 많이 생기고 참여할 기회도 늘어났지만, 제가 취업을 준비할 때만 해도 COVID-19로 인해 대부분의 대면 활동이 잠정 연기된 상태였습니다. 저는 이러한 상황에 갈증을 느끼고 스×업, 독× 사 등의 다양한 취업 관련 카페에 가입하여 채용공고를 수시로 확인했습니다.

그러던 어느 날, **외국계 반도체 회사의 인턴 모집공고**를 보게 되었습니다. 반도체 산업에 종사하는 사람이라면 한 번쯤 들어봤을 TOP 3 회사 중 두 곳의 공고가 올라왔죠. 저는 장비/설비 직무에는 크게 관심이 없었기 때문에, 오히려 인턴 모집이라는 것이 메리트로 느껴졌습니다. 하지만 문제는 이게 아니었습니다.

지원 직무: 인사/재무/경영/홍보기획

아쉽게도 인턴 모집이기 때문인지 한 곳은 엔지니어를 위한 직무가 보이지 않았습니다. 게다가 전공 무관인 직무는 인사와 기술경영 직무뿐이었죠. 그 순간, 한 가지 생각이 머리를 스쳤습니다.

**'취업을 준비하면서 앞으로 인사팀을 가장 자주 접할 텐데,
대체 어떤 사람을 뽑고 싶어 하는지 들어 볼 수 있지 않을까?'**

당시 졸업을 앞둔 마지막 방학이었기 때문에 작은 기회비용이 존재했습니다. 교내 연구실 인턴을 하느냐, 반도체 회사의 인사팀 인턴을 하느냐. 하지만 저는 회사 생활이 너무 궁금했습니다. 학생의 신분으로 자기소개서를 작성하는 것과 짧은 시간이라도 회사 생활을 경험하고 작성하는 것은 차이가 있을 것이라고 생각했습니다. 그래서 두 개의 회사 중 한 곳은 인사 직무, 다른 한 곳은 설비 직무를 지원했습니다. 운 좋게 먼저 인사 직무에 합격하게 되었고, 기다려왔던 인사팀 인턴십을 시작했습니다.

길지 않은 시간이었지만, 채용/교육 부서에서 활동하며 학생 일때는 몰랐던 것들을 경험할 수 있었습니다. Photo, Etch 공정의 엔지니어를 만나서 인터뷰하면서 직무와 역할에 대해서 들어 볼 수 있었고, 임원진과의 점심 식사 프로그램을 통해 평소에 궁금했던 점을 입사 동기들과 함께 임원분들께 가감없이 물어보고 이야기하는 시간을 가질 수 있었습니다. 덕분에 설계와 기술 엔지니어의 차이도 어렴풋이 알 수 있었고, 이후 반도체 회사에 지원할 때 여러 가지 직무 중 공정설계 직무를 선택하는 데에도 영향을 미쳤습니다. 또한 이 경험은 자기소개서와 면접에서 녹여내어 나만의 스토리를 만드는 데에 큰 도움이 되었습니다. 뒤늦게 알았지만 경영 직무에 지원한 동기 중 대다수는 저처럼 공대생이었습니다. 이들도 하나같이 사무직 인턴이었지만, 미래 커리어와 직업을 설계하는 데에 중요한 경험이었다고 입을 모아 말합니다.

이러한 경험으로 공정설계 직무를 택한 저는 현재 S사에서 양산 관련 업무를 맡고 있습니다. 짧지 않은 시간 동안 취업을 준비하면서 동아리 선배, 지도 교수님, 유튜브 등을 통해 가능한 많은 정보를 모으고, 궁금한 것에 대한 답을 찾기 위해 노력했습니다. 그래서 지금도 업무 강도는 높지만 맡은 일이나 직무 분야 때문에 스트레스를 받지는 않습니다.

최근에 MBTI라는 성격유형 검사가 주목받고 있습니다. 얼마나 신뢰할 수 있는지는 아직도 의견이 분분합니다. 하지만 자신이 어떤 사람이고 무엇을 좋아하는지에 대해 많은 표본이 쌓인 테스트를 통해 확인할 수 있다는 점에서 취업 준비에 충분히 도움이 된다고 생각합니다. MBTI 테스트를 통해 자신이 외향적인 사람인지, 어떤 가치에 더 중점을 두고 살아가는지, 계획적인지 즉흥적인지 등의 성향을 대략 확인해 볼 수 있고, 본인이 정말 원하는 방향의 직업과 일이 무엇인지도 짚어볼 수 있기 때문입니다.

여러분도 직무를 선택할 때 이러한 세간의 테스트가 아니더라도 주어진 환경에서 찾아볼 수 있는 직무 관련 경험을 도전해 보면 좋겠습니다. 부족하다면 관련 업무를 하는 지인이나 선배와 이야기해 보면서 정말 내게 맞는 일이 무엇일지 생각해 보길 바랍니다.

우리는 너무나 많은 정보가 쏟아지는 정보의 홍수 속에 살고 있습니다. 하지만 수많은 정보보다 중요한 건 **본인이 어떤 일을 할 때 가장 즐거운지, 어떤 성향의 일이 맞는지 자신에 대해 먼저 파악하는 것**입니다. 앞에서는 다양한 사람의 이야기를 들어보라고 해놓고, 자신을 먼저 되짚어보라고 말하는 것이 역설적으로 들릴지도 모르겠습니다.

하지만 **자신에 대한 관찰이 선행되지 않으면, 많은 부분에서 타인의 목소리에 흔들리게 될 것입니다.** "방학에 연구실이 아니라 인사팀에서 일해도 될까요?"라는 질문에 교수님은 "너 시간 많니? 엔지니어가 쓸데없이 무슨 인사팀이냐?"라며 혀를 내두르셨습니다. 그럼에도 불구하고 저는 진정 내가 궁금해 하고, 해보고 싶었던 경험이 무엇인지 생각하여 소신껏 지원했고 입사에 성공했습니다. 그리고 지금까지도 당시의 경험을 후회한 적은 없습니다.

취업준비생 여러분, 앞으로 많은 자기소개서를 쓰고 면접을 준비하면서 어느 때보다도 자기 자신에 대해 생각하는 시간이 많아질 것입니다. 존경하는 인물, 자신의 강점, 살면서 힘들었던 경험, 좌우명 등을 작성하고 이야기할 때 입 밖으로 나오는 말들이 **다른 사람이 정해준 정답이 아닌, 자신이 스스로 찾아낸 해답이 되기를** 바랍니다.

MEMO

02 현직자와 함께 보는 채용공고

　채용 공고에 기재되어 있는 JD(JOB Description)는 자기소개서나 면접을 준비하기 전에 필수로 확인해야 하는 시험 범위라고 생각합니다. JD는 회사의 직무를 소개하는 역할을 하는 동시에 입사를 준비하는 취업준비생들에게 바라는 점을 조금씩 담아 놓습니다. 사업부마다, 직무마다 JD가 다르지만, 이번에는 'Foundry 사업부 공정설계' JD를 살펴보도록 하겠습니다.

직무소개 공정설계 Foundry 사업부

고객이 원하는 Chip 의 Spec 을 충족시키기 위하여 반도체 공정 아키텍처를 설계하고, 공정 및 제품에 적합한 소자를 개발하는 직무

[그림 2-1] 삼성전자 공정설계 채용공고 ①

　JD에는 **고객이 원하는** Chip의 Spec을 충족시키기 위하여 반도체 공정 아키텍처를 설계하고, 공정 및 제품에 적합한 소자를 개발하는 직무라고 쓰여 있습니다. 이 문장에서 파운드리 사업부의 핵심을 표현하는 단어는 바로 **고객**입니다. 여러분이 들어봤을 수도 있지만, 파운드리 사업부는 수많은 고객과 소통하면서 각각의 고객이 요구하는 Spec을 만들기 위해 노력합니다. 이어서 아래 내용을 함께 살펴보겠습니다.

채용공고 공정설계

주요 업무

1. **Process Integration**
   - 다양한 고객의 요구 Spec 에 부합하는 공정 설계 및 검증
   - 모듈공정 설계, Baseline 공정 및 파생 공정 확보
   - 공정 균일성 확보 및 변동성 관리

[그림 2-2] 삼성전자 공정설계 채용공고 ②

하위 항목에서 볼 수 있듯이 동일한 Baseline 공정 프로세스 안에서도 제품마다 서로 조금씩 다른 파생 공정이 만들어집니다. 예를 들어보겠습니다. 알파고 같은 인공지능 컴퓨터는 빠른 계산이 핵심입니다. 따라서 누설 전류가 조금 발생하더라도 동작 성능을 높여서 계산 속도를 높이는 게 중요합니다. 그렇다면 스마트 워치나 무선 이어폰 같은 웨어러블 기기에 들어가는 소자도

회사에서 만드는 제품은 굉장히 다양하지만, 대표 제품이라는 것이 존재합니다. 양산까지 성공한 대표 제품의 경우, 기초 공사가 되어 있기 때문에 타제품의 '지침서' 역할을 합니다. 이를 Baseline 공정이라고 합니다.

계산 속도가 그만큼 중요할까요? 웨어러블 기기처럼 우리가 자주 충전해야 하는 기기는 사용하지 않을 때 배터리 방전이 적게 되는 것이 더 중요할 수 있습니다. 이처럼 각 상품의 니즈에 더 맞는 Chip을 만들기 위해서 모듈 공정의 공정설계 엔지니어가 노력하고 있습니다.

또한 양산 제품은 균일성[1]이 중요합니다. 아무리 설계를 잘하고 훌륭한 공정으로 Chip을 생산하더라도 수천, 수만 개의 Chip을 만들었을 때 각 Chip이 제각기 다른 Spec으로 동작하거나 불량이 많이 발생한다면 어떻게 될까요? 고객으로부터 컴플레인이 들어오는 것은 물론이고, 회사의 신뢰도 역시 점점 낮아질 것입니다. 그러므로 JD에 쓰여 있는 것처럼 공정의 균일성과 변동성 또한 관리해야 합니다. 자세한 내용은 **03 주요 업무 TOP 3** 파트에서 더 다뤄보겠습니다!

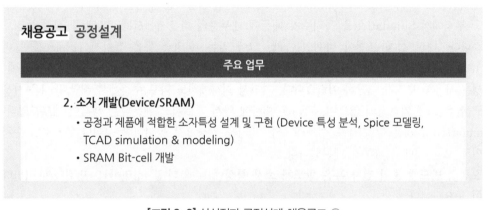

[그림 2-3] 삼성전자 공정설계 채용공고 ③

소자 개발(Device/SRAM) 아래에는 적합한 소자 특성 설계 및 구현이라고 적혀 있습니다. 소자 개발을 위한 정말 많은 업무가 있는데, 그중 가장 중요한 **업무는 Device 성능을 개선하고 분석하는 것**입니다. 소자의 성능을 향상하기 위해 다양한 Simulation을 활용하거나 각종 평가를 진행합니다.

TCAD TCAD Simulation Tool은 Tool을 학부에서 사용해 본 분도 있고, 조금은 생소한 분도 있을 것입니다. 쉽게 TCAD Simulation Tool은 배우는 Source, Drain, Gate 등을 프로그램상에 그려 놓고 온도나 재료의 농도, 전압, 전류 등을 변화시켜 가며 우리가 설계한 공정에서 Chip이 어떻게 동작하는지를 Simulation 해 볼 수 있는 Tool입니다.

---

1 산포 관리라고도 하며, Wafer to Wafer(Wafer 간의 산포), With in Wafer(Wafer 내의 산포)를 나타냄

[그림 2-4]는 TCAD 프로그램을 활용하여 Gate-depth에 따라 전압과 전류가 어떻게 달라지는지 확인해 보는 모습입니다.

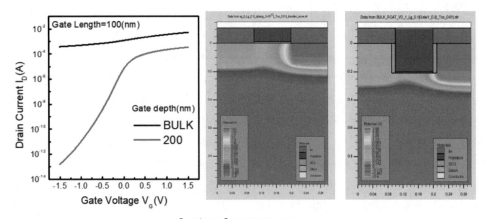

[그림 2-4] TCAD Simulation

이러한 TCAD 혹은 SPICE Simulation 프로그램을 사용하는 부서는 따로 나누어져 있습니다. 해당 부서에서 Simulation을 돌려주기 때문에 대부분의 타부서에서는 TCAD를 직접 돌려보지 않습니다. 대신 설계 조건이 바뀌었을 때, 그에 맞는 netlist 등을 뽑아서 HSpice를 돌리고 SPICE Spec을 결정하는 업무를 일부 수행합니다. 알다시피 TCAD Tool은 고가이기 때문에 학부생은 사용해 보기가 대단히 어렵습니다. 따라서 회사에서도 학부 수준에서 해당 Tool을 사용해 본 경험을 크게 기대하지 않으며, Tool은 회사에 와서 가르치고 배운다는 생각이 대부분입니다. Simulation Tool은 말 그대로 설계해 놓은 소자를 가상으로 돌려서 특성이나 V_t, SCE 수치를 확인해 보는 것에 불과하기 때문입니다.

오히려 **반도체 물리 전자 혹은 반도체 소자 특성**에 대해 더 잘 정리하고, 면접에서 어필하는 것이 중요합니다.

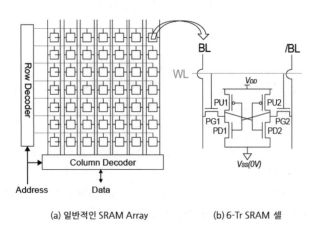

(a) 일반적인 SRAM Array   (b) 6-Tr SRAM 셀

[그림 2-5] SRAM 회로도

이처럼 Tool을 활용하거나 공정에 따라 다양한 평가를 진행하여 어떤 조건에서 Chip이 가장 잘 동작하는지를 비교/분석하고, Device의 성능을 높이는 것이 공정설계의 주업무입니다. 학교에서 DRAM 같은 메모리 소자를 배우면서 한 번쯤 SRAM 소자에 대해 들어봤을 것입니다. SRAM 소자만 전문적으로 다루는 인력이 있을 만큼 중요하게 다루는 소자이기 때문에, 공정설계를 지원한다면 동작 원리나 [그림 2-5]와 같은 회로도 등을 찾아보는 것을 추천합니다.

채용공고 공정설계

주요 업무

3. Logic 제품을 위한 최신 공정 설계
- Mobile AP(Application Processor), Server 용 CPU, GPU 등의 제품 개발을 위한 최첨단 선단 노드 공정 개발 (EUV 기반 7/5nm 이하 선단공정)
- IoT, Connectivity, Network Router 용 RF(Radio Frequency) 제품을 위한 공정 개발

4. LSI 제품을 위한 특화 공정 설계
- CIS(CMOS Image Sensor) 제품을 위한 공정 개발
- DDI(Display Driver IC) 제품을 위한 공정 개발
- eFlash(SIM, FSID, NFC) 제품을 위한 공정 개발
- IoT(MCU+RF) 제품을 위한 공정 개발
- 차세대 메모리 MRAM 및 FD-SOI 공정 개발
  - * MRAM(Magnetoresistive RAM): 자기저항을 이용한 비휘발성 메모리
  - * FD-SOI(Fully Depleted Silicon-On-Insulator)
    : 웨이퍼 위에 절연 산화막을 만들고 그 위에 트렌지스터 전극을 구성하는 공정

[그림 2-6] 삼성전자 공정설계 채용공고 ④

이어서 내용을 보면 Logic 제품과 LSI 제품에 관한 내용이 나열되어 있습니다. 과연 이 모든 제품을 다 공부하고 준비할 수 있을까요? 어쩌면 이 부분이 파운드리 사업부의 특징을 나타낸다고 할 수 있습니다. 바로 **다품종 소량생산**입니다.

현재 선단 미세공정 개발을 위해 대만의 T사와 경쟁을 하고 있기 때문에 7나노, 5나노, 3나노 등의 숫자에 관한 많은 기사가 나오고 있습니다만, 아직도 28나노 이상 되는 상대적으로 큰(?) Chip도 제작하고 있습니다. 현재 양산되는 수많은 제품을 병렬로 적다 보니 생소한 용어가 많아 당황했을 수도 있을 것 같습니다. 하지만 저 한 줄 한 줄이 담당 부서를 나타낸다고 생각하면 좋습니다.

그럼 나열된 모든 제품을 모두 알아야 하는 걸까요? 임직원은 설계 방법이 전혀 다른 제품에 대해서도 꿰뚫고 있을까요? 아닙니다. 역시 여러 Logic 제품 중 일부인 AP[2] 쪽만 담당하다 보니 다른 제품에 대해서는 생소합니다. 그럼 이게 어떤 이야기인지 [그림 2-7]을 보면서 설명하겠습니다.

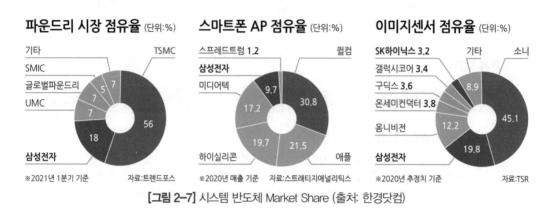

[그림 2-7] 시스템 반도체 Market Share (출처: 한경닷컴)

파운드리 시장이 점점 커지고 있다는 것은 뉴스에서 한 번쯤 들어봤을 것입니다. 그리고 우리 나라 기업들이 점유하고 있는 Market Share도 검색 한 번이면 쉽게 알아볼 수 있죠. 우선 스마트폰 AP와 CIS 센서[3]에 관한 자료를 가져왔습니다. 세계적으로 어떤 회사들이 해당 산업에 속해 있는지, 점유율이 어떤지 보이나요? 관심 있는 소자가 있다면, 관련 산업의 1등 기업과 점유율 정도는 파악하는 것이 좋습니다.

JD에 언급되어 있는 CIS, DDI, MRAM 등은 하나하나가 주요한 역할을 하는 제품으로써 다품종 소량생산을 하는 대표적인 파운드리 제품입니다. 따라서 제품마다 일반적인 Logic Tr.(Transistor)과는 조금 다른 공정이 추가되기도 하고, 경쟁사도, 고객도 다릅니다. **제품별 동작 조건이나 설계 Spec이 매우** 다르기 때문에 **부서를 세분화하여** 담당 **전문인력이 해당 제품의 성능을** 향상시키기 **위해 소자를 개발하고** 있습니다.

결론적으로 JD에 적혀 있는 제품을 모두 찾아보겠다는 마음도 좋지만 **특정 제품 한, 두 개를 선택하여 구조와 동작 원리, Market Share 등을 알아보는 것을 추천**합니다. 주변 지인 중에는 차세대 메모리 중 하나인 MRAM이나 FD-SOI 공정을 공부하고 이를 전공 면접 때 어필하여 해당 부서로 입사한 분도 있습니다. 제품과 관련된 논문을 찾아본 경험이 있거나 대학 때 배운 나의 전공이 어떤 분야에 쓰일 수 있을지 생각해 본 적이 있다면, 이를 정리한 후 면접 때 어필하면 더 좋을 것 같네요!

---

2 Application Processor의 약자로, 스마트폰의 중앙처리장치를 뜻함. 컴퓨터의 CPU 와 같이 사람의 뇌처럼 총 관리자 역할을 함

3 CMOS Image Sensor의 약자로, 카메라 렌즈를 통해 들어온 영상 정보를 감지하고, 이를 Digital 신호로 변환하는 장치

채용공고 공정설계

추천 과목

- 전기전자 : 전자기학, 반도체소자, 반도체공학, 기초전자회로 등
- 재료/금속 : 반도체 재료 및 소자, 재료공학개론, 결정구조, 재료물성 등
- 화학/화공 : 반도체집적공정, 유기/무기 화학, 물리화학 등
- 기계 : 고체역학, 진동학, 동역학 등
- 물리 : 반도체물리, 고체의 성질, 양자역학, 전자기학, 플라즈마 기초 등

자격 요건

- 기본적인 반도체 공정과 소자 특성에 대한 역량 보유자
- 공학계열(전기전자, 재료/금속, 화공, 기계 등), 물리 계열 전공자 또는 이에 상응하는 전공지식 보유자

우대 사항

- 직무와 연관된 경험 보유자 (프로젝트, 논문, 특허, 경진대회)
- Data Science 관련 Machine Learning, Big Data, 컴퓨터공학, 통계 등 경험 및 지식 보유자

[그림 2-8] 삼성전자 공정설계 채용공고 ⑤

Recommended subject와 Requirements/Pluses 부분은 앞서 말한 것과 같이 지원자에게 요구하는 바를 담아 놓습니다. 그중 Recommended subject를 먼저 살펴보겠습니다. 전공을 보면 전자공학뿐 아니라 신소재공학, 화학공학, 물리 등 다양한 학과의 수업을 나열한 것을 볼 수 있습니다. 다시 말해 공정설계라고 해서 꼭 전자공학만 뽑는 것은 아닙니다. 공정 내에서 절연막, Metal, Slurry 등 다양한 물질을 다루기 때문에 전자공학 전공자보다 신소재, 금속공학을 전공한 분이 더 전문성을 드러낼 수 있는 분야도 있습니다.

저는 전자과를 졸업했고 운이 좋게도 적혀 있는 과목을 모두 수강했습니다. 물론 전자기학, 기초전자회로 수업에서 배운 내용을 회사 업무에 사용할 일은 많지 않습니다. 하지만 대부분의 학교에서 '기초전공' 혹은 '선이수 과목'이라는 명칭으로 해당 과목의 수강을 요구하고 있습니다. 그러므로 가능하면 학교에서 요구하는 기초전공 과목은 필수로 듣는 것을 추천합니다. 또한 반도체소자, 반도체공학, 집적회로공정 등의 수업은 가능하면 꼭 듣는 것이 좋겠죠?

개인적으로 인성/직무 면접에 갔을 때, 면접관이 수강 과목과 학점 List를 주의 깊게 보는 걸 느꼈습니다. 그러니 **상기 과목 중에 수강하지 못한 과목이 있거나 학점이 좋지 않다면 이에 대한 압박 질문을 대비하는 걸 추천합니다.** 또한 중요 과목의 학점이 좋다면 전체 학점이 낮더라도 강점으로 어필할 수 있으니, 4학년 이상 재학생은 포기하지 말고 현재 듣고 있는 과목의 학점을 끝까지 챙기는 것을 권장합니다. 전자과가 아닌 타학과인 분들은 반도체 관련 수업을 듣지 않았다고 해서 너무 염려하기보다는, 나름대로 구글이나 블로그 등을 찾아보면서 자신의 전공을 활용해 지식을 쌓았으면 좋겠습니다.

> 더 이야기하고 싶은 부분은 이후 8 현직자가 말하는 면접 팁 부분에 이야기하겠습니다!

Requirements/Plus를 살펴보면 빼놓지 않고 나오는 단어가 **반도체 공정과 소자 특성**이라는 것입니다. 깊게는 아니더라도 기본적인 MOSFET 소자의 동작 원리, 조금 더 개발된 FinFET, GaaFET 그리고 대표적인 반도체 공정에 대해서는 꼭 알고 가는 것이 좋겠죠? 본인이 어필하기에 따라 '가장 자신이 있는 SCE 특성이나 ○○소자의 동작 원리를 설명해 보세요'와 같은 질문을 면접에서 받을 수 있습니다.

공정설계 직무 내에는 코딩을 통해 Trend 간의 상관성을 분석하거나 공정 Trend를 활용해서 수율 혹은 특성 열화의 원인을 찾는 부서도 있습니다. 혹시 본인이 Data Science나 Big Data Tool 등을 배운 경험이 있다면, 입사 후 어떤 방식으로 본인의 능력을 발휘할 것인지 자기소개서나 면접에서 어필하는 것도 분명 도움이 될 것입니다.

> 최근에는 R, Python 등의 언어를 활용하여 원하는 데이터를 입맛대로 뽑아서 분석하는 부서가 늘고 있습니다!

COVID-19로 인해 많은 대외 활동과 공모전 등이 사라졌습니다. 하지만 덕분에 취업준비생이 갖게 된 순기능이 하나 있습니다. 바로 **대학 수업의 유튜브 업로드화**입니다. 몇몇 교수님은 비대면 강의를 진행하면서 녹화한 강의 내용을 유튜브에 올립니다. 지금도 반도체공학을 검색하면 훌륭한 교수님들의 전공 강의를 무료로 수강할 수 있습니다.

아쉽게도 반도체 분야는 큰 프로젝트나 대회가 없지만, 3~4학년 때 수강하는 설계 과목에서 유사한 설계를 해 본 경험이 있다면 이를 어필할 수도 있고, 반도체 공부를 하면서 논문을 읽어보았다면 이 또한 활용할 수도 있습니다. 여러 방면에서 여러분의 경험을 끄집어내어 취업을 준비하는 데 활용하면 남들보다 한 발짝 앞서 갈 수 있다고 확신합니다. 이외에 취업 준비에 도움이 되는 일부 사이드에 대해서는 9 미리 알아두면 좋은 정보에서 다뤄보겠습니다.

결론부터 말하면 **근무지는 직무로 나뉘지 않으며**, 어디에서 근무하게 될지는 알 수 없습니다. 물론 임직원 중에도 주거지나 환경에 따라 희망하는 근무지가 있습니다. 하지만 각 부서의 사정과 맡게 되는 제품에 따라 근무지가 달라집니다. 여러분도 알고 있겠지만 평택에 P2~P6에 이르는 반도체 공장을 추가로 지을 것이라고 발표한 바 있습니다. 현재는 메모리 사업부뿐만 아니라 파운드리 사업부도 일부 인력을 옮기고 있습니다. 이는 회사의 투자 계획에 따라 정해지죠. 하지만 사내 셔틀 제도가 생각보다 잘 마련되어 있기 때문에 크게 걱정하지 않아도 됩니다.

이전에 미국 오스틴 공장이 지어졌을 때 대부분의 임직원이 로테이션으로 미국을 다녀왔다고 들었습니다. 마찬가지로 착공이 예정되어 있는 테일러 공장이 설립되면 훗날 미국에서도 근무하게 되지 않을까요?

> 메모리 사업부의 경우에는 중국어를 1개월 이상 교육시킨 뒤 중국 시안 공장 등으로 파견을 보내기도 합니다.

공정설계 직무는 직접 Fab에 들어가거나 설비를 다루는 부서가 아니기 때문에 근무지에 큰 영향을 받지 않고 근무할 수 있습니다. 따라서 취업을 준비하는 동안에는 근무지에 대한 고민은 잠시 내려놓고, **직무에 대한 이해를 높여 나가는 것을 추천합니다.**

삼성전자 설비투자 연도별 추이
(단위: 조 원)

- 22.6 — 2019년
- 32.9 — 2020년
- 43.6 — 2021년
- 50 — 2022년 (추정치)

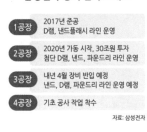

삼성전자 평택 캠퍼스 개요

- 1공장: 2017년 준공 / D램, 낸드플래시 라인 운영
- 2공장: 2020년 가동 시작, 30조원 투자 / 첨단 D램, 낸드, 파운드리 라인 운영
- 3공장: 내년 4월 장비 반입 예정 / 낸드, D램, 파운드리 라인 운영 예정
- 4공장: 기초 공사 작업 착수

자료: 삼성전자

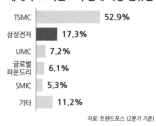

세계 주요 파운드리 업체 시장 점유율

- TSMC: 52.9%
- 삼성전자: 17.3%
- UMC: 7.2%
- 글로벌파운드리: 6.1%
- SMIC: 5.3%
- 기타: 11.2%

자료: 트렌드포스 (2분기 기준)

[그림 2-9] 삼성전자 평택캠퍼스 조감도 (출처: 서울경제)

03 주요 업무 TOP 3

지금까지 JD를 통해 회사에서 어떤 인재를 원하는지, 부서에서는 어떤 일을 하는지에 대해 개괄적으로 살펴보았습니다. 그럼 지금부터는 취업준비생의 눈에서 벗어나서 신입사원의 눈으로 회사를 들여다볼까요?

가끔 '○○회사가 어디에 공장을 짓는다' 혹은 '@나노 양산을 ××년도에 하기로 했다' 등의 뉴스를 본 적이 있을 것입니다. 회사는 장단기 목표를 세우고, 매해 목표를 수정하면서 이를 달성하기 위해 노력합니다. 상장 회사라면 실적 발표에 따라 주가가 움직이기도 하고, 해외 자본의 투자가 매출이나 영업이익에 따라 달라지기 때문이죠.

회사에 입사하면 개개인의 목표를 설정하고, 이를 부서의 목표, 사업부의 목표에 맞춰 조율합니다. 이번에 설명하는 주요 업무 TOP 3는 제가 일하고 있는 수율팀의 시각에서 작성했습니다.

공정설계 직무로 입사하더라도 어떤 부서에 배치를 받느냐에 따라 업무 목표가 다르겠지만, 수율팀의 첫 번째 목표는 **정해 놓은 일정에 맞게 각 제품의 수율을 향상시키는 것**입니다. 그럼 도대체 어떤 과정을 거쳐서 수율을 높일 수 있을까요? 대학교에서 전체 학점을 높이려면 1~4학년 수업을 모두 열심히 해야 할 뿐 아니라 전공과 교양 과목을 모두 신경 써야 하죠. 이와 마찬가지로 여러 요소가 작용하기 때문에 다양한 부서가 힘을 모아야 수율이 조금씩 올라갑니다. 이러한 과정에서 실무자가 어떤 업무를 수행하는지 지금부터 알아보도록 하겠습니다!

1 수율 Loss가 발생하는 원인 검토 및 분석

당연한 이야기지만, 수율팀에서 가장 중요하게 다루는 숫자는 바로 '수율'이겠죠? 파운드리 사업부는 다루는 제품이 많은데 관리하는 각 제품의 수율은 제각각입니다. 이 중에서도 **공정별 대표제품**의 수율은 사업부의 연간 목표에도 들어갈 만큼 중요하게 관리합니다. 그러면 이제 어떤 과정을 통해 수율 개선이 이루어지는지 간략하게 업무 Flow를 알아보죠.

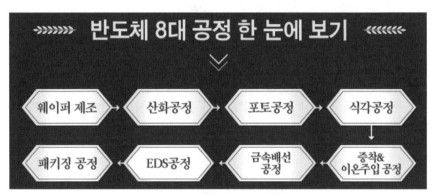

[그림 2-10] 반도체 8대 공정 (출처: 삼성전자 반도체 뉴스룸)

1. EDS Test를 통한 Chip 성능 분석 및 수율 Loss 확인

반도체 8대 공정을 이야기할 때 여러 공정이 있지만 EDS 공정은 금속배선 후에 진행합니다. EDS는 Electric Die sorting의 줄임말로 전기적 특성 검사를 의미합니다. EDS 검사를 통해 Chip의 성능을 확인하고, 여러 평가를 통해 살거나 죽은 Chip을 구분합니다. EDS 검사를 하면 각 Wafer의 EDS map을 확인할 수 있습니다. Chip 불량이 발생하는 원인은 여러 가지지만, 각각 그룹화되어 있기 때문에 어떤 원인으로 죽었는지를 먼저 확인합니다.

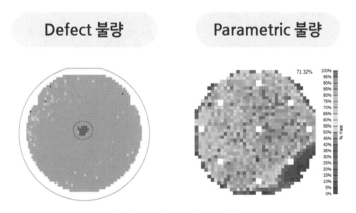

[그림 2-11] Yield 불량 예시

[그림 2-11]과 같이 Chip이 죽는 원인은 크게 Defect(오염 성분)에 의한 Defective Loss와 Chip 특성 인자에 의한 Parametric Loss로 나누어집니다. 각각의 Loss가 확인되면 설비의 문제인지, 진행했던 공정 조건의 문제인지 등 원인 발굴을 위해 Wafer들의 공정 진행 이력을 검토합니다. 특히 DC 특성인자에 따른 Loss인 경우 어떤 공정평가로 인해 발생했는지를 분석해야 하기 때문에 각 공정기술 엔지니어들은 원인을 찾기 위한 일을 수행합니다. 만약 특정 설비로 인해 발생한 Loss라면 원인을 해결하는 일이 조금은 수월해지겠죠?

2. Trend 사이의 상관관계 분석 및 원인 규명

각 부서는 여러 경험을 통해 'ㅇㅇ 불량은 ㅇㅇ Paremeter 때문일 확률이 높아'라는 노하우를 경험적으로 가지고 있기도 합니다. 물론 처음 발생하는 불량에 대해서는 여러 Trend의 상관성을 분석해야 합니다. 보통은 ET(Electrical Test)를 통해 측정되는 Paremeter와의 상관성을 확인하는데, 불량률이 높을수록 부서 내 업무 중요도 또한 올라가게 됩니다. 이제 두 번째 주요 업무에서 ET 혹은 Fab Trend[4]가 왜 중요한지 살펴보겠습니다.

2 양산 Trend 모니터링을 통한 변경점 관리

여러분은 Trend라는 단어를 들으면 어떤 그림이 떠오르나요? 재테크를 하는 분이라면 주식 차트가 떠오를 수도 있고, 혹은 [그림 2-12]와 같이 COVID-19 확진자 수 그래프가 떠오르는 분도 있을 것입니다. 이처럼 Trend 차트는 일별, 주별로 발생하는 사건의 경향성을 보기에 아주 유용합니다.

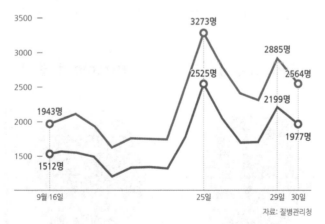

[그림 2-12] 코로나 19 확진자 Trend (출처: news1)

---

4 [10. 현직자가 많이 쓰는 용어] 1번 참고

[그림 2-13]은 LOT[5] 40개의 특정 DC Data의 일별 산포[6]를 나타낸 Trend 차트입니다. 붉은 사각형으로 표시된 날짜에 산포가 크게 증가한 게 보이나요? 이렇게 Trend를 모니터링하다가 변경점이나 특이점이 발생하면 원인을 찾아야 합니다. 마치 COVID-19 확진자가 급증하면 정부에서 원인을 찾고 대책을 수립하는 것처럼 말이죠. 이렇게 많은 날짜의 Trend를 놓고 살펴보면 변경점을 쉽게 확인할 수 있는 장점이 있습니다. 그럼 이제 Trend를 어떻게 관리하는지 한 번 살펴보겠습니다.

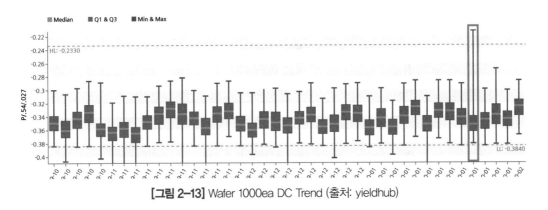

[그림 2-13] Wafer 1000ea DC Trend (출처: yieldhub)

1. 주요 소자 특성을 파악하는 ET 및 Fab Trend 관리

수율팀에서 관리하는 Trend는 다양하지만, 대표적인 두 가지를 소개하겠습니다. Fab 내에서 계측되는 Wafer별 Fab Trend와 ET 측정 후 나오는 특성 Paremeter입니다. Fab Trend는 Fin의 높이, Source의 두께, 절연막의 두께 등 공정을 통해 만든 소자 구조에 따른 계측값입니다. 동일한 공정으로 진행되었다고 한들 수천, 수만 개의 Wafer에서 측정된 Data는 조금씩 다릅니다. 결국 우리는 이 Trend의 평균값과 산포를 고려하여 Trend를 꾸준히 관리해야 합니다.

[그림 2-14]는 만들어진 FinFET 하나에서 추출할 수 있는 여러 Paremeter 중 일부를 가져온 것입니다. 정말 다양하죠? 여러 Trend가 문제 없이 타겟에 맞게 진행되어야 불량이 적은 Chip을 최종적으로 생산할 수 있습니다.

---

5 [10. 현직자가 많이 쓰는 용어] 2번 참고
6 [10. 현직자가 많이 쓰는 용어] 3번 참고

Parameter	Description	[nm]
L_g	Gate Length	25
T_{gate}	Gate Top Side Height	43.2
W_g	Gate Wing Length	22.64
T_{ox}	Oxide Thickness	1.1
L_{ext}	Fin Extension	9.94
H_{fin}	Fin Height	39.36
W_{fin}	Fin Width	12.99
L_{rsd}	RSD Length	44.63
H_{fin}	RSD Height	40.26
W_{rsd}	RSD Width	40.26
H_{epi}	EPI Height	14.72
H_{con}	Contact Height	100.6
W_{con}	Contact Width	19.55
H_{br}	Bottom Fin Height	13.82

[그림 2-14] 25nm FinFET Parameter (출처: semanticscholar)

그럼 ET Trend는 어떤 것일까요? 바로 우리가 반도체공학 과목에서 배운 V_{tsat}, Id_{lin}, Id_{off}, 채널 저항 등의 전기적 특성 Paremeter입니다. 결국은 공정설계 부서에서 가장 중요하게 관리하는 성능을 확인하기 위해 추출하는 Trend라고 할 수 있죠. 이 Chip의 성능이 얼마인지 확인하기 위해 동작 Current와 Leakage Current 등을 측정하고, 성능과 V_t에 대한 Trend 모니터링 또한 필수로 시행합니다.

2. 기술팀과 회의를 통한 공정 / 설비 이슈 개선

앞서 살펴본 Trend 관리의 연장선으로 이야기를 이어가 보겠습니다. Trend를 관리하다 보면 특정 시점의 Fab Trend 중 일부에서 변경점이나 특이점이 발생합니다. 이러한 특이점이 발생한 이유가 공정 변경 때문일 수도 있지만, 일부 설비의 문제로 발생할 수도 있습니다. 후자의 경우라면 신속하게 해당 Issue가 발생한 설비를 막고 개선해야 합니다. 이를 위해서 공정설계 부서는 공정기술 부서(이하 기술팀)와의 회의를 통해 문제점을 찾고 어떤 공정 설비의 문제인지 분석합니다. 이후 협의된 Rule에 따라 설비 사용 빈도를 낮추거나 아예 금지하기도 합니다. 이처럼 Trend가 틀어지는 원인을 규명하여 설비 개선을 유도함으로써 Trend 내 산포 관리도 자연스럽게 이뤄집니다.

3 다양한 평가를 통한 각각의 공정 Process 개발 및 최적의 공정 선정

공정설계의 꽃은 말 그대로 더 나은 성능과 수율을 위해 공정을 개발하는 일입니다. 선단 공정으로 갈수록 Wafer의 성능과 수율을 올리는 일의 난도가 높아집니다. 그래서 끊임없이 개발팀과 양산팀이 협업하면서 평가 Trend를 비교하고, 수율 향상[7]에 필요한 여러 방면의 평가를 검토하여 공정 Process를 개선합니다.

1. 소자의 특성을 높일 수 있는 다양한 인자를 변경해 보며 최적의 공정 구현

'하나의 Chip을 만들기 위해서는 Etch, Photo, Implant 등의 반도체 공정을 수없이 반복하는 수백 가지의 공정 Process를 거친다'라는 이야기를 들어본 적이 있을 것입니다. 바꾸어 말하면 공정 사이에 어떤 단계를 추가하거나 단순화할 수 있는 여러 가지 평가를 진행할 수 있다는 것입니다.

파운드리 사업부의 경우 다품종 소량생산을 하다 보니 제품별로 진행하는 공정이 조금씩 다릅니다. Anneal 온도를 5~10℃만 바꾸어도 ET Paremeter에 주는 영향이 크게 달라질 수 있습니다. 그래서 일부 제품의 성능이 좋다면 다른 제품의 Process를 차용하는 방식으로 공정에 변화를 주기도 합니다.

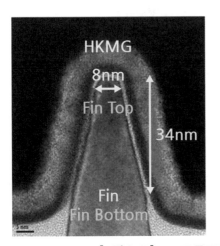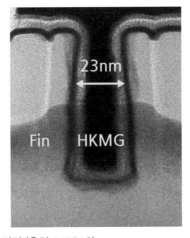

[그림 2-15] FinFET 구조도 단면 (출처: IMECAS)

---

7 [10. 현직자가 많이 쓰는 용어] 10번 참고

[그림 2-15]를 잠시 볼까요? FinFET의 구조도를 X, Y 축으로 잘라 단면을 나타낸 것입니다. Fin이 생각보다 Vertical 하지 않고 사다리꼴 모양이네요. 또한 HKMG[8]의 길이도 23nm로 일정하지 않고 위로 갈수록 좁아지는 것처럼 보입니다. 이렇게 공정을 통해 만들어진 Transistor는 수정해 나가며 바꿔볼 수 있는 부분이 매우 많습니다. Fin Top의 Length를 늘이거나, Bottom의 Length를 줄이는 평가를 할 수 있죠. 또는 Fin의 높이를 34nm에서 30nm 혹은 36nm로 조정해 보며 최적의 조건을 찾아보는 것도 필요할 것입니다.

이렇게 높이나 길이를 몇 nm 바꿀 때도 공정 엔지니어 입장에서는 Etch Time, Etch Ratio, Deposition Time 등 매우 많은 요소를 건드려야 합니다. 따라서 하나씩 조절해 보며 기존 조건과 비교해야 하죠. 그러나 공정을 바꿨을 때 후속 공정에서 어떤 Risk가 발생할지 알 수 없기 때문에 불안감을 갖습니다. 이렇게 진행되는 평가 자재들은 **List를 만들어서 관련 기술팀과 설계 부서가 힘을 합쳐 관리하며 수율, 성능까지 꼼꼼하게 확인합니다.**

평가를 진행한 Wafer의 DC Data, 수율, 성능을 확인해 보고, 이슈가 발생하지 않으면 점점 적용 Wafer의 양을 늘려서 해당 공정을 도입시킵니다. 이렇게 정해진 Rule에 따라 공정 평가를 진행하면서 공정 개발이 이루어집니다.

2. 다양한 평가를 통한 Base 공정 조건 변경 및 수율 향상

앞서 이야기한 것처럼 공정 자체를 신규 적용 혹은 단축하기도 하지만, 기술팀에서는 설비 혹은 공정 방법을 바꿈으로써 개선하기도 합니다. 평가를 진행했다면 결과를 분석하는 일도 필요하겠죠? 공정설계에서는 기술팀이 수정한 내용을 확인하고 성능/수율 관점에서 어떤 차이가 있는지를 분석하는 업무를 수행합니다.

또한 새로운 설비를 들여오거나 설비에 적용하는 제품을 추가하는 경우도 있습니다. 이때도 당연히 새로운 설비가 동일한 공정 능력을 갖추고 있는지 확인해야 합니다. 이렇게 기존 조건과 변경 조건의 차이를 분석하여 기술팀에 전달하는 업무도 공정설계 부서의 주요한 업무 중 하나입니다.

회사에서는 정말 다양한 목표를 갖고 많은 일을 합니다. **많은 일을 혼자 할 수 없으니 그 안에 수많은 부서가 전문성을 바탕으로 각 분야의 문제를 개선하며 목표를 달성해 나갑니다.** 따라서 다양한 목표가 있지만 공정설계 직무로 지원했을 때 근무하게 되는 부서 중 하나인 수율팀에서는 당연하게도 높은 수율이 가장 큰 목표가 됩니다.

개발 부서와의 차이를 궁금해 하는 분이 많은데, 간략히 비유하면 이렇습니다. 개발 부서는 라면 1개를 맛있게 끓이는 법을 고민하는 부서라고 가정합시다. 그래서 온도도 바꿔 보고, 순서도 바꿔 보고, 스프의 양도 조절해 보면서 가장 맛있게 라면을 끓이는 법을 찾기 위해 노력할 것입니다. 이를 통해 최고의 공정 레시피를 찾아냅니다.

---

8 High-k, Metal Gate의 약자로, 높은 유전율의 유전체와 Metal로 만들어진 Gate를 의미함

그럼 양산 부서에서는 어떤 일을 할까요? 양산 부서는 이제 그 레시피를 활용해서 라면을 100개, 1,000개를 끓여야 합니다. 분명 최고의 노하우를 담아서 맛있게 라면을 끓이는 법을 찾아냈지만, 많은 양을 만들다 보면 라면마다 맛이 조금씩 달라질 수밖에 없죠. 이렇게 양산을 진행하면서 발생하는 문제를 개선하기 위해 무언가를 조금씩 포기하기도 하고, 레시피를 수정하면서 또 나름대로 양산에 맞는 목표를 세우게 됩니다.

  이러한 부분이 개발과 양산 부서의 차이라고 생각합니다. 예시를 라면으로 들어서 와닿을지 모르겠지만, 전체적인 맥락은 설명한 바와 같습니다. 그리고 이러한 차이는 반도체 분야를 떠나서, 제조업을 하는 대부분 회사에서 동일할 것이라고 생각합니다. **출하되는 양품의 수를 높이기 위해 불량품의 원인을 찾고, 이슈 재발을 막고, 양품의 질을 높이는 것이 양산 업무를 맡은 사람의 숙명입니다.**

04 현직자 일과 엿보기

고등학교나 대학교 시간표를 떠올려 보면 아래의 업무 시간표는 조금 단순해 보이죠? 차이점이 있다면 업무 시간 동안 다양한 부서와 연락을 주고받으면서 자신이 맡은 업무를 병행해야 한다는 것입니다. 회사에서는 혼자서 할 수 있는 일이 없기 때문이죠. 그럼 지금부터 여러분이 입사하면 어떻게 하루를 보내게 되는지 간략하게 소개하겠습니다.

1 Routine한 업무를 진행할 때

출근 직전 (08:30 ~09:00)	오전 업무 (09:00 ~12:00)	점심 (12:00 ~13:00)	오후 업무 (13:00 ~17:00)
• 밤~새벽 동안 뽑힌 Trend 다운로드 & 분석 Tool 열기	• Trend 특이점 여부 확인 • Meeting 자료 준비 및 Daily Meeting	• 점심 및 티 타임	• Meeting에서 받은 Action Item 확인 • 평가 Wafer Trend 확인 후 유의차 검증

우선 아침에 출근하면 제일 먼저 어제저녁부터 측정된 Trend를 다운로드합니다. 밤 동안 새로 만들어진 Raw-data를 다운로드해서 분석 Tool에 업로드하는 것으로 하루를 시작합니다. 또한 업데이트된 자료를 보고 이슈가 있는지를 확인해야 하죠.

보통 회의는 하루에 1~2개씩 주기적으로 참여합니다. 작게는 Table Meeting이라고 해서, 부서원들끼리 모여 간단하게 이번 주 혹은 오늘 급하게 처리해야 할 업무를 분배합니다. 혹은 다른 부서와 Meeting을 하기 위해 관련 Meeting 자료를 준비하고 참석해야 할 일도 생깁니다. 요즘은 COVID-19 등의 문제로 온라인 Meeting을 하는데, 준비한 자료를 모니터에 띄워서 서로 화면을 공유하며 발표합니다. 특이점이

> Action Item은 과제 혹은 숙제 라는 의미로, 사내에서 사용하는 단어입니다. 중요도에 따라서 당일에 혹은 다음 Meeting 전까지 처리하기도 합니다.

발생했다면 Meeting 시간 동안 보고하고, 추가로 분석해야 할 점이나 고객이 요청한 자료 정리 등을 Action item으로 받습니다.

점심 시간이 따로 정해져 있지는 않아서 각자의 스케줄에 맞게 식사를 하고 돌아오면 오후 업무가 시작됩니다. 이슈가 많은 날에는 오후에 추가 Meeting이 잡히기도 합니다. 보통은 오전에 받은 Action Item을 처리하고, 주기적으로 할당되는 업무 중 하나인 공정/설비 호환 분석을 진행합니다.

물론 이러한 기본 업무 외에 다양한 제품에서 발생하는 문제와 전산 업무를 처리해야 합니다. 업무에 따라 우선순위를 가장 높여서 진행해야 하는 일도 있고, 일주일 정도에 걸쳐서 중간 보고와 수정을 병행해야 하는 업무도 있습니다. 뒤에서 추가로 이야기하겠지만, **회사 업무를 하면서 가장 신경 써야 하는 것 중 하나가 바로 '우선순위'입니다.** 매일 새로운 Action Item과 업무가 이어지는데, 업무마다 납기가 다르기 때문에 어떤 업무를 우선으로 해야 할지를 늘 고민하고 하루를 시작해야 합니다.

2 업무상 이슈가 발생했을 때

출근 직전 (08:30 ~09:00)	오전 업무 (09:00 ~12:00)	점심 (12:00 ~13:00)	오후 업무 (13:00 ~17:00)
• Data 확인 및 오전 Meeting • Agenda 파악	• Program Set-up 및 이슈 관련 Data 추출 • Data 분석 후 오후 Meeting 자료 정리	• 점심 및 티 타임	• 분석 자료 내부검토 진행 • 자료 발표 및 타부서에 분석 또는 원인 조치 요청

회사에서 일하다 보면 업무가 몰릴 때도 있고, 다른 팀과의 협업이 필요할 때도 있습니다. 이번에 이야기할 부분은 조금은 이슈가 있는 시기에 진행되는 업무 시간표입니다.

업무가 많고 Meeting이 몰려 있는 시기에는 아무래도 출근 시간을 조금 앞당깁니다. 조금 일찍 Trend를 뽑고 준비하면 정리하는 데에 시간을 좀 더 쏟을 수 있기 때문입니다. 어떠한 Wafer에서 문제가 발생했다면 문제를 규명하고 다른 Trend를 추가로 확인하기 위해 해당 Wafer를 다시 측정을 의뢰합니다. 이렇게 재측정하는 것은 단순히 전산으로만 진행할 수 있는 것이 아니기 때문에 다른 부서와 소통하며 협의를 통해 진행합니다. 또는 평가 자재의 DC Data가 측정되었다면 빠르게 기존 조건과의 차이를 분석해야 합니다. 원하는 방향으로 변경되었다면 더 많은 물량을 투입해야 하고, 방향이 예상과 달라졌다면 해당 평가를 중단시킨 후 다시 조건을 수정해야 합니다.

이후 확보된 Data를 가지고 기존의 Trend와 어떤 차이가 있는지, 공정을 진행하는 중에 어떤 이슈가 있었는지를 추적합니다. 이 과정에서도 공정기술 엔지니어와 협업합니다. 긴급한 사안이라면 Meeting을 통해 정리된 차트를 보면서 어떤 이유로 문제가 발생했는지 모여서 함께 원인을 규명하고, 찾아낸 원인에 맞게 재발 방지 대책을 검토합니다.

원인을 빨리 찾는다면 하루 만에 Meeting을 마무리할 수 있지만, 어려운 문제일수록 회의하는 시간이 길어지고 참여하는 부서 또한 늘어납니다. 이처럼 **이슈에 맞게 다양한 세부 업무가 만들어지는 것**이 회사입니다. 연차가 쌓일수록 더 많은 회의에 참여하고, 책임급 또는 수석급이 될수록 다양한 회의에 참석해서 부서를 대표하여 의견을 냅니다.

이렇게 회사에서는 일상적으로 진행하는 업무도 있고, 특정 시점에 진행하는 업무도 있습니다. 반도체 산업에서 Wafer를 관리하는 일을 비유하면 병원에서 수많은 환자를 관리하는 것과 같습니다. 의사는 손님이 아무리 많다고 해도 환자 한 명 한 명을 소홀히 대할 수 없고, 하나의 수술이라도 쉽게 포기할 수 없습니다. 마찬가지로 Fab에서 만들어지고 있는 Wafer 하나하나가 고객이 지불한 돈과 직결되는 부분이기 때문에, 중간 계측에서 일부 성능 열화나 Trend 특이점이 보인다면 **할 수 있는 데까지 공정을 개선하여 최대한의 수율을 끌어올리는 것이 수율팀의 책임**입니다.

<table>
<tr><td>참고</td><td>비슷하면서도 서로 다른 개발과 양산</td></tr>
</table>

개발팀과 양산팀이 만나서 일정을 조율하고 협업을 진행할 때가 종종 있습니다. 바로 **제품을 이관할 때**입니다. 앞서 이야기한 것처럼 개발팀에서 일정 부분까지 만들어 놓은 제품을 양산팀에 인계하는 작업이 이루어지기도 합니다. 두 부서의 업무가 비슷해 보이지만, 목적이 다른 부분이 있기 때문에 서로의 눈높이를 맞추는 과정이 필요합니다.

아르바이트 등을 할 때 '인수인계'라는 말을 들어 봤을 것입니다. 대부분의 인수인계가 그렇듯, 다른 부서에서 하던 일을 인계받는 것은 시간이 오래 걸리는 일입니다. 단순히 말로만 전달할 수 있는 것이 아니라, 사용하던 분석 Tool이나 모니터링했던 자료를 전달받아서 어떤 시기에 어떤 문제가 있었는지를 체크하고 진행 상황을 공유받아야 하기 때문입니다.

또한 문제가 있었다면 완전히 해결되었는지, 개선 Wafer가 공정 Flow 중 어느 단계까지 진행되었는지, 담당자는 누구인지까지 다방면으로 확인해야 합니다. 일반적인 공장과 달리 Wafer의 Chip 한 장을 만들기 위해서 길게는 3~4개월 이상의 시간이 소요됩니다. 따라서 내가 지금 A라는 공정을 바꿔서 진행했다고 하더라도, 그 결과를 얻는 데까지는 1~2개월에 이르는 시간이 필요합니다. 그래도 꼼꼼히 출하 일정을 챙겨서 변경점을 정리해야 합니다.

이렇게 서로 필요한 부분을 전달받고 올바르게 업무 이관이 되어야 수율을 높이는 속도가 빨라지고, 신규 제품을 준비하고 개발하는 환경도 적절하게 구축될 수 있습니다.

MEMO

05 연차별, 직급별 업무

21년도 기준 개편 전 직급체계를 토대로 작성하였습니다. 22년도부터 S사는 직급체계가 폐지되었음을 미리 알려드립니다.

1 CL2(1~7년 차)

1. 신입사원 업무(1~2년 차)

처음 입사하면 주입식 교육(?)처럼 많은 정보를 듣고, 흡수해야 합니다. 임직원이라면 매일 밥 먹듯이 쓰는 용어가 이제 회사에 갓 들어온 신입사원에게는 어렵고 생소하기 때문입니다. 따라서 **회사에서 사용하는 용어와 함께 부서에서 맡은 공정 Process에 대한 교육**을 받고 나면 세미나를 맡아 발표하게 됩니다. 이렇게 2~3개월 정도 부서 업무를 어깨너머로 배우고 듣다 보면, 자연스레 입에서 회사에서 사용하는 용어가 튀어나오는 것을 경험할 수 있습니다.

하나의 Chip을 만들기 위해서는 수십, 수백 가지의 공정 Step이 필요합니다. 따라서 소자 특성에 문제가 있거나, Fab Trend에 비정상적인 타점이 발생했을 때 그 원인을 찾기 위해서는 전체적인 공정 Flow를 기본적으로 알고 있어야 합니다. 공정설계 직무에서 맡는 여러 일 중 하나가 **신규 공정/설비를 호환해도 될지 판단하는 것**입니다. 새로운 설비를 도입했을 때 기존의 Trend 혹은 성능 특성이 달라지는지를 확인해야 합니다. 이를 위해서는 어떤 공정이 어디에 영향을 주는지 알아야 하기 때문에 공정에 대한 공부는 필수입니다.

양산 업무를 하면 수많은 Wafer를 모니터링하고 Lot을 관리해야 합니다. 많은 시스템의 자동화가 진행 중이지만 아직은 수동으로 교차 확인을 해야 하는 부분이 많습니다. 따라서 매뉴얼에 따라 관리하면서 하나의 Wafer가 어떤 부서와 협업을 하여 공정을 진행하는지, 어떻게 관리해야 하는지 대해 자연스럽게 알게 될 것입니다.

2. 멘토 사원 업무(3~7년 차)

신입사원의 이미지를 벗고 나면 부서에서 머리를 많이 써야 하는 업무를 부여받습니다. 회사 내에는 다양한 프로그램과 Tool이 준비되어 있지만, 새로운 제품이 들어오고 나갈 때마다 관리하고 수정해야 하는 Spec이 많습니다. 따라서 이러한 부분을 맡아서 물량에 따라 양산에 차질이 생기지 않도록 관리하는 일을 합니다.

더 나아가 담당 부서에서 맡은 Process에 대해 더 세부적으로 공부하고 Trend를 모니터링하면서, 공정 인자와 소자 특성 사이에 어떤 Sensitivity[9]를 가지고 있는지 파악합니다. 이를 통해 소자 Spec에 문제가 발생했을 때 어떤 공정에서 문제가 생겼고, 어떻게 조정할지를 타부서와 협업하여 개선합니다.

또한 공정 평가에 대한 분석을 진행합니다. 개인적으로 **분석의 첫 시작은 어떤 이슈를 개선하기 위해 시작한 평가인지를 확인하는 것**이라고 생각합니다. 처음에는 막무가내로 평가를 분석하다가 엉뚱한 방향으로 흐른 적이 종종 있었습니다. 중요하게 봐야 하는 항목을 놓쳐서 시간을 2배로 할애해서 분석한 경험이 있죠. 따라서 분석 초반에는 중간중간 선배에게 점검을 받으면서 업무를 진행하면 방향성을 놓치지 않기 때문에 퇴근 시간이 빨라질 수 있습니다!

3. 향후 커리어 패스

CL2의 커리어 패스는 크게 세 가지입니다.

첫째, 부서에서의 성장입니다. 업무 특성상 Trend를 많이 보고 공정이 진화하는 걸 오래 지켜볼수록 소자 Spec을 개선하는 내공이 쌓입니다. 선단 공정으로 갈수록 추가적인 문제가 발생하겠지만, 결국 제품을 오래 맡을수록 더 관리를 잘하게 되고 차차 진급하게 됩니다. 책임급이 되면 Wafer 하나하나의 Spec 인자관리가 아니라 수율에 직결되는 Loss 원인을 찾고 개선해 나가는 법을 배웁니다.

> 본인의 성과에 따라 발탁이 되어 조기 진급을 할 수도 있습니다.

둘째, 타부서로의 이동입니다. 사실 이 부분은 본인이 의도하지 않더라도 발생할 수 있습니다. 개발 부서와 양산 부서는 서로 떼래야 뗄 수 없는 업무를 함께 합니다. 따라서 '개발 → 양산' 혹은 '양산 → 개발' 순으로 업무 순환이 이루어집니다. 혹시 미리 부서장과의 면담을 통해 어필한 사람이 있다면 우선하여 이동하게 될 수도 있습니다. 또는 **Job Posting 제도**를 활용하여 이동할 수도 있습니다. 다른 부서 업무에 관심이 생겼다면 해당 부서와 Contact하거나 공모 기간을 활용하여 부서 이동을 지원할 수 있습니다.

> 뒤에서 조금 더 자세히 설명하겠습니다!

셋째, 석/박사 학위 취득입니다. 부서에 있다 보면 업무를 더 잘하기 위해 혹은 지적 욕구를 채우기 위해 학위 취득을 희망하는 분이 있습니다. 이러한 분들을 위한 사내에 교육 제도가 마련되어 있기 때문에 원한다면 고과를 잘 받아서 프로그램을 활용할 수 있습니다.

이외에도 논문이나 특허 관련 교육이 있기 때문에 의지만 있다면 본인의 역량 계발에 지속적으로 투자할 수 있습니다.

---

9 [10. 현직자가 많이 쓰는 용어] 4번 참고

2 CL3(7~16년 차)

1. 책임급 업무

사원에서 책임으로 진급하면 직책명 그대로 '책임'을 더 많이 느낀다고 생각합니다. 사원이 하는 업무 대부분은 책임급이 중간 결재를 합니다. 사원이 진행한 업무를 잘 파악해야 하고, 어떤 부분에 대해서는 결정을 내려줘야 합니다. 나아가 다른 부서와 회의에 참여하여 Baseline 공정[10] 외에 파생 공정에 대한 설명을 듣고 파생 공정을 어디에, 언제, 얼마나 도입할지를 논의합니다. 이를 통해 양산 평가를 진행하고 개선점을 도출하며, 신규 적용을 준비합니다.

즉, **책임이 되면 '관리'와 '개발' 업무를 병행합니다.** 맡은 제품이 점점 많아지고, 이를 구분하여 평가를 진행해야 합니다. 또한 수율 Loss가 발생하는 부분에 대한 개선 방안을 확인하고 일정을 챙기는 일도 수행합니다. 당연하게도 사원급보다 더 많은 회의에 참여하고, 부서의 입장을 대변하는 역할을 합니다. 평소에는 수석급 회의에서 받아온 과제를 정리하고 사원급에게 분배하는 일을 하며, 사원들에게 지식을 전달하는 일도 놓치지 않아야 하죠. 자기소개서에서 많은 분이 이야기하는 '리더십'과 ''협업' 능력을 가장 많이 보여야 하는 직급이 바로 CL3라고 생각합니다.

2. 향후 커리어 패스

CL3의 커리어 패스는 크게 두 가지라고 생각합니다.

첫째, 고과를 통한 수석 진급입니다. 가장 정통적인 길이지만, 가장 어려운 길일 수도 있습니다. 책임 말년 차가 되면 속해 있는 그룹이나 팀의 많은 사람과 알게 모르게 인맥과 평판을 쌓입니다. 그래서 자신의 부서 업무가 아니더라도 타부서의 업무나 사정을 알게 되고, 사원급보다 훨씬 높은 곳에서 프로젝트를 크게 보는 눈이 생깁니다. 이런 훌륭한 역량과 리더십을 갖춘다면 수석급으로 진급을 노려볼 수 있습니다.

둘째, 동종 산업으로의 이직 또는 타부서 이동입니다. 사실 이직이나 부서 이동을 커리어 패스에 넣는 것이 맞는지 고민했습니다. 하지만 알다시피 헤드헌터에게 가장 많이 연락이 오는 직급이자 가장 자신의 몸값을 높일 수 있는 직급이 책임급입니다. 그리고 책임급으로 성실히 일하고 좋은 평판이 쌓이면 다른 부서 부장님의 러브콜을 받기도 합니다. 연차가 쌓일수록 지금까지 자신이 어떤 고과와 평판을 받았는지가 점점 중요해지는 것 같습니다. 최근에는 **Peer Review**라는 제도가 여러 회사의 평가에 도입되고 있습니다. 따라서

> Peer Review는 같이 일하는 농료 혹은 타 부서 동료들이 본인과 얼마나 Co-work이 잘 되었는지 평가하는 제도입니다.

동료와의 합리적인 Co-work은 고과와 평가는 물론이고, 융통성 있는 업무 처리에 꼭 필요하다고 생각합니다.

---

10 기존 Process로 진행되는 공정을 Baseline 공정이라고 하고, 공정평가에 따라 일부 달라지는 공정을 파생공정이라고 함

3 CL4(17년 차~)

1. 수석급 업무

수석으로 진급하면 부서의 리더를 맡거나 핵심 고객의 제품을 총괄하는 역할을 합니다. 또한 임원급이 참석하는 Meeting에 참여하여 현재의 진행 상황을 보고하고, 문제점을 찾아서 개선해야 하는 부분이 있다면 Action Item을 받습니다. 이 정도까지 올라왔다면 과거의 공정부터 현재에 이르는 선단 공정까지 진행되어 온 이력을 많이 알고 있고, 자신만의 노하우를 가지고 있죠. 이를 바탕으로 문제점을 어떻게 개선할지를 논의하고 수율 Risk를 줄이기 위한 업무를 수행합니다.

당연하게도 수석이 되면 사원 혹은 책임급이 진행하는 업무에 대해 많은 걸 결정해야 하고, 결정한 부분에 대한 책임을 져야 합니다. 예를 들어 평가를 통해 개선 사항이 확인되었을 때, 어떤 물량 혹은 어떤 시점에 개선점을 적용할지에 대한 여부를 결정합니다. 또한 부서원의 보고를 확인하고 결재하는 일을 맡기도 하고, 시간이 허락하면 세미나를 열어서 최근 동향이나 공정 변경점[11] 등에 대해 설명하는 자리를 만들기도 합니다.

2. 향후 커리어 패스

CL4의 커리어 패스 또한 크게 두 가지라고 생각합니다.

첫째, 치열한 경쟁을 통한 임원 진급입니다. 대기업의 경우 임원의 수가 타기업에 비해 정말 많지만, 그래도 많은 수석 사이에서 임원으로 올라가는 것은 치열한 경쟁이 필요합니다. 수석급이 되면 많은 일을 경험했기 때문에 어떻게 회사가 돌아가는지 알고 있는 베테랑입니다. 성과가 좋다고 해서 임원이 되는 것은 아닙니다. 자신이 쌓아온 기반이 있어야 하고 인사이동 시즌과 본인의 진급 타이밍이 맞아야 하는 운도 따라주어야 합니다.

둘째, 부서 이동 혹은 보직 수행 또는 만년 수석입니다. 이전과 달라진 점은 회사에서 근로자를 마음대로 해고할 수 없다는 것입니다. 그러므로 여러 가지 제도를 회사에서도 준비하고 있습니다. 최근에는 Senior Job Posting 제도를 통해 고년차 베테랑 임직원이 희망하는 타부서로 이동할 수 있는 방법이 생겼습니다.

회사 내에는 다양한 보직이 있기 때문에 임원으로의 승진이 이루어지지 않더라도 직책을 받을 수 있습니다. 부서를 관리하거나 의사결정권을 행사하는 보직을 맡아서 중요한 의사결정을 하기도 합니다.

개인적으로 느끼기에는 부서의 조직개편이 생각보다 빈번하게 일어납니다. 부서가 사라지기도 하고, 다른 부서와 통합되거나 이름이 바뀌기도 합니다. 오랫동안 회사에 다니면서 한 분야만 깊게 파는 것도 좋지만, 여러 부서를 경험하면 이후에 타부서로의 이동이 수월하겠죠?

---

11 공정평가를 통해 Etch rate, Dose 농도, Anneal time 등을 수정함으로써 발생하는 변경점

지금까지 연차별 업무에 대해 알아보았습니다. 물론 사람마다 업무는 제각각이고, 박사 학위를 받고 들어온 신입 박사 또는 타사에서 이직한 경력직 사원은 연차에 맞는 다른 업무를 추가로 하게 될 수도 있습니다. 저 역시 회사에서 저년차에 속하기 때문에 책임, 수석급 선배들의 업무를 다 알지는 못하지만, 어깨너머로 배운 업무와 회의를 통해 제가 아는 선에서 정리해 보았습니다.

또한 입사하면 전공에 따라 특정 부서로 이동할 수도 있고, 개발팀과 수율팀 사이에서 파견 또는 전배를 가면서 다양한 업무를 경험할 수도 있습니다. 공정설계로 지원했다고 해서 한 부서에서 같은 일만 하는 것이 아니기 때문에 처음에 업무가 어렵거나 맞지 않는다고 해서 너무 염려하지 마세요! **시간이 지나면 다양한 부서에서 많은 일을 경험해 볼 수 있을 거라는 믿음을 가지고, 마음 편히 회사 생활을 했으면 좋겠습니다.**

여러분이 처음 회사에 지원할 때 사업부, 직무 등은 고를 수 있지만, 세부적인 부서나 맡게 될 일은 운이 많이 좌우합니다. 입사하면 부서 면담을 통해 어떤 부서에 가고 싶은지를 어필할 기회가 주어집니다만, 뜻대로 되지 않은 분을 많이 보았습니다. 왜냐하면 회사에서는 현재 필요로 하는 부서에 더 많은 인력을 투입하기 때문입니다. 하지만 너무 아쉬워할 필요는 없습니다. 지금부터 임직원 성장을 위한 두 가지 제도를 소개하겠습니다.

1. JOB Posting

생소한 부서에서 일하다 보면 업무가 맞지 않을 수도, 인간관계 때문에 스트레스를 받을 수도 있습니다. 이러한 문제로 이직을 생각하는 사람을 위한 **Job Posting** 제도가 있습니다. 인력이 필요한 부서에서 공고를 올리면, 요구 조건을 확인하고 지원 자격을 파악합니다. 이후 자기소개서와 면접을 통해 합격하면 부서를 옮길 수 있습니다.

이전에는 5~6년 차 이상의 임직원을 타겟으로 이러한 제도가 운용되었다면, 최근에는 달라졌습니다. **MZ세대[12]의 잦은 이직/이동을 의식하고** 젊은 층이 원하는 **Junior Job Posting 제도를 마련**했습니다. 저년차일 때에도 설비팀에서 기술팀으로, 기술팀에서 설비팀으로 이동할 수도 있습니다. 또는 공정설계 내에서도 계측팀이나 분석팀으로 이동하여 다른 업무를 경험할 수 있는 제도도 있으니, 우선 입사해서 기반을 잘 닦는 것이 중요합니다.

최근에는 부문 단위로 Job Posting을 만들어서 사업부 간 이동 또한 가능하도록 점차 확대하고 있고, **Senior Job Posting**도 생겨서 입사한 지 20년이 훌쩍 넘은 수석급 엔지니어도 부서 이동을 할 수 있게 되었습니다. 따라서 임직원 성장을 위한 여러 제도가 준비되어 있으니, 업무의 Miss-matching에 대해 너무 염려치 않아도 됩니다!

2. 사내/사외 대학원 진학

혹시 학사/석사 학위로 입사했나요? 그래서 좀 더 높은 학위를 받을 수 있는 방법이 궁금한가요? 사내에는 **임직원 교육 제도**를 통해 사내 대학원에 진학할 수 있는 프로그램이 준비되어 있습니다. 정해진 기간 대학교로 출근하며 석사 혹은 박사 학위를 취득할 수 있고, 해당 기간 연봉 또한 그대로 받을 수 있습니다.

더 나아가 회사와 프로젝트를 진행하는 국내 유수의 대학교로 지원하여 해당 학교의 대학원으로 진학하는 방법도 있습니다. 물론 이러한 프로그램에 발탁이 되기 위해서는 상위 고과를 받으면서 조건을 충족해야겠죠?

이처럼 회사 내에는 앞서 설명한 진급 이외에도 외국 주재원 같은 임직원 커리어 개발을 위한 제도가 준비되어 있습니다. 공정설계 지원자 중에 논문에 관심이 있고, 깊이 공부해 보고 싶은 지원자가 있다면 입사 후 현업에서 실력과 경험을 쌓아 관련된 학위를 취득할 수 있습니다. 이 밖에도 다른 부서로 이직을 통해 다방면의 현업 스킬을 쌓을 수 있습니다!

---

12 [10. 현직자가 많이 쓰는 용어] 15번 참고

1 직무 수행을 위해 필요한 인성 역량

1. 대외적으로 알려진 인성 역량

(1) 소통(feat. 설득력)

가장 대중적으로 알려져 있고, 많은 사람이 자기소개서에서 강조하는 역량 중 하나가 소통입니다. 그래서 시작부터 조금은 진부한 이야기가 될까봐 걱정이 됩니다.

"여러분은 '소통을 잘한다'라는 말이 어떤 의미라고 생각하나요?"

어떤 분은 소통 역량을 이야기할 때 친구의 이야기를 진심으로 공감하며 들어준 경험, 옆 사람과 친목을 다졌던 경험 혹은 모임에서 다 같이 '파이팅!'을 외치며 동료애를 나누던 경험을 이야기하곤 합니다. 그러나 제가 하려는 말은 이와는 조금 다릅니다.

회사에서 기대하는 소통의 기본은 **설득**이라고 생각합니다. 업무를 하다 보면 다양한 부서와 협업을 합니다. 하지만 서로의 목적이 다르기 때문에 그 사이에서 갈등이 발생하기도 하죠. 예를 들면 고객대응팀은 고객에게 빨리 Data를 전달하는 것이 목적입니다. 하지만 품질팀은 빠른 전달보다 품질과 성능을 향상시키는 것이 중요합니다. 또한 현장 직원은 만들어진 Wafer를 납기에 맞게 출하하는 것이 가장 큰 관심사입니다.

예시로 든 세 부서는 모두 사업부 매출 증대를 위해 같은 방향을 보고 일하고 있지만, 부서에 따라 목표가 조금씩 다릅니다. 따라서 이 사이에서 갈등이 발생합니다. 이때 필요한 것이 바로 **설득을 바탕으로 한 소통**입니다. 남을 설득하기 위해서는 돌아가는 상황을 잘 알아야 합니다. 또한 내가 하고자 하는 말을 상대방이 이해할 수 있도록 알기 쉽게 설명해야 합니다.

공정설계 직군에서 주로 하는 개발/양산 업무에서도 마찬가지입니다. 내가 원하는 방향으로 공정 조건을 바꾸고 평가를 진행하기 위해서는 유관 부서를 설득해야 합니다. 예를 들어 나는 성능을 개선하기 위해 A라는 평가를 진행했습니다. 하지만 A를 하게 되면 성능은 좋아지지만, 특정 Fab Data의 산포가 나빠집니다. 이런 경우 감정에 호소하는 건 무리가 있죠. 성능이 얼마나 좋아지고 A 평가에 마진이 얼마나 남아있는지, 어떻게 후속 문제를 개선할 수 있는지를 끝까지 검토하고 가능하다면 개선책까지 숫

> 앞서 이야기한 계측 Paremeter 값입니다.

자로 제시해야 합니다. 이러한 토론이 회의에서 빈번하게 발생합니다.

따라서 여러분이 소통 역량을 중심으로 자기소개서나 면접에서 스토리를 풀어나갈 때, '업무 중심'의 관점을 가졌으면 좋겠습니다. **갈등 상황**에서 본인이 **어떤 근거를 가지고 어떻게 상대를 설득했는지**를 드러내면 더 탄탄한 소재를 갖춘 자기소개서를 작성할 수 있을 것입니다.

(2) 협업(feat. 책임감)

고등학교를 졸업할 때까지는 보통 협업(협동심)을 기를 수 있는 경험이 적은 것이 사실입니다. 그런 우리가 처음으로 '협동'을 배우는 시점은 대학교에서 '조별 과제'를 할 때입니다. 우리는 조별 과제를 하기 위해 조가 편성되면 조장을 뽑고, 누가 PPT를 만들지, 누가 발표할지, 누가 자료를 조사할지 역할을 나눕니다.

혼자서 완성할 수 없는 일을 다양한 사람이 모여서 각자의 강점을 발휘해 목표에 도달하는 것, 저는 이게 회사 생활의 기본이라고 생각합니다. 이러한 측면에서 조별 과제와 회사 생활은 어느 정도 유사합니다. 그럼 이 유사한 두 활동에서 꼭 필요한 것이 무엇일까요? 바로 '책임감'입니다. **회사에서 이루어지는 협업은 개개인의 책임감을 바탕으로 완성됩니다.**

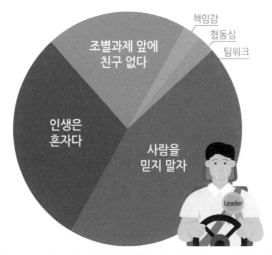

[그림 2-16] 조별과제의 현실 (출처: 배재대학교 공식블로그)

조별 과제라고 하면 가장 많이 따라오는 말이 있습니다. 바로 '**버스 탄다**'라는 말입니다.

조별 과제의 불편한 이면을 적나라하게 드러내는 이 말은 '한, 두 명의 도움으로 본인의 노력 없이 과제에서 좋은 성적을 받았다'라는 의미로 쓰입니다. 저는 이 현상 역시 책임감의 부재에서 비롯되었다고 생각합니다. 각자가 맡은 몫을 다했다면 누군가가 타인의 것을 대신하여 고생하는 일이 없을 것이고, 많은 대학생이 조별 과제를 불편하게 생각하는 일도 없을 것입니다.

회사에서도 마찬가지입니다. 작은 일이라도 자신에게 주어진 업무 내용과 이 업무가 어디에 보고되는지, 어떤 발표에 쓰일 자료를 만드는 것인지에 대한 스토리를 이해하면 조금 더 책임감을 가지고 회사 생활에 임할 수 있을 것입니다.

여러 회사의 인재상을 찾아보면 성실성, 주도성, 창의성, 봉사 정신, 열정 등 조금은 뻔하지만, 좋은 단어가 많이 나열되어 있습니다. 그래서 대부분의 스토리가 뻔해지거나 비슷하게 보이기도 합니다. 그래서 저는 각 회사 자기소개서의 인성 관련 질문을 쓰기 전에 했던 일이 하나 있습니다. 바로 **개념을 정의하는 것**입니다.

저는 우선 '소통을 잘하는 것이 뭘까?', '회사에서 이야기하는 열정은 어떤 것일까?' 또는 '나의 성실성을 어떻게 증명할 수 있을까?' 와 같은 물음에서 시작했습니다. 이를 통해 조금은 뻔한 키워드인 '소통'에서 '설득력'이라는 단어를 끄집어냈습니다. 그리고 '협업'이라는 말에서 '책임감'이라는 가치를 가져왔습니다. 그래서 단순한 소통과 협업이 아니라 내가 대학 생활을 하며 누군가를 설득했던 경험과 방법, 그리고 나의 책임감을 잘 드러낼 수 있는 에피소드를 찾기 위해 노력했고, 이러한 경험을 면접에서도 자연스럽게 활용할 수 있었습니다.

여러분도 본인이 가진 경험이 진부하고 흔하다고 느껴질 때, **뻔한 인성 역량의 속뜻**을 한 번 고민해 보면 좋겠습니다. 그렇게 해서 정한 키워드로 자신을 설득시킬 수 있을 때, 비로소 자기소개서를 읽는 채용 담당관과 면접관을 설득시킬 수 있을 것이라고 생각합니다.

2. 현직자가 중요하게 생각하는 인성 역량

(1) 꼼꼼함/집요함

"○○님이 수정하는 공정 조건이 수많은 Wafer에 적용되고, 이들의 성능을 개선합니다. 바꿔 말하면 하나의 실수만으로도 수많은 Wafer에 불량이 발생할 수 있고, 이는 수율 Loss로 이어질 수 있습니다. Wafer 한 장의 가격을 생각해 본다면, 사업부 입장에서는 이러한 변화가 큰 수익이 될 수도, 큰 손실이 될 수도 있습니다. 그러니 항상 책임감을 가지고 꼼꼼하게 평가를 진행하길 바랍니다."

TL(파트 리더)님이 이런 이야기를 해준 적이 있습니다. 조금은 어깨가 무거워지는 내용입니다. 여러분은 초, 중, 고, 대학교를 거쳐 짧게는 16년, 길게는 20년 가까이 학생 신분으로 생활하다 회사 입사를 준비하고 있습니다.

"학생과 직장인의 가장 큰 차이는 무엇이라고 생각하나요?"

저는 **실수를 대하는 태도**라고 생각합니다. 살다 보면 누구나 실수할 때가 있습니다. 계산을 실수하거나 실험 도구를 잘못 사용하여 퓨즈가 나가거나, Chip이 죽어서 사비로 다시 구입하거나…. 학교에서의 실수는 운이 좋으면(?) 아무 일 없이 넘어가는 경우가 많습니다. 하지만 회사는 다릅니다. 업무 중 크고 작은 실수를 할 경우에 실수의 경중에 따라 눈 감고 넘어가기도, 경위서를 작성하기도 합니다. 손실이 커지면 재발 방지 대책을 세우기 위해 Meeting을 하기도 합니다.

양산 업무를 하다 보면 많게는 5~6개의 제품을 맡고, 목적성이 있는 Wafer를 책임지고 관리합니다. 그러다 보니 업무가 몰리면 이슈가 있는 Wafer를 놓치거나 조건을 잘못 적용하는 일이 종종 발생합니다. 그만큼 양산 업무는 꼼꼼히 챙겨야 하고 이슈의 원인을 찾을 때는 집요함도 있어야 합니다. 이러한 관점에서 개인적으로 생각하는 중요한 인성 역량을 '꼼꼼함/집요함'으로 뽑았습니다.

사람마다 살아온 환경이 다르기 때문에 누구는 조금 덤벙댈 수도 있고 누구는 꼼꼼할 수도 있습니다. 그렇다고 해서 미리 걱정할 필요는 없습니다. 저 역시 협업해 본 경험이 적고, 스스로 꼼꼼한 편이냐고 물어보면 자신이 없습니다. 하지만 어느 정도 회사 생활을 하면서 업무의 무게감을 이해하게 되었고 중요한 일일수록 두 번, 세 번 Cross-Check하는 습관이 생겼습니다. 또한 애매한 부분이 생기면 스스럼없이 선배에게 질문하고, 판단 기준에 대해 설명을 듣고, 메모하게 되었습니다.

회사에서 기대하는 인성 역량에 정답은 없다고 생각합니다. 앞서 설명한 내용을 참고하여 **본인이 했던 경험을 나열해 보고, 남들이 이야기하는 그리고 본인이 생각하는 본인의 강점을 접목**해서 스토리를 만든 후에 자기소개서와 면접에 활용하길 바랍니다.

(2) 문제해결능력

아래에 기업을 대상으로 한 설문조사를 가져와 봤습니다. 어떤 점이 보이나요? 기업이 선호하는 직원과 채용을 후회하는 직원에는 상반된 특징이 있습니다. 회사에서 선호하는 신입사원 유형의 특징은 성실성과 능동성입니다. 반대로 실무를 못 하고 업무 습득이 느린 유형은 선호하지 않는 모습을 보입니다.

그렇다면 일을 잘한다는 것은 어떤 의미일까요? 사람마다 차이가 있겠지만, 신입사원이 꼭 갖춰야 할 능력 중 하나는 **문제해결능력**이라고 생각합니다.

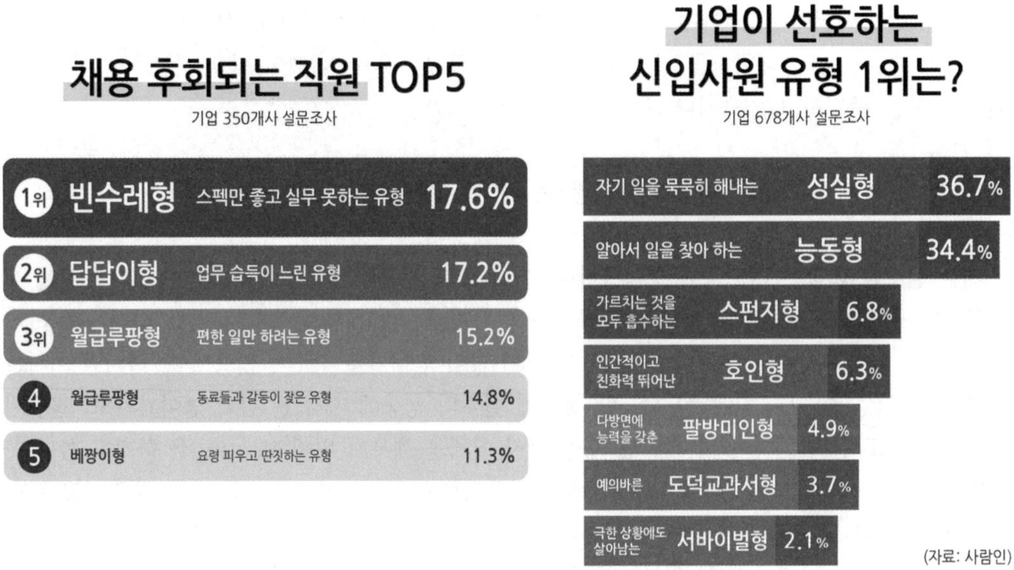

채용 후회되는 직원 TOP5
기업 350개사 설문조사

순위	유형	설명	비율
1위	빈수레형	스펙만 좋고 실무 못하는 유형	17.6%
2위	답답이형	업무 습득이 느린 유형	17.2%
3위	월급루팡형	편한 일만 하려는 유형	15.2%
4	월급루팡형	동료들과 갈등이 잦은 유형	14.8%
5	베짱이형	요령 피우고 딴짓하는 유형	11.3%

기업이 선호하는 신입사원 유형 1위는?
기업 678개사 설문조사

설명	유형	비율
자기 일을 묵묵히 해내는	성실형	36.7%
알아서 일을 찾아 하는	능동형	34.4%
가르치는 것을 모두 흡수하는	스펀지형	6.8%
인간적이고 친화력 뛰어난	호인형	6.3%
다방면에 능력을 갖춘	팔방미인형	4.9%
예의바른	도덕교과서형	3.7%
극한 상황에도 살아남는	서바이벌형	2.1%

(자료: 사람인)

[그림 2-17] 신입사원 실태조사 (출처: 사람인)

회사 업무는 문제의 연속입니다. 회사 생활을 해 본 분은 알겠지만, 보통의 대학생 또는 취업준비생은 문제를 해결하기 위해 고민해 본 경험이 많지 않을 것입니다. 회사에서 보통 문제를 해결하는 과정은 이렇습니다.

첫째, 문제를 정확하게 규명하기
둘째, 문제의 근본 원인을 찾고, 이슈가 발생한 규모를 파악하기
셋째, 가능한 빨리 취할 수 있는 즉조치 수행하기
넷째, 재발 방지 대책 강구 혹은 후속 조치하기

당연한 이야기처럼 들릴 수도 있지만, 아무래도 양산 업무의 특성이 조금 드러나는 것 같습니다. 연구/개발 업무를 할 때는 이슈가 발생한 규모를 파악하거나 즉조치를 수행하는 일이 생략될 수 있습니다. 하지만 양산 업무에서는 이슈 발생 물량을 파악하는 것이 매우 중요합니다.

회사에서는 **위 순서대로 업무를 수행하는 능력**을 중요하게 생각합니다. 다시 말하면 자기소개서를 읽거나 여러분의 말을 듣는 면접관도 이를 중요하게 생각할 것입니다. 자기소개서 항목이나 면접에서 지원한 직무와 관련된 본인의 지식이나 경험에 대해 물을 때가 있습니다. 이러한 직무 관련 질문이 자신의 문제해결 경험이나 능력을 강조하기에 가장 적합하다고 생각합니다.

"저는 학교에서 공학설계 같은 설계 과목을 듣거나 졸업 과제를 할 때 '해결해야 하는 문제'를 마주했던 경험이 있습니다. 예를 들면, ○○설계 과목 학습 중에 MOSFET 소자에서 동작 성능이 예상치보다 낮게 측정되는 것을 확인했습니다. Output 노드를 바꿔가며 Simulation을 수행했고, 어떤 누설 전류가 Dominant 하게 문제를 일으키는지 파악해 보았습니다. 관련한 ×× 논문을 읽어 보며 Gate 및 Junction 두께를 변경해 보았고, Drain/Gate 접합 부위에서 Leakage가 증가하는 것을 알게 되었습니다. 이후 △△을 변경함으로써 SCE를 줄일 수 있었고, 이를 통해 (중략)……."

일부 예시이지만 문제해결 역량을 강조하는 하나의 방법으로 참고하길 바랍니다.

2 직무 수행을 위해 필요한 전공 역량

1. 반도체 소자공학

공정설계는 기본적으로 소자의 특성을 파악하고 다양한 공정 조건을 평가하면서, 성능을 개선하기 위한 업무를 진행합니다. 따라서 Fab Trend에 따라 소자 특성이 어떻게 변화하는지를 파악하고, 재료, 온도, 공정 조건, Mask 등을 바꿔가며 성능을 개선합니다. 이를 위해서는 Logic/SRAM 등 다양한 소자의 동작 원리를 파악하고 있어야 하며, 선단 공정으로 가면서 발생하는 Short Channel Effect(SCE)에 대한 이해가 필요합니다.

우리가 학부 수준에서 배우는 반도체는 보통 MOSFET 구조입니다. 알다시피 현업에서는 MOSFET에서 발전된 FinFET, GAA FET 등을 개발/양산하고 있습니다. 하지만 기본적인 동작 원리는 모두 MOS 구조를 바탕으로 하기 때문에 학부에서 배우는 개념에 대한 이해는 필수입니다. 따라서 직무 면접을 준비한다는 느낌으로 V_t, MOSCAP, 채널 저항, Fermi Level, BJT, Schottkey 접합, DIBL, LDD 등 반도체 공학 과목에서 배우는 기본 개념을 스스로가 설명할 수 있는지 확인해 보기를 바랍니다.

[그림 2-18] 반도체 전공 서저 (출처: 한빛아카데미)

학부 조교가 되어 수강생에게 설명해 준다는 느낌으로 준비하면 스스로가 막히는 부분을 쉽게 찾을 수 있고, 머릿속에서 개념 정리가 빠르게 될 것입니다. 어렵다면 주변에 취업을 준비하는 친구 혹은 스터디를 찾아보는 것을 추천합니다. 만약 전자공학을 전공하지 않아서 걱정된다면 반도체 직무 교육을 수강하는 것도 도움이 될 것입니다.

2. 반도체 공정

학교마다 공정 과목의 개설 여부는 크게 다르지 않습니다. 저는 운이 좋게도 4학년 때 공정 수업을 들으면서 8대 공정에 대해 어느 정도 감을 잡을 수 있었습니다. 많은 분이 공정설계와 공정기술 직무의 차이를 물어봅니다. 결론부터 말하면 **공정설계는 소자, 공정기술은 공정이 중심**이 되는 직무입니다.

공정기술은 흔히 알고 있는 8대 공정 중 하나를 택한 후, 해당 기술팀에 들어가서 맡은 공정과 관련된 업무를 합니다. 물론 모든 공정은 유기적으로 연결되어 있기 때문에 앞, 뒤 공정도 자연스레 알게 됩니다. 반면 공정설계는 Device Physics 관점에서 공정 Process 전반을 다루는 직무입니다. 그래서 기술팀 엔지니어만큼 깊이 있게 공정 조건을 알진 못하지만, **'어떤 공정의 변화가 소자의 성능/특성에 어떤 영향을 미치겠구나'와 같은 연관성**을 항상 생각해야 합니다. 따라서 선단 공정으로 접어들고 설계 구조가 바뀔수록, 변화에 따라 어떤 소자의 특성을 눈여겨봐야 하는지 끊임없이 공부해야 합니다. 이를 위해서 Etch, Photo, Deposition, Implant, Diffusion 등 반도체 공정 및 다양한 재료에 대한 이해가 필요합니다. 따라서 우선순위는 Device Physics이겠지만, 가능하다면 각 공정 방법의 종류와 원리에 대해서 공부하는 것을 추천합니다.

③ 필수는 아니지만 있으면 도움이 되는 역량

1. 통계

반도체뿐만 아니라 물건을 생산하는 공장에서는 통계에 대한 이해가 중요하다고 생각합니다. 양산 부서에서 일할 때 자주 듣는 말 중 하나가 '산포'입니다. 앞에서 이야기한 것처럼 동일한 공정으로 비슷한 시기에 진행되었더라도 조금씩 성능과 소자 특성이 달라집니다. 따라서 하루에도 수백, 수천 개의 Wafer가 지나가는 현장에서는 각각의 Trend를 보고 이해할 수 있어야 합니다. Outlier처럼 보이는 Data를 관리하는 산포 수준으로 볼 수 있는지, 문제점이 있다고 봐야 하는지 결정해야 하는 순간이 오기도 합니다.

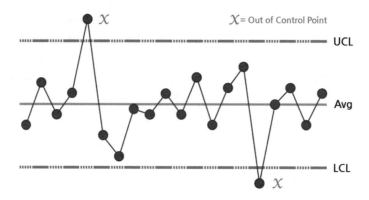

[그림 2-19] Control Limit Chart (출처: SPC for Excel)

[그림 2-19]를 보면 어떤 Trend에 관한 UCL, LCL의 관리선을 그려 놓았습니다. 이렇게 Trend를 관리하면 산포를 벗어났을 때 빠르게 시점을 파악하고 원인을 찾을 수 있습니다. 위의 Control Limit[13]뿐만 아니라 3sigma, 6sigma 등 표준편차에 따른 관리선을 설정하여 내부적으

> UCL은 Upper Control Limit을, LCL은 Lower Control Limit을 뜻합니다.

로 관리하기도 합니다. 만약 산포가 증가했을 때 이유를 찾지 않고 방치하면 계속해서 Trend에 문제가 생기겠죠? 또한 이러한 차트의 Cp, Cpk[14] 등의 산포 지표를 계산하면 Trend의 이상점을 언급할 때 더 명료하게 문제점을 정리하여 이야기할 수 있습니다.

---

13 [10. 현직자가 많이 쓰는 용어] 5번 참고
14 [10. 현직자가 많이 쓰는 용어] 3번 참고

저도 회사에 들어오기 전까지 통계는 그저 대학수학능력시험 수리 영역에서 볼 법한 단어였고, 실생활에서 분산이나 표준편차 등을 사용할 일이 없었습니다. 하지만 회사에서 많은 Trend를 비교하고 확인하면서, 자연스럽게 통계에 대해 배우게 되었습니다. 따라서 교양과목 중에 통계 관련 수업이 있다면 조금이라도 관심을 가지고 참여했으면 좋겠습니다. 물론 대학에서 진행되는 수업은 훨씬 원론적이고 이론 중심의 수업이겠지만, 통계 과목에서 사용하는 용어와 계산에 친숙해지면 분명 회사에서 업무를 할 때 많은 도움이 될 것입니다.

2. 엑셀

"엑셀 능력이 퇴근 시간을 결정한다"

우스갯소리지만 입사 후 선배가 해 준 말입니다. 3~4년이 지난 지금, 어느 정도 공감하고 있습니다. 개발/양산 업무를 하다 보면 다양한 Data를 목적에 맞게 뽑아서 정리하고, 해석하는 일을 합니다. 처음에는 단축키조차 설정하는 법을 몰라서 애를 먹었던 기억이 납니다. 엑셀을 다루는 능력이 소제목처럼 필수는 아니지만, 빠른 업무 처리를 위해서 필요한 역량입니다.

그렇다고 해서 엑셀 자격증을 따거나 컴퓨터활용능력 시험을 준비하라는 말은 아닙니다. 업무를 하다가 모르는 부분은 구글에 검색해 보기도 하고, 부서에 있는 엑셀 고수를 찾아 가서 배우면 됩니다. 굳이 염려된다면 VLOOKUP 함수나 Pivot Table 쓰는 법 정도만 갖춰도 지도 선배가 여러분을 바라보는 눈이 달라질 것입니다.

07 현직자가 말하는 자소서 팁

요즘은 자기소개서 관련 유튜브나 블로그 글이 많습니다. 제가 자기소개서를 작성할 당시에도 렛유인과 같은 취업 관련 유튜브 채널을 구독하면서 다양한 인사 담당자의 조언을 참고했습니다. 관련 내용이 많다 보니 '유복한 가정에서~'로 시작하는 진부한 자기소개서는 근래 잘 보이지 않습니다. 하지만 서류 전형 시즌에 여러 자기소개서를 읽다 보면 '이 부분은 조금 수정했으면 좋겠다'라고 생각한 부분이 있었고, 나름의 기준으로 첨삭해 주었습니다.

현직자라고 해서 자기소개서를 잘 쓰는 것은 아닙니다. 또한 제 개인의 생각이 정답으로 단정되지는 않을까 조금 걱정이 되기도 합니다. 다만, 현직자로서 주변 지인들의 자기소개서를 첨삭해 준 경험과 외국계 회사의 채용팀 인턴으로 근무하며 배웠던 일부 노하우를 바탕으로 **자기소개서를 작성할 때 신경 써야 할 세 가지**를 짧게 소개하고자 합니다.

1 읽는 사람은 당신의 경험에 깊은 관심이 없다!

인사팀 업무를 할 때 하루에 30여 개의 자소서를 빠르게 읽어야 하는 상황이 있었습니다. 처음에는 제가 자기소개서를 쓰던 때가 떠올라서 질문 하나하나에 대한 답변을 꼼꼼히 읽어 나아갔습니다. 하지만 항목당 3,000자에 가까운 자기소개서를 꼼꼼히 읽는 것은 시간이 허락하지 않았습니다. 그래서 저도 모르게 소제목과 눈에 띄는 핵심 키워드를 중심으로 속독하게 되었죠. 저뿐만이 아니라 자기소개서를 읽는 많은 채용 담당자가 비슷할 것이라고 짐작합니다. 수백 개의 자기소개서를 시간을 쪼개서 읽다 보면 오타나 맞춤법보다는 큰 흐름과 말하고자 하는 바를 빠르게 확인하고 싶습니다.

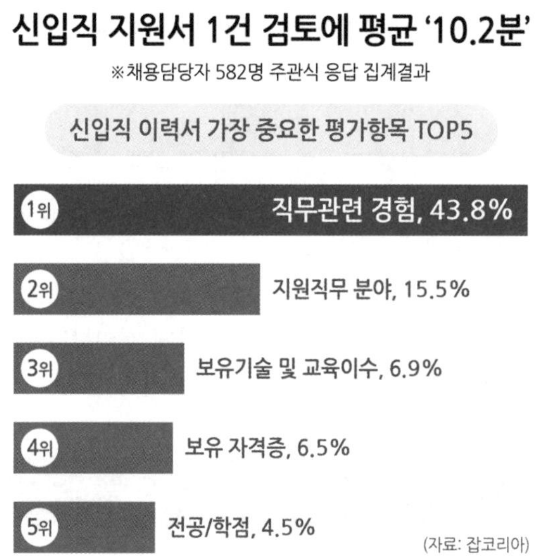

신입직 지원서 1건 검토에 평균 '10.2분'

※채용담당자 582명 주관식 응답 집계결과

신입직 이력서 가장 중요한 평가항목 TOP5

1위 직무관련 경험, 43.8%

2위 지원직무 분야, 15.5%

3위 보유기술 및 교육이수, 6.9%

4위 보유 자격증, 6.5%

5위 전공/학점, 4.5%

(자료: 잡코리아)

[그림 2-20] 지원서를 읽는 시간

　　직무 관련 경험 혹은 자신이 겪은 경험에 대한 질문이 회사마다 한, 두 개씩 있습니다. 작성한 내용을 읽어 보면 본인이 한 경험이나 출전했던 대회, 프로젝트의 결과에 대해 아주 깊고 자세하게 적은 경우가 있습니다. 물론 '수치화'하는 것은 중요합니다. 내가 한 경험을 숫자로 나타내어 정확하게 결과를 보이는 것은 필요하니까요. 하지만 너무 본인만 아는 프로젝트 내용이나 논문 내용을 자세하게 적다 보면 본질을 놓치는 경우가 많습니다.

　　읽는 이는 경험 자체가 아니라 그 **경험을 통해 무엇을 배웠고, 회사에서 어떻게 활용할지**가 궁금합니다. 따라서 각 질문에는 **마무리 문단을 넣어 핵심적으로 말하고 싶은 내용을 한 줄로 정리하는 문장을 작성**했으면 좋겠습니다.

2 지원동기: 회사 이름을 가리고 내가 쓴 걸 읽어보자!

　　서류전형 시즌이 되면 이틀에 하나꼴로 서류를 제출해야 할 만큼 많은 회사에 지원합니다. 여러 회사의 자기소개서 질문을 모아 보면 회사별로 개성적인 질문도 있지만, 일부는 묻는 바가 비슷합니다. 그래서 저 역시 시간을 아끼기 위해 일부는 '복붙'을 하기도 하고, 경험을 재활용하기도 했습니다.

　　물론 모든 질문에 해당하는 것은 아니지만 적어도 회사의 대표 질문, 예를 들어 '우리 회사에 왜 지원했나요?'와 같은 질문에는 회사 이름을 바꿔 넣었을 때 어색한 글이 나와야 합니다.

　　처음에는 지원 이유를 묻는 것이 불편했습니다. 왜냐하면 '돈 벌려고 지원했으니까' 말이죠. 하지만 시간이 지나고 수정할수록 회사가 기대하는 바를 생각해 보게 되었습니다. 그리고 나서 해당 질문에 아래 두 가지 내용을 넣었습니다.

첫째, 이 사업부/직무에 지원한 대표적인 한 가지 이유가 무엇인지
둘째, 이 회사에서 어떤 업무에 참여하고 싶은지

이렇게 수정하면서 회사의 장점으로 도배하는 내용을 최대한 줄이려고 노력했습니다. 지원한 회사의 장단점은 해당 회사에서 더 잘 알고 있기 때문에 면접 때 이 부분에 대해 질문이 들어오면 방어가 어려울 것이라고 판단했기 때문입니다.

회사에 따라, 사업부에 따라, 지원하는 직무에 따라 하는 일이 다르고 각 부서의 목표도 다를 것입니다. 따라서 이를 파악하고 지원하는 이유를 명료하게 정리하길 바랍니다. 가능하다면 자신의 경험을 섞어 **해당 회사의 어떤 부분에 기여하고 싶은지**를 언급하면 좋을 것입니다.

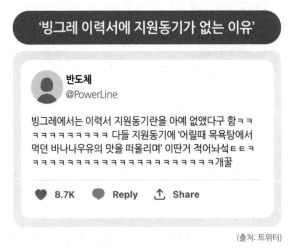

[그림 2-21] 지원동기 (출처: 트위터)

SNS에서 위 그림과 같은 내용을 본 적이 있습니다. 해당 사실의 진위보다는 의미하는 바를 생각해 봐야 할 것 같습니다. 여러분은 이 글에 공감하나요? **회사에서는 뻔한 이야기 혹은 회사 자랑을 궁금해 하지 않습니다.** 입사하고자 하는 **본인만의 이유**를 명확히 찾아서 채용담당자의 이목을 이끄는 답변을 만들 수 있길 바랍니다.

3 협업 / 문제해결: '내가 최고야' 보다는 '나도 최고야'

위의 직무 수행을 위해 필요한 인성 역량 부분에서 나름대로 다양한 이야기를 했습니다. 소통 능력, 책임감, 꼼꼼함 등 앞에서 다루었던 역량들은 사실 자기소개서나 면접에서 언급하면 좋은 소재라고 생각합니다. 잘 읽어 보았다면 이미 충분히 이해하고 본인의 자기소개서에 녹여냈을 것 이라고 생각합니다. 그럼에도 불구하고 핵심을 정리하면, 회사에서는 '내가 최고야'보다 **'나도 최 고야!'**를 더 선호하는 것 같습니다.

외국계 기업 탓인지, 최근 대기업 사이에서는 변화의 바람이 불고 있습니다. 최고가 되기를 윽 박지르기보다는 실수를 용인하고 직원의 성장에 관심을 가집니다. 또한 Peer Review를 통해 1년 동안 함께 일했던 동료에게 점수를 서로 부여하고, 이를 평가에 반영하기도 합니다. 그래서 '나만 잘하면 돼'가 아니라 **옆 사람을 도와주고, 타부서에도 호평 받는 인재**를 원한다는 느낌을 받았습 니다. 물론 기업 특성상 직원의 개인 역량 또한 중요하기 때문에 스스로 가꾸어 나가야 합니다. 하지만 대학 때처럼 본인의 학점만 관리하듯이 행동하거나 대학원에서 본인의 논문만 신경 쓰는 듯한 행동을 보이면 주위에서 좋은 평판을 받기 어렵듯이, 회사에서도 마찬가지입니다.

따라서 **함께 공부하고, 함께 성적을 올리고, 함께 결과물을 도출했던 경험**을 준비하여 소개하 면 자기소개서와 면접에서 더 좋은 점수를 얻을 수 있을 것이라고 생각합니다.

앞에서 어느 정도 자기소개서 작성 Tip을 다뤄보았습니다. 조금은 개괄적인 내용이다 보니 공정설계 지원자가 궁금한 부분을 추가로 다뤄보고자 합니다. 자기소개서에 정답은 없습니다. 불과 2~3년 전만 하더라도 S사 자기소개서는 '떨어지면 바보'라는 이야기가 돌았기 때문에 이를 보험처럼 생각하는 사람도 많았습니다.

하지만 최근 주변을 보면 서류 합격률이 감소하는 추세이고, 서류전형을 AI가 채점하는 등 여러 소식이 들리고 있습니다. 혼란스러울 수 있지만, **본질에 집중해야 합니다.** 제가 생각하는 공정설계 직무 관련 문항 Tip 두 가지를 공유하겠습니다.

1. 전공 논문을 2~3개 읽어 보자

반도체 분야는 생각보다 공모전이나 대외활동이 많지 않습니다. 특히 졸업한 취업준비생이거나 다른 산업/공기업에서 이직을 준비 중이라면 학부생보다 더욱 준비된 게 없다고 느껴질 수도 있습니다.

그런 경우에 MOSFET, FinFET 등 소자 관련 논문을 읽어 보는 것을 추천합니다. 본인이 공부했던 지식과 이어지는 소재라면 더욱 좋습니다. SCE 열화에 대한 모델링이든 바이오와 융합한 차세대 반도체든 성능 개선을 위한 신규 공정이든 상관없습니다. 나름대로 논문을 요약해 보고 본인이 준비한 전공 지식이 해당 분야에서 어떻게 쓰일 수 있을지 생각해 봅시다. 이렇게 논문을 접하다 보면 생각의 고리가 생기고, 어떤 분야를 읽어야 할지, 회사 관점에서는 어디에 관심이 있을지, 어떤 공정/소자를 더 공부하고 정리할지 차츰 지도가 그려질 것입니다.

2. 소주제를 두 가지 가져갈 것이라면 소자 한 개, 공정 한 개로 배분하자

앞서 이야기한 논문 스토리 혹은 본인이 겪었던 직무 경험이 준비되었다면, 직무 적합성 질문을 작성해야 합니다. 가능하면 1,500자 내외의 질문을 한 가지 소재로 채우지 말고 소주제를 두 개로 나누어서 작성하는 것을 추천합니다.

하나는 소자, 또 다른 하나는 반도체 공정 관련 내용이면 더욱 좋습니다. 설계 직무이기 때문에 공정 관련 경험을 줄여 쓴다거나 공정실습 내용으로 가득 채울 필요는 없습니다. **직무 적합성 질문은 면접관도 특히 눈여겨 보고 질문거리를 찾는 항목입니다.** 따라서 이 부분은 설계 경험, 분석 경험 또는 소자 특성이나 정리한 논문 중 가장 자신 있으면서 면접관이 관심 가질 내용이면 더욱 좋습니다. 자기소개서에 작성한 내용을 자세히 설명해 보라고 할 수도 있고 꼬리 질문을 받을 수도 있기 때문에 면접을 준비한 대로 이끌어 나갈 수도 있습니다.

마지막으로 **소제목과 결론 문단**을 꼭 넣으면 좋겠습니다. 자세히 읽어 보는 문항이기는 하지만, 가독성을 위해서 어떤 이야기를 할 것인지를 먼저 나타내는 편이 좋습니다. 또한 결론을 통해 위 경험들이 해당 부서에서 어떻게 쓰일 수 있는지를 꼭 언급하는 것을 추천합니다.

MEMO

08 현직자가 말하는 면접 팁

면접에 대해 어떻게 이야기하는 게 좋을지 고민을 많이 했습니다. 먼저 **인성 면접과 전공 면접은 아예 다르게 준비**하라고 말하고 싶습니다. 당연한 이야기지만, 두 면접의 목적은 확연히 다르고 앞에 앉아있는 면접관도 다릅니다. 그래서 앞에 있는 면접관이 궁금해 하고 듣고 싶어 하는 이야기를 15~20분이라는 짧은 시간 동안 보여 주어야 합니다.

1 준비 방법

먼저 여러분이 작성한 이력서와 수강 과목, 자기소개서를 인쇄합니다. 그리고 처음부터 읽어보면서 제3자가 읽었을 때 궁금증이 생길 만한 부분을 표시합니다. 이 자격증을 왜 땄는지, 이 동아리에는 왜 들어갔는지 또한 어떤 역할을 했는지, 학점은 왜 낮은지, 휴학하고 어떤 시간을 보냈는지 등 본인은 알지만 상대방은 모르는 이야기를 정리합니다. 이 부분을 정리하는 가장 좋은 방법은 주변의 많은 사람에게 보여주는 것입니다. 물론 처음에는 창피할 수 있지만, 친구나 선배, 현직자, 교수님 혹은 면접 스터디를 꾸린 같은 목표를 가진 사람들과 나누면 더 효과적입니다.

저는 취업을 준비할 때 면접 시즌에는 8~10명 정도로 구성된 스터디에 참여해서 **많은 분께 이력서/자기소개서를 보여주고 질문을 받았습니다.** 그리고 저 역시 다른 분의 글을 읽고 궁금한 부분을 정리하여 전달했습니다. 이러한 과정을 통해 면접관이 보기에 매력적인 지원자가 되려고 노력했습니다.

2 인성 면접(임원 면접)

면접 당일에 진행하는 인성검사 결과와 함께 이력서, 자기소개서를 바탕으로 질문하는 것으로 알고 있습니다. 앞서 이야기한 대로 여러 사람에게 자기소개서를 보여 주고 질문을 정리했다면, 이력서에서 드러난 자신의 약점을 알고 있을 것입니다. 낮은 학점, 미흡한 대내외 활동, 리더십의 부재, 취업과 동떨어진 경험, 아쉬운 전공 수강 이력 등 사람마다 제각각일 것입니다.

각자의 자기소개서와 이력서에서 보이는 약점에서 질문이 집요하게 나올 수도 있지만, 의외로 무던히 넘어갈 수도 있습니다. 하지만 대답할 내용은 꼭 준비해야 합니다. **인정해야 하는 약점이라면 빠르게 인정하고, 극복하려고 했던 노력을 부각하는 것이 좋습니다.** 모든 질문에 유창하게 대답할 필요는 없다고 생각합니다. 어느 정도의 꾸밈은 필요하지만, 당황스러운 질문이 나오더라도 평소에 자신이 가지고 있는 생각을 진솔하게 이야기하면 상황을 어색하지 않게 풀어 나갈 수 있을 것입니다.

면접 스터디를 하면 보통 스터디원끼리 면접 후기를 공유합니다. 면접 당시 분위기나 받았던 질문들을 공유하죠. 면접을 2주 정도에 걸쳐서 보기 때문에 많은 도움이 됩니다. 같이 면접을 준비하다 보면 누가 봐도 말을 유창하게 하는 사람도 있고, 목소리가 작고 성향상 소극적으로 보이는 사람도 있습니다. 이러한 서로 다른 성향을 대하는 면접관의 태도가 사뭇 달랐던 것에 대해 이야기해 보겠습니다. 소극적인 지원자에게는 오히려 분위기를 풀어 주면서 대답을 유도하고 강압적이지 않게 질문하려는 노력이 보였습니다. 반대로 말이 유창한 지원자에게는 1분 자기소개를 2~3번 다시 시키면서 외운 대로 하지 말라고 하기도 하고, 압박 질문의 횟수도 더 많았습니다. 그러니 소극적인 분이라면 임원 면접을 너무 딱딱하게 생각하지 말고 면접관이 이끄는 분위기대로 편하게 임하길 바랍니다!

● 1분 자기소개 및 마무리 멘트

1분 자기소개와 마무리 멘트는 **가능하면 직무 면접과 인성 면접을 따로 준비하는 것을 추천합니다.** 앞서 이야기했듯이 듣는 이의 위치와 역할이 다릅니다. 따라서 듣고자 하는 내용도 다릅니다. 인성 면접에서는 전공 역량보다 다양한 경험이나 강점에 대해서 이야기하고, 전공 면접에서는 자신이 가장 자신 있는 전공 부분을 키워드로 어필한다면, 각 면접을 본인이 생각한대로 풀어 나갈 확률이 높습니다.

저 역시도 마무리 멘트를 각각 준비해 갔습니다. 하지만 직무 면접에서 받았던 여러 질문 중 시원스레 답하지 못했던 몇 가지 질문에 대한 아쉬움이 남았습니다. 그래서 준비했던 멘트 대신 '아까 들었던 몇 가지 전공 질문에 명확히 답하지 못한 거 같아 매우 아쉽습니다. 부족한 부분을 능동적으로 찾아서 선배들에게 물어 가며 꼭 채워 나가는 신입사원이 되겠습니다'라는 말로 갈음했던 기억이 납니다.

3 직무 면접

직무 면접은 현업에서 일하는 엔지니어가 직접 참여합니다. 이때 직무와 관련된 경험에 대해 질문하기 때문에 이와 관련한 전공 내용을 조리 있게 설명해야 합니다. 저는 자기소개서를 작성할 때 제가 읽었던 논문과 참여한 실험 등을 적었고 자연스럽게 관련 용어와 개념에 대한 질문이 이어졌습니다.

운 좋게 본인이 작성한 부분에 대해 질문을 받을 수도 있지만, 전혀 생소한 부분에 대해 질문을 받을 수도 있습니다. 따라서 적어도 V_t, MOSFET, DIBL, Fermi Level, Bandgap, 8대 공정 등 전공 수업 때 자주 접했던 용어에 대해 약자를 풀어내는 것에 그치는 것이 아니라 적어도 **현상의 의미나 개념을 설명할 수 있어야 합니다.**

경험상 현직자는 면접을 보러 온 예비 신입사원에게 거창한 최신 기술이나 공정 이슈에 대한 해결 방안을 듣고 싶은 것이 아닙니다. 각자의 전공에 맞게 반도체 혹은 물리전자에 관한 수업을 들었다면 **알고 있는 개념이나 각 공정에 대해 얼마나 정리해서 말할 수 있는지** 정도를 궁금해합니다. 따라서 모르는 분야에 대한 질문에 너무 당황하지 말고, 아는 부분에서 점수를 많이 받을 수 있도록 열심히 준비하면 좋겠습니다.

> 공정설계 직무라면 공정보다는 재료나 온도, 공정 변경점, 동작 Frequency 등에 따른 소자의 동작 원리와 전공 용어를 익히는 것을 추천합니다.

최근에는 다시 키워드를 골라서 대답하는 직무 면접 방식으로 바뀌었다고 들었습니다. 위에 작성한 내용은 키워드 면접이 없어졌던 시기를 기준으로 작성한 내용이기 때문에 다소 차이가 있을 수 있습니다. 다만 전공 관련 직무 면접 때 현업 엔지니어가 듣고 싶어하는 본질적인 내용에는 차이가 없을 것이라고 생각합니다.

면접 중에는 변수가 생길 수도 있고, 준비한 대로 흘러가지 않을 수도 있습니다. 돌발상황은 어쩔 수 없습니다. 외부의 변수보다는 **본인이 바꿀 수 있는 부분에 집중해서 약점을 개선하고, 준비할 수 있는 답변은 최선을 다해서 준비했으면 좋겠습니다.**

Q1. 작성한 취미를 갖게 된 계기는 무엇인가요? / 유튜브에 출연한 적이 있나요?

큰 고민 없이 존경하는 인물이나 취미를 말하는 분도 있지만, 생각보다 존경하는 인물이나 취미에 대한 질문으로 포문을 여는 경우가 많습니다. 따라서 나름의 이유와 위트있는 답변으로 면접을 시작하면 분위기를 내 쪽으로 끌어올 수 있을 것입니다. 추가로 유튜브로 즐겨보는 채널이나 출연 경험 등을 물어본 적도 있습니다. 면접이라는 게 생각만큼 딱딱하지는 않습니다!

Q2. ○○ 과목/ ○○ 교양 수업은 어쩌다 듣게 되었나요?

전공 과목뿐만 아니라 생소한 교양 과목이나 특이한 수강 이력/학점에 대해서 질문을 던지는 경우가 종종 있습니다. 이를 통해 수강 과목과 학점이 적혀 있는 이력서를 생각보다 유심히 본다는 걸 알 수 있었습니다. 당락을 결정지을 만큼 중요한 질문은 아니지만, 자신있다면 장점을 부각하고 염려되는 부분이 있다면 변명거리(?)를 충분히 준비하면 좋겠습니다.

Q3. 주변에서 본인을 어떤 사람이라고 하나요? 이유가 뭘까요? 그 성격 때문에 손해를 본 적은 없나요? 앞으로 바꿀 생각인가요 아니면 유지할 생각인가요?

꼬리 질문을 통해서 성격을 집요하게 물어 봤던 경험이 있습니다. 준비해 본 적 없는 질문이었기 때문에 대답하는 데 시간이 오래 걸렸습니다. 다만 포장된 모습이 아니라 솔직하게 말하려고 노력했습니다. 여러 면접에서 압박성 질문을 한 번씩은 받아 보았습니다. 이럴 때 가능한 한 차분하게 생각을 정리하고 이야기하길 바랍니다. 대답하기 어려운 질문의 경우 '잠시만 생각해봐도 될까요?'라고 솔직하게 물어보면 분명 배려해 주실 겁니다!

이외에도 **"학점이 좋은 편인데, 친구와의 교우 관계도 좋은 편인가요?"**와 같은 짓궂은 질문을 받은 적도 있습니다. 학업에만 치중해서 주변 사람들과의 사교성이 부족하지는 않을까를 염두하고 한 질문이겠죠. 당연하게도 협업을 해야 하는 현직자 또한 사회성이 부족하고 자기 이익만 챙기는 지원자에게 매력을 느끼지 않습니다. 그만큼 본인이 면접관에게 비춰질 모습을 객관화해서 살펴보고, 압박 질문에 대비하는 것도 필요합니다.

이전에는 직무 면접에서 무작위로 질문하고 답하는 형태를 취했다면, 최근에는 자기소개서(직무 관련 경험)를 토대로 꼬리 질문을 이어가는 경우가 많습니다. 예를 들어서 자기소개서에 '○○ **설계 과목에서 CAD Tool을 활용하여 새로운 형태의 FET를 만들어보고, SCE(Short Channel Effect)를 개선해 보았습니다**'라고 적었다고 가정하겠습니다. 그렇다면 FET이 무엇인지, 최근 사용하는 모델은 기존과 어떻게 다른지, 장단점은 무엇인지, SCE의 종류 중 아는 것이 있는지, ○○○을 들어본 적이 있는지, 왜 그렇게 공정을 바꿔 보려고 했는지 등 관련 질문을 끊임없이 물어보는 형태입니다. 저는 읽었던 논문과 실험에 대해 적었는데, 누설 전류가 발생하는 원인의 종류 등과 같이 깊이 있는 질문을 받았던 기억이 납니다.

또한 직무 면접에서는 **전공에 관련된 질문만 하는 것이 아니라,** 인성 면접처럼 성격이나 인간 관계, 회사 생활 대처법 등에 대해 질문하는 경우도 있었습니다.

결국 업무는 임원이 아니라 실무자와 합니다. 따라서 같이 일하고 싶은 후배 사원인지 부서에 잘 녹아드는 성격인지 등이 궁금하겠죠? 오히려 저는 **같은 학과 고학번 선배를 만났다는 생각**으로 딱딱하지 않고 자신감 있게 대답한 것이 긍정적으로 작용했다고 생각합니다.

MEMO

09 미리 알아두면 좋은 정보

1 취업 준비가 처음인데, 어떤 것부터 준비하면 좋을까?

1. 가고 싶은 회사의 작년 자기소개서 질문과 JOB Description을 확인한다

아직 2~3학년이거나 편입/전과 등으로 지원하는 산업에 대한 정보가 부족하다면, 지원하고 싶은 회사 한, 두 개를 골라서 자기소개서 항목을 확인해 보는 것을 추천합니다. 자기소개서 항목을 읽고 직무소개서(JOB Description)를 보면, 내가 어떤 수업을 듣고 어떤 프로그램을 활용해 보는 것이 좋은지 조금이나마 감을 잡을 수 있습니다. 4학년 혹은 졸업생이라면 어느 정도 본인이 가고자 하는 산업의 방향이 정해졌을 것으로 생각합니다. 마찬가지로 직무소개서를 통해 Weak Point를 찾아서 공정실습 등의 대외활동이나 필요한 자격증 혹은 부족한 부분의 외부 교육을 찾아 봐야 합니다.

2. 반도체 시장 관련 도서를 한 권 정독한다

조금은 생소한 이야기일 수 있습니다. 하지만 반도체 산업은 국가 산업이다 보니 정치/경제계에서도 관심 있게 보는 산업입니다. 반도체 산업 동향을 담은 책을 읽으면 삼성전자, SK하이닉스 등의 Market Share와 전망, 미국이 왜 화웨이를 규제하고 있는지, 미-중 갈등과 반도체 산업은 어떤 관련이 있는지, SK하이닉스가 Intel NAND 사업을 인수한 이유가 무엇인지 등 업계의 흐름을 알 수 있습니다. 업계 동향에 대한 식견이 어느 정도 쌓이면 회사를 지원하는 이유와 회사의 앞으로의 비전에 대해서도 남들보다 자세히 적을 수 있고, 면접에서 깊이 있는 대답을 할 수 있습니다. 그렇다고 많은 책을 읽을 필요는 없습니다. 서점에 가서 최근에 출간된 도서 한, 두 권만 시간을 들여 읽으면 앞으로 반도체 산업을 위한 취업을 준비할 때 많은 도움이 될 것이라고 확신합니다.

2 현직자가 참고하는 사이트와 업무 팁

1. 삼성 반도체 이야기(블로그)

취업을 준비할 때 자주 참고했던 사이트 중 하나입니다. 삼성에서 직접 운영하는 블로그이기 때문에 신뢰도가 높고, 여러 가지 정보를 얻을 수 있습니다. 회사 소개뿐만 아니라 반도체 용어, 최신 기술, 공정에 대한 설명도 알기 쉽게 나와 있기 때문에 주기적으로 모니터링하면서 회사 소식을 접하면 도움이 될 것이라고 생각합니다.

2. 증권사 리포트

앞서 이야기한 것처럼 반도체 산업은 언론과 경제계에서도 관심 있게 보는 산업입니다. 따라서 업계 동향에 대해서 정리해 놓은 자료를 쉽게 찾아볼 수 있습니다. 추천한 것과 같이 반도체 동향에 관한 책을 한 권 정독했다면, 이후에는 반도체 관련 최신 뉴스를 가끔 살펴보면서 최근 이슈를 파악해 보는 것을 추천합니다. 증권사 리포트에는 **증권사별 업계 전망과 분석**이 잘 정리되어 있기 때문에 시장을 분석하는 데에 도움이 될 것입니다.

[그림 2-22] 증권사 리포트 (출처: NAVER 금융)

3. Google scholar 혹은 IEEE

대학에 재학 중이라면 학교 계정을 활용하면 좋습니다. 대학원에서 연구할 때도 Google scholar에서 다양한 논문을 검색하고 활용합니다. 또는 논문 이름을 Sci-Hub에 검색해서 찾아볼 수도 있고, IEEE 사이트를 통해 원하는 내용의 키워드를 검색해서 볼 수도 있습니다.

3 현직자가 전하는 개인적인 조언

취업 시즌이 되면 주변의 친구나 후배에게 질문을 받기도 하고, 렛유인의 프로그램을 통해서도 취업준비생의 고민을 듣기도 합니다. 그중에 가장 자주 받는 질문은 '제가 반도체가 아니라 ○○ 분야를 공부했는데, 이걸 숨겨야 할까요?' 혹은 '말하면 마이너스가 될까요?'와 같은 질문입니다. 적어도 저는 이러한 질문에 '아니오'라고 대답합니다. 이유인 즉슨, 그러한 경험을 충분히 자기소개서와 면접에서 본인에게 유리한 방향으로 녹여낼 수 있기 때문입니다.

우리는 보통 성적과 적성에 맞는 학과를 선택하고, 전자공학, 기계공학, 신소재공학 등 각 전공에서 다양한 분야의 수업을 듣습니다. 이를 통해 관심 있는 분야를 찾아서 추가로 공부하거나 대외활동을 하기도 하고, 아직 명확하게 관심 분야를 찾지 못한 채 대학을 졸업하기도 합니다. '반도체를 전공해서 ○○ 회사에 지원해야지!'라고 입학하자마자 계획을 세우고 준비하는 학생이 얼마나 될까요?

학부생 때 희망한 분야와 조금은 동떨어진 분야를 깊게 공부했을 수도, 반도체에 대한 관심이 조금은 늦게 생겼을 수도 있습니다. 그렇더라도 내가 다른 분야에 투자한 시간을 숨겨야 할 필요는 없다고 생각합니다. 내가 비록 조금 다른 분야를 공부했지만, **그 과정에서 고민을 통해 문제를 해결하고, 능동적으로 결과를 도출해냈던 경험**을 끄집어내면 됩니다. 더 나아가 그럼에도 불구하고 내가 왜 반도체 분야에 지원했는지, 가능하다면 회사에서 앞선 경험을 어떤 방식으로 활용하고 싶은지에 대한 자신만의 청사진을 가지고 있으면 좋겠습니다.

취업을 준비하다 보면 다양한 정보를 수집하기 위해 취업 사이트를 들락날락하면서 작은 정보라도 모으게 됩니다. 하지만 제가 입사해서 직접 마주한 현실은 외부에서 들었던 정보와 거리가 있는 것이 많았습니다. '어느 학교까지는 나와야 뽑는다', '학점은 4점을 넘어야 안전하다', '공정설계 직무는 석사를 선호한다', '공백기는 몇 년이 넘어가면 안 된다', '작년에 지원했다가 떨어졌으면 면접에서 탈락한다', 'GSAT는 몇 개를 맞아야 과락을 면한다' 등 검증되지 않은 이야기가 정말 많았던 기억이 납니다.

취준생이 질문하는 것들

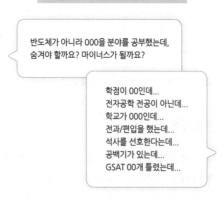

[그림 2-23]

저도 이런 부분에 대해서 옳다, 아니다를 말씀드리긴 어렵습니다만, 대신 이렇게 생각해 보면 좋을 것 같습니다.

'우리가 바꿀 수 있는 걸 고민하자!'

세상에는 우리가 노력하면 바꿀 수 있는 일이 있고, 이미 벌어져서 대비할 수 없는 일이 있습니다. 학벌, 학점, 공백기, 지원 경험 등은 이미 벌어진 일입니다. 이미 다른 분야의 전공을 많이 들었거나 학위를 취득했을 수도 있습니다. 그렇다면 이러한 경험을 숨기는 것보다는 반도체 분야를 남들보다 더 준비해서 어떻게 내 스토리에 녹여낼 수 있을지를 고민하는 게 좋지 않을까요?

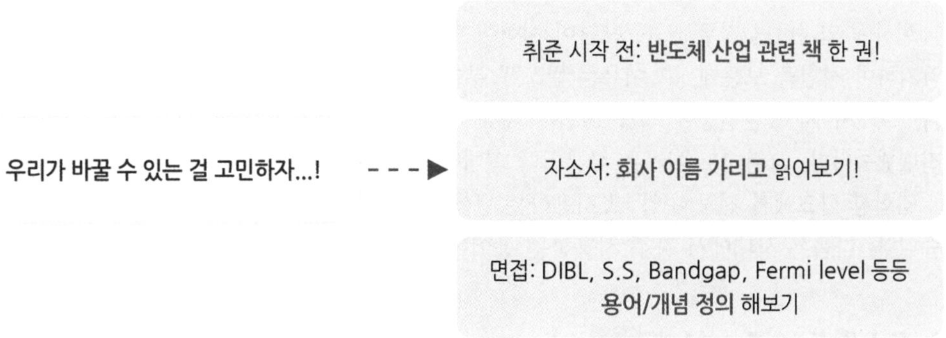

우리가 바꿀 수 있는 걸 고민하자...! - - - ▶

취준 시작 전: 반도체 산업 관련 책 한 권!

자소서: 회사 이름 가리고 읽어보기!

면접: DIBL, S.S, Bandgap, Fermi level 등등 용어/개념 정의 해보기

[그림 2-24]

여러분이 투자한 시간을 돌이켜 봤을 때 헛된 시간이었다고 깎아내리는 일이 없기를 진심으로 바랍니다. 그리고 멋지게 원하는 기업과 직무에 합격하기를 진심으로 응원하겠습니다!

10 현직자가 많이 쓰는 용어

1 익혀두면 좋은 용어

회사에 입사하면 직무 교육 중 단어 시험이 있습니다. 수백 개의 업무 용어 모음집을 주고 뜻을 암기하여 시험을 보는데, 그 이유는 반도체 분야에서 사용하는 용어는 어렵고 다양하기 때문입니다. 그래서 저도 은연중에 책을 쓰면서 사내 용어를 남발하지 않을까 재차 읽어 보면서 탈고를 진행했습니다. 그런데도 어려운 부분이나 의미가 잘못 전달될 소지가 있는 단어를 정리했습니다.

경험상 학교에서 전공 수업 때 사용하는 단어와 회사에서 사용하는 용어에 조금씩 차이가 있었습니다. 다음은 사내에서 자주 사용하는 용어이므로 자기소개서나 면접에 참고하기를 바랍니다.

1. Fab/Inline Trend 주석 4

Fin 높이, 너비, Gate 두께 등 Fab에서 만들어져 측정되는 계측 Paremeter의 Trend Chart 를 말합니다.

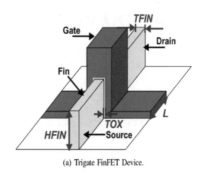

(a) Trigate FinFET Device.

[그림 2-25] FinFET Fab Paremeter (출처: SEMANTIC SCHOLAR)

2. LOT 주석 5

Wafer의 묶음을 의미하며, 회사에 따라 24~26개 정도의 Wafer 묶음을 뜻합니다.
예 Dose-up 평가 LOT 어느 Step에 있어?

3. 산포(Cp, Cpk) 주석 6 주석 14

산포는 얼마나 Data가 모여있고 분산되어 있는가를 나타내며, 주로 Cp, Cpk 지표를 활용하여 LOT별 산포를 계산합니다. Cp는 중심치 이동을 고려하지 않은 지표로, [그림 2-26]과 같은 두 Data의 차이를 비교할 수 있습니다. Cpk는 중심치의 치우침을 고려한 지표로 중앙에 가까울수록 수치가 올라갑니다.

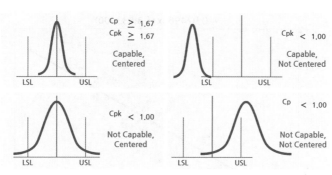

[그림 2-26] Cp, Cpk 비교 (출처: Latest Quality)

4. Sensitivity 주석 9

민감도라는 뜻으로 쓰이며, Trend를 Correlation했을 때 1nm당 얼마의 영향을 주는지/받는지를 나타냅니다. 예 Fin Height에 따라서 V_t가 얼마나 바뀌는지 Sensitivity를 구해 보자.

5. Control Limit 주석 13

우리가 관리하는 Fab Trend에는 타겟이 있고, 산포에 따라 Trend를 위아래로 관리하는 관리선이 존재합니다. 'Data가 산포를 고려해도 여기를 넘어가면 안돼'라고 정해 놓은 선을 Control Limit이라고 합니다.

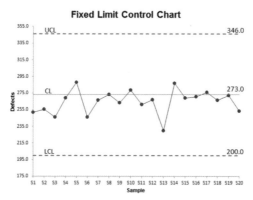

[그림 2-27] Control limit chart (출처: QIMacros)

6. B2B

Business to Business의 약자로, 소비자가 아닌 기업을 상대로 하는 전자 상거래를 말합니다. 파운드리에서는 고객에게 전달되는 Data를 뜻하기도 합니다.

7. Correlation

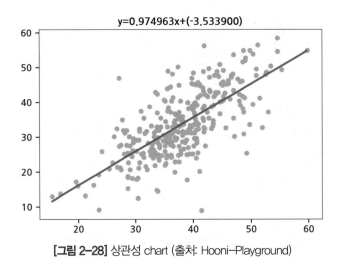

[그림 2-28] 상관성 chart (출처: Hooni-Playground)

상관관계를 뜻하며, 주로 Fab Trend와 ET Trend를 X, Y축에에 놓고 차트를 그려서 표현합니다. 아래처럼 수식을 활용해서 Sensitivity를 구할 수도 있습니다.

8. Trace

원인 분석이라는 의미로 쓰이며, 이슈가 발생했을 때 주로 원인 Trace를 한다고 표현합니다.

9. 시스템 반도체

반도체 전공자라면 비메모리 반도체가 아니라 시스템 반도체가 더 올바른 표현인 것을 알고 있죠? 파운드리 사업부는 시스템 반도체를 생산하는 회사이기 때문에 용어를 올바르게 사용하길 바랍니다.

2 현직자가 추천하지 않는 용어

면접관으로 종종 참여하시는 수석님께서 해준 말이 있습니다.

"요즘 면접장에 가면 뜻도 잘 모르는 단어를 사용하는 지원자가 너무 많아"

그래서 단어의 뜻을 재차 물어 보면 우물쭈물하는 경우가 많아서 실망스럽다고 하셨습니다. 이런 이야기 탓에 어떤 단어를 좋은 단어로, 나쁜 단어로 선정해야 할지 고민이 많았습니다. 솔직하게는 저도 면접을 볼 때 잘 모르는 내용을 흘리듯이 이야기했던 적이 있습니다.

그럼에도 불구하고 도움이 되고자 '내가 면접관이라면?'이라고 가정해 보았습니다. 그러면서 내부 회의 때 잘못 사용하여 지적당했던 혹은 수석님들이 그리 좋아하지 않던 단어를 떠올려 봤습니다.

아래의 단어를 참고하되 중요한 점을 잊지 말기를 바랍니다. **잘 모른 채 어깨너머로 들은 단어를 활용하는 것은 말에 큰 힘이 실리지 않을 뿐만 아니라 꼬리 질문에 대응하기가 대단히 어렵다는 점을 말입니다.**

10. 수율 향상 주석 7

하나의 Wafer에서 생산되는 Chip 중 양품의 비율을 수율이라고 합니다. 용어 뜻을 모른다기보다는 빈번하게 수율 향상 이야기를 하면 태클이 들어올 수 있기 때문에 적어보았습니다. 수율을 높이는 것은 몇백 명이 머리를 쥐어짜야 해결할 수 있는 민감한 문제입니다. 수율 향상이 회사의 목표임은 틀림없지만, 개개인의 목표가 되기에는 무리가 있습니다. 단순히 "수율 향상에 앞장서겠습니다!"라는 추상적인 말보다는 본인만의 아이디어를 제시하거나 부서 내 본인의 엔지니어적인 목표를 덧붙여 언급하면 경쟁력이 생길 것이라고 생각합니다.

11. MZ세대 주석 12

이 단어를 처음 보는 분은 없을 것입니다. 최근 여러 회사에서의 가장 큰 이슈는 MZ세대를 어떻게 관리하고 대우할 것인가입니다.

회사에서는 MZ세대와 어우러지는 회사생활을 강조하지만, 아직까지 MZ라는 단어의 이미지는 다소 부정적으로 여겨집니다. 따라서 스스로 MZ세대로 규정하지 말고, 면접에서는 세대 갈등에 관한 주제는 가능한 피하는 걸 추천합니다.

12. Big Data

'Big Data를 활용해 ○○을 해 보겠습니다'라는 말이 한동안 유행한 적이 있습니다. 그만큼 Big Data가 여러 분야에 사용되었기 때문입니다. Data Handling을 어떻게 할지를 함께 언급할 것이 아니라면 사용을 추천할 만한 용어는 아닙니다.

13. 4차 산업혁명

이 또한 Big Data, 인공지능과 함께 많이 쓰이는 단어입니다. 추상적인 산업혁명이라는 단어 보다는 본인이 가장 자신 있는 구체적인 분야를 선택해서 '최근 관심 있는 이슈' 항목을 주제로 사용하는 것을 추천합니다.

14. 메모리 반도체

파운드리 사업부에 지원했다면 왜 메모리가 아니라 파운드리인지에 대한 궁금증을 가집니다. 따라서 본인이 메모리에 치중해서 자기소개서를 작성했다면, **사업부 연관성을 고민**해 보고 납득 할 수 있는 사업부 선정 이유를 찾아보길 바랍니다.

15. 타사의 기업명

인턴 경험이나 관련 프로젝트 등으로 타회사를 언급할 수도 있습니다만, 회사명이 특정 지어지 면 **해당 회사에도 지원서를 넣었는지** 등의 골치 아픈 꼬리 질문이 이어질 수 있기 때문에 주의해 야 합니다.

MEMO

1 저자의 개인적인 경험

처음에 입사하고 가장 어려웠던 부분은 지식적인 부분이 아니었습니다. 바로 '주어진 업무 중 무슨 일부터 해야 할까?'였습니다. 학교에서 과제가 생기고 시험이 겹치면, 스스로 **우선순위**를 정해서 무엇을 먼저 할지 판단하고 실천하면 됩니다.

하지만 회사에서는 당장 해야 하는 긴급한 일과 시간을 두고 할 수 있는 일이 나누어져 있습니다. 예를 들어 시스템을 수정하는 일은 결과가 틀어졌을 때 바로 조치해야 하기 때문에 일과 중에 진행해야 합니다. 또한 수석/책임님이 요청한 자료는 상황에 따라 오늘이나 내일 있을 보고자료에 들어가야 할 수도 있습니다. 따라서 늦더라도 퇴근 전에 자료를 정리해서 보내야 합니다.

[그림 2-29] 중요도 vs 긴급도

처음 다양한 업무가 몰려 있었을 때는 마치 식당에서 손님에게 주문받는 것처럼 차례대로 업무를 진행하면 되는 줄 알았습니다. 업무가 많던 어느 날, 책임님이 분석 Trend 정리를 요청한 적이 있습니다. 저는 당연하게도 가장 늦게 받은 업무이니 나중에 하자는 생각으로 미뤄 두었습니다. 퇴근 시간이 가까워졌을 때 책임님이 자료를 언제 줄 수 있는지 물어보셨는데, 아직 시작도 하지 못한 상태였기 때문에 2~3시간은 걸릴 것이라고 대답했습니다. 불행하게도 해당 Trend 정리는 내일 오전에 있을 보고 회의 자료에 포함되는 자료였습니다. 다행히 자료를 최대한 간소화하여 업무량이 줄어 퇴근 전에 끝낼 수 있었지만, 잠깐 눈앞이 아득했습니다.

이렇게 시행착오를 겪게 되니 **업무가 많을 때는 중간 보고를 통해 진행 상황을 알리거나 우선순위를 직접 물어 보는 노하우**가 생겼습니다. 그리고 지금은 어느 정도 경험이 쌓여서 고객과 관련된 일이 가장 중요하다는 걸 체득했습니다.

업무에는 부서 내부적으로 조정이 가능한 일, 타부서와의 Meeting을 통해 수정할 수 있는 일, Lot 관리, System Setting처럼 즉시 진행해야 하는 일 등 여러 종류가 있습니다. 이러한 여러 가지 업무가 한꺼번에 몰려올 수도 있습니다. 처음에는 당황스럽겠지만, 파도처럼 몰려오는 업무의 우선순위를 선배에게 물어보고, 납기에 맞춰 차분하게 대응하여 마무리할 수 있길 바랍니다!

2 지인들의 경험

**공정 설계의
꽃,
PA2팀 S 동기
(S사 공정설계)**

반도체 분야 산업체에서 일하다가 넘어왔는데, 확실히 사기업의 급여와 복지가 넘사벽이네요! 이전에는 사무 업무를 주로 했는데, 학부에서 해 본 적 없는 Mask 설계 업무지만 직접 소자를 디자인한다는 점이 매력적입니다.

**프로 이직러
Mask 설계팀
K 동기
(H사 소자설계)**

저희 부서의 장점은 화성/평택이 아닌 기흥에서 일할 수 있다는 거죠! 양산이 더 심하겠지만, 이쪽 제품은 특히 다품종 소량생산이기 때문에 이슈 해결이 조금 더 힘듭니다.

**잡포스팅의
수혜자,
PIE1팀 Y 동기
(S사 공정설계)**

처음에 D 기술팀으로 입사했습니다. 하지만 교대근무로 연차를 마음대로 쓰기 어려웠고, 8인치의 성장성이 보이지 않았습니다. 그래서 사내 제도를 활용해 수율팀으로 부서를 옮긴 후 매우 만족하고 있습니다.

**메모리 제작의
출발선,
소재개발 그룹
J 동기
(S사 공정설계)**

출발은 양산팀이었지만, 운 좋게 희망했던 소재개발 부서로 옮기게 되었습니다. 기존 업무와 달리 직접 외부 업체와 미팅을 하고, 영업 아닌 영업을 하고 있네요. 석/박사 출신이 많은 부서이지만, 그만큼 학사로서 배울 점이 많은 부서입니다! 다양한 분야에 많이 도전해 보세요!

MEMO

12 취업 고민 해결소(FAQ)

💬 Topic 1. 공정설계 직무에 대한 소문!

Q1 공정설계 직무는 근속연수가 짧다고 들었는데, 실제로 어떤지 궁금합니다.

A 사실 처음 듣는 내용입니다. 그래도 교대근무가 없기 때문에 건강 Risk는 상대적으로 공정기술 직무보다 적다고 생각합니다. 그 외에는 본인 하기 나름입니다. 업무가 맞지 않아서 부서를 옮기는 분들은 가끔 보이지만, 이외에 공정설계 직무라서 근속이 짧은지는 모르겠습니다. 삼성전자가 타기업 대비 근속연수가 짧다는 자료를 본적이 있지만, 특정 직무가 통계적으로 근속연수가 짧다는 데이터는 보지 못 해서 좀 더 알아보겠습니다.

Q2 '석, 박사를 달아야 롱런할 수 있다'라는 얘기를 자주 듣습니다. 실제 석, 박사를 우대하는지, 공정설계 직무에서 학사와 석, 박사 비율이 어느 정도인지 궁금합니다.

A 수석급은 대부분 박사 학위인 것으로 알고 있습니다. 부서마다 다르겠지만, 주변 부서 기준으로는 10~20% 정도가 석, 박사 학위 소지자입니다.
박사는 책임급으로 입사합니다. 석사는 2년의 연봉 대우 및 진급 시 연차를 2년 가산하여 계산하는 것으로 알고 있지만, 업무를 시작할 때 배우는 내용은 신입 학사와 동일합니다. 개인적으로 이외에는 본인의 역량에 따라 달라진다고 생각합니다.

💬 Topic 2. 공정설계 직무는 어떤 일을 하나요?

Q3 공정설계 직무 안에서 다양하게 직무가 나누어진다고 들었습니다. 혹시 어떻게 나누어지는지 궁금합니다!

A   공정설계, 공정기술, 평가 및 분석 등의 직무는 회사에서 신입사원을 뽑기 용이하게 만든 구분이라고 생각합니다. 사실 훨씬 더 세부적으로 각 직무마다 구분되기 때문입니다. 공정설계 직무 내에는 **수율 분석**, Data 분석, Monitoring, **고객 대응**, Device 분석, Simulation, **불량 분석**, Module 등 다양한 부서가 있습니다. 또한 제품과 공정에 따라서도 부서가 나뉘기 때문에 더 다양합니다.

    처음에 희망 부서를 적는 기회를 주고 부서 배치 면담을 합니다. 따라서 부서의 TO 및 본인의 전공과 희망을 모두 고려해서 부서가 배정됩니다. 각 부서의 업무는 03 **주요 업무 TOP 3** 내용을 참고하세요.

Q4 공정설계 직무와 공정기술 직무의 차이점은 무엇인가요?

A   공정기술은 Metal, Photo, Etch 등 각 단위 공정을 깊이 있게 다루는 직무이고, 공정설계는 숲을 보듯이 모든 공정을 전반적으로 관리하는 직무라고 들어 보았을 것입니다. 보는 관점이 조금 다를 수 있지만, 예를 들어 설명해보겠습니다.

    만약 어떤 소자의 Gate 두께가 증가했습니다. 그러면 공정설계 부서에서는 다양한 관점에서 원인을 찾습니다. 처음에 Gate를 만들 공간 폭이 너무 넓었는지(Etch가 많이 되었는지), Source, Drain이 너무 Gate에서 멀게 만들어졌는지(Implant Dose 양이 줄었는지), 또한 두꺼운 Gate로 소자의 V_t가 달라지지는 않았는지(소자 특성 관점) 등 다양한 관점에서 원인 및 예측되는 결과를 확인해 보고 기술팀에 원인이 맞는지 문의합니다.

    이렇게 하나의 공정이 아닌 앞, 뒤 공정의 상관관계를 모두 알고 있어야 공정설계 업무를 수행할 수 있습니다.

Q5 최근 현업에서 큰 관심이 있는 부분이나 메인 이슈가 무엇인가요?

A 정말 단골 질문입니다. 이 질문에 저는 보통 이렇게 답합니다.

> **"궁금한 이유는 알지만, 현업에서의 큰 이슈를
> 취업준비생이 아는 걸 그리 좋아하지 않을 거예요."**

이렇게 말하는 이유는 첫째, 입사 후에 관련 교육을 3개월 이상 받아도 현업의 여러 이슈를 제대로 이해하기에 어려움이 있습니다. 둘째, 잘 모르는 사내 용어나 개념을 선배에게 어깨너머로 듣고 이야기하는 것을 안 좋게 보는 분들이 더러 있습니다. 따라서 집요하게 파고들면 마이너스 요소로 작용할 수 있습니다.

그래서 개인적으로는 전공 논문을 읽고 어떤 문제를 개선하기 위해 진행한 실험일까를 생각해 보고, 문제의 원인과 개선점을 정리해 보는 것을 추천합니다. 이외 업무상 자주 발생하는 기본적인 이슈는 03 주요업무 TOP 3에 적어두었으니 참고하세요!

Q6 입사하면 신입사원이 어떤 일을 하는지, 타부서와 협업을 얼마나 하는지 등이 궁금합니다.

A 타회사의 인턴 경험이 있어서 대략 회사의 기초 업무를 파악했다고 생각했지만, 신입사원이 익혀야 할 업무는 매우 많고 복잡했습니다. 편의점 아르바이트를 하더라도 포스기 사용법부터 익혀야 하듯이 사내에서만 사용하는 생소한 분석 Tool과 다양한 시스템을 익히는 데에는 생각보다 많은 시간이 걸렸습니다. 단순히 사용법을 익히는 것에 그치지 않고, 업무를 하면서 스스로 정리하고 실험해 봐야 하는 부분이 많았기 때문입니다. 그러나 사내 교육도 잘 마련되어 있고, 선배들도 질문에 너그러우니 너무 걱정하지 않아도 됩니다!

개인적으로 타부서와의 협업은 숨 쉬는 것처럼 끊임없이 하는 것 같습니다. 저희 부서의 도움이 있어야 진행되는 일도 많고, 저희 또한 타부서에 도움을 요청하거나 확인 후에 진행해야 하는 부분이 많기 때문입니다. 처음에는 전화를 받는 것도 망설였지만, 어느 정도 시간이 지나니 이제는 메신저만으로도 많은 문제를 처리할 수 있는 상태가 되었습니다.

💬 Topic 3. 공정설계 직무를 어떻게 준비하는 게 좋을까요?

Q7 졸업 후 공백기 동안 어떤 준비를 했는지 등의 질문에 어떻게 대답하는 것이 좋을까요?

A 최근에는 COVID-19 등으로 취업이 어려워져서 공백기를 가진 취업준비생의 비율이 늘었습니다. 따라서 너무 주눅 들지 말고 앞서 이야기한 것처럼 논문을 한, 두 개 읽어 본다거나 반도체 산업 관련 책을 읽고 생각을 정리하여 반도체 전공 지식을 PPT나 노트로 정리하면서 결과물을 남겨 보았으면 좋겠습니다. 이렇게 정리하다 보면 다른 사람에게도 설명할 수 있을 만큼 이해의 폭이 넓어질 것이고, 이는 면접에서도 분명 도움이 될 것입니다.

Q8 공정설계 직무을 준비할 때 어떤 스펙을 쌓으면 좋은지 추천받고 싶습니다. 만약 저자분께서 4학년 1학기 때로 돌아간다면 무엇을 준비할지 궁금합니다.

A 이 또한 자주 듣는 질문 중 하나입니다. 저는 4학년 1학기로 돌아가면 반도체 산업 동향과 관련된 책을 한 권 읽으면서 지원하는 회사의 강점과 전망, 다른 경쟁사와의 차이점을 먼저 파악할 것입니다. 그 후 방학 인턴이나 공정실습, 학부 연구생 등 전공을 살릴 수 있거나 심화 과정을 경험해 볼 수 있는 대외활동을 먼저 찾아 보고 도전할 것 같습니다.

만약 도전할 수 있는 상황이 아니라면, 내가 2~3년간 배운 반도체 지식을 PPT 형태로 요약해 볼 것입니다. 마치 교수님들이 강의 자료를 PPT로 만드는 것처럼 말이죠. 그렇게 반도체 소자나 물리전자에 대한 주요 내용을 20쪽 정도로 요약하면 남들에게 설명할 수 있을 정도의 내공이 쌓이게 될 것이고, 이는 면접에서도 큰 힘을 발휘할 것이라고 생각합니다!

공정기술

들어가기 앞서서

공정 기술 직무는 대부분의 취업 준비생들이 목표로 하고 있는 직무 중 하나입니다. 하지만 정확히 어떠한 일을 하는 직무인지 확실하게 아는 사람은 많지 않다고 생각합니다. H사와 S사로 대변되는 글로벌 반도체 기업의 취업을 원하는 많은 사람들은 어떻게 해야 남들보다 더 높은 경쟁력을 가질 수 있을지 지금 이 순간에도 자소서와 인적성, 면접이라는 취업 프로세스에서 고민하고 있으리라 생각합니다. 그 고민에 대한 해답을 주기위해 심혈을 기울여 이 챕터를 집필하였고, 여러분들에게 최대한 양질을 정보를 주려고 노력했습니다. 이번 챕터가 여러분들에게 취업이라는 험난한 과정 속에서 가이드가 되었으면 좋겠습니다.

01 저자와 직무 소개

1 저자 소개

하삼린이

화학공학 학사 졸업

現 반도체 S사 공정 기술
前 반도체 H사 공정 기술

안녕하세요! 이름만 들어도 알만한 **대기업 H사와 S사 모두 E기술팀 공정 기술 직무 한 길로만 걸어온 하삼린이**입니다. 제가 취업 준비를 할 당시 렛유인에 다양한 취업 관련 콘텐츠들이 있었고, 저 또한 자소서 작성부터 면접 자료까지 이용하며 그 당시 도움을 많이 받았기에 취준생 여러분들의 취업을 위해서 조금이라도 도움이 되고자 이 도서를 집필하게 되었습니다.

다만, 현재 회사에서의 경력보다 이전 회사에서의 경력이 조금 더 길었기 때문에 공정 기술 직무 Depth와 사용하는 용어 측면에서는 이전 회사인 S사의 양산/기술 내 공정 기술 엔지니어 직무 위주로 알려드리려고 합니다.

물론 이 책을 읽고 있는 분들 중 삼성전자 공정 기술인 분들도 있겠죠? 그분들을 위해서 현재 회사에 대한 내용도 충분히 넣었으니 걱정하지 않아도 됩니다.

바로 뒤에 이어지는 02 **현직자와 함께 보는 채용 공고**에서 공정기술에 대해서 상세하게 이야기할 예정이므로 여기에서는 간단하게 소개하고자 합니다. 여러분들은 공정 기술 직무에 대해서 파악하기 위해 지금 이 책을 보고 있다고 생각합니다. "SK하이닉스의 경우, 양산기술 직무로 지원 가능한데, 공정 기술은 삼성전자에 국한된 이야기 아닌가요?"라고 말할 수도 있습니다. 하지만 그건 틀린 생각입니다. 그 이유에 대해서 간단하게 말하자면, SK하이닉스의 양산 기술로 입사하게 되었을 때 부서 배치를 받고 나면 공정 직무와 장비 직무로 나눠지게 됩니다. 즉, **SK하이닉스의 양산 기술 직무 = 삼성전자의 설비 기술 + 공정 기술**이라고 생각하면 됩니다. 이때, 만약 공정 직무를 담당하게 된다면 삼성전자의 공정 기술 직무와 하는 역할은 같다고 보면 될 것 같습니다. 그렇다면 **SK하이닉스에서는 어떻게 부서 배치를 진행**하는지 바로 아래 간단한 에피소드로 확인해 보겠습니다.

1. 부서 배치 미리 알아보기

양산 기술 직무로 입사 후 SK계열사(SKT, SK이노베이션, SK실트론, SK C&C 등) 신입 사원들이 모두 모여서 진행하는 SK그룹 연수를 끝내고, 자사(SK하이닉스) 연수를 통해 각 기술팀 내 담당자가 나와 팀 설명을 하는 것을 듣다 보면, 어느새 부서 선택에 관해 결정하는 순간

> 한번 결정된 부서는 바꾸기가 쉽지 않은 현실입니다.

이 찾아옵니다. 시기마다 팀 내 TO에 따라서 필요 인력의 차이가 있겠지만, 1~3지망까지 선택을 하고 부서 면담은 따로 없어 발표 날까지 그저 기도하는 수밖에 없습니다. 저뿐만 아니라 다른 동기들 대부분이 계측과 평가를 담당하는 DMI 그룹을 희망했지만 현실은 Photo, Etch, Clean에 많은 인력이 배치되었고 저 역시 그 중 하나였습니다.

제가 입사한 시기에는 지금과 다르게 근무지를 이천과 청주 중 선택을 할 수가 있었는데(선택을 한다고 해서 무조건 반영해주는 것은 아니라는 현실), 이천을 희망했지만 청주로 배치가 되는 인원들의 경우 퇴사를 고려할 정도로 개인별로 심각한 문제라고 판단했는지 최근에는 모집 공고 자체가 이천과 청주가 따로 나눠져 있으니 꼭 한 번 고민해 보고 지원하기를 바랍니다.

> 이천은 DRAM, 청주는 NAND를 주로 생산 中

2. 공정 VS 장비, 직무 결정하기

자 그렇다면, 부서 배치는 결정되었고 이제 공정 VS 장비 직무 둘 중 하나를 선택해야하는 결정의 기로에 놓이게 됩니다. 사실 이 부분에 있어서도 여러분의 선택으로 결정되는 것이 아닙니다. 실질적으로는 파트 내의 필요 인력에 의해서 좌지우지됩니다. 하지만, 그것을 결정하는 파트장님은 여러분의 전공에 대해서 존중해 줄 것입니다. 저 역시 화학공학을 전공했기 때문에 공정으로 배치 받게 된 것입니다. 공정 부서 내 현직자들은 대부분 화학 관련 전공을 한 사람들이 대다수이고, 기계공학과도 있긴 합니다만 10% 미만의 낮은 비율입니다. 이 부분에 있어서는 반드시 그렇게 배치된다는 것은 아니지만 참고 바랍니다.

그렇다면 공정 기술은 과연 어떠한 일을 하는 직무일까요? 처음부터 회사 업무로 들어가면 여러분이 거부감이 들 수도 있을 것 같아 공정 기술 직무를 피자 만드는 과정으로 비유하여 설명해 보겠습니다.

> 쉽게 설명하려고 비유를 해 보았는데 이해가 잘 되나요?

우리가 피자를 만드는 직원 입장에서 생각한다면 어떻게 피자를 만드는 것이 손님들에게 인기를 끌 수 있을까요? 판촉 목적의 이벤트를 제외하고, 피자 자체만을 고려해 본다면 가장 중요한 것은 맛과 도우일 것입니다. 개인적인 생각이 아니죠? 따라서 첫 번째, 준비 과정으로 도우의 반죽을 통해 쫄깃한 도우를 만들고 일정한 두께의 모양을 만들어야 합니다. 두 번째 도우 위에 토핑을 얹고, 세 번째 굽는 과정을 거쳐야 합니다. 만약 첫 번째 과정에서 두께가 일정하지 않고 반죽도 제대로 되어있지 않다면 최종적으로 만들어지는 피자는 과연 어떨까요? 이처럼 공정 기술 직무란, '각 단위 공정에서 불량 없이 다음 공정으로 넘겨주어 정상적인 반도체 생산을 한다'라는 목표를 가지고 있습니다.

아직까지 구체적인 감이 오지 않아도 괜찮습니다. 제가 설명하는 공정 기술 직무 부분을 끝까지 정독하면 그 의문에 대한 답을 찾고 갈 것이라 확신합니다. 앞선 에피소드에서는 SK하이닉스의 부서 배치를 이야기했다면, 이번에는 **삼성전자의 부서 배치**에 대해서 말해 볼까 합니다.

에피소드 | **삼성전자의 부서 배치**

삼성전자의 경우, 공정 기술로 입사했기 때문에 SK하이닉스에서 공정과 장비로 고민했던 부분은 없어 마음이 조금 놓였습니다. 하지만 부서 배치는 피할 수 없는 숙명인 것 같습니다. 삼성전자는 그래도 원하는 부서에 대해서 사업부별로 다룰 수 있겠지만, 1~3지망을 선택하고 나서 부서 배치를 담당하는 인사팀과 면담 시간을 가집니다. 여기에 관해서 카더라 통신이 많은데 확실한 것은 대학생 인턴 시절 해당 부서를 경험한 경우 본인이 희망한다면 그 부서에 1순위로 배치된다는 것입니다. 나머지 정보에 대해서는 지원하는 기술팀 관련 석사

> 남들보다 빠른 시기에 채용도 확정되고 부서 선택의 폭도 넓으니 강력하게 추천합니다.

학위가 있다거나 중고 신입 경험이 있으면 원하는 팀으로 간다는 말이 있는데, 전혀 틀린 이야기는 아닌 것 같으나 이 역시 인사팀 말고는 다들 모르니 믿거나 말거나입니다. 그저 부서 배치는 하늘의 뜻에 맡기는 것이 맞는 것 같습니다. 삼성전자 역시 Photo, Etch, Clean에 많은 인력이 배치되는 것은 확실한 사실이기 때문에 아무쪼록 건승을 빕니다.

2 취업 Story

1. 화학공학 전공자의 현실

화학공학 전공자라면 혹시 취업을 원하는 산업군이 있나요? 우리 조금 더 솔직해져 봅시다. 저는 처음부터 반도체 분야로 취업을 선택하지 않았습니다. 3~4학년 때 본격적으로 화공 열역학을 비롯하여 화학 공정설계 관련 수업을 들었습니다. 그렇다 보니 **학교 내 커리큘럼을 따라가다 보면 자연스럽게 장치 산업을 기반으로 한 석유 화학, 정유사 쪽으로 취업을 해야 하나라는 생각이 들었습니다.**

하지만 앞서 말한 회사들의 근무지는 서산, 여수, 울산 등으로 지방에서 근무해야 한다는 점이 마음에 걸리지 않았나요? 물론 제가 지방

> 사실 화학공학 학사 졸업생들에게 지방 근무를 제외하면 최고의 직장이라고 감히 말할 수 있습니다.

근무를 기피해서 지금의 산업군으로 선택한 것은 아닙니다. 저 또한 지방대 출신이기 때문에 지방 근무에 대한 거부감은 없었으나 저는 오히려 SK하이닉스는 이천, 삼성전자는 화성 또는 평택이라는 저에게는 연고도 없는 경기도 지역에서 살아야 하는 것은 아닌지 막연한 걱정을 했습니다.

2. 반도체 분야로 선택한 이유

그렇다면 제가 4학년 때 **반도체 분야로 취업의 방향을 선택한 이유**는 무엇이었을까요? 단지 삼성전자와 SK하이닉스라는 기업이 돈을 많이 주고 대기업이라는 네임벨류 때문에? 물론 그 부분에 있어서는 저도 중요하다고 동의합니다. 하지만 더욱 중요한 것은 ①과연 내가 평생을 일할 수도 있는 산업군이 꾸준히 성장할 것인가? ②무한 경쟁 시대 속에서 살아남을 만한 기술력을 가지고 있는가? 제가 내린 ①~② 질문에 대한 결론으로 반도체 분야를 선택할 수 있었습니다.

3. 직무 선택 과정

앞선 과정으로 산업을 선택하였고 그 다음 과정으로 직무를 선택해야 했습니다. 제일 먼저 저는 **화학공학으로 지원할 수 있는 분야에 대해서 고민**해 보았습니다. 여러분도 SK하이닉스와 삼성전자의 모집 공고 및 JD를 보셨겠지만, SK하이닉스 기준으로는 'R&D 공정, 양산기술 및 P&T 직무'와 삼성전자 메모리 사업부 기준으로는 '평가 및 분

> 하이닉스도 최근 2년 전부터 JD 관련하여 취업 준비생들이 이해하기 쉽게 설명하는 자료를 홍보 중입니다.

석, 반도체 공정 설계, 공정 기술, 설비 기술' 이렇게 있습니다. 지금은 제가 말한 기업에 입사한 후배들이 점점 많아지는 추세이지만, 제가 처음 취업 준비를 할 당시에는 학과 선배들에게 위 직무와 관련해서 조언을 들을 수 없었습니다. 그렇다 보니 스스로 발을 벗고 나서서 정보를 수집했어야 했습니다. 우선 학교에서 진행되는 삼성전자 및 SK하이닉스의 오프라인 취업 설명회 및 상담을 신청해서 화학공학 전공자는 주로 어떤 직무에서 업무를 하는지, 전공은 어떻게 활용할 수 있는지 다양한 질문을 준비해서 갔습니다. 이를 통해 화학

> 코로나로 인하여 2년 동안 온라인으로 했었지만, 22년부터는 오프라인으로 재개하였습니다.

공학과 전공자는 공정 기술 직무에서 화학 반응 메커니즘을 기반으로 업무를 한다는 것을 알았고, 또한 각 공정별로 기술 개발 측면에서 전공의 활용도가 높다는 것을 알게 되었습니다. 여기까지 들었을 때 몇몇 분들은 "본인의 장점을 활용해서 직무를 선택하는 것이 아닌, 기업에서 원하는 직무 관점으로 선택한 거 아니에요?"라고 말할 수도 있습니다. 하지만, 우리가 직무를 고민하고 있는 상황에서는 1차적으로 본인의 전공이 어디에서 주로 활용되는지 현직자의 이야기를 통해 고민하는 것도 하나의 방법이라고 생각합니다. 물론 더 세부적으로는 공정 기술의 루틴한 업무까지도 생각해서 본인의 성격과 잘 맞는지 확인했으면 좋겠지만, 제 경험으로는 **전공을 직무와 매칭하는 방법이 직무 선택 과정의 첫걸음**이었습니다.

그렇게 '공정 기술'이라는 직무를 선택했지만 또 다른 고민이 생겼습니다. 바로 **화학공학과라는 전공을 어떠한 방식으로 자소서에 작성할 것이며 면접에서는 어떻게 말을 해야 될 지**였습니다. 흔히 알고 있는 '8대 공정'을 두루뭉술하게 공부하며 어필을 할지 또는 특정 공정팀을 하나 언급하며 어필을 할지 고민이 됐지만, 차라리 반도체 공정에서 중요하다고 생각하는 공정 중 하나인 '포토 공정'에 대해서 그 누구보다 열심히 공부해서 호기심 많은 지원자로 보이기로 정했습니다. 물론 실제 면접을 준비하는 과정에 있어서는 다른 공정도 열심히 공부했지만 '포토 공정' 만큼은 실제 면접 기출 문제와 답안에서 나오지 않는 범위까지 관심을 보였습니다.

예를 들어, 최근에는 ASML의 EUV가 양산 과정에서 정말 없어서는 안 될 만큼 중요한 장비로 인식이 되었지만, 과거 제가 취업 준비를 할 당시에는 이제 막 EUV가 기술 개발이 되고 있는 시점이었기 때문에 저의 전략은 상당히 성공적이었다고 생각합니다.

현재 저는 렛유인에서 현직자 1:1 멘토링 프로그램인 '현직자 케어 플러스' 과정을 통해서 자소서 첨삭을 비롯한 취업 상담을 진행하고 있습니다. 그렇다 보니 수많은 자소서를 읽어 보기도 하고, 이력서와 스펙을 확인하기도 하는데 다들 비슷한 스펙과 경험을 가지고 있었습니다. 저 조차도 자소서를 읽으면서 오히려 다른 지원자들과는 차별되는 경험, 노력을 했던 과정을 작성한 부분이 눈에 들어왔습니다. 물론 앞서 말했듯이 제가 과거에 했던 행동들이 정답이라고 생각하진 않습니다. **다만 다른 지원자들과는 다르게 '이것만큼은 내가 더 많이 준비/경험했다'라고 생각이 들 정도로 준비했으면 좋겠습니다.** 인턴이 아니어도 좋습니다. 취업이라는 목표를 향해서 발 벗고 뛰던 그 모습을 자소서에 녹여만 낸다면, 글을 읽는 담당자로서 여러분의 노력을 인정하여 좋은 결과를 가져다줄 것입니다.

> 자소서 첨삭 과정에서도 이런 경험을 볼 때마다 눈에 띄는데, 실제 자소서와 면접에서도 그대로 적용하면 합격 확률은 올라갈 것이라고 생각합니다.

MEMO

02 현직자와 함께 보는 채용공고

1 채용공고를 같이 보기에 앞서

취업 준비 과정 중 채용공고를 볼 때, 대부분의 회사들은 모집 직무와 전공 분야만 기술되어 있지만 **삼성전자는 그와 달리 JD(Job Description)라고 친절하게 설명해주는 설명집**이 있습니다. 사실 제가 친절하다고 설명하는 것은 SK하이닉스와 같은 다른 기업에 비해 설명이 자세하게 쓰여 있다는 것입니다. 하지만 정작 그 설명 또한 처음 취업 준비를 하는 누군가가 읽어 보았을 때, '명확하게 이런 업무를 진행하고 있겠구나!' 라는 생각이 떠오르지 않을 것입니다. 특히 공정 기술의 경우 8대 공정 기술팀이 존재하는데, 각 팀별로 중요하게 생각하는 부분(예 전공 과목 측면)이 모두 달라 이것들을 하나에 담아내기 힘들기 때문이라고 생각합니다. 즉 두루뭉술하게 공정 기술 직무에 관해서만 작성하였기 때문에, 추가적으로 여러분들이 해당 팀에서 어떠한 일을 하는지 직접 찾아보는 과정이 필수적으로 필요합니다.

과거 저 또한 마찬가지였습니다. 삼성전자의 JD 또한 몇 년째 업데이트되어 있지 않은 상황이고, 과거에도 부족한 부분에 있어서는 스스로 답을 찾아가는 과정이 필요했습니다. 이 장의 마지막 부분에서 자세히 말할 예정이지만, **오히려 경력 채용 공고는 매번 업데이트하기 때문에 참고할 부분은 있다고 생각**합니다. 왜냐하면 채용 공고 시점에서 필요한 인력이 무엇인지 여러분들이 확인할 수 있기 때문입니다.

> 이제는 업데이트를 할 시기가 아닌가 싶습니다.

여러분들은 저와 똑같은 경험을 하지 않았으면 하는 마음으로 이 도서를 집필하게 되었습니다. 또한 공정 기술 직무가 과연 어떠한 업무를 하는지 설명할 테니 여러분들의 머릿속에 채워 넣어 자소서와 면접을 준비하는 과정에서 도움을 얻어 갔으면 좋겠습니다.

> 흔히 말해서 소요된 시간 대비 얻은 것이 적어 아쉬운 경험이었습니다.

대부분의 취준생들은 삼성전자뿐만 아니라 SK하이닉스 역시 목표로 하고 있다고 생각합니다. SK하이닉스의 양산 기술 중 공정 기술 직무에 대해서 알고 싶다면 삼성전자의 JD를 참고해서 준비해도 괜찮습니다. SK하이닉스의 양산 기술 직무의 경우에 공정 기술+장비 기술(삼성전자에서는 설비 기술이라고 부름)을 모두 포함하여 모집하고 있기 때문에, 뒤에 나오는 **Chapter 4. 설비 기술** 내용을 참고해 장비 기술 직무 부분에 있어서도 준비를 하길 바랍니다.

1. 끊임없이 늘어나고 있는 반도체 시장과 직원 수

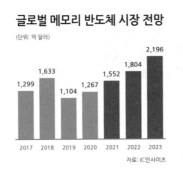

글로벌 메모리 반도체 시장 전망

(단위: 억 달러)

자료: IC인사이츠

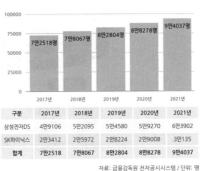

삼성전자 DS와 SK하이닉스 직원 수 추이

구분	2017년	2018년	2019년	2020년	2021년
삼성전자DS	4만9106	5만2095	5만4580	5만9270	6만3902
SK하이닉스	2만3412	2만5972	2만8224	2만9008	3만135
합계	7만2518	7만8067	8만2804	8만8278	9만4037

자료: 금융감독원 전자공시시스템 / 단위: 명

[그림 3-1] 반도체 시장 전망과 직원 수 추이

바로 위 그림에서 볼 수 있듯이, 우리나라의 반도체 TOP 2 기업들은 우리가 흔히 얘기하는 2018년도 '반도체 슈퍼 사이클'이 끝난 직후에도 끊임없이 신규 직원들에 대한 채용을 진행했습니다. 그렇다 보니 취업 준비생들의 관심이 지속적으로 증가하였고, 그에 따라 각종 취업 카페, 유튜브, 렛유인을 비롯한 취업 관련 회사들이 증가했으며 취업 준비생들도 많은 정보를 얻기 시작했다고 생각합니다. 그뿐만 아니라, 기업들 또한 양질의 인력을 유치하기 위해 계약학과를 설립하고 회사 홈페이지를 통해 직무와 관련된 정보를 올리고 있습니다. 저의 개인적인 생각이지만 제가 입사했을 당시에는 주변 동기들만 보더라도 반도체에 대해서 잘 모르는 친구들도 많았고, 회사 입장에서도 신입은 입사하고 배워도 된다는 마인드를 가졌었습니다.

하지만 앞서 언급했듯이 전반적인 인력 보충도 많이 된 상태이고, 접할 수 있는 정보가 방대하게 늘어나게 됨으로써 반도체와 직무와 관련된 정보는 충분히 확인할 수 있다고 생각합니다. 그뿐만 아니라 삼성전자와 SK하이닉스 신입 사원들 중에서도 중고 신입들의 수가 증가하고 있기 때문에, **이전과 다르게 본인만의 무기를 하나 만들어야 '최종 합격'이라는 결과를 얻을 수 있을 것**이라고 생각합니다.

따라서 이 도서를 읽을 때에는 '입사해서 처음부터 배우자!'라는 마인드에서 벗어나 **어떠한 일을 하는지 확실하게 알고 나서 '입사해서 더 자세하게 배우자!'라는 마인드**를 갖기를 바랍니다.

2. 반도체 업계의 인력 부족 이유

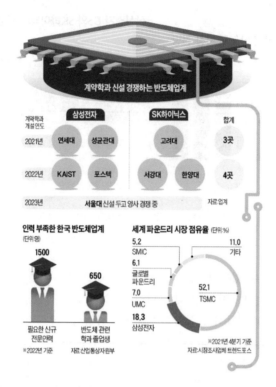

[그림 3-2] 계약학과 신설 경쟁하는 반도체 업계 (출처: 한경닷컴)

2022년 현재 직무 수행을 위한 전문 인력이 부족하다는 이유로 삼성전자와 SK하이닉스에서는 반도체 계약학과를 설립하고 있습니다. 그렇다면 2018년 이후 거의 5년이 지났음에도 여전히 기업들이 동일한 이야기를 하는 이유는 무엇이라고 생각하나요? 제가 생각하기에 가장 큰 원인은 공장을 증설하는 과정에서 인력이 필요한 것은 맞지만, 원하는 인재를 찾는 것은 어렵기 때문이라고 생각합니다.

> 대부분 파운드리 인력 관련하여 두 회사가 모두 우수한 인재를 원하고 있는 상황입니다.

즉, 기업이 JD를 만들고 각종 홈페이지나 SNS을 통해서 직무와 관련된 정보를 전달하고 통보하고 있지만, 아직도 기업에서 원하는 역량을 가진 인재들을 확보하는 것에 어려움이 있어 보입니다.

> 유튜브, 인스타 등을 통한 정보 전달이 활발하다 보니 오히려 오프라인 채용 설명회의 필요성이 떨어진 것이 아닐까 생각합니다.

여러분들은 원하는 이상형이 있나요? 우리가 흔히 개인별로 이상형이 존재하듯이 **기업들도 뽑고 싶은 인재상, 즉 원하는 이상형이 존재한다고 생각**합니다. 그 이상형의 대한 간략한 소개가 저는 JD라고 생각하기 때문에 그것을 뼈대로 삼고 저의 첨언들을 살로 덧붙여서 기업이 원하는 이상형에 도전해 보기를 바랍니다.

[그림 3-3] 제조 – 기술 – 수율팀의 관계

채용공고를 같이 보기 전에, 공정 기술 직무의 이해도를 높이기 위해서 제조, 수율, 기술팀의 관계에 대해 설명하고자 합니다.

반도체 산업은 제조업을 근간으로 하기 때문에 반도체를 생산하는 FAB 내에서 업무를 진행하게 됩니다. 공정 기술 직무로 입사하게 되면, 대부분 우리가 흔히 알고 있는 8대 공정의 기술팀에 배치될 것입니다. 기술팀과 함께 주로 협업을 하는 나머지 두 팀의 업무 R&R에 대해서 간략하게 소개해 보겠습니다.

1. 제조팀

생산 관리 직무로 입사하게 되면, 대부분 제조팀에 배치될 것입니다. 그리고 우리가 흔히 알고 있는 4조 3교대 업무를 진행하는 여사원들이 대부분 제조팀에 소속되어 업무를 진행합니다. 각 FAB에서 생산량을 책임지고 월말, 분기별 목표량을 달성하는 것이 팀의 목표이기 때문에 생산과 관련된 기술팀과 밀접하게 업무를 진행합니다. 또한 반도체 공정 수는 약 500개 이상으로 구성되어 있기 때문에, 특정 공정에서 Bottle-Neck[1] 현상이 발생하면 생산량이 악화되어 제조팀 입장에서는 끊임없이 기술팀에 PUSH를 해 목표 달성을 해야합니다.

> 삼성전자는 생산관리, 하이닉스는 양산관리 라고 합니다.

2. 수율팀

수율팀 내에서도 Device별로, 특정 공정을 담당하는 구간별로 팀을 부르는 명칭이 다양하지만(PI, PA 등), 여기에서는 간략하게 수율팀으로 묶어서 설명하겠습니다. 공정 설계 직무로 입사하게 되면 이 팀에 배정될 것입니다. 우리가 흔히 반도체의 영업 이익만을 보고 대단한 곳이라고 생각하지만, 불량이 났을 때는 전량 폐기 및 구매 기업에게 수조원에 이르는 리콜 비용까지 지불해야 하는 상황이 발생합니다('19년 상반기 삼성전자의 아마존 向 서버용 DRAM 8조원 리콜 결함 기사 참고). 따라서 수율팀에서는 Wafer 투입부터 Fab-Out까지 진행된 Wafer의 수율 Loss에 대해서 신경을 쓸 수밖에 없습니다. 이처럼 발생한 수율 불량의 원인에 대해서 파악하고 대책을 세워야 하기 때문에 끊임없이 기술팀에 PUSH를 하는 것입니다.

---

1 [10. 현직자가 많이 쓰는 용어] 1번 참고

2 **채용공고 리뷰**

삼성전자에서 공정기술 직무로 지원 가능한 사업부는 메모리 사업부, Foundry 사업부, TSP 총괄, 설비기술연구소, LED 사업팀이 있습니다. 그중 여러분들이 가장 궁금해하는 메모리 사업부 기준으로 JD를 꼼꼼히 분석해 보겠습니다. Foundry 사업부의 공정기술은 뒤에서 메모리 공정기술과 비교하여 설명하도록 하겠습니다.

> 대부분의 신입 채용 인원은 메모리 사업부, Foundry 사업부에서 이뤄지죠.

직무소개 공정기술 메모리사업부

반도체 공학 지식을 바탕으로 8대 공정기술, 기반기술을 연구 / 개발하여 생산성을 향상시키는 직무

[그림 3-4] 삼성전자 공정기술 채용공고 ①

바로 위에 나와 있는 **메모리 사업부 공정기술의 직무 설명을 보았을 때, 메모리 사업 특성상 소품종 다량 생산(DRAM, NAND)을 하기 때문에 '생산성 향상'**이 눈에 띕니다. JD에서 위 직무 소개 다음으로 나오는 업무 소개 내용을 보니, 조금 복잡한 부분이 있어 아래 표와 같이 공정과 계측으로 나누어 각각의 업무에 대해 알아보도록 하겠습니다.

〈표 3-1〉 공정기술 주요 업무 3가지

ROLE	공정	계측
① 8대 공정기술 개발 및 생산관리	• 반도체 각 공정 기술의 개발 및 고도화 • 신제품 양산을 위한 공정 최적화 • 수율/품질 향상을 위한 불량 해결 및 공정 조건 표준화	• 공정별 측정된 Data의 정기 모니터링을 통한 생산 관리 및 품질 관리
② 공정 기반 기술 연구	• 소자 구조 및 계면반응 분석으로 제품 개발 및 품질 향상 • 공정에서 발생하는 불량 원인에 대한 물리적/화학적 메커니즘 수립 및 개선 연구 • 양산 소재 품질 관리 및 사용 공정 최적화를 통한 생산성 향상 및 효율 극대화	• 계측 공정 개선을 통한 측정 결과 신뢰성 향상 • 차세대 분석기술 확보
③ 공정/설비 문제 분석 및 자동화 시스템 구현	• 분석 Tool을 활용한 공정/설비 원인 분석 및 해결 • 빅데이터 분석을 활용한 공정/설비 자동화 시스템 구축 및 최적화	–

1. 8대 공정기술 개발 및 생산관리

✓Check Point 제품 양산을 위한 공정 최적화를 통해 수율/품질 향상

ROLE	공정	계측
① 8대 공정기술 개발 및 생산 관리	• 반도체 각 공정 기술의 개발 및 고도화 • 신제품 양산을 위한 공정 최적화 • 수율/품질 향상을 위한 불량 해결 및 공정 조건 표준화	• 공정별 측정된 Data의 정기 모니터링을 통한 생산 관리 및 품질 관리

이 업무에 대한 내용은 앞에서 설명한 공정기술 엔지니어가 담당하는 전반적인 업무에 대해 '제조 – 기술 – 수율팀의 관계'로 말한 부분을 다시 한번 읽으면서 공정 기술이 어떠한 팀들과 함께 일을 하는지 리마인드하는 것을 추천합니다.

이쯤 되면 여러분은 '공정기술 업무를 설명하는데 왜 굳이 계측을 따로 빼서 설명하는 거지?'라는 의문을 품을 것입니다. 다들 알고 있는 것처럼 '계측 기술팀 또는 MI 기술팀이라고 불리는 팀이 담당하는 것이니까 그에 대한 설명을 단순히 서술한 것이고 그 외의 팀들은 크게 관련이 없어'라고 생각할 수도 있을 겁니다.

하지만 제가 하고 싶은 말은 8대 공정 중 본인이 담당하는 공정에 대해서는 계측팀보다 어느 부분에서 이슈가 되고 있는지 더 잘 알고 있어야 한다는 것입니다. 예를 들어볼까요? 우리가 뼈를 다쳐서 정형외과에 가게 된 상황에서 본인이 어디가 아픈지 정확한 부분을 의사에게 얘기하지 않는다면, 의사는 다친 부위가 아니라 정상 부위에 대한 X-RAY를 찍을 것이고 그로 인해서 의사는 "X-RAY 상으로는 정상입니다."라고 말할 것입니다. 사실은 다른 부분이 이미 뼈가 부러져서 아픈 것인데 말입니다. 그렇다면 기술팀별로 각 공정의 정상과 불량은 무엇으로 판단할 수 있을까요? 이미 알고 있는 분들도 있겠지만 공정팀별로 정기 모니터링, 즉 계측을 보는 파라미터가 존재합니다. Photo팀의 경우 Photo 장비로 포토레지스트 위에 정확하게 노광을 해야 하기 때문에 Overlay를 확인하고, Etch팀의 경우 Etch 장비로 정확하게 깎아야 하기 때문에 CD를 확인하고 있습니다. CVD/PVD팀의 경우 CVD/PVD 장비로 원하는 두께의 Film을 Deposition하기 때문에 THK를 확인하고 있습니다. 이렇게 제가 3개 팀에서 주로 보는 파라미터를 얘기했는데, 실제로는 더 많은 파라미터들이 있으니 참고 바랍니다.

> 최근에는 PVD팀이라고 부르지 않고, Metal팀이라고 부르고 있습니다. 또한 회사에 따라서는 CVD팀을 T(Thinfilm)기술팀이라고 부릅니다.

2. 공정 기반기술 연구

✓Check Point 불량 원인 분석을 통한 제품 개발 및 품질 향상

ROLE	공정	계측
② 공정 기반 기술 연구	• 소자 구조 및 계면반응 분석으로 제품 개발 및 품질 향상 • 공정에서 발생하는 불량 원인에 대한 물리적/화학적 메커니즘 수립 및 개선 연구 • 양산 소재 품질 관리 및 사용 공정 최적화를 통한 생산성 향상 및 효율 극대화	• 계측 공정 개선을 통한 측정 결과 신뢰성 향상 • 차세대 분석기술 확보

앞서 언급한 바와 같이 공정 진행 결과는 계측을 통해 확인할 수 있고, 만약 계측 결과가 신뢰할 수 없다면 계측의 목적을 상실할 것입니다. 따라서 Etch 공정에 있어서도 기존에 A point에서 주로 측정했을지라도 측정 결과 신뢰성 향상을 위해서 B point로 옮겨서 찍기도 하고, 계측 장비가 측정하고자 하는 패턴을 Scan을 잘못할 경우 감도를 향상시키는 Tuning 과정을 거치기도 합니다.

여러분들 혹시 각종 뉴스에서 '반도체 공정 난이도가 올라간다.' 또는 '선폭이 미세화되고 있다.' 혹은 '무어의 법칙'이라는 말들을 들어봤나요? 메모리 사업부에서 판매하는 DRAM과 NAND는 이제 공정의 한계에 도달했다고 해도 과언이 아닙니다. 그로 인해 선폭을 더 줄이기 위해

> 무어의 법칙 관련해서 꼭 한번 찾아봤으면 좋겠습니다.

서 뉴스에서 많이 나오는 ASML사의 EUV 장비를 통해, Photo 공정에서는 반도체 소자를 점점 더 얇고 높게 개발하고 Metal 공정에서는 사용되는 텅스텐(W), 티타늄(Ti), Al(알루미늄)과의 Contact Etch 이후 생성된 물질과의 계면에서 원하는 반응을 만들기 위해서 끊임없는 연구가 진행되고 있습니다. 또한 Etch 공정에서도 이전보다 Etch A/R[2]가 높게 진행되기 때문에 계측 기술의 난도도 올라가는 추세입니다.

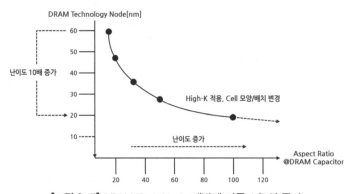

[그림 3-5] DRAM Tech Node 개발에 따른 A/R의 증가

---

2 Aspect Ratio라 하여 형성된 패턴의 세로/가로의 비율

이쯤 되면 "메모리 사업부 공정 기술 JD에서 생산성이 중요하다고 했는데, 중간중간에 '개선', '개발', '연구' 이런 단어가 보여 이게 맞나요?"라고 말할 수도 있을 것 같습니다. 바로 지금 이와 관련된 이야기를 하려고 합니다.

앞서 제가 말했듯이 공정의 난도가 올라가다 보니 자연스럽게 연구소에서 진행했을 당시 문제가 없어 보이던 공정의 경우에도 실제 양산으로 진행하다 보면 문제가 터진다는 것입니다. 그로 인해 처음 연구소에서

> 삼성전자는 반도체연구소, 하이닉스는 미래기술연구소가 해당됩니다.

기술팀으로 전달된 버전1의 공정 레시피는 수많은 개선을 통해서 양산이 안정화된 시점에서의 버전4 혹은 그 이상의 버전까지 만들어지게 되는 것입니다. 그러면 '연구소에서 제대로 평가해서 기술팀으로 전달해주면 되는 일 아닌가?'라는 의문이 들 수도 있겠습니다만, 연구소가 갖고 있는 설비의 CAPA[3]는 실제 FAB 내에 있는 설비 CAPA에 비하면 아주 작은 부분입니다. 또한 실제 양산/생산할 때의 조건이 기술팀별로 다르고 외부 환경으로부터 영향을 받기도 합니다. 실제 근무할 당시에 특정 설비의 문제점을 파악해 보니 아무래도 미세 공정을 진행하기 때문에 중력의 영향으로 인해서 설비의 경향성이 다르게 나타나기도 하고, 믿기지 않겠지만 배기 과정에 있어서 외부 날씨의 영향을 받기도 했습니다.

이처럼 공정기술 엔지니어로서 불량을 개선하기 위해 수많은 테스트를 하다 보면 그동안 본인들이 갈고 닦은 전공 지식을 마음껏 활용할 수 있으니 얼마나 가슴이 뜨거워지는 일입니까!

참고   **공정설계, 공정기술, 설비기술, 평가 및 분석 직무관계**

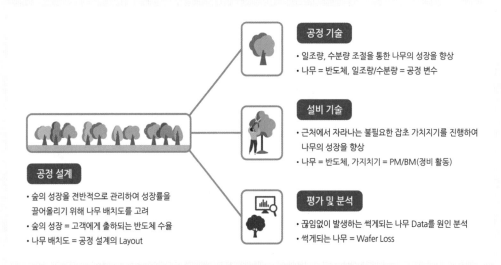

공정 기술
- 일조량, 수분량 조절을 통한 나무의 성장을 향상
- 나무 = 반도체, 일조량/수분량 = 공정 변수

설비 기술
- 근처에서 자라나는 불필요한 잡초 가지치기를 진행하여 나무의 성장을 향상
- 나무 = 반도체, 가지치기 = PM/BM(정비 활동)

평가 및 분석
- 끊임없이 발생하는 썩게되는 나무 Data를 원인 분석
- 썩게되는 나무 = Wafer Loss

공정 설계
- 숲의 성장을 전반적으로 관리하여 성장률을 끌어올리기 위해 나무 배치도를 고려
- 숲의 성장 = 고객에게 출하되는 반도체 수율
- 나무 배치도 = 공정 설계의 Layout

[그림 3-6] 공정설계, 공정기술, 설비기술, 평가 및 분석의 관계

---

3 Capacity의 약자로, 설비로 24시간 동안 Wafer를 생산할 수 있는 능력

채용공고를 통해 공정설계, 공정기술, 설비기술, 평가 및 분석 직무들이 구체적으로 어떠한 일을 하는지 취업 준비생인 여러분들은 익히 알고 있던 정보이기 때문에 쉽게 이해하실 수도 있을 것 같습니다. 하지만 제가 과거 1~2학년 당시 직무에 대한 이해가 없던 시절 '공정 기술'이라는 단어를 들었을 때, 이해하기가 어려웠던 기억이 있습니다. 따라서 여러분들 중 저같은 분들을 위해 간략하게 그림을 참고하여 설명해두었습니다.

참고　　직무 면접과 PT 면접을 준비하는 바람직한 자세

(1) 취업 준비생으로서 가졌던 좁은 시야

제가 취업 준비생이었던 시절에 삼성전자와 SK하이닉스 면접 준비를 했었던 기억을 떠올려 보았습니다. 그 당시 직무 면접과 PT 면접을 준비하기 위해서 렛유인뿐만 아니라, 네이버 카페 독취X, X플래닛, X코리아 같은 곳에 있는 기출 문제를 모두 정리하고 있었습니다.

전공이 화학공학과이기 때문에, 화학과 관련된 문제를 정리하다 보니 주로 화공기사를 준비한 사람들이라면 당연히 알 수 있는 열역학과 관련된 문제들이었습니다. 사실 그 당시에는 '그저 포괄적이고 기초적인 전공 개념을 대체 왜 물어보는 것일까?'라는 생각과 '이 정도면 부담 없이 준비할 수 있겠구나'라는 생각이 들었습니다. 아니, 어쩌면 기초적인 내용이다 보니 '회사 입장에서는 이 정도는 최소한 알아야지 입사가 가능해! 라는 것일까?'라는 느낌도 받았습니다. 또한 직무 면접에서는 반도체 관련 기본적인 질문들도 받았습니다. 그 당시에 두 회사 모두 직무 면접은 무난하게 보았고, 최종적으로 SK하이닉스에 입사하게 되었습니다.

(2) 기초 전공 지식과 업무와의 관계

회사에 입사 후, 공정 기술 엔지니어의 업무를 수행하다 보니 기존의 방법으로는 공정상의 불량을 해결하기 어려운 난제들이 있었습니다. 당시 담당하는 공정에서 Particle 이슈가 있었는데, 원인 파악은 하였으나 Particle 발생을 제어하기 힘들었습니다.

그러던 도중 반응 챔버 내에서 생성된 플라즈마의 움직임에 대해 고민하였고, 기체의 성질 중 '기체는 압력이 높은 곳에서 낮은 곳으로 이동한다'라는 기초적인 지식으로 접근하여 해당 불량을 해결할 수 있었습니다. 이때 불현듯이 과거 전공 지식을 공부했던 것이 현재의 업무에 충분히 활용이 가능하다는 것을 깨달았습니다.

여러분들이 학부 시절 배운 전공 지식은 생각해보면 어려운 것이 아니지만, 제가 경험한 것처럼 중요한 순간에는 그 위력이 대단합니다. 그렇기 때문에 반도체를 배우지 않았더라도 여러분이 가진 전공의 Potential을 믿고 기초에 충실했으면 좋겠습니다.

3. 공정/설비 문제 분석 및 자동화 시스템 구현

✓Check Point 빅데이터 분석 Tool을 이용한 불량 원인 분석(feat.FDC)

ROLE	공정	계측
③ 공정/설비 문제 분석 및 자동화 시스템 구현	• 분석 Tool을 활용한 공정/설비 원인 분석 및 해결 • 빅데이터 분석을 활용한 공정/설비 자동화 시스템 구축 및 최적화	–

바로 위 JD 내용을 보았을 때, 여러분은 '갑자기 왜 설비 문제까지 공정 기술이 해결해야 하는가?'에 대한 의문이 들 것입니다. 이러한 의문을 해결해 드리겠습니다. 설비 내에 있는 Source 파라미터가 조금이라도 변경이 된다면 공정상에 치명적인 영향을 줄 수 있기 때문에 설비에 대해서도 신경을 써야 합니다.

하지만 큰 걱정은 하지 않아도 됩니다. **설비에서 발생하는 Signal은 FDC(Fault Detection and Classification)[4]**이라고 하는 실시간 모니터링 프로그램을 통해서 계속 확인하고 있기 때문입니다. 우리가 흔히 인터넷을 정보의 바다라고 하지만 막상 원하는 정보를 찾을 때에는 없어 힘들었던 기억이 있을 것입니다. FDC Data가 무궁무진하게 많고 지금 이 순간에도 반도체 설비는 가동되기 때문에 Data가 생성되고 있습니다. 그 Data가 과연 공정상에서 문제가 될 만한 요소인지 아닌지는 Spotfire[5] 또는 파이썬라고 하는 분석 Tool을 통해서 원인을 분석하고 해결해야 합니다. 빅데이터 Tool 사용 예시는 뒤에서 설명할 예정이니 참고 바랍니다.

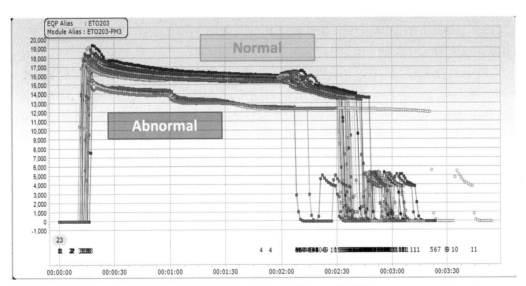

[그림 3-7] 실제 FDC Trend 확인을 통해 정상과 비정상을 판단 (출처: Semiconductor Digest)

---

4 [10. 현직자가 많이 쓰는 용어] 2번 참고
5 [10. 현직자가 많이 쓰는 용어] 3번 참고

《표 3-2》 삼성전자 공정 기술 채용공고 ②

사업부	Requirement
메모리	반도체 기본 동작 원리, 공정 개발 등 반도체 개발의 공정 기술 개선에 필요한 역량 보유자
	반도체 소자의 물리적 / 재료화학적 분석에 필요한 역량 보유자
	빅데이터 분석 역량 보유자
파운드리	전기전자, 재료/금속, 재료/화공 및 기계, 물리 계열 전공자 또는 이에 상응하는 전공지식 보유자
	기본적인 반도체 공정과 소자 특성에 대한 역량 보유자 (반도체 8대 공정, Device Physics, Yield, SRAM, Layout)

많은 취준생 분들이 자소서 작성 및 면접을 준비하면서 자격요건에 대해서 많이 궁금해할 것 같습니다. 하지만 크게 부담을 가지지 않아도 될 것 같습니다. 위 내용을 보면 알겠지만 JD에서 말하는 것은 크게 반도체의 기본 지식, 본인 전공 지식은 적어도 알고 있어야 한다는 것입니다. Requirement, 즉 최소한의 요구 조건인 것입니다. 물론 반도체 산업으로 직장 경험이 있는 분들은 반도체 지식이 상대적으로 많을 것입니다. 하지만 이 책을 읽는 대부분의 취준생 분들은 '신입사원' 채용 공고에 지원할 것이라고 생각합니다. 따라서 회사 입장에서도 최소한의 요구 조건만 갖춘 인재면 '개인의 성장 가능성'을 보고 채용해 회사에서 반도체 지식을 자세하게 교육합니다. 그렇다 보니 과거와 현재 저의 동기들 또한 반도체 지식이 얕은 상태에서 들어온 경우가 대다수였습니다. 물론 면접을 준비하면서 관련된 지식에 대해서 열심히 공부했다고 생각합니다. 실제로 삼성전자 DS의 경우에는 입사 직후부터 현업에 배치되고 난 후에도 약 1년 가량이 교육으로 이뤄지니 걱정하지 않아도 될 것 같습니다.

그럼에도 불구하고 위 표에 기술된 Requirement를 어떻게 활용하는 것이 좋을까에 대한 걱정을 덜어드리겠습니다. 최근 렛유인을 비롯하여 반도체 취업을 목적으로 한 수많은 외부 강의가 있습니다. 따라서 '반도체 공정' 관련해서는 NCS 강의와 공정 실습을 통해서 기초를 탄탄하게 쌓으시는 것을 추천합니다. 또한 렛유인에서 출간한 '한 권으로 끝내는 전공·직무 면접 반도체 이론편과 기출편'을 통해서도 충분히 많은 정보를 얻을 수 있을 겁니다. 더 나아가 원하는 사업부의 Device 개발 동향에 대해서도 기사를 통해 공부하게 된다면 Requirement에 대한 준비는 충분히 되었다고 생각합니다.

참고 **경력 채용 공고문을 통한 JD 활용법**

이 책을 보는 여러분들은 대부분 신입으로 지원을 준비하고 있을 것입니다. 그렇다면 앞서 이야기했듯이 신입 JD를 통해서 직무 관련 정보를 얻으면 됩니다. 제가 이 부분에서 이야기할 사항은 경력 채용 공고문도 활용하면 좋겠다는 의견입니다. 신입 JD의 경우, 과거에 제가 처음 취업을 준비했을 때와 지금의 JD를 비교한다면 달라진 점이 거의 없다고 생각합니다. 다만 경력 채용 JD의 경우, 매 시기별로 원하는 인력에 대한 요구 사항들을 명시해 놓았기에 우리가 지원하려는 사업부/직무에서 어떠한 인재를 필요로 하는지 확인할 수 있습니다. 바로 아래에서 최근에 올라온 경력 채용 공고를 한번 확인해 보겠습니다.

채용공고 공정개발(Dry Etch 공정)

주요 업무	자격 요건
• **생산운영** 　- 현장 대응 (교대근무) 및 생산성 확보를 　　위한 호환 업무 수행 　- Dry ETCH 기인 Defect (불량) 에 대한 　　분석 및 제어 • **공정 개선 업무** 　- 생산성 확보 및 양산 안정화를 위한 　　개선 평가 진행 　- 공정개선 (공정단순화) 　　/ 미세 Tunning을 통한 품질 향상 　- Recipe optimize를 통한 생산성 향상	• **전공 관련** 　- 전자공학, 재료공학, 물리학, 화학공학 전공 • **Knowledge 관련** 　- 플라즈마/반도체 (Etch공정기술) 관련 　　경험 보유 (3년 이상) 　- 고선택비 (ex, SAC) & Cyclic Etch 　　경험 보유 　- OES 파형 & Fume 분석 및 제어 기술력 　　및 경험 보유 　- 기류/전자기장/플라즈마 시뮬레이션 전문가

[그림 3-8] 삼성전자 공정개발 경력 채용공고

담당 업무를 보면 품질/생산성 향상을 주목적으로 하고 있습니다. 또한 필요 역량을 보면 OES 파형과 Fume 분석을 통해서 현재 불량의 원인 파악에 집중하는 것 같습니다. 위 내용을 볼 때 전공 지식 측면에서는 플라즈마 관련 지식을 어필한다면, 이후 업무에서도 큰 도움을 받을 수 있을 것 같습니다. 경력 채용은 다양한 사업부와 우리가 알고 있는 공정 기술 직무 내에서도 세분화되어 있기 때문에 관심 있는 공정팀을 키워드로 선정하여 자료들을 정리하는 것을 추천합니다.

위에서 언급한 바와 같이 신입으로 지원하는 데 있어서 최근 경력 채용 공고문을 활용한다면, 어떠한 측면에서 조금 더 어필을 하면 좋을지 방향성을 잡을 수 있을 겁니다.

03 주요 업무 TOP 3

주요 업무를 이야기하기에 앞서 간략하게 8대 공정 Flow를 한번 보겠습니다.

[그림 3-9] 반도체 8대 공정 Flow

연구소에서 검증이 끝난 초기 Base Recipe (버전1)가 사업부에 전달되면, 사업부 내 8대 공정 기술팀들은 해당 Recipe를 기반으로 Wafer를 설비에 투입하게 됩니다. 바로 앞의 채용공고 설명 부분에서 공정 기술팀의 Role에 대해서 설명했는데, 혹시 기억이 날까요? **공정 기술팀의 목표는 우수한 품질을 갖고 많은 양의 Wafer 생산에 기여하는 것**입니다. 저는 Etch 기술팀으로만 근무 하고 있었기에 여러분들에게 식각공정 기술팀 기준으로 주요 업무 TOP 3를 말씀드리겠습니다.

1. 정확도 높음 정밀도 높음  **2. 정확도 낮음 정밀도 높음**  **3. 정확도 높음 정밀도 낮음**  **4. 정확도 낮음 정밀도 낮음**

[그림 3-10] 정확도와 정밀도

주요 업무에 대해 설명하기 전, 여러분들은 통계학이라는 수업에서 위의 과녁을 보며 정확도와 정밀도의 개념을 배워 본 적이 있나요? 남학생들의 경우 따로 수업을 듣지 않아도 군대에 다녀왔다면 사격을 할 때 위와 같은 상황을 겪어본 적이 있을 겁니다. 간단하게 요약하자면 다음과 같습니다.

정확도란 과녁의 중앙(목표값 혹은 Target)에 최대한 가까워질수록 좋은 것이고, 정밀도란 타점들이 퍼져 있지 않고 뭉쳐질수록 좋은 것(=산포 관리가 잘 된 것)입니다.

위 1~4의 과녁의 결과를 양산 Trend로 생각했을 때, 가장 이상적인 Data는 정확도와 정밀도가 가장 좋은 1번이 될 것입니다. 반대로 생각하면 가장 최악의 경우는 4번일 것입니다. 심지어 4번의 경우에는 수율 불량을 유발시킬 수 있는 타점이 하나 있습니다. 그러면 2번과 3번 중에서 더 우수한 것은 무엇이라고 생각하나요? 정답은 추가 타점의 결과를 보고 판단하는 것입니다. 그 이유는 2번의 경우 현재 산포 관리가 우수하지만, 이후 타점이 점점 과녁 바깥으로 형성된다면 스펙 Out되어 수율 불량을 일으킬 가능성이 있기 때문입니다.

3번의 경우 스펙 In인 상황이지만, 이후 타점도 지금과 비슷하게 형성된다면 기술팀에서 관리하는 산포 관리 지수 중 하나인 CPK[6]가 나쁘다고 지적을 받기 때문입니다.

---

6 [10. 현직자가 많이 쓰는 용어] 4번 참고

1 양산 Trend 관리

우리가 흔히 '수율을 확인한다'라는 말은 처음 투입된 Wafer가 모든 공정을 거친 후에 fab-out 되고 나서 EDS를 통하여 관리하는 파라미터를 점검하는 과정을 거친다는 의미입니다. Etch를 기준으로 CD를 측정하는 포인트가 크게 3구간(Wafer, Edge, EX_Edge[7])으로 나눠지는데, **소자의 특성을 고려하여 Etch의 CD는 수율에 영향을 미치는 파라미터이기 때문에 Etch는 CD를 중점으로 관리**하는 것입니다.

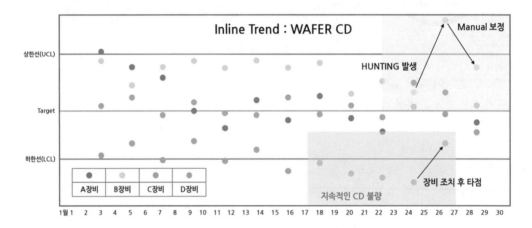

[그림 3-11] Inline Trend Chart

위 그림이 바로 **공정기술 직무로 입사하게 되었을 때, 자주 보게 되는 Inline Trend Chart**입니다.

가로축에 나타나 있는 1월 한 달이 기준이며 앞서 설명한 것처럼 Wafer CD를 기준으로 그래프를 표현해 보았습니다. 물론 그래프라는 것은 사용자의 특성에 맞게 가로축/세로축을 다르게 놓을 수도 있지만, 공정기술 엔지니어는 Daily Trend를 관리해야하기 때문에 위와 같은 방식으로 주로 활용하고 있습니다. 여러분들에게 설명하기 쉽게 A~D 장비로만 표현했습니다. 앞서서 제가 Etch를 기준으로 CD를 측정하는 포인트가 크게 3구간(Wafer, Edge, EX_Edge)으로 나눠진다고 했습니다. 크게 3가지의 파라미터 중 여기에서 쓰인 상한선(UCL)과 하한선(LCL)은 웨이퍼 CD 파라미터에 대한 스펙입니다. Target은 중간에 있는 선으로, 타점이 T.G[8] 근처에 갈수록 가장 좋은 상태입니다. 아래에서 A~D 장비를 간략하게 분석해보겠습니다.

---

7 [10. 현직자가 많이 쓰는 용어] 5번 참고
8 Target이라는 특정 스펙 범위의 중간값

1. A 장비

우리가 대부분 보게 될 **일반적인 Inline Trend**입니다.

2. B 장비

1월 중순까지 지속적으로 상한선 근처에 타점이 찍혀 있으나, 이후 조금 가라앉는 것 같은 느낌입니다. 여기에서 포인트는 우측 상단을 보면 1월 27일쯤 Hunting[9]이 발생했습니다. 이때 Manual 보정을 통해서 상한선 밖으로 나간 타점을 다시 안으로 들어오게 만들었습니다. 그렇다면 Manual 보정이란 어떤 것일까요?

우선, Dry Etch 중에서 자주 쓰는 SiO_2 Etch를 예로 들자면, 이와 같은 반응식이 있습니다.

$$반응식 : SiO_2(solid) + CF_x \rightarrow SiF_4 + CO_2(gas)$$

상세하게 설명하자면, 이전 CVD 공정을 통해서 $SiO_2(solid)$ Layer가 형성되어 있고 이를 Etch하기 위해서 Ethant Gas로 CF_x Gas를 이용한 것입니다. 그렇다면 왜 이와 같은 화학 반응식을 이용했을까요? 화학 반응의 결과물이 $CO_2(gas)$이므로, 이는 배기를 통해서 제거가 가능하기 때문에 Etch를 진행할수록 발생되는 부산물(By-product) 제거가 용이합니다. 이처럼 반응의 결과물로 Gas가 만들어지는 과정이 Etch 뿐만 아니라, 다른 공정에서도 유용하게 쓰이는 화학 반응식입니다. 또한 Etchant Gas[10]인 CF_x을 이용하여 Etch를 실시하는데, CF_x의 농도를 더 올려서 진행하면 SiO_2가 더 많이 깎여 나가는 것을 이용하는 원리입니다.

본론으로 돌아와서, 바로 뒤에서도 언급할 내용이지만 **평소에는 APC[11]라고 하는 프로그램이 자동으로 계산하여 Etchant Gas 농도를 조절해서 투입하지만, 때로는 사람이 직접 Manual로 보정**하기도 합니다.

3. C 장비

하한선 근처에서 타점이 계속 찍히다가 1월 17일부터 하한선 아래로 스펙을 벗어나기 시작했고, 그 상황이 지속되어 보입니다. 따라서 엔지니어의 판단하에 1월 24일을 기점으로 **더 이상 진행이 불가능하다고 여겨 설비/장비 엔지니어에게 조치를 요청한 것**으로 보입니다. 2일 뒤에 조치후 첫 타점이 찍혔는데, 이전보다는 하한선 위로 형성되었습니다. 물론 29일에 찍힌 타점 역시 완벽하게 정상으로 들어왔는지 확신할 수 없기 때문에 지속적으로 모니터링을 해줘야 합니다.

---

9 정상적인 Data에 비해서 유난히 튀어오르게 형성되는 불량의 한 종류
10 Etch 공정에서 Layer를 제거하는데 쓰이는 Gas
11 [10. 현직자가 많이 쓰는 용어] 6번 참고

4. D 장비

A 장비는 일반적인 Trend였다면, **D 장비는 T.G 부근에서 타점들이 형성되어 있기 때문에 가장 BEST 하다**고 할 수 있습니다. 물론 정밀도 혹은 산포적인 측면에서도 가장 우수하다고 얘기할 수 있습니다.

제가 **B 장비**에서 언급했듯이 이렇게 많고 복잡한 장비들은 과연 어떤 시스템을 통해서 관리를 하는 것일까요? 제가 예시로 든 장비들은 몇 개 없었지만, 실제로는 A 장비에서도 최대 4개의 챔버에 따라 타점이 찍히기 때문에 정말 복잡한 Trend로 표현될 것입니다.

시스템 구성도

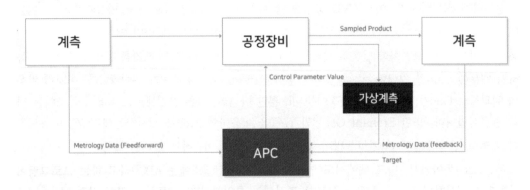

[그림 3-12] APC 시스템 구성도 (출처: BRIQUE 홈페이지)

그렇기 때문에 정답은 바로 **APC라는 시스템을 이용하는 것**입니다. 반도체 특성상 24시간 진행이 되어야 하기 때문에 APC라는 자동 보정 기능을 통해서 CD가 떨어지는 계측이 Trend에 찍히게 되면, APC가 계산해서 스스로 가변 GAS 더하거나 빼주는 행위를 통해 CD를 더 크게 만들어주는 것입니다. 물론 자동 보정 시스템은 보수적으로 CD가 변경되도록 설계되었기 때문에, CD가 Trend에서 너무 벗어나게 된다면 엔지니어가 직접 보정하는 작업을 진행합니다.

> 화학공학을 전공했다면 공정 제어 과목에서 한 번쯤 봤을 겁니다.

2 Wafer MAP & EBI 계측

1. Wafer MAP

[그림 3-13] Defect 계측 시 이슈 예시

여러분 한번 상상을 해 보죠. **어떠한 공간 내에서 우리가 Etch를 진행하게 되었을 때, 깎여나 가는 물질들은 과연 어디로 가는 것일까?** 대부분의 물질들은 플라즈마 환경 속에서 둥둥 떠다니고 있기 때문에 Etch를 진행하는 챔버(C.B)에 붙어있는 배기 펌프를 통해서 내부에서 외부로 나가게 됩니다. 하지만 과연 모든 물질들이 사라질까요? 아직 부족합니다. 이 상태로 다음 공정으로 넘어간다면 불량이 발생할 것이기 때문에 Etch 후에 바로 Cleaning 공정을 진행합니다. 그 결과 많은 물질들은 사라지지만 그래도 혹여나 남아있는 물질들이 있다면, 위 그림처럼 Wafer Map 계측을 통해서 파악할 수 있습니다. 따라서 끊임없이 파티클이 발생한다면, 비정기 세정(BM, Breakdown Maintenance)을 실시하여 챔버 내부에 있는 잔존 파티클을 제거해야 합니다.

> Etch 뿐만 아니라 대부분의 메인 공정을 진행 후에는 Cleaning을 실시합니다.

최근 메모리/파운드리에서 공정의 난도가 올라감에 따라 패턴의 사이즈 또한 이전보다 더 미세해졌습니다. 따라서 위 그림에서도 확인할 수 있듯이 패턴 위로 파티클이 남아있어 다음 공정에 영향을 줄 수 있고, 또는 공정 진행 중 발생된 파티클로 인해 패턴 미형성으로 이어지게 되는 것입니다. **고객사와의 신뢰는 좋은 수율로써 줄 수 있는데, 파티클 제어도 하나의 방법이 될 수 있습니다.** 특히 파운드리 사업부 채용공고에서도 확인할 수 있듯이 다른 사업부에 비해서 파티클에 더욱 신경을 쓰는 것을 볼 수 있습니다. 즉 다양한 고객사의 제품을 생산하기 위해 발생하는 Defect를 어떻게 효과적으로 제거할 수 있을지 지원자의 입장에서 고민해 보는 것을 추천합니다.

2. Electron Beam Inspection(EBI) 혹은 Voltage Contrast(VC) Defect 검증

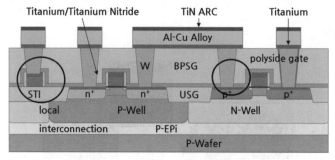

[그림 3-14] 반도체 공정 Architecture

먼저 간략하게 Electron Beam Inspection(EBI) 혹은 Voltage Contrast(VC)라고 불리는 전자빔 계측에 관해서 설명하겠습니다. 우선, 전자빔 계측을 진행하는 목적은 소자의 불량을 잡아내기 위함입니다. 바로 위 그림의 동그라미로 표시한 부분을 보겠습니다. 상부와 하부 Layer를 연결하는 배선이 깔려있는데 이때 제대로 연결되었는지 검증하는 것입니다. 만약 제대로 이어져 있지 않다면 소자가 동작하지 않을 것이고, 이후 수율 검증 과정에서 치명적인 불량으로 다가올 것입니다. 따라서 전자빔을 통해서 사전에 불량을 잡아내는 것입니다.

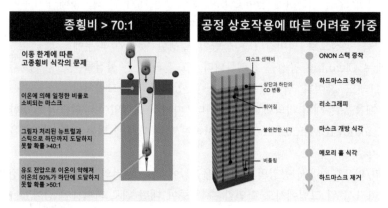

[그림 3-15] High Aspect ratio에 따른 공정 난도 증가 (출처: 테크월드뉴스)

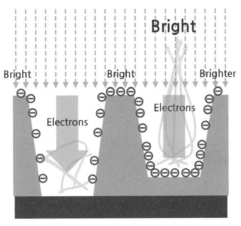

[그림 3-16] EBI 계측 원리: 전자의 움직임[12]

　　DRAM과 NAND 모두 기술적으로 발전된 새로운 Device를 개발함에 따라 점점 Aspect Ratio(A/R)가 높은 소자를 만들어야 합니다. 그로 인하여 Etch는 더 깊게 뚫어야 하는 필요성이 생겼고, 이는 반도체 개발에 있어서 공정기술의 중요성이 점점 더 커졌다고 말할 수 있습니다. **위 그림에서 확인할 수 있듯이 A/R이 높아지는 소자 개발로 인해 하부 Layer까지 완벽하게 뚫어야 전기적인 특성을 가지는 Device가 만들어지기 때문에 EBI 기술을 이용한 VC Defect 검증이 필요합니다.** Etch 공정도 수많은 종류가 있는데, 특히 공정의 난도가 높은 HARC Etch[13]의 경우에는 이 검증이 필수적입니다. 이렇게 설명을 들으면 "아니 필수적인 계측이라고 하면, 모두 계측하면 되지 않나요?"라고 질문을 할 수도 있습니다. 하지만 EBI는 패턴 하나하나 전자빔을 이용한 측정을 한다는 특성 때문에 계측 시간이 하루 이상 걸리는 치명적인 단점을 갖고 있습니다. 우리뿐만 아니라 다른 팀도 그 계측기를 사용한다고 생각한다면, 대기시간까지 고려해서 하루가 아니라 3일 그 이상이 걸릴 수도 있습니다. 이는 분명히 양산 입장에서 큰 부담감으로 작용합니다.

---

12 출처: Sergey Babin 외, 「CD-SEM and E-beam Defect Inspection of High Aspect Ratio Contact Holes: Measurement and Simulation of Pre-charge」, 2022
13 High Aspect Ratio Contact Etch이라고 하여 Deep하게 Etch하는 난도 높은 공정

3 빅데이터 Tool(Spotfire)을 통한 분석

1. CD Data

앞의 채용공고 설명에서 '빅데이터 Tool'에 대한 내용이 있었습니다. 실제 현업에서는 어떻게 해당 Tool(Spotfire)을 활용하는지 설명하겠습니다.

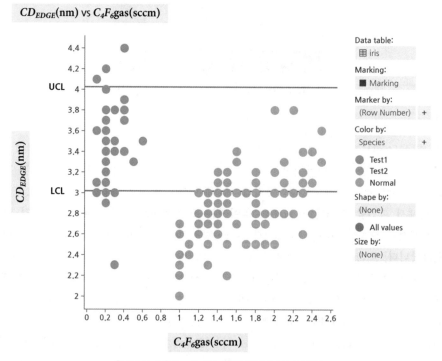

[그림 3-17] Spotfire를 통한 공정 평가 시각화

우선 바로 위에 있는 산포도는 Spotfire을 통해서 구현한 것이고, 이를 통해 얻고자 하는 것은 **공정 평가를 통해 Data의 개선 유무 시각화**입니다.

제가 추가적으로 설명하지 않더라도 누구나 위 그림을 보고 Data의 경향성을 파악할 수 있다고 생각합니다. 이처럼 산포도를 그리는 이유는 시각화를 하기 위함입니다. 설명을 덧붙이자면 초록색 타점으로 표시된 Normal Data가 있고, 해당 Etch공정 Step에서 C_4F_6라고 하는 Polymer Gas는 1.5~2.5sccm 가량을 사용 중입니다. 하지만 그때의 CD_{EDGE}의 스펙이 3~4nm인데 대부분 LCL 밑으로 타점이 형성되어 수율 불량을 야기할 수 있습니다. 따라서 C_4F_6 Gas의 양으로 Test1, Test2을 실시한 결과, Test1 Data에서도 확인할 수 있듯이 타점 대부분이 스펙 내에 형성되어 있으므로 해당 Step에서 C_4F_6 적정량은 0.5sccm 이하인 것으로 확인되었습니다. 공정 엔지니어로서 해당 Step에서 C_4F_6 Gas 과다 사용으로 인한 공정 사고를 예방하기 위해서는 전산 상으로 C_4F_6 Gas는 넉넉잡아 1sccm 미만으로 Interlock을 설정할 필요가 있습니다.

2. 수율 Data

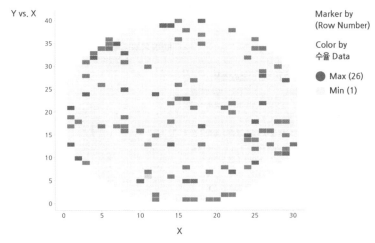

[그림 3-18] Spofire Wafer Map을 통한 수율 검증

물론 양산에서는 수율 Data 또한 중요하기 때문에 Spotfire를 활용하여 Wafer Map을 확인하기도 합니다. 수율은 Die[14]별로 EDS 공정을 진행하기 때문에 바로 위에서 볼 수 있듯이 Die에 대한 수율을 확인할 수 있습니다. 간단히 설명하자면, Die의 색깔이 진할수록 특정 수율 파라미터의 Data가 나쁘다는 의미입니다.

공정 엔지니어한테 있어서 수율이란 최종 관문과 같기 때문에 앞서 공정 평가 또는 양산 Trend 관리보다 더욱 중요하게 검증해야 하는 부분입니다. 왜냐하면 아무리 CD나 Wafer Defect, EBI Data가 정상이라 할지라도 수율에서 불량이 발생하게 된다면 양산에서는 큰 의미가 없기 때문입니다.

저 또한 과거 공정 평가를 진행하면서 각종 공정 파라미터 변경을 통한 Test와 실제 Wafer를 SEM을 통해 계측 확인해 보는 과정을 거쳐 많은 시간을 소요했지만, 수율 불량을 끝내 해결하지 못해 좌절한 경험이 있습니다. 물론 그 당시 힘든 경험이었지만 달리 생각해 보면 Test를 진행하면서 직접 눈으로 확인하며 깨닫는 일련의 과정들이 있었기 때문에 추후 이전보다 수월하게 공정 평가를 진행할 수 있었습니다.

---

14 [10. 현직자가 많이 쓰는 용어] 7번 참고

4 신규 디바이스에 대한 셋업

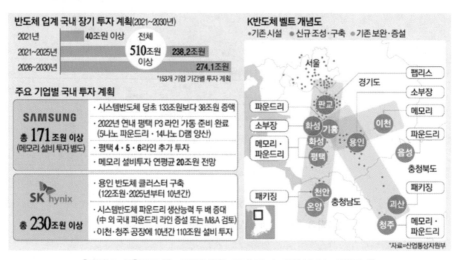

[그림 3-19] 반도체 기업의 향후 국내 투자 계획 (출처: 매일경제)

여러분은 Set-up이라는 단어를 들었을 때, 제일 먼저 어떤 생각이 떠오르나요? 막연하게 어려울 것 같은 생각이 들지는 않았나요? 하지만 이렇게 반도체 산업이 잘되어 끊임없이 증설을 진행하고 있었기 때문에 신규 인력을 많이 채용하고 있습니다. 이는 과거의 저도 그랬고 여러분들에게도 해당되는 말이니 얼마나 고마운 산업일까요? 그렇기 때문에 반도체라는 산업을 선택한 이상, 안타깝게도 Set-up에 대한 선입견을 버리고 받아들여야 합니다.

> 실제로 대부분의 신입 인원들이 Set-up을 시작하는 Fab으로 배치됩니다.

반도체 산업 역시 다른 산업과 마찬가지로 장치 산업이라는 결은 같다고 생각합니다. 왜냐하면 반도체의 경우 특히나 사이클을 타는 산업이기 때문입니다. 여러분들이 삼성, 하이닉스를 떠올릴 때 가장 먼저 생각하는 PS 50%라는 것은 영업 이익을 많기 내기 때문입니다. 이처럼 **업황이 좋을 때 많은 영업 이익을 벌기 위해서는 업황에 신경 쓰지 않고 끊임없는 투자를 진행해야 합니다.**

삼성전자, SK하이닉스에서 낸드 단수가 200층을 넘어가고 있다는 말 들어본 적 있나요? 매년 회사별로 앞다투어 새로운 Device를 내놓고 있는데 그에 따라서 새로운 설비/장비가 이설되고 설비/장비 및 공정 기술 엔지니어들은 Set-up을 진행해야 합니다. 설비 엔지니어가 설비 반입을 진행하고 있을 때 저희(공정 기술)가 할 일은 가장 기초적인 전산 Set-up부터 진행하는 것입니다. 직접 Fab 내에 입실하여 Recipe를 심는 과정부터 해당 설비가 동작이 가능하게끔 회사 내에 있는 전산 시스템으로 Set-up을 진행합니다. 이 부분은 바로 뒤에 나오는 04 **현직자 하루 일과 엿보기의 Set-up 할 때의 하루 업무 시간표**에서 더 자세하게 설명하겠습니다.

MEMO

04 현직자 일과 엿보기

1 평범한 하루일 때

출근 직후 (08:00~09:00)	오전 업무 (09:00~12:00)	점심 (12:00~13:00)	오후 업무 (13:00~17:00)
• 현재 장비 가동률 확인하기	• PM/BM 직후 자재 Care • 설비 조치 요청 • 양산 Trend 관리	• 점심 맛있게 먹기	• 타 팀의 업무 요청 대응 • 공정 진행 금지 챔버 Care • 오전에 Care했던 장비 모니터링

1. 출근 직후

앞서서 제가 제조팀-기술팀-수율팀과의 관계에 대해서 이야기했습니다. 결국 이 3팀의 최종 Goal은 생산량입니다. "그러면 수율팀은 제조보다는 수율에 집중하는 것 아닌가요?"라고 말할 수도 있겠습니다만, 수율팀 입장에서도 수율 불량을 줄이게 된다는 것이 결국에는 생산량 증가에 기여합니다.

자 그렇다면 **제조팀은 제조량, 수율팀은 수율이라는 지표로 업무 성과 달성 유무를 파악할 수 있는데 기술팀은 대체 무엇으로 파악하는 것일까요? 정답은 바로 '장비 가동률'입니다.**

> 입사하게 되면 정말 많은 지표로 회의를 진행하는 것을 볼 수 있습니다. 이렇게까지 해야 하나 싶을 정도로 말입니다.

아직 장비 가동률이라고 하면 와닿지 않을 겁니다. 간단하게 말씀드리자면 장비 가동률 = 진행 가능한 챔버 / 전체 챔버입니다. 즉 장비 가동률을 높이기 위해서는 진행 가능한 챔버 수를 올리면 되는데 이는 현재 Down 중인 챔버를 공정 진행이 가능하게 만들어 주면 되는 것입니다.

따라서 기술팀의 입장에서는 Down C.B → Up C.B로 만들어 주는 것이 Role입니다. 물론 사용 가능한 장비에서는 원활하게 공정을 진행해서 생산량을 극대화해야 합니다.

2. 오전 업무

(1) PM 또는 BM 직후 자재 Care

앞으로 기술팀의 업무를 진행하다 보면 PM(Preventive Maintenance) 또는 BM(Breakdown Maintenance)라는 용어를 자주 듣게 될 것입니다. 이와 관련해서 자세하게 설명하겠습니다. 반도체 장비도 사용하다 보면 시간이 지날수록 Particle 발생, Etch Rate 감소 등 Etch 공정에 Demerit 한 요소들이 증가하게 됩니다. 따라서 **설비의 성능을 증가시키기 위해서 설비 내 부품 교체, Cleaning 등 주기적으로 실시하는 것을 PM**이라고 합니다. 그리고 **예상치 못한 설비의 고장, PM 직후에도 지속적인 불량 발생 등의 이슈로 인해서 실시하는 것을 BM**이라고 합니다.

> PM의 경우 담당 기술팀이 직접하지 않고 대부분 PM 전문 협력사분들이 진행합니다.

예를 들어, 우리가 자동차를 끌고 다니다 보면 주행 거리에 따라서 엔진 오일 교체, 브레이크 액 교체 및 수리 등을 주기적으로 진행하는 것을 PM이라고 합니다. 그리고 BM이란 주행 도중에 엔진 고장 발생 등 예상치 못한 일이 발생하게 되어서 수리를 하는 것을 말합니다.

이제 PM과 BM의 개념을 익혔으니 공정 기술 엔지니어가 과연 어떤 부분에 기여를 해야 하는지 알아볼까요? 앞서 말한 PM과 BM 직후에 설비 Performance가 정상인지 또는 이전에 발생했던 불량 원인에 대해서 정상으로 돌아왔는지 확인하는 절차는 Sample 또는 선행이라고 불리는 자재를 통해 진행합니다.

> **참고** | 반도체의 공정 진행 Wafer의 단위

[그림 3-20] FOUP (출처: crystec)

이 그림은 Wafer를 보관하고 있는 FOUP이라고 합니다. FOUP에는 300mm Wafer가 최대 25장까지 들어갈 수 있습니다. 양산에서는 주로 1개의 FOUP = 1LOT이라고 표현합니다. 앞서 Sample 또는 선행이라고 불리는 것은 주로 1~2장의 Wafer를 표현하는 방식입니다. 즉 1LOT 내 특정 목적으로 사용하기 위해서 1~2장의 낱장의 Wafer를 Sample이라

> 이 Foup들은 Fab 내에서 OHT라고 하는 천장에 설치된 레일에 붙어서 이송하는 시스템을 통해 이동합니다.

고 부릅니다. 추가적으로 공정을 진행할 때는 1개 이상인 여러 개의 LOT 단위로 진행하게 되는데, 이때 양산에서는 VOL 단위로 진행한다고 불립니다. 공정 기술 엔지니어로서 자주 쓰게 되는 용어 중 하나입니다.

그 자재들의 Etch의 경우 CD 계측과 Wafer Map, EBI 등의 계측 결과를 통해서 확인할 수 있습니다. 하지만 모두가 확인하고 싶어 하는 계측기는 정말로 부족한 게 현실입니다. 그렇다 보니 우리 팀의 다른 공정 Part뿐만 아니라 다른 팀에서도 계측을 하기 위해서 기다리고 있습니다. 마치 우리가 핫플레이스 장소에 가서 사진을 찍기 위해서 웨이팅을 하고 있는 것처럼 말입니다. 다른 상황보다도 PM 또는 BM 직후 정상 계측 Data를 장시간 동안 Delay 되는 경우에는 MI팀[15] 또는 제조팀에 Care를 요청하여 다른 자재보다 빠르게 계측이 진행되는 경우도 있습니다. 마치 놀이기구에서 다들 줄을 기다리고 있는데, 하이패스를 이용하는 것처럼 말입니다. 하지만 결과가 나온다고 해서 무조건적으로 좋은 것은 또 아닙니다. 정상적인 결과가 나와야 하기 때문입니다. 이처럼 프로의 세계는 냉혹합니다.

> 대학이랑 다른 직장 생활에서의 냉혹한 현실을 받아들여야 합니다.

(2) 설비 조치 요청하기

만약 정상 계측 결과가 나오지 않을 경우는 어떻게 할까요? 맞습니다. 바로 위에서 설명한 대로 장비 사용 주기가 다 되어가면 PM, 그렇지 않다면 BM을 실시해야 합니다. 그렇다면 **어떠한 관점으로 장비 조치를 요청**해야 하는지 분석이 필요하겠죠? 우선, 여러 Source 파라미터들 중에서의 특이점이 있는지 먼저 분석해 봅니다. Power, Voltage, Pressure, Temp 등의 FDC기반으로 분석 실시 후, 각 설비 내에 Parts들의 사용 시간을 비교·분석하고 다음으로 가변 Gas들에 대해서 비교·분석을 실시합니다.

주로 공정 기술 엔지니어 입장에서 Recipe 내에서 수정할 수 있는 범위 자체는 Etch 가변 GAS와 공정 시간 변경입니다. 앞서 말한 Power, Voltage, Pressure, Temp들의 경우에는 변경할 수는 있지만, Source 파라미터 변경 시에 Etch Profile[16] 변경이라는 Critical한 이슈가 있기 때문에 주로 변경하지 않습니다(연구 개발에서는 양산과 다르게 적정 Recipe를 만들기 위해 Source 파라미터도 변경하여 평가를 진행하니 참고 바랍니다).

> 가장 간단하고 기초적인 접근법이라 언급했습니다.

이처럼 변경 가능한 파라미터들을 이용해서 흔들지만, 그래도 불구하고 Sample의 결과가 그대로라면 이제는 그 Data들을 기반으로 설비 엔지니어에게 PM 또는 BM을 요청해야 합니다.

---

15 Metrology Inspection의 약자로써 계측 기술팀을 일컬음
16 [10. 현직자가 많이 쓰는 용어] 8번 참고

(3) 양산 Trend 관리

실제 Wafer에 대해서 공정을 진행하는 기술팀 입장에서는 수율에 밀접하게 관련 있는 양산 파라미터가 있을 것입니다. 대표적으로 Etch의 경우에는 공정 Part마다의 관리 Point는 다를 수도 있겠지만, 아래 그림에서 확인할 수 있듯이 크게 3가지의 CD 파라미터들(Wafer, Edge, EX_Edge)을 관리합니다.

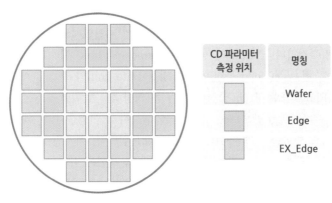

[그림 3-21] 3가지 CD 계측 Point

위의 그림을 통해서 설명하자면, Wafer 측정 Point의 경우에는 총 6개의 Site를 측정하여 평균값을 내는 것입니다. **물론 '평균의 함정'이라는 말이 있듯이 평균이 스펙 안에 있다고 해서 '이 결과 Data는 정상이야.'라는 오류를 범하는 일은 없어야 합니다.** 하나의 Point에 대해서도 큰 문제가 발생하고 있는 것을 놓치는 일이기 때문입니다. 아래에 '평균의 함정' 예시처럼 평균이라는 단어가 그 집단을 일반화할 수 없다는 의미입니다.

[그림 3-22] 평균의 함정

앞서서 양산 Trend에 관해서 언급한 적이 있습니다. 저의 경우 실제 업무를 진행할 때, 오전에 Down된 챔버들에 대한 Care가 끝나고 나면 현재 진행 중인 챔버들에 대한 Care를 진행합니다. 아니 왜? 굳이 다른 일도 바쁜데 그러냐고 물을 수도 있습니다만, 현재 진행 중인 챔버라고 할지라도 그것이 완벽한 Condition에서 진행하여 CD 계측 결과가 잘 나오고 있다고 확신하냐고 하면 대부분 그렇지 않기 때문입니다.

Trend가 이상한 방향으로 흘러가고 있을 때는 APC를 통해서 자동 보정을 확인하고, 그래도 이상하다 싶으면 엔지니어가 직접 보정을 통해서 진행 유무를 확인합니다.

여기에 추가적으로 자공정[17] 기인인지 아니면 타공정[18] 기인인지도 확인하는 과정은 필수적입니다. Etch의 경우에는 Depo → Photo 이후 진행되기 때문에, 전 공정(Depo 공정)에서의 양산 Data 1nm의 결과조차도 후 공정(Photo 또는 Etch 공정)에서는 큰 영향력을 발휘합니다.

> 실제로 업무를 하게 되었을 때, 우리가 확인을 못 해서 지나쳤을 뿐 타공정 기인도 많이 발생합니다.

이 경우에는 작은 Data만으로는 다른 팀을 설득하기 어렵습니다. 왜냐하면 양산 진행에 있어서 작은 변경점도 변화를 크게 유발할 수 있기 때문입니다. 하지만 그 팀에서 문제의 가능성을 인지하지 못하고 진행하고 있을 가능성이 크기 때문에 우선은 간단한 요청으로 가변을 흔들어서 우리의 양산 스펙에 들어오는지 확인하는 과정이 필요합니다. 이를 우리는 흔히 '챔버에 따라서 갈리고 있다.'라는 표현을 쓰고 있습니다. 즉 챔버별로 정상과 불량 챔버가 나뉜다는 의미입니다. 물론 전 공정팀 입장에서는 본인들은 스펙에 맞게 관리하고 있다고 할 수는 있습니다. 그 경우에는 수율팀이랑 함께 스펙 조절에 나서기도 합니다. 이게 간단한 일은 아닙니다. 양산이 계속 진행되는 Device의 경우에는 스펙을 바꾸었을 때 수율 Loss가 없는지 Test를 진행해봐야 하기 때문입니다. 보통 DRAM 또는 NAND 생산 시간이 60~90일 걸리고, FAB-OUT 후에 수율을 볼 수 있으니 '단순히 스펙을 바꾸면 되잖아.'라는 말이 쉽지 않은 현실입니다.

---

17 우리 팀의 공정
18 다른 팀의 공정

3. 오후 업무

(1) 타 팀의 업무 요청 대응

기술팀에 있으면 본인의 업무 스케줄처럼 대부분의 팀들 또한 오전에는 이슈에 대해서 정리하는 시간을 거치므로 점심 먹고 오후가 되자마자 업무 요청 관련한 메시지가 쏟아집니다.

'Etch 팀이 힘들다'라는 말이 심심치 않게 들리며, 취업을 준비하는 분들이 기피하는 현상 중에 하나는 Etch가 다른 팀들과의 연결고리가 많기 때문인 것 같습니다. Photo에서도 Depo에서도 연락이 오는 인기 있는

> 남자분들은 공감하실 수도 있겠지만, 다들 본인이 나온 군대가 가장 힘든 법입니다.

팀입니다. 평소 카톡보다도 더 많은 메시지를 주고받는 팀이라 매력 있습니다. 여하튼 간단한 요청 사항이라면 빠른 대응이 가능하지만, 앞서 말한 예시처럼 스펙 변경 요청 같은 무리한 요구를 하는 팀이 있을 때는 각 시술팀과 수율팀과의 회의를 통해 합의점을 찾아 나가기도 합니다.

(2) 공정 진행 금지 C.B에 대한 Item 발굴

여러분들이 입사해서 1~2년까지는 대부분 앞서서 언급한 내용에 대한 일을 주로 담당할 것입니다. 아니 어쩌면 **대부분의 시간을 주요 업무 중 양산 Trend 관리에 집중**할 것 같다고 조심스레 예상해 봅니다.

앞선 직무 JD에 관한 챕터 중에서 에피소드 내 직무 PT/면접를 준비하는 바람직한 자세에 대해서 언급한 적이 있습니다. 물론 양산 Trend 관리도 중요하지만 매번 고질적인 동일한 불량이 발생한다면 이것은 다른 유형의 문제입니다. 결국에는 우리가 주로 관리하는 ①CD, Wafer Map, EBI 계측 불량들에 있어서 기존의 방식으로는 해결되지 못한 것입니다.

여기에 더 심각한 것은 수율팀에서 ②해당 챔버로 진행한 Wafer들의 수율이 너무 불량해서 폐기해야 된다는 이야기를 들을 때는 그야말로 최악입니다. 앞선 ①~②의 경우, 해당 불량이 발생하게 되면 수율팀이 주체

> 어느 정도 양의 수율 불량이 발생했는지에 따라서 문제의 심각성은 달라집니다.

가 되어서 기술팀의 해당 챔버/장비는 공정 금지 상태가 됩니다. 이렇게 되면 아무런 Action 없이는 공정 금지 해제가 되지 않습니다. 따라서 CD 또는 수율 특정 파라미터가 Spec Out[19]이라면 그 이후 장비 조치와 같은 Action을 통해 정상적인 Data를 확보한 다음에야 수율팀에서 공정 금지 해제를 합니다. 그렇기 위해서는 불량 해결을 위한 Item을 발굴해야 됩니다. 안타깝게도 이 부분에 있어서는 정답이 없습니다. 하지만 **제가 강조하고 싶은 부분은, 우선 기초 전공 지식을 토대로 공정을 진행하는 공간에서 어떻게 진행하는지 시뮬레이션을 해 보는 것이라 생각**합니다.

또한 더욱이 중요한 것은 과거 해당 공정에서 발생한 사고 사례에 대한 평가 Item들을 참고하는 것이 어느 정도의 가이드가 될 것입니다. 즉 최대한 많은 자료를 접하고 기초 지식을 활용하여 문제를 해결해야

> 여러분들이 입사하기 전까지 갈고 닦은 창의력과 문제 해결능력을 발휘해야 할 시간입니다.

된다는 것입니다.

---

19 수율에서 정해진 스펙을 벗어나는 현상

2 Set-up 할 때

① 전산 SET-UP	② Sample 진행 전	③ Sample 진행 후	④ Lot 투입 후
• 회사 전산 시스템으로 사용 가능 장비로 등록	• Non-Pattern Wafer (NPW)[20]를 통해 공정 가능 환경 검증	• CD 계측 결과 확인하고 추가 Etchant Gas를 이용하여 CD Target 실시 • Etch Profile 및 EBI 검증까지 실시	• Sample 자재들의 수율 정상이면, Lot 단위의 Wafer들을 투입하여 수율 확인

그 다음으로는 공정 기술 엔지니어의 입장에서 특별한 날의 업무인 Set-up 하는 것에 초점을 맞춰서 Flow에 대해 설명하겠습니다.

1. 회사 전산 시스템으로 사용 가능 장비로 등록

설비 엔지니어가 협력사를 통해서 장비 반입을 진행하고 있을 때, Set-up을 원활하게 하기 위해서는 **미리 회사 내에 있는 전산 시스템에 Set-up**을 해야 합니다. 그 항목은 세부적인 내용이 워낙 많아서 일일이 다 설명하기에는 어렵지만, 대표적으로 몇 가지 사항들에 대해서 언급하겠습니다.

우선, 진행할 예정인 양산 Recipe를 전산상으로 등록해야 합니다. 이전부터 제가 계속 Recipe 이야기를 자주 했었는데, 크게 장비 Recipe와 전산 Recipe로 나눠집니다. 이때 장비 Recipe는 말 그대로 장비 내에 들어있는 실제 Recipe이고, 전산 Recipe는 전산으로 업무를 진행하기 위해서 장비 내에 들어있는 Recipe 명과 동일하게 등록해 주는 가상의 Recipe라고 생각하면 됩니다.

또한 AutoQual이라는 시스템 또한 등록해야 합니다. AutoQual이란 주로 PM 또는 BM 직후에 진행하는 것인데, 공정을 진행하는 챔버 내 Condition을 만들고 Sample까지 진행하는 일련의 과정입니다.

이어서 **NPW를 이용한 업무에 대해** 간단히 NPW가 무엇인지 설명하겠습니다. 반도체 공정을 진행하기 전에 패턴이 새겨져 있지 않은 아주 깨끗한 Wafer를 흔히 Bare Wafer 또는 Non-Pattern Wafer(NPW)라고 부릅니다. 일반적으로는 ①Wafer위에 반도체 공정을 진행하는 용도로 사용되나, ②설비 내 챔버의 환경이 실제 공정을 진행하는 환경과 유사하게 만들기 위해서 사용되기도 합니다. 이때 ②의 경우를 흔히 Seasoning/Aging[21] 돌린다는 표현으로 양산에서 사용하고 있습니다.

> 그러면 실제 양산에서 진행되는 Wafer는 반대로 Pattern Wafer겠죠?

---

20 [10. 현직자가 많이 쓰는 용어] 9번 참고
21 [10. 현직자가 많이 쓰는 용어] 10번 참고

그뿐만 아니라, 특정 공정별로 특화되어 진행하는 Seasoning 또한 있습니다. 왜냐하면 Etch 공정이라고 하더라도 각 공정별로 공정 Condition이 잡히지 않기 때문에 공정별로 따로 관리하고 있습니다. 공정 & 장비별로 Seasoning 진행하는 NPW도 1장 또는 10장 등등 모두 다른데, 진행 가능한 적정 Condition을 잡을 수 있는 기준으로 선정합니다.

앞서 말한 내용들을 요약하자면, 'AutoQual = Normal Seasoning(NPW 25장 진행) + @Seasoning (특정 공정별로 추가로 진행) + Sample 1장'이 진행하는 일련의 Sequence라고 볼 수 있겠습니다.

2. Non-Pattern Wafer(NPW)를 통해 공정 가능 환경 검증

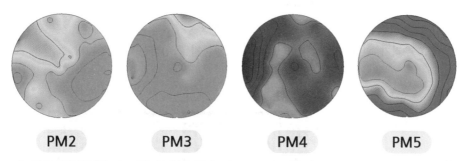

[그림 3-23] 챔버별 NPW 결과를 통한 공정 Condition 검증 (출처: Semiconductor Engineering)

앞서 말한 AutoQual을 이용하여 Sample을 진행하지만, 그 전에 우리는 NPW를 이용해서 Source 파라미터에 대한 검증이 필요합니다. 이 부분에서 1차적으로는 설비 엔지니어가 셋업 직후에 검증한 부분이라서 크게 문제될 것은 없지만, Sample 진행 전에 다시 한번 주요 Source 파라미터에 대한 검증을 진행합니다.

추가적으로 Etch-rate 측정을 통해서 진행 가능한 수준의 Output이 나오는지 검증하고 Wafer Temp 측정기를 이용해서 Uniformity[22]는 확보되었는지 확인합니다. Temp의 경우에는 ESC[23]라는 Etch 성능에 크게 영향을 미치는 부품이 있는데 새 부품은 Temp가 낮지만 사용 시간이 오래될수록 Temp가 올라가는 현상을 보입니다. 반도체에 있어서 1도 정도의 온도 차이가 성능을 결정하는 큰 요소이기 때문에 중요한 파라미터입니다.

---

22 [10. 현직자가 많이 쓰는 용어] 11번 참고

23 Electro Static Chuck이라고 하여 정전기적인 힘을 이용하여 반도체 설비 내에서 Wafer를 고정하는 부품. Etch의 경우, ESC의 기술력에 따라 기술 개발이 좌우될 정도로 매우 중요. 설비 부품 중에서 가장 고가이며, 가격은 1~4억 사이로 형성

3. Sample 진행 후

(1) CD 계측 결과 확인하여 추가 Etchant Gas를 이용하여 CD Target 실시

이제 Etch Condition은 확인이 되었고 Sample을 진행합니다. 이때도 실시간으로 FDC를 확인하며 Error 발생은 안 하는지, 적정량의 Etchant Gas가 들어가는지 확인하는 과정이 필수입니다. 이후 CD 계측을 통해서 CD가 높거나 낮다면, **Etchant Gas 조절을 통해서 몇 번의 Sample을 다시 보내서 CD를 Target** 하는 것을 목적으로 둡니다.

(2) Etch Profile 및 EBI 검증까지 실시

만약 CD Target이 되었다면, 해당 자재의 단면 분석을 실시하여 Etch Profile을 확인해야 합니다. **실제로 우리가 원하는 모양대로 Etch가 되었는지 확인**하는 과정입니다.

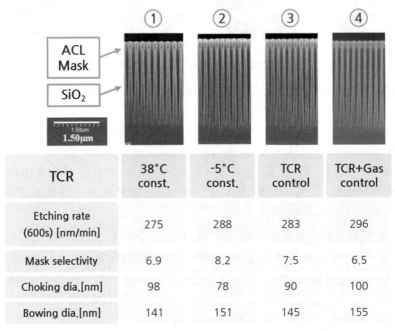

TCR	① 38°C const.	② -5°C const.	③ TCR control	④ TCR+Gas control
Etching rate (600s) [nm/min]	275	288	283	296
Mask selectivity	6.9	8.2	7.5	6.5
Choking dia.[nm]	98	78	90	100
Bowing dia.[nm]	141	151	145	155

[그림 3-24] SEM을 통한 조건별 Etch 단면 Profile 분석[24]

---

24 출처: TakumiTandou 외, 「Improving the etching performance of high-aspect-ratio contacts by wafer temperature control: Uniform temperature design and etching rate enhancement」, Hitachi, 2016

또한 EBI 계측까지 진행하여 하부 Layer까지 Etch가 되었는지 검증하는 과정을 거칩니다.

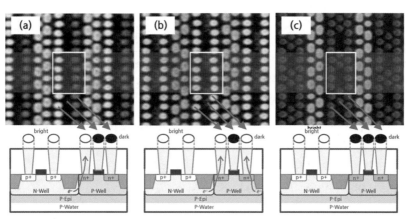

[그림 3-25] EBI 계측(Dark vs Bright)을 통한 정상 여부 검증[25]

4. Lot 투입 후

이제는 Set-up의 마무리 단계입니다. Sample 자재들의 수율까지 정상으로 확인했다면, 수율 Data로 상위 팀에게 Confirm을 받고 Lot 단위의 Wafer들을 투입하여 Volume을 키워 수율을 확인하면 끝입니다. Mass Volume[26]의 Wafer에 대한 수율도 정상적이라면 해당 장비의 Set-up은 드디어 끝났습니다. 중간중간에 더 자세한 내용들도 있지만, 팀마다 다를 수도 있고 회사별로 전산 시스템별로 다를 수 있기 때문에 자세한 내용은 입사해서 참고하기를 바랍니다.

---

25 출처: Hungling Chen 외, 「Mechanism and Application of NMOS Leakage with Intra-Well Isolation Breakdown by Voltage Contrast Detection」, 2013
26 10Lot 이상 수량의 Wafer 단위

삼성전자의 경우, 설비 기술 엔지니어라는 직무로 바로 입사하게 되면 4조 3교대 근무를 한다고 익히 알려져 있습니다. 하지만 여러분이 SK하이닉스 또한 준비하고 있다고 생각하기 때문에 양산 기술 직무에 관해서 더 상세히 전달하려고 합니다.

앞서 직무 JD 설명 과정에서 양산 기술로 입사 시에 공정 VS 장비 직무로 상세하게 나눠진다고 이야기했었습니다. 어떤 기술팀에 먼저 배치받는지에 따라서 차이가 있겠지만, 저의 경험 + 동기들의 경험으로 보았을 때 공정 직무로 배정받더라도 장비 직무처럼 몇 개월간의 현장 교대 근무를 해야 합니다. 회사에서 추구하는 방향은 '공정 + 장비의 통합형 인재'를 키우려고 하고 있기에 지금까지도 이어지는 것으로 보입니다. 다만 장비 직무의 경우 현장 교대가 1년이라고 한다면, 공정 직무의 경우 그보다 더 작은 6개월 정도로만 진행될 것이고 이 또한 팀별로, 청주/이천별로 차이가 있으니 참고 바랍니다.

여기까지 읽었을 때 여러분들은 '아니 장비 직무도 아니고, 공정 직무인데 도대체 왜 시키는 것일까?'에 대해서 의문이 들 것입니다. 저 또한 그 당시에는 그렇게 생각했었으니까요. 하지만 여러분은 이제 학생이 아닌 만큼 때로는 하고 싶은 것이 아니더라도 해야 하는 상황이 자주 올 것입니다. 그렇다면 현장 교대가 정말 아무것도 도움이 안 되는 것일까요? 그 질문에 대한 답은 저는 확실하게 도움이 되는 부분이 있다는 것입니다. 제 상황으로 예를 들자면, 현장 교대 경험 후 오피스 근무 당시에 챔버 내에서 어떠한 상황으로 인해서 문제가 발생한 것인지 상상해 볼 수도 있었습니다. 또한 장비 기술 엔지니어와 불량 해결 측면에서 협업 과정이 충분히 도움이 되었다고 자부합니다.

MEMO

05 연차별, 직급별 업무

대외적으로 **삼성전자와 SK하이닉스의 직급 체계가 폐지**되었다고 하지만, 아직까지 **개인별로 직급 체계는 존재하기 때문에 그것을 기반으로 설명**하려고 합니다. 삼성전자는 흔히 대졸 신입 사원의 경우, CL2부터 시작하여 CL3(책임) 이후 최종 CL4(수석)으로 되어 있습니다. 그에 반해 SK하이닉스는 대졸 신입 사원이 경우, CL2(사원)로 시작하여 CL3(선임), CL4(책임) 이후 최종 CL5(수석)으로 되어 있어서 이를 기준으로 설명하려고 합니다. 또한 CL2의 경우, 커리어패스라고 하기에는 조금은 분야가 한정적이라서 업무와 커리어패스를 함께 설명하겠습니다.

> 삼성전자는 '~님', 하이닉스는 '~ㄲ님'이라고 부르고 있습니다.

> 삼성전자의 연차별/직급별 업무는 다른 직무 파트를 참고하면 될 것 같습니다.

1 CL2(사원): 1~4년차

1. 업무 및 커리어 패스

대졸 신입 사원으로 입사하게 되어 부서 배치를 받고 나서는 처음에 파트장님과의 면담을 통해서 공정 또는 장비로 세부 직무가 결정될 것입니다. 여기에 관련해서는 01 저자 소개에서 '에피소드: SK하이닉스 부서와 직무 배치' 부분을 참고 바랍니다.

이렇게 우선 세부 직무 결정 후에 본인의 멘토를 배정받을 것이고 이후 대부분의 시간은 교육으로 보낼 것입니다. 이제는 그룹 연수가 아닌 자사 연수 또는 양산/기술 직무 교육, 팀 내에서의 교육을 받게 되는 것

> 부서 배치받고 약 6개월간 멘토를 통해서 일을 배우게 될 것입니다.

입니다. 물론 본인은 Photo팀을 배정받았으나 직무 교육에서는 다른 팀의 교육도 진행하게 됩니다. 이렇게 집합 교육이 끝나고 나서 기술팀에 복귀하게 되면 팀별로 기간의 차이는 있으나 공정 직무를 배정받은 경우 현장 교대를 6개월, 장비 직무의 경우 1년 정도 경험하게 됩니다. 여러분들이 교대 근무에 대해서 색안경을 끼고 있는 경우가 더러 있는데 현장 교대 근무를 통해 공정을 진행하는 장비를 실제로 볼 수 있고 이때의 경험이 이후에 업무를 진행함에 있어 큰 도움이 됩니다.

이처럼 교대 근무가 끝나게 되면 본인의 멘토가 담당하는 공정 부사수로 본격적으로 업무를 배우게 되는 것입니다. 처음에는 회사 내에 있는 수많은 전산 프로그램을 익히는 것을 집중적으로 배웁니다. 특히 공정 기술이 다른 직무에 비해 전산 프로그램 학습에 집중하는 이유는 실제

Wafer를 처리하는 업무 비중이 많기 때문입니다. 앞서 제가 이야기했듯이 전산 프로그램을 다루는 중 실수를 하게 되면 사고로 이어지기 때문에 특히나 잘 배워야합니다. 신입사원 때 많은 기능들을 익히고 모르는 사항이 있으면 사수 또는 전산 담당자를 통해 배워 둔다면 후에 업무를 진행함에 있어 수월할 것입니다. 이후에는 [03] **주요 업무 TOP3의 (1) 양산 Trend 관리** 챕터에서 언급했듯이 대부분의 시간은 관련된 업무를 진행합니다. 이를 흔히 반도체 양산에서는 Line 업무를 진행한다고 일컫습니다.

2 CL3(선임): 5~8년차

1. 업무

CL3가 되면 실제 양산에서 발생하는 불량 이슈를 해결하는 업무를 자주 담당하게 됩니다. **한마디로 얘기하자면 회사에서 실무를 담당하는 실무자의 위치**가 된 것이죠(다른 회사 직급 체계로는 대리급).

그렇다고 해서 양산 Trend를 관리하지 않는 것은 아닙니다. 다만 앞서 CL2의 경우 양산 Trend 관리에 초점이 맞춰져 있다면, CL3의 경우 앞의 [03] **주요 업무 TOP 3의 (1) 양산 Trend 관리**에서 'APC 시스템'에 대해 언급한 적이 있습니다. 흔히 자동 보정 시스템이라고 하는데, 공정별로 특정 Step에 적용되어 있습니다. 간략하게 이야기하면 장비의 PM 이후에는 챔버의 조건이 바뀌기 때문에 APC 산식 또한 초기값으로 Setting 되게끔 설정을 해 주는 것입니다. 또한 공정 파라미터 Value (=Input)에 대한 CD Value(=Output)의 변화 민감도(a)를 줄이거나 키

> 입사하게 되면 정말 다양하고 복잡한 APC 산식이 있다는 것을 볼 수 있습니다.

우기도 합니다($y = ax + b$ 에서 a는 기울기. 즉 변화의 민감도(a)라고 표현합니다). APC 산식에는 수많은 종류가 존재하니 이 부분에 대해서는 입사 후 참고하길 바랍니다.

그뿐만 아니라 **실제 지속적인 수율 불량을 해결하기 위해서 공정 평가를 진행**합니다. 아주 간단히 설명을 하자면 앞서 [03] **주요 업무 TOP 3의 (3) Big Data tool**을 설명한 적이 있습니다. 여기서 특정 Step의 Gas 사용량에 따른 CD 변화량에 관련하여 간단한 공정 평가를 나타내었는데 이렇게 진행하는 것입니다. 자세한 사항은 앞선 내용을 참고해 주시면 됩니다. Particle 발생으로 인한 패턴 미형성과 같은 이슈들도 특정 수율 파라미터 저하의 원인이 될 수 있으므로 챔버 내의 Parts 변경이라는 아이템으로도 진행하기도 합니다. 물론 공정 평가라는 것이 앞서 이야기한 Rcp 최적화를 통한 것은 공정 기술팀 엔지니어 단독으로 평가를 진행할 수도 있습니다. 다만 대부분의 수율 불량을 해결하기 위해서는 장비/설비 기술 엔지니어와 협업을 통해서 진행합니다. 왜냐하면 특정 기간에 수율 불량 이슈가 발생했을 때, 설비 내의 Parts 교체와 같은 변경점, Source 파라미터 분석에 관련해서는 협업을 통해서만이 효율적인 업무가 가능하기 때문입니다.

2. 커리어 패스

우선 회사 내에서의 부서 이동 기회입니다. 뒤의 참고에서 소개할 것이지만 SK하이닉스는 삼성전자와는 다르게 내부 부서 이동의 기회가 많지는 않습니다. 오히려 삼성전자의 잡포스팅이라는 제도는 SK하이닉스 기준에서 CL2~3까지의 연차 직원이 부서를 옮길 수 있는 것

신입 때 한 번 배치된 부서가 이때쯤 되어서야 부서 이동의 기회가 오는 것이니 오랜 시간이 걸립니다.

인데 하이닉스 내부에서는 그러한 제도가 없습니다. 삼성전자와는 차이가 있겠지만 비공식적으로 부서 이동이라는 범주에 속하는 두 가지의 유형이 있습니다. 여기서 비공식적이라고 기술한 이유는 삼성전자의 잡포스팅처럼 주기적으로 실시하는 것이 아니라, 필요한 인력이 있는 경우에 한해서만 이동할 수 있기 때문입니다.

첫째로, 신규 Fab Open 예정에 따른 Set-up 멤버로 부서이동입니다. 처음 구체적인 Set-up 일정이 잡히면 신입사원들로 업무를 진행할 수 없기 때문에 각 기술팀에 인력을 요청합니다. 경우에 따라서는 몇 년간의 경력이 있는 CL2 인력이 부서 이동을 할 수도 있으나, 대부분의 경우 진급하지 얼마 되지 않은 CL3 인력이 부서 이동을 진행합니다. 물론 대다수의 경우 강제로 전배를 보내는 것이 아니고 SK하이닉스 지역 특성상 청주와 이천으로 나눠져 있는데 지역간 이동을 하고 싶은 인원들에 한해서 진행하는 것입니다.

둘째로, 양산 TF팀으로 합류하여 업무를 진행하는 것입니다. 신규 Device가 Fab으로 이관될 시기 양산 TF팀이 만들어지게 됩니다. 이때 양산 TF를 담당하시는 제일 높은 분이 각 기술팀에서 보통 CL3급 인원을 모집합니다. 기간은 길게는 1년 정도의 업무를 진행하는데 양산 수율 확보가 잘 되어서 이관이 성공적으로 끝나게 된다면 기간은 조금 더 앞당겨지기도 합니다.

셋째로, 새로운 팀이 만들어지게 되어서 부서 이동을 하는 것입니다. Device의 Tech가 점점 올라가면서 공정의 난도는 이전에 비해 높아졌습니다. 그로 인해서 새로운 시각에서 문제를 바라보는 팀의 필요성이 생겼고 새롭게 팀이 형성됩니다. 매년 있는 일은 아니지만 이처럼 특별한 경우 CL3급 인원은 지금 하는 업무보다는 새로운 업무를 진행하고 싶어 지원하게 되는 것입니다. 또는 현재하는 업무에 지쳐서 부서 이동을 하는 것입니다.

3 CL4(책임): 9~17년차

1. 업무

책임이라는 용어에 대해서 다들 한번쯤은 들어봤을 것이라고 생각합니다.

혹시 여러분들은 직급이 올라갈수록 일이 더 편할 것이라고 생각하나요? 제 생각에는 특히 반도체 산업에서는 직급이 올라가면 갈수록 더욱 치열하고 힘들어진다고 생각합니다. 책임, 말 그대로 책임을 다해야 하는 위치에 올라선 것입니다.

따라서 이전과는 다르게 관리자의 업무를 담당하게 되는데 **공정 기술 측면에서는 담당하는 공정의 리더격**인 셈인데, 그렇다 보니 아직 제조업 기반인 반도체 생산에 있어서는 매일 아침별 장비 현황과 생산 가능한 물량은 어느 정도 있는지 보고를 합니다. CL2~CL3를 겪으면서 실무자의 경험은 충분히 쌓았으니, 혹여나 공정에 문제가 생긴다면 어떠한 방법으로 최대한 빠르게 해결할지 본인의 주도 아래에 진행됩니다. 이전까지 우리가 업무를 진행하면서 얻게 된 노하우를 통해 지휘할 수 있는 위치가 되었지만, 그로 인해서 이전보다는 더 큰 부담이 될 수도 있다고 생각합니다.

특정 공정의 수율 불량으로 인해서 또는 공정 사고가 심각하게 발생했을 경우, XXLine 혹은 몇 공장의 센터장이라고 불리는 가장 어려운 보고까지도 책임지고 진행해야 되기 때문입니다. 다른 기술팀과의 기술 협업에서도 주체가 되어서 진행하기도 하고, 양산 라인 셋업 시에는 더더욱 원활한 셋업을 위해서 후배들의 업무 R&R 또한 정해주고는 합니다. 하지만 이처럼 관리의 측면만 하는 것은 절대로 아닙니다. 지속적인 수율 불량처럼 오랜 기간 동안 잡고 있는 아이템의 경우에는 본인이 직접 참여하여 공정 평가를 진행하기도 합니다. 이렇게 제가 상세한 업무 내용은 서술하지 않아도 업무의 경계가 보이지 않을 정도로 큰 비중을 담당하고 있습니다. 어떤가요? 처음 제가 '혹시 여러분들은 직급이 올라갈수록 일이 더 편할 것이라 생각하나요?'라는 질문에 대한 답을 미리 이야기 했는데 이제는 조금 알 것 같나요?

2. 커리어 패스

책임이라는 직급이 가진 경험을 토대로 크게 이직, 학위 취득으로 나눠 보았습니다. 우선 설명하기에 앞서 이직, 부서 변경에 관해서는 CL2~3에서도 발생할 수 있으나 이 챕터에서는 책임 직급에 맞게 설명하겠습니다.

첫째, 반도체 동종 업계로의 이직입니다. 다들 알고 있듯이 삼성전자, Sk하이닉스에서 책임급이 되면 본인의 능력에 따라 충분히 이직이 가능한 시기입니다. 현 직장과 이직하려는 직장에서의 직무는 거의 동일하고 더 나은 처우를 위해서 이직하는 것입니다. 대부분 이 시기가 되면 '헤드헌터'라고 하는 이직을 전문적으로 도와주는 사람이 기업들을 추천해주는 제안을 많이 받게 됩니다. 물론 채용을 하는 회사 입장에서는 전 직장에서의 퍼포먼스가 훌륭한 직원을 뽑고 싶기 때문에 아무래도 하위 고과보다는 어느 레벨 이상의 고과를 받은 사람을 채용하고 싶어할 것입니다. 이 시기에는 고과에 따라 동기들 간에도 연봉 차이가 날 것이며, 이직하는 과정에서 연봉 협상도 가능합니다. 또한 최근에 뜨고 있는 파운드리 업계로 이직하는 경우도 있고 때로는 장비사에서의 공정 엔지니어로 이직을 하는 경우도 있습니다. 결국에는 본인이 그동안 직장에서 했던 업무 포트폴리오와 성과를 통해서 이직을 하게 되는 것입니다.

둘째, 꾸준한 상위 고과를 받으면 얻을 수 있는 학위 취득입니다. 물론 CL2 입사 첫해부터 상위 고과를 받는 것은 어렵겠지만, 이후 지속적으로 상위 고과를 확보한 인재의 경우 회사에서 따로 핵심 인재로 분류하고 있습니다. 물론 한 팀 내에서 적은 비율로 인사팀에서 관리를 하고 있고, 그 CASE의 경우 석사 학위가 없으면 회사와 연계되어 있는 대학원 석사 과정을 지원해 주고 있습니다. 어떻게 보면 회사 입장에서는 각종 지원을 통해 핵심 인재를 추후 CL5(수석)까지도 염두에 두고 잡아두는 셈입니다. 물론 석사 과정 지원뿐만 아니라, 연봉 테이블도 다른 것으로 알고 있습니다. 이렇게 많은 혜택이 있는데 저를 포함한 여러분도 핵심 인재가 되고 싶지 않나요?

4 CL5(수석): 18년차 이후

1. 업무

수석이라는 직급이 주는 무게감은 상당하다고 생각합니다. 18년이라는 기간 동안 회사 생활을 하면서 산전수전을 다 겪은 분이기에 그분들의 경험은 하나의 자산이 되는 것입니다. 대부분 공정 기술 직무로 입사를 하신 분들의 경우, 수석 직급이 되면 최소 파트장에서 팀장을 담당하게 됩니다. 보통 특정 기술팀을 구성하는 전체 인원이 약 150~200명이라고 했을 때, 파트장은 2~3명 정도이고 팀장은 그중에서 단 한 명입니다. 이처럼 수석으로 진급을 했더라도 팀장이 되기까지는 만만치 않은 길입니다.

> 회사 밖에서는 그저 동네 아저씨인데, 회사 안에서의 경험은 상당합니다.

2. 커리어 패스

첫째, 팀장으로 업무를 진행하면서 추후 임원이 되는 것입니다. 정말 임원의 경우 제가 보았을 때도 흔히 말해 '하늘의 별따기'인 것 같습니다. 위에서 언급했듯이 특정 공정 팀장도 정말 소수의 인원들인데, 그 중에서 임원으로 선발되는 것이니 시기도 중요하고 운도 많이 따라줘야 합니다.

둘째, 새로운 팀의 팀장/파트장으로 이동하는 것입니다. 앞서 CL3의 커리어 패스에서 새로운 팀이 구성되는 경우도 있다고 언급하였습니다. 어떻게 보면 본인의 경쟁력이 떨어지게 되어 새로운 팀의 파트장/팀장으로 이동되는 것입니다. 아이러니하게도 모든 사람이 본인의 팀 그대로 팀장을 다는 경우는 극히 일부분이니 이렇게 팀 이동의 경우도 종종 보이게 되는 것입니다.

최근 SK하이닉스의 '해피 프라이데이'라는 파격적인 제도가 도입됨에 따라서 삼성전자에 비해 많아진 연차 개수가 이직 트리거가 되었습니다. 내부를 들여다보면 삼성전자 설비 기술에서 SK하이닉스 양산 기술 직무로 대부분 이직하였습니다. 여기서는 앞서 언급한 인원들이 이직을 한 채용 전형인 Junior Talent와 삼성전자 내부의 부서 이동 제도인 Job Posting에 대해서 간략하게 설명하려고 합니다.

1. Junior Talent

Junior Talent 전형은 삼성전자/디스플레이 출신 및 장비사 인재들을 뽑기 위해서 2021년부터 생긴 제도입니다. 최소 만 1년 이상 근무 경력인 있는 인원에 한해서 지원이 가능하지만 주로 만 3년차를 대상으로 채용을 하는데, 이 시기는 한 마디로 '실무자의 일을 할 줄 아는 연차'입니다. 즉 1~3년 가량의 경력은 있지만 중고 신입으로 지원하기에 주저하는 인원들을 위해서 인사팀에서 새롭게 만든 제도입니다. 경력 이직 인원들뿐만 아니라, 중고 신입 연차의 인원들까지도 그들의 경력을 인정해주며 채용하려는 큰 그림입니다.

2. Job Posting

SK하이닉스는 내부 부서 이동의 기회가 많지 않습니다. 하지만 삼성전자는 Job Posting이라는 내부 부서 이동 기회가 매년 있습니다. DS 기준으로 사업부 변경, 직무 변경의 기회이기 때문에 현재 업무가 본인과 잘 맞지 않다고 생각하는 분들이 도전하고 있습니다. 신입 채용 과정처럼 서류 및 실무 면접 진행 후 최종 합격의 프로세스입니다.

3. 사내 교육 지원 제도

삼성전자와 SK하이닉스는 국내 수도권에 협약한 대학교가 많이 있습니다. 그렇다 보니 고과에 따라서 석사/박사를 지원해 주기도 합니다(자세한 내용은 앞선 05 연차별, 직급별 업무 참고). 그뿐만 아니라 삼성전자는 SSIT, SK하이닉스는 SKHU라는 사내 대학 제도를 만들어서 합격 시에 반도체 관련하여 특별 교육을 받기도 합니다. 서류와 면접의 난이도가 사외 대학보다 입학하기가 까다롭다고 알려져 있으나 기회가 된다면 도전해 보길 바랍니다.

1 직무 수행을 위해 필요한 인성 역량

지금까지는 공정 기술 직무가 팀에서 어떠한 일을 하는지 설명했습니다. 이제 어느 정도 감이 오나요? 물론 제가 앞에서 설명한 것들은 주요 업무 위주로 설명을 하였고, 세부적인 업무에 대해서는 소속된 기술팀별로 상이하다는 것을 참고 바랍니다.

이제부터는 앞서 말한 직무 수행에 필요한 인성 역량에 대해서 설명하겠습니다. 어떻게 보면 **지금부터 말할 내용들은 자소서, 특히 인성 면접이라고 불리는 임원 면접에서 충분히 어필이 가능한 부분**이니 취업 준비 과정에 있어서 도움이 되면 좋겠습니다. 또한 이번 챕터에서는 꼭 삼성전자, SK하이닉스가 아니더라도 다른 회사의 자소서 및 면접에서도 충분히 활용 가능하니 편안하게 읽어 내려가면 될 것 같습니다.

1. 대외적으로 알려진 인성 역량

'대외적으로 알려진 인성 역량'이라는 말을 들을 때 처음 드는 생각은 기업의 인재상을 생각했을 것입니다. 저 역시도 처음에는 그랬었습니다. 하지만 조금 더 깊게 생각을 해 본다면, 각 기업들의 경영철학이 가장 먼저 존재하고 그것을 달성하기 위해서 기업별로 원하는 인재상이 있을 것이며, 인재상에 부합하기 위한 인성 역량들이 포함되어 있습니다. 물론 아래 내용을 읽어 보게 된다면 대부분 비슷하고 좋은 말들로 포장되어 있고, 차이가 있다면 같은 단어를 사용하였더라도 회사별로 강조하는 느낌의 차이 정도입니다. 경영철학과 인재상의 경우 처음 입사했을 때 연수 기간 동안 정신 교육 같은 코스를 들어서 아직도 기억이 나는 것 같습니다. 현업에 가서는 금세 잊어 버렸지만, 대외적으로는 이러한 경영철학과 인재상이 홍보적인 측면에서는 필수적인 요소라고 생각합니다.

> 오프라인으로 진행되는 회사 연수인 만큼 그나마 기억에 남는 경험은 몇 안 될 것 같습니다.

아래에서는 삼성전자와 SK하이닉스의 경영철학 및 인재상을 간단히 보도록 하겠습니다. 두 회사 메인 홈페이지에서 가장 최신 업데이트한 자료를 기반으로 작성하였으며, 참고로 SK하이닉스의 경우에는 자소서 1~4번 문항이 SK의 인재상에 맞는 요구사항과 관련되어 있습니다.

(1) 삼성전자

① 인재제일
'기업은 사람이다'라는 신념을 바탕으로 인재를 소중히 여기고 마음껏 능력을 발휘할 수 있는 기회의 장을 만들어 갑니다.

② 최고지향
끊임없는 열정과 도전정신으로 모든 면에서 세계 최고가 되기 위해 최선을 다합니다.

③ 변화선도
변화하지 않으면 살아남을 수 없다는 위기의식을 가지고 신속하고 주도적으로 변화와 혁신을 실행합니다.

④ 정도경영
곧은 마음과 진실되고 바른 행동으로 명예와 품위를 지키며 모든 일에 있어서 항상 정도를 추구합니다.

⑤ 상생추구
우리는 사회의 일원으로서 더불어 살아간다는 마음을 가지고 지역사회, 국가, 인류의 공동 번영을 위해 노력합니다.

(2) SK하이닉스

① 패기
스스로 동기부여하여 문제를 제기하고 높은 목표에 도전하며 기존의 틀을 깨는 과감한 실행을 하는 인재

② 과감한 실행력
기존의 틀을 깨는 생각의 전환을 바탕으로 새롭게 도전하는 과감한 실행력과

③ 역량 강화와 자기 개발
그 과정에서 필요한 역량을 개발하기 위해 노력하며

④ 팀웍의 시너지
다른 구성원들과 함께 적극적으로 소통하고 협업하여 더 큰 성과를 만들어 갑니다.

2. 현직자가 중요하게 생각하는 인성 역량

앞에서는 대외적으로 알려진 인성 역량에 대해서 설명했습니다. 이 부분에서는 공정 기술 엔지니어로서 가져야 할 인성 역량에 대해 개인적인 견해와 더불어서 설명할 예정입니다. **실제 업무를 진행할 때 발생하는 일이 항상 기쁘지만은 않고 때로는 위기라고 불리는 돌발 상황이 일어나는 만큼 그에 맞는 인성 역량이 필요**하다고 생각합니다. 특히 제가 이 부분에서 설명하는 내용들은 여러분들도 그 상황이 눈앞에 일어났다고 가정하고 함께 생각해보면 좋을 것 같습니다.

(1) 실패에도 무너지지 않는 강인한 멘탈

① 바쁘게 돌아가는 반도체 생산 Line

입사 후 기술팀으로 부서 배치가 되고 나서 처음 느끼는 점이 있었다면 정신이 없다는 것입니다. 그 이유는 24시간 동안 반도체를 생산하고 수많은 장비로 진행한 결과값을 확인해야 했기 때문입니다. 그렇다 보니 실질적으로 공정 기술 엔지니어로서 관리해야 하는 공정 Pa도 많았습니다.

제조팀의 입장에서는 목표로 삼은 물량을 소화하기 위해서 엔지니어에게 장비 상태 또는 공정 결과를 확인해달라고 요청합니다. 왜냐하면 엔지니어가 사용 가능한 장비로 Confirm을 하고 나서야 제조분들이 Wafer를 투입할 수 있기 때문입니다. 더욱이 제조팀의 경우 4조 3교대로 업무를 진행하다 보니 우리의 퇴근 시간을 크게 고려하고 업무를 하는 것이 아닙니다. 본인들의 업무에 최선을 다하고 있는 것입니다. 심지어는 퇴근 후에도 연락이 올 정도로 제조분들은 생산/제조 물량을 제1순위로 두고 업무를 진행합니다.

그렇다면 '이게 끝이야?' 절대 아닙니다. 우리 팀에 소속된 설비/장비 기술 엔지니어뿐만 아니라 현장 근무자분들의 요청사항도 대응해야 합니다. 게다가 다른 기술팀/수율팀에서도 장비 또는 수율 문제로 요청을 하니 말 그대로 정신이 없는 상황입니다.

어떻게 보면 이와 같은 과정이 사실은 반도체 산업에서의 일상이지만, 신입 사원의 입장에서는 충분히 정신없는 상황이고 스트레스를 받을 뿐만 아니라, ②에서 자세히 이야기할 것이지만 사고를 발생시킬 수도 있습니다. 신입 사원들만 사고를 친다는 의미는 아닙니다. 오히려 어느 정도 업무가 손에 익은 연차의 사원들도 간혹 사고를 발생시킬 수도 있습니다. 사고의 원인은 다양하지만 극단적으로 공정 변수를 1.0을 입력해야 하나 10.0을 입력하여 발생하는 Human Error도 있고, 장비 내부의 부품 문제로 인한 사고도 있습니다. 하지만 신입 사원이 사고를 쳤을 때는

> 실제 현업에서 잊을만 하면 발생하는 사고 중 하나입니다.

다른 연차의 분들보다 멘탈이 더욱 박살이 날 것입니다. 사고 수습의 경우에는 선배님들이 처리해 주지만 그 정도에 따라서 Fab장 혹은 센터장 보고까지 필요한 수준의 손실까지 지켜보고 있는 신입 사원은 가시방석일 것입니다. 그렇게 되면 다시 업무를 진행할 때, 막연히 겁을 먹고 자신감은 점점 떨어져 오히려 또 다른 사고를 야기하기도 합니다.

과거 저 역시도 큰 손실은 아니지만 사고를 겪었는데, 그때 저에게 있어서 힘이 되어준 선배님의 말씀이 떠오릅니다. '사고를 쳤다고 해서 업무를 주저하기보다는 그를 통해서 배워야 할 점이 있을 것이고, 남들과 달리 직접 경험했기에 추후 업무에 있어서 더욱 조심할 것이다.'라고 했는데, 이 말씀 이후 제가 한 번 더 업무 처리 과정에서 집중을 발휘할 수 있도록 실수한 부분은 없는지 저 스스로가 'Cross Check' 하는 과정을 거치게 된 것 같습니다.

이렇듯이 여러분이 반도체 산업에 들어오기로 마음을 먹었고, **특히 생산/제조와 직결되는 공정 기술 엔지니어의 꿈을 가졌다면 누구보다 강인한 멘탈**을 가지길 바랍니다. '어제보다 나은 오늘의 엔지니어'가 된다면 여러분은 충분히 반도체 직무에서 성장하실 수 있을 것입니다.

② 엔지니어의 숙명: 사고를 예방하자!

> 입사해서도 이 부분만큼은 꼭 명심했으면 좋겠습니다.

DRAM과 NAND FLASH 제품의 경우, 회사별 제품군에 따라서 공정 Step의 차이는 있겠지만 보통 60일~90일 정도의 제조 기간을 거치게 됩니다. 그렇다 보니 한 장당 가격은 수백 만원에 거래되고 있습니다. 물론 현물 가격이라는 것이 고정적이지 않고 항상 변하는 것이니 이 부분에 있어서는 참고 바랍니다.

반도체 산업에 있어서 사고 발생이 타 산업에 비해서 더 타격이 크다고 생각하는 점은 ①600 이상의 공정 Step을 거쳐 최종 제품이 만들어지는데 특정 Step에서 사고 발생 시 이전까지 진행한 공정에 대한 시간적 Loss + 최종 정상적인 제품 판매 시 금액적 Loss가 포함, ②공정별로 차이가 있겠지만 산업 특성상 24시간 진행되므로 사고 발생을 늦게 인지할 경우, Attack 받은 Wafer의 수량이 수백 장 이상일 가능성이 있습니다.

즉 결론적으로 사고가 발생했더라도 빨리 인지하게 된다면 금액적 손실을 줄일 수가 있지만 며칠 뒤에 인지를 하게 된다면, 그 비용은 정말로 수억~수십억일 가능성이 있습니다. 요즘 집값이 많이 비싼데 이 정도의 비용이면 서울 아파트도 충분히 살 수 있는 가격입니다. 우리에게 PS라는 보너스를 가져다주는 고마운 산업이지만, 반대로 큰 손실을 가져다줄 수 있기 때문에 엔지니어는 사고 발생에 대해 항상 주의를 해야 합니다.

특히 공정 기술 엔지니어가 그 사고 발생에 가까이 있다고 생각하는 이유는 앞서 제가 설명한 바와 같이 가변 파라미터 수정에 있어서 사고가 자주 나기 때문입니다. Photo 공정의 경우 Overlay 조절, Etch 공정의 경우 Etchant Gas 조절, CVD 공정의 경우 박막 형성 Gas 조절 등 엔지니어가 직접 개입하는 경우가 있어 **흔히 실수를 통해 사고가 자주 발생하니 저연차의 경우 조심 또 조심**해야 합니다.

(2) 주어진 일을 끝까지 담당하는 책임감

① 반도체 산업에서 예비 입사자들의 책임감이란?

여러분들은 학생과 직장인들의 가장 큰 차이가 무엇이라고 생각하나요? 아주 간단한 질문이라 답은 크게 어렵지 않다고 생각합니다. 관점에 따라서는 다양한 답변이 존재하겠지만 **제 생각은 프로 의식, 즉 일에 대한 책임감**이라고 생각합니다. 학생의 경우에는 수업을 듣고 시험을 치는 일련의 행위를 했었다면, 직장인의 경우 급여를 받고 회사의 매출 증진에 기여하는 역할을 하는 것입니다.

제가 이 이야기로 왜 시작을 했는가 하면 일에 대한 책임감을 전하고자 꺼내게 되었습니다. 이 글을 읽고 계신 여러분들은 취업 준비생들이지만 머지않아 노력의 결실로 원하는 기업인 삼성전자 또는 SK하이닉스에 입사할 것이라 자부합니다. 하지만 여러분들은 입사 전에 면접 당시에는 매일 야근이라도 할 것처럼 이야기하거나, 입사만 시켜 주면 무엇이든지 열심히 할 것 같았으나 현실은 막상 취업 되고 나니 일찍 퇴근하고 싶고 편한 것만 찾으려 할 것입니다. 이것을 우리는 소위 '꿀 빤다'라고 이야기합니다. 입사 직후에는 몇 달 동안 반도체 공정을 비롯해서 교육이 계속 진행되니, 업무를 배우는 느낌도 들지 않고 지루한 전공 수업의 연장선 느낌이 더더욱 들 겁니다. 사실 저도 입사 초기에는 그랬으니 이것은 모두가 겪은 일반적인 상황입니다. 이렇다 보니 본인 스스로도 텐션이 조금은 떨어지게 되고 교육 과정이 끝나고 이제 본격적인 현업을 배우기 시작할 때쯤에도 배우는 것이 마냥 어렵고 귀찮을 겁니다. 또한 신입 사원인 만큼 선배들 입장에서는 중요한 역할을 맡기진 않고 간단한 업무만을 맡길 겁니다. 제 생각에는 이때가 가장 중요한 시기인 것 같습니다. 왜냐하면 작은 업무에 각자가 쏟아 붓는 열정이 다르다고 생각하는데 상대적으로 조금 더 관심을 갖고 세부적인 내용에 대해서도 궁금해 하는 사람이 있는 반면, 그렇지 않은 사람도 있기 때문입니다. 이걸 보고 나서 또 이런 생각이 들 겁니다. '어차피 중요한 업무가 아니고, 간단한 업무를 진행하는 건데 그렇게까지 생각할 필요가 있을까?' 저는 간단한 업무에 책임감을 가지는 것이 후에 큰 성장 가능성도 볼 수 있다고 확신합니다. 그리고 여러분들의 떨어진 텐션을 확인했을 때 지난 취업 기간 동안 힘든 시절을 생각해 보면 다시 한 번 마음을 바로 잡을 수 있을 것입니다. 입사 직후에는 '작은 업무에서도 책임감을 다하라'라는 마음가짐을 가졌지만, 시간이 지날수록 '이게 전부인가요?'라고 생각이 들 수도 있을 겁니다. 여러분 대다수가 공정 기술에 관심이 있다는 것을 저는 알고 있습니다. 그래서 조금은 공정 기술 직무의 책임감에 관해서 현실적인 이야기를 해 볼까 합니다.

앞에서 계속해서 말하고 있지만 공정 기술은 대부분 사업부의 소속으로써 생산과 수율을 만족하게끔 공정을 진행해야 합니다. 이 말이 간단해 보이지만 쉬워 보이진 않는데 여러분들의 지인들 중에서 반도체 업계에 먼저 취업한 사람이 있다면 질문 한번 해 보는 것을 추천합니다. 왜 사람들이 흔히들 '탈반(=탈 반도체)'하고 싶다는 말들을 종종할까요? 분명히 다른 사업군에 비해서 PS라는 두둑한 보너스를 주며 금융 치료를 해 주는데 말입니다. 일단 대한민국 대부분의 대기업들은 '주5일 근무'를 지키고 있습니다. 하지만 여러분이 일단 알아야 할 사항이 반도체도

> 모든 취업 준비생들의 취업 전 마음가짐은 다들 비슷합니다.

> 삼성전자의 경우 PS를 연봉의 50%, 하이닉스의 경우 PS를 기본급의 1000%정도 지급하며 둘 다 연봉의 절반 정도입니다.

결국에는 '제조'라는 산업의 큰 틀에 속해있습니다. 이 말은 즉 주말 출근, 야간 백업(삼성에서는 GY라 부름), 금요일 당번 체제 등을 통해서 실시간으로 진행되는 Wafer들의 상태를 Care 해야 한다는 뜻입니다. 다른 산업도 힘든 건 매한가지 아닌가 싶지만 주간 출근했을 당시에는 선배를 비롯해서 많은 인원들이 다같이 Care를 하고 있지만, 위와 같은 상황에서는 본인 혼자서 담당을 해야된다는 현실에 부딪힙니다. 이때가 공정 기술 입장에서는 사고 위험이 큰 부분이기도 합니다. 제가 앞서 말한 책임감, 여기에서는 어느 부분에서 보여질 수 있을까요? **이처럼 정신이 없는 상황 또는 사람이 별로 없는 상황에서도 본인이 담당한 업무에 있어서 책임감을 다해야 된다는 의미입니다.** 아직 감을 못 잡겠다면 바로 직전에서 제가 설명한 **(1) 실패에도 무너지지 않는 강인한 멘탈 부분에서 ② 엔지니어의 숙명: 사고를 예방하자!** 부분을 다시 한번 보면서 복기해 보길 바랍니다.

② 주 52시간에 대해서(feat. 주 40시간의 함정)

여러분 혹시 주 52시간 근무에 대해서 들어봤나요? 물론 최근에 정부에서는 탄력적인 주 52시간 법안을 추진하고 있지만, 아직 확정된 것이 없으므로 이 부분에 있어서는 생략하겠습니다. 그러면 주 52시간에 대해 간단하게 설명하자면 '1주일당 법정 근로시간이 기존의 68시간에서 52시간으로 줄어드는 근로 제도를 칭한다. 기본 40시간 근무 원칙에 연장근무가 최대 12시간으로 제한된다.'라고 정의할 수 있습니다.

그렇다면 삼성전자와 SK하이닉스에서는 현재 어떠한 방식으로 근무를 하고 있을까요? 먼저 SK하이닉스의 경우 주당 근무시간이 최소 40시간 이상 근무하는 것을 원칙으로 하고 있습니다. 물론 최근에 여러분들이 익히 들었다시피 '해피 프라이데이'라는 제도를 신설하여 월~목요일 근무 시간을 40시간 이상 채우게 되면 금요일은 쉬는 제도를 진행하고 있습니다. 삼성전자의 경우에는 월 최소 근무시간으로 진행되는데 한 달 기준으로 휴일이 없다고 가정하면, 주 40시간 × 4주 = 160시간이 월 최소 근무시간입니다. 물론 삼성전자는 '해피 프라이데이'는 없으니 이 부분에 있어서는 참고 바랍니다. 이렇게 간단히 근무 시간에 대해 소개했습니다.

그렇다면 왜 제가 제목을 '주 40시간의 함정'이라고 작성했을까요? 일단 업무에 있어서 과연 우리가 일을 끝냈다는 표현은 어떤 상황에서 할 수 있을까요? 간단하게 생각하면 매일 제조팀의 목표로 잡은 생산 물량을 막힘없이 진행할 정도로 장비 가동 상황이 좋다와 수율팀에서도 수율 불량에 관해서 문제없이 넘어가게 될 경우 기술팀의 입장에서는 일을 끝냈다고 생각합니다. 그렇다면 과연 매일 그러한 상황이 연출될 것인가에 대해 생각해 본다면 단언코 아니라고 생각합니다. **우리가 흔히 말하는 '주 40시간 이상만 하면 된다.'라고 생각하는 근무 시간도 사실 공정 기술 직무에 있어서는 현실적으로 어려운 부분**입니다. 물론 저연차 또는 신입 사원의 경우에는 선배들의 배려로 일찍 퇴근하다 보면 평균적으로 주40시간만 근무할 수 있을 것입니다. 하지만 선배들이 아직 퇴근을 못 하는 상황에서 매번 그렇게 하기에는 눈치가 보이기에 조금은 현실성이 없을 것 같습니다. 오히려 선배들의 업무를 분담하여서 잡업무라 할지라도 진행하고 있는 본인의 모습을 볼 수 있을 겁니다.

제가 여기서 하고 싶은 말은 눈에 보이는 달콤함(예) 해피 프라이데이, 주40시간 근무)을 좇다 보면 본인의 생각과는 전혀 다른 상황이 펼쳐질 수 있기 때문에 조금은 현실감 있게 작성했다는 것입니다.

또한 아직까지 사업부 소속의 기술팀에서 팀원들에게 고과를 주는 인사권자인 팀장급들의 경우에는, 예전 본인들이 근무했던 시절을 생각하여 때로는 근무 시간이 너무 짧다고 생각하는 경우도 더러 있으니 조금은 슬픈 현실입니다. 극단적으로 근무 시간으로 고과를 주시는 팀들도 간혹가다가 있으니, **혹여나 입사하고 나서 팀내 멘토 선배에게 인사권자의 성향을 먼저 파악하는 방법도 좋은 방법인 것 같습니다.** 이걸 보고 여러분들 중 일부는 "근무 시간 내에 본인이 맡은 업무를 다 하면 퇴근해도 되는 거 아닌가요?"라고 물어 볼 수도 있습니다. 물론 그 부분에 대해서도 저도 충분히 동의하고 조금은 억울할 수도 있겠지만, 지금 당장에서는 윗분들이 그러한 성향을 가졌기 때문에 회사 생활이라는 범주 안에서 본다면 어느 정도 맞춰 갈 필요가 있을 거라고 생각합니다. 이런 말이 있죠. '눈치껏 알아서 행동하자' 되게 웃픈 말이지만 특정 집단에서 살아남기 위해서는 필수적인 요소입니다.

2 직무 수행을 위해 필요한 전공 역량

저처럼 화학공학을 전공으로 한 분들이 공정 기술에 관심이 많을 것이라 생각합니다. 하지만 저 역시 그랬듯이 여러분들 또한 과연 화학공학에서 어떠한 전공 지식이 공정 기술에 활용될 것인지 궁금해하는 분들도 많을 것입니다.

제가 이전 챕터까지 이야기한 내용들은 대부분 회사에서의 업무적인 내용을 다뤘으므로 이번부터는 실질적으로 어떤 전공이 업무에 쓰이는지 설명하겠습니다. 이때까지 공정 기술이 어떠한 직무인지 어느 정도 감을 잡았을 것이라 생각합니다. 다시 한번 간략하게 설명하자면, 공정 기술은 8대 공정 중에서 한 공정의 기술팀에 소속되어 업무를 진행합니다. 그렇다면 우리가 집중해야하는 부분은 '특정 공정에서의 화학 지식이 어떤 식으로 활용되고 있는가?'입니다.

1. 반도체 공정

공정 기술 직무에 관심이 있는 만큼 '반도체 공정' 과목을 이수하는 것을 추천합니다. 입사하여 부서 배치가 된 이후에는 주로 본인이 담당하는 공정에 대부분의 시간을 할애할 것입니다. 따라서 3~4학년 과정에 포함되는 반도체 공정 과목을 이수해서 전반적인 공정에 대해 기초 개념을 다지는 것을 추천합니다. 제 경험을 토대로 설명하자면 수업에서 배운 Photo 공정 중 Photo Resist에 관심이 많았습니다. 왜냐하면 반도체에서 Photo 공정의 중요성은 익히 다들 알고 있었지만, 노광 파장에 맞는 PR물질 개발의 중요성에 대해 화학공학 전공자로서 매료되었기 때문입니다. 즉 반도체 공정 수업을 통해서 제가 특히나 관심이 생긴 분야에 전공 지식을 활용할 수 있는 방안에 대해 고민하기 시작했습니다. 제게 있어서 '반도체 공정' 수업이 주는 의미는 막연하게 삼성전자, SK하이닉스 입사라는 목표가 아닌, 본인이 관심 있는 공정에 대해 파고들게 되는 트리거로 작용했기에 이후에도 자발적으로 ASML 세미나에 참석할 수 있었습니다. 여러분들 또한 해당 과목을 통해서 본인은 어느 분야에서 관심이 생기는지 확인하고, 이후 관련된 공정에 대해 심도있게 조사하면 자소서 → 면접으로 이어지는 과정에서 '왜 공정 기술을 지원했는가?'에 대해 정답을 얻을 수 있을 것입니다.

2. 화공열역학 및 화학공학 전공 관련 실험

전통 화학공학 전공 중에서도 저는 특히 화공열역학을 1순위로 강조하고 싶습니다. 그 이유는 앞서 말했듯이 반도체는 8대 공정을 기반으로 하여 반응 챔버 내에서 공정이 진행되어 화학 반응이 발생하기 때문입니다. 이때 화학 반응은 액체상에서의 반응과 기체상에서의 반응으로 나눠집니다. 물론 공정팀에 따라서 차이는 발생하겠지만, 열역학 측면에서는 어떤 식으로 자발적인 반응이 진행되는지 또는 반응기 내에서 동시에 발생하는 수많은 반응 중에서 어떠한 반응이 더 자주 발생하는지 등 화공열역학을 기반으로 한 현상 해석이 자주 이뤄지게 됩니다. 과거 해당 과목들에 대해서 열심히 이수했었기 때문에 회사 내에 자료에서 화공열역학 측면으로 해석한 설명들에 대해 제가 이해하는 데 큰 도움을 줄 수 있었습니다. 물론 저도 아직까지 현상에 대해 명확하게 'A와 같은 이유로 B와 같은 반응 결과가 나왔다'같이 이야기하려면 더 많은 시간이 필요합니다.

그 다음으로는 화학공학 관련 실험을 추천합니다. 물론 관련 과목들은 매학년별로 필수 과목(보통 주 1회 수업)으로 들어있기 때문에 대부분 이수할 거라고 생각합니다. 제가 여기서 강조하고 싶은 내용은 실험의 중요성을 간과하지 않는 것입니다. 공정 기술이 어떠한 일을 하는지

> 기본을 충실히 하자는 마인드로 임하는 것을 권장합니다.

여러분들은 이제는 어느 정도 감을 잡고 있을 것 같은데, 공정 평가를 진행하는 상황에서는 평가의 목적과 어떠한 결과를 얻기 위해서 가설을 세우는 일련의 프로세스들은 결국에는 우리가 과거 화학공학 실험을 통해서 배우는 것입니다. 물론 대부분 실험들의 가이드 라인이 어느 정도 존재하고 수율 Data가 과거부터 지금까지 정립이 되어 있어서 여러분들이 그게 정답이라고 생각했을 것입니다. 하지만 냉정하게 결과를 받아들이고 다른 공정 변수를 조절하여 결과값을 얻어 내는 방법을 진행했다면 그게 바로 공정 기술 엔지니어의 역할입니다. 따라서 화학공학 실험을 통해서 수율을 높이기 위해 여러 가지 방법을 함께 고민해 보는 것이 이후 공정 기술 엔지니어로 입사했을 때 업무에 큰 도움이 될 것이라 확신합니다.

3. 플라즈마 공정

여러분 혹시 플라즈마에 대해서 들어봤나요? 학부 시절 학교에 따라서는 차이가 있겠지만(대부분 플라즈마 과목은 전자공학부에서 진행), 일부 화학공학 전공 4학년 수업에서 진행하는 것으로 알고 있습니다. 제 과거의 경험으로 4학년 1학기에 들은 기억이 납니다. 그

> 직무 수행을 위해서 필요한 전공 역량 중 현업에서도 제일 활용할 수 있는 과목이라 생각합니다.

렇다 보니 선택적으로 수강을 하시는 경우가 더러 있는데, 반도체 공정에서 플라즈마를 사용하는 공정은 식각, 이온 임플란트, 증착, 세정 등 우리가 알고 있는 대부분의 공정에서 사용하고 있기 때문에 반드시 수강하시는 것을 추천합니다. 식각의 경우에는 플라즈마를 어떻게 제어하는가에 따라서 좌우되기 때문에 현업에서도 가장 중요하게 생각합니다. 물론 여러분들이 이미 졸업을 한

상태라면 해당 수업을 들을 수는 없지만, 최소한 렛유인에서 진행하는 플라즈마 관련된 강의는 반드시 수강하는 것을 권장합니다. 공정 기술 직무 면접에서도 필수적으로 나오는 질문 중 하나이므로 시간적 여유가 있을 때 깊이 있게 공부하는 것을 추천합니다.

3 필수는 아니지만 있으면 도움이 되는 역량

이 부분에서 제가 추천하고 싶은 것은 엑셀, 파이썬, Spotfire등의 Data 처리 능력입니다. 이걸 본 여러분들은 엑셀은 공감을 할 수가 있는데 왜 갑자기 파이썬, Spotfire냐고요? "이 부분 관련하여서 따로 공부를 해야하는 건가요?"라고 질문을 할 수도 있을 것입니다. 저는 취업 준비생의 입장에서는 최종 합격을 위해서는 따로 시간을 할애해서 공부하라는 것은 아닙니다.

> 이 부분 관련해서 JD에 언급되어 있다고 해서 너무 걱정 안 하셔도 됩니다.

다만 현업에서는 위와 같은 프로그램들을 매우 자주 사용하기 때문에 이 챕터에서 작게나마 설명합니다. 여러분들이 만약 공정 기술 직무로 입사한다면 생각보다 더 많은 시간을 자료 정리에 쏟아 붓는 모습을 볼 수가 있습니다. 물론 저연차의 경우에는 사내 교육을 비롯하여 전산 프로그램 숙달 등 기본적인 업무에 익숙해지려 할 것입니다. 그렇게 1~2년이 지나면 생산량에 집중되어 있는 익숙하고 단순한 업무가 아닌, 공정 평가를 본인이 담당자가 되어서 진행하게 될 것입니다. 반도체는 여러분이 아시다시피 24시간 가동되는 환경이므로 수많은 Data들이 있습니다. 평가자의 주체가 된 여러분들은 그 Raw Data들 속에서 본인이 평가한 Data를 비교하여 Test 전과 후로 효과는 없는지 확인해 봐야 합니다. 이때 앞서 제가 언급한 바와 같이 엑셀, 파이썬, Spotfire 등의 Data 처리 프로그램을 이용하여 시각화하는 과정을 거치는 것입니다.

하지만 학생 신분에서는 위와 같은 프로그램을 사용할 일이 거의 없기 때문에 회사 내에서 필요할 때마다 직접 찾아봐야 합니다. 참고로 최근 IT업계의 붐으로 인해서 파이썬 교육이 되게 많이 있던 것으로 알고, 여러분들 또한 파이썬 교육을 들었다고 생각합니다. 물론 파이썬 프로그램 사용 능력이 있다면 앞서 말했듯이 도움이 되겠지만, 제가 말하는 부분은 개발자 수준의 능력을 요구하는 것이 절대로 아니니 너무 깊게 공부하지 않아도 될 것 같습니다.

MEMO

07 현직자가 말하는 자소서 팁

취업 준비가 처음이 아닌 분들의 경우 자소서는 이미 준비가 완료되었을 것이지만, 처음인 분들은 정말 막막할 것입니다. 사실 취업 준비의 시작점은 자소서 작성부터 이뤄지기 때문입니다. 어떻게 보면 자소서 항목을 처음 확인하고 나서야 어떤 소재로 풀어나갈지 고민할 것입니다. 어떤가요? 이런 상황을 너무 잘 알아서 소름이 돋지 않나요? 저 역시도 취업 준비 당시에 그러한 과정을 겪었기 때문입니다. 구글링으로 삼성전자 또는 SK하이닉스 합격 자소서를 검색하여 렛유인을 비롯한 독X사, 유튜브, 블로그 등을 통해서 '어떻게 하면 자소서를 완성할 수 있을까?'라는 고민을 했었습니다. 그렇다 보니 본질적으로 내 자신을 되돌아보는 과정을 겪지 않고 영양가 없는 글자 수 채우기에 혈안이 되어 있었던 것 같습니다. 물론 유튜브에는 자소서 관련하여 경험적으로 노하우가 있는 분들이 많은 것 같습니다. 그렇지만 **제가 삼성전자와 SK하이닉스 두 기업을 합격한 경험을 바탕으로 각 항목별로 어느 부분에 포인트를 맞춰서 기술**하면 좋을지 설명하겠습니다.

1 삼성전자 자소서 문항 분석하기

삼성전자 자소서 문항을 보면 묻고자 하는 것이 타 기업보다 심플합니다. 직관적으로 기업이 지원자에게 어떠한 항목이 궁금한 것인지 한눈에 알아볼 수가 있습니다. 이 부분 참고해서 작성하기를 바랍니다.

> **Q1** 삼성전자를 지원한 이유와 입사 후 회사에서 이루고 싶은 꿈을 기술하십시오.

이 문항은 지원 동기와 입사 후 포부를 묻는 문항입니다. 저는 **이 부분 작성에 있어서는 구체적으로 무엇을 하고 싶고, 어떠한 꿈을 갖고 있는지 명확하게 밝히는 것이 중요**하다고 생각합니다. 이때 여러분들이 자주 하는 실수가 메모리 세계 1위의 기업, 파운드리 3nm GAA 등 여러분

> 간단한 것 같으면서 가장 쓰기 어려운 항목이라 생각합니다.

이 실제로 지원한 이유가 아니라 회사에 대한 칭찬으로 지원했다는 느낌이 들게 작성하는 것입니다. 물론 솔직하게 우리가 회사를 지원한 동기는 근로 소득을 얻기 위해서이고, 타 기업 대비해서 반도체 업계의 평균 연봉이 높기 때문에 지원하는 것에 대해서는 부정하지 않습니다. 하지만 직원을 채용하는 고용주 입장에서는 구체적인 지원 동기가 있는 분이 그렇지 않은 직원보다는 더욱

회사 이익에 도움이 될 것이라는 생각이 들 것입니다. 비유를 하자면 이런 것입니다. '나는 돈 많이 벌고 싶어!'라고 하는 사람과 '나는 어떠한 목표를 이뤄서 최종적으로 돈을 많이 벌고 싶어!' 라고 하는 사람이 있다면 과연 누구의 말이 조금 더 현실적이고 실현 가능해 보이는지 느낌이 올 것입니다.

그러면 공정 기술 직무를 희망하는 지원자의 입장에서는 지원 동기는 어떻게 써야 할까요? **우선 구체적으로 본인이 8대 공정 중에서 원하는 공정을 하나 선택해 어떤 기술팀에서 일하고 싶다고 언급**하는 것입니다. 이때 중요한 것은 본인이 지원한 사업부와 원하는 기술팀에 대해서 관심이 있는 것을 보여 줘야 합니다. 이때 공정의 최근 기술력에 대한 자료 조사를 통해서 기술 개발 동향 및 난제에 관해서 언급해 주면 현직자 입장에서는 다른 지원자들보다 관심이 갈 수밖에 없습니다. 이후에는 해당하는 팀에 가기 위해서 본인이 그동안 준비했던 내용들을 간략하게 언급해 줍니다. 삼성전자 2번 항목이 성장 과정이나 인성 역량, 4번이 직무 역량 경험에 대한 것이므로 이 두 항목에 대한 내용을 지원 동기에 언급함으로써 뒤에 나올 내용 미리보기 느낌으로 작성하는 것을 추천합니다.

마지막으로 입사 후 포부는 앞서 말한 해당하는 기술팀 공정의 어려운 부분 또는 Device의 발전에 따라 해결해야 할 과제에 있어서 본인이 어떠한 역할을 하고 싶은지 고민하여 작성하길 바랍니다.

Q2   본인의 성장 과정을 간략히 기술하되 현재의 자신에게 가장 큰 영향을 끼친 사건, 인물 등을 포함하여 기술하시기 바랍니다. (※ 작품 속 가상인물도 가능) (1500자)

2번 문항을 통해서 알고자 하는 것은 지원자의 인성 역량을 확인해 보는 것입니다. 따라서 앞선 챕터에서 **'직무에 필요한 역량 부분 중 인성' 항목에 대해 제가 언급한 내용을 참고하여 작성**하면 좋을 것 같습니다. 또한 하나의 인성 역량을 강조하여 작성하기보다는 본인이 어필하고 싶은 인성 역량에 관한 2가지 일화를 인성 역량으로 매칭하길 바랍니다.

예를 들어 내가 선택한 인성 역량을 도전, 협력이라고 한다면 크게 두 문단으로 2가지 이야기 소재를 작성하면 됩니다. 물론 이 부분에서 실험 또는 프로젝트를 이용한 내용을 작성해도 되긴 하지만, 개인적인 의견으로는 뒤에 4번 항목에서 직무 역량 관련하여 충분히 어필할 수 있는 부분이 있기에 이 부분에서는 피하는 것이 나을 것 같습니다. 특히나 이 부분이 신입 채용에서는 중요하다고 생각되는 부분이고 이력서를 통해서는 어떤 사람인지 파악을 하기 힘들지만, 지원자의 성장 과정에서 발생한 일련의 상황을 통해서 어떤 사람인지 글에서 어느 정도 유추가 가능합니다. 또한 이 항목이 주는 의미는 1번 지원 동기와 입사 후 포부, 4번 직무 역량 관련해서도 읽는 사람에게 충분히 유의미한 영향을 줄 수 있다고 생각합니다.

Q3 최근 사회 이슈 중 중요하다고 생각되는 한 가지를 선택하고 이에 관한 자신의 견해를 기술해 주시기 바랍니다. (1000자)

이 문항에 있어서는 우선 어떠한 소재로 작성해야 하는지 막막할 것이라 생각됩니다. 제가 한 가지 조언하고 싶은 것은 어떤 소재로 작성해도 상관은 없으나, **찬/반 대립 구조의 주제에 대해서는 지양하는 것을 추천**합니다. 특히 정치, 성별, 노조와 관련해서 각자의 의견이 있어 명확하게 답을 내리기에는 부족한 논쟁거리에 관해서는 혹여나 읽는 사람이 본인과 다른 의견을 가졌다고 하면 오히려 마이너스 요소가 될 수 있기 때문입니다. 본인의 생각을 명료하게 이야기하는 것이 얼핏 좋아보일 수도 있지만, 오히려 민감한 내용이나 찬/반이 갈리는 의견에 대해서 너무 편협한 사고를 가졌다면 조직 내에서 트러블을 일으킬 만한 사람이라고 판단할 수 있기 때문입니다.

예를 들어 차라리 이 문항에서는 무난한 소재인 반도체 관련하여 쓰는 것도 하나의 방법이 될 수 있습니다. 덧붙이자면 본인이 지원한 사업부가 메모리 또는 파운드리 등에 따라서 각 사업부가 추구하고자 하는 목표가 있을 것이니 대내외적인 이슈에 대해서 어떠한 포지션을 잡고 있는지 한번 고민해 보고 의견을 작성해도 좋을 것 같습니다. 딱 하나만 명심하면 됩니다. '민감한 주제 피하기' 이것만 피해서 작성하면 큰 부담 없이 작성할 수 있을 것입니다.

Q4 지원한 직무 관련 본인이 갖고 있는 전문지식/경험(심화전공, 프로젝트, 논문, 공모전 등)을 작성하고, 이를 바탕으로 본인이 지원 직무에 적합한 사유를 구체적으로 서술해 주시기 바랍니다. (1000자)

사실상 삼성전자에서 직무 역량 관련하여 본인이 어필하고 싶은 것을 이 문항에 작성하라고 되어 있습니다. 또한 이 문항을 통해서 본인이 지원한 직무, 즉 공정 기술이라면 무슨 업무를 진행하는지 알고 있는지 확인하는 문항이라고 생각합니다. 지금까지 제가 공정기술이 어떠한 업무를 진행하는지 수없이 강조해 왔으니 비슷한 예제가 있으면 될 것 같습니다.

특히 저를 포함하여 공대 출신인 여러분들은 그동안 학교를 비롯하여 수많은 프로젝트와 실험을 했을 것이라고 생각합니다. 따라서 많은 소재들 중에 하나를 선정하길 바랍니다. 여기서 제가 더더욱 강조하고 싶은 것은 문제 해결 과정에 있어서 일부 몇몇 분들은 '단 하나만의 솔루션을 진행하여 해결했다'라는 방식의 서술을 하는데 물론 그 Action을 통해서 해결되었을 수도 있지만 현직자 입장에서는 약간 의심을 하게 됩니다. 왜냐하면 그렇게 간단하게 해결되었을 만한 문제였다면, 애초에 이슈 사항이 아니었기 때문입니다. 따라서 문제 해결에 있어서는 분량의 대부분을 수치를 통해서 정확하고 자세하게 기입하는 것을 추천합니다. 또한 소제목과 문단 도입부에 수치를 통해서 읽은 사람으로 하여금 '결과가 어느 정도 향상되었다.'라고 느껴질 정도로 눈에 띄게 강조해 주는 것도 좋은 방법입니다. 왜냐하면 이번 문항 자체는 직무 역량 관련한 문항이기 때문에, 현업에서도 수치를 통해서 한눈에 들어오는 것이 중요하기 때문입니다.

2 SK하이닉스 자소서 문항 분석하기

본격적으로 SK하이닉스 자소서 항목을 분석하기에 앞서, **삼성전자에 비해 SK하이닉스 자소서는 어떠한 소재로 작성하라고 명시**되어있습니다. 어찌보면 삼성전자에 비해서 친절하다고(?) 볼 수 있겠죠. 그

> 모든 항목을 하나씩 뜯어보면, SK그룹사에서 원하는 인재상을 언급한 것을 느낄 수 있을 겁니다.

뿐만 아니라, 각 항목 별로 괄호 안에 세부적인 요소들까지 작성해달라고 되어있으니, 취업 준비생들의 입장에서는 점검 List가 될 수 있는 것 같습니다. 이부분 참고하시어 문항 작성하시길 바랍니다.

> **Q1** 자발적으로 최고 수준의 목표를 세우고 끈질기게 성취한 경험에 대해 서술해 주십시오. (본인이 설정한 목표/ 목표의 수립 과정/ 처음에 생각했던 목표 달성 가능성/ 수행 과정에서 부딪힌 장애물 및 그때의 감정(생각)/ 목표 달성을 위한 구체적 노력/ 실제 결과/ 경험의 진실성을 증명할 수 있는 근거가 잘 드러나도록 기술)

저는 이 항목을 보았을 때, SK그룹사의 인재상인 'SUPEX(인간의 능력으로 도달할 수 있는 최고 수준의 Super Excellent 수준)와 VWBE(자발적이고 의욕적인 두뇌활용)'이 매칭되었습니다. **여기서 강조하고 싶은 인성 역량은 도전, 끈기라고 말할 수 있습니다. 그리고 제가 생각한 포인트는 '자발적으로'라고 생각이 듭니다.** 우리가 흔히 '일을 한다.'라고 하였을 때 본인에게 주어진 업무에 대해서만 처리를 하면 일을 끝냈다고 생각을 하지만, 이 항목의 의미는 더 높은 효율, 결과, 목표를 달성하기 위해서 본인 스스로가 목표를 잡았다는 것입니다. 인재를 채용하는 입장에서는 앞서 말한 성향을 가진 사람이 회사에 입사하면 주어진 일만 하지 않고 스스로가 자발적으로 일을 찾을 것이라고 생각하여 이와 같은 문항을 만든 것으로 보여집니다.

따라서 본인이 사용할만한 소재들 중에서 다른 사람이 보더라도 어려워 보이는 목표를 잡았고, 그 해결 과정에 있어서 어려운 부분이 있었다면 그것만으로 충분하다고 생각합니다. 삼성전자 4번 항목에서처럼 직무 역량을 드러내는 소재를 사용해도 되나, 뒤에 나오는 2~3번 항목에서도 충분히 직무 역량을 드러낼 수 있다고 판단하여 조금은 Light한 주제를 선정하길 바랍니다.

Q2 새로운 것을 접목하거나 남다른 아이디어를 통해 문제를 개선했던 경험에 대해 서술해 주십시오. (기존 방식과 본인이 시도한 방식의 차이/ 새로운 시도를 하게 된 계기/ 새로운 시도를 했을 때의 주변 반응/ 새로운 시도를 위해 감수해야 했던 점 / 구체적인 실행 과정 및 결과/ 경험의 진실성을 증명할 수 있는 근거가 잘 드러나도록 기술)

이 문항은 보시다시피 창의성에 대한 소재를 활용해야 한다는 것입니다. 사실 창의성이라고 하면 '무언가를 창조해야 하는 것인가?'라는 부담이 많이 느껴지는 것은 사실입니다. 물론 본인의 소재 중에서 그러한 항목이 있었다면 조금 덜 부담이 될 것입니다. 하지만 그러한 경험을 하신 분들이 많지 않다고 생각하기 때문에 저는 **차라리 '남다른 아이디어를 통해 문제를 개선'이라는 표현에 포인트**를 잡아 보겠습니다. 실험이나 프로젝트 진행에 있어서는 충분히 일어날 만한 상황입니다. 일단 소재를 잡고 나서 괄호 안에 언급했듯이 그 상황에 대해서 다시 한번 생각을 할 필요가 있습니다. 주변에서의 반응 등은 자소서를 쓰고 나서 다시 보았을 때 조금은 억지스럽지는 않았는지 다시 한번 검토하고 마무리하는 것을 추천합니다.

요약하자면 간단한 Action일지라도 문제 해결에 Key가 되었다면 충분히 활용할 수 있는 소재들이 있을 테니, '새로운 것을 접목'이라는 표현보다는 '남다른 아이디어'라는 표현에 집중하길 바랍니다.

Q3 지원 분야와 관련하여 특정 영역의 전문성을 키우기 위해 꾸준히 노력한 경험에 대해 서술해 주십시오. (전문성의 구체적 영역 **예** 통계 분석/ 전문성을 높이기 위한 학습 과정/ 전문성 획득을 위해 투입한 시간 및 방법/ 습득한 지식 및 기술을 실전적으로 적용해 본 사례/ 전문성을 객관적으로 확인한 경험/ 전문성 향상을 위해 교류하고 있는 네트워크/ 경험의 진실성을 증명할 수 있는 근거가 잘 드러나도록 기술)

어떻게 보면 이 문항이 직무 역량 관련하여 작성해야 하는 부분이라고 생각이 듭니다만, 무턱대고 삼성전자 4번 항목처럼 작성한다면 약간은 포인트를 잘못 잡고 있다는 생각이 들 것입니다. 왜냐하면 **여기에서 강조하고 싶은 부분은 꾸준히 노력한 경험**이기 때문입니다. 물론 삼성전자 4번 항목에서 본인이 꾸준하게 직무 역량을 기르기 위해서 어떠한 행동을 하고 있다고 서술하였으면, 그 내용을 이곳에 작성해도 무방합니다.

SK하이닉스에서는 양산 기술 직무를 지원하였고, 특정 영역의 전문성이라고 해서 너무 부담 가질 필요는 없습니다. 괄호 안에 예시에도 나와 있듯이 통계 분석과 같은 내용도 사용할 수 있기 때문입니다. 즉 양산 기술의 직무에 대해서 어떠한 업무를 진행하는지 우선 알아야 하고, 그에 관련하여 전문성을 키우기 위해서 본인이 노력한 부분들을 이 항목에서 어필하길 바랍니다. 물론 텍스트나 인터넷 자료를 활용하여서 관련된 전문성을 키웠다고 볼 수도 있겠지만, **제가 더 추천하는 방법은 '최대한 다양한 매체나 교육을 활용하여 꾸준하게 전문성을 키워 왔고 그것들을 통해서 입사 후에는 어떠한 방식에 기여**할 것이다.'라는 느낌으로 작성하면 좋을 것 같습니다.

Q4 혼자 하기 어려운 일에서 다양한 자원 활용, 타인의 협력을 최대한으로 이끌어 내며, Teamwork를 발휘하여 공동의 목표 달성에 기여한 경험에 대해 서술해 주십시오. (관련된 사람들의 관계 **예** 친구, 직장 동료 및 역할/ 혼자 하기 어렵다고 판단한 이유/ 목표 설정 과정/ 자원 **예** 사람, 자료 등 활용 계획 및 행동/ 구성원들의 참여도 및 의견 차이/ 그에 대한 대응 및 협조를 이끌어 내기 위한 구체적 행동/ 목표 달성 정도 및 본인의 기여도/ 경험의 진실성을 증명할 수 있는 근거가 잘 드러나도록 기술)

항목에도 잘 드러나 있듯이 협력에 관한 소재를 활용해야 하는 것입니다. 다른 직무 역시 협력이 중요한 부분 중 하나이지만, 특히나 양산 기술 엔지니어는 직무 가이드 초반부에 언급한 것처럼 제조-기술팀-수율 중간에서 업무를 진행하므로 협력이 더욱 중요합니다. 따라서 채용 입장에서 어떤 식으로 협력을 이끌어 냈었는지 보고자 이 항목을 구성한 것으로 보입니다. 여기에서 포인트는 **우선 혼자 하기 어려운 일이라는 것에 집중**할 필요가 있습니다. 왜냐하면 우리가 흔히 말하는 협력이라는 것은 나 혼자서는 할 수 없는 일이라고 판단을 한 이후에 진행되기 때문입니다. 따라서 간혹가다 몇몇 자소서를 읽다 보면, 목표를 달성하기 위해 부딪힌 장애물에 대해서 곧바로 협력을 요청했다는 뉘앙스의 글들을 볼 수 있는데 이는 절대로 협력이 아니고 남에게 의존했다는 생각이 듭니다. **먼저 본인이 그 장애물을 만났을 때 어느 정도 선까지 진행했는지 그리고 왜 혼자서 하기 어려웠는지의 스토리텔링을 자연스럽게 작성**하길 바랍니다. 또한 친구들 사이에서의 협력이 아니라 회사 내 비즈니스 관계에서의 협력을 하기 위해서 과연 어떠한 부분이 키포인트인지 한번쯤 고민해 보는 것을 추천합니다.

08 현직자가 말하는 면접 팁

저의 취업 준비생 시절에 있어서 첫 면접은 인턴 면접이었고, 그 당시 자소서와 인적성을 합격하고 나서야 준비를 한 기억이 있습니다. 그렇다 보니 당장 면접 준비를 해야 한다는 압박감 때문에 인터넷에 떠돌아다니는 'OO기업 면접 기출'이라고 검색하여 급하게 준비했었던 기억이 있습니다. 마치 토익 스피킹 또는 오픽 템플릿을 외우듯이 질문이 도전적인 경험이라면, '어떠한 경험을 이야기해야겠다.'라는 방식으로 **많은 기출 질문에 대한 대답만 하려고 준비를 해서 실제 면접에서 다른 질문이 나오거나 꼬리 질문을 계속 받게 되었을 때 횡설수설하고 멘탈이 부서진 기억**이 있습니다. 역시나 면접의 결과는 탈락이었습니다. 사실 면접의 합격/불합격이 주는 의미는 더더욱 크다고 생각합니다. 왜냐하면 면접의 합격은 곧 입사를

> 면접을 끝내고 집에 왔지만 멘탈이 부서져 그날 어떤 말을 했는지 기억이 안 날 정도였습니다.

의미하고 불합격의 경우 처음부터 다시 준비해야 된다는 좌절감을 맛볼 수 있기 때문입니다. 물론 여러 기업들의 면접을 진행하고 그 결과를 기다리는 입장에서는 압박감에서 한결 벗어날 수는 있겠지만, 단 하나만의 면접만을 본 지원자의 경우에는 결과로 지난날의 취업 준비생의 시간을 보상받을 수 있기 때문입니다.

이처럼 저의 첫 면접에서의 실패 경험을 토대로 이후 SK하이닉스, 삼성전자 면접 합격까지의 팁들을 전달하려고 합니다. 이후에 인성 면접과 직무 면접에 관해서 이야기하겠습니다.

1 실패 경험을 통한 면접 합격 팁

1. 이력서와 자소서에 쓴 내용들에 대해서 꼼꼼히 확인하기

면접장에 들어갔을 때 가장 당황스러웠던 기억 중 하나는 분명히 내가 쓴 이력서 또는 자소서인데 세부적인 워딩을 왜 그렇게 작성했는지 기억이 안 난다는 것입니다. 물론 면접 특성상 긴장감을 줄 수밖에 없는 상황이기에 순간 머릿속이 하얘져서 그럴 수도 있겠지만, **면접 준비 과정 속에서 본인이 꼼꼼하게 확인하지 못한 점은 실패의 원인**이라고 생각합니다. 또한 자소서에서는 글자 수 제한 때문에 세부적으로 왜 그렇게 진행되었는지 모두 넣지는 못할 것입니다. 하지만 면접에서는 그 과정에 대해서 질문이 충분히 들어올 수 있기 때문에 구체적인 수치가 어떻게 나왔는지 등 반드시 꼼꼼하게 확인해야 할 것입니다.

특히나 인성 면접의 경우, 직장 생활을 오래한 임원분들의 내공이 대단하기 때문에 작은 내용도 충분히 꼬리 질문으로 지원자들을 당황시킬 수 있으므로 준비를 철저히 하는 게 좋습니다.

> 임원분들의 질문은 직관적인 질문들이지만, 면접장의 분위기에 압도되어 어렵게만 느껴집니다.

2. 두괄식으로 간단명료하게 대답하기

사실 면접 준비 과정 중에서 여러분들 또한 두괄식 표현이라는 말을 많이 들어보았을 겁니다. 대부분의 지원자들은 '두괄식 표현 그거 어려운 것 아니고, 묻는 말에 바로 대답하면 되는 거 아니야?'라고 간단히 생각할 수도 있을 것 같습니다. 하지만 예를 들어보자면, '오늘 점심으로 뭐 먹었어?'라는 질문에 답을 해 보길 바랍니다. 그러면 여러분들은 자연스럽게 '나 오늘 점심은 냉면 먹었어.'라고 답변할 겁니다. 그런데 이처럼 간단해 보이는 것도 왜 면접장에 가게 되면 '저는 오늘 날씨가 매우 더워서 냉면을 먹었는데 배가 너무 고파서 연탄 불고기도 같이 먹었어요.' 이렇게 답변하는 것일까요? **정답은 바로 면접에서는 말을 길게 해서 최대한 많은 정보를 전달하고 싶은 것이 가장 큰 문제입니다.**

면접은 우리가 평가받는 자리이기도 하지만 평가의 주체자는 내가 아니라 바로 맞은편에 앉아 있는 면접관이고 면접관의 질문은 여러분의 대답을 통해 다음 질문으로 이어갑니다. 여러분이 모든 답변을 길게 말한다면, 면접관은 질문지가 충분히 있는데 다 물어보지도 못하고 그 대답마저도 필요 없는 미사여구 때문에 채점하기가 어려워집니다. 차라리 면접관과 대화를 한다고 생각하고 두괄식으로 묻는 말에 대답만 하면서 같이 면접장에서 호흡을 하는 것을 추천합니다.

3. 꼬리 질문에도 당황하지 않고 천천히 풀어가기

면접에 있어서 꼬리 질문은 왜 하는 것일까요? 제게 있어서 첫 면접의 경험을 되돌아보았을 때, 가장 큰 실수는 '질문을 되게 많이 받아서 면접 시간을 꽉 채운 것 같아서 만족스럽다.'였습니다. 첫 면접이니 저 또한 많은 대답을 하고 싶었고 그만큼 질문이 많이 들어오니 '관심이 이렇게 많은 것 같네.'라고 생각하였습니다. 하지만 상황에 따라서 다를 수는 있겠지만, 결과를 확인하고 피드백을 해 보니 정확하게 반대였습니다. 면접관 입장에서는 지원자의 대답이 부족하거나 아니면 의심의 눈초리를 갖고 꼬리 질문을 진행하는 것입니다.

그렇다면 꼬리 질문을 받는 상황에서 우리는 어떻게 대처를 해야 할까요? 제 생각에는 일단 꼬리 질문을 받기 시작했을 때는 '면접관이 약간은 부정적인 생각을 갖고 있구나.'라고 인지를 해야 할 것입니다. 이후 면접관의 질문을 놓치지 말고 무엇을 궁금해하는지 확인하고 5초 정도 뒤에 천천히 대답하기를 바랍니다. 이렇게 한다면 긴장되는 상황이 조금 완화될 것입니다. 대부분 잘못 흘러가는 이유 중 하나가 꼬리 질문이 시작되면 당황스러운 나머지 질문에 두괄식 답변을 하지 못하고 길게 말하고 횡설수설하게 됩니다.

4. 웃는 얼굴로 아이 컨택하기(feat. 온라인 면접)

면접에서 원하는 질문이 나오지 않았을 때는 긴장하고 표정이 어두워지게 될 것입니다. 또는 지원자의 대답이 면접관에게 만족스럽지 못하다면 면접장 내 분위기는 아마 어두운 분위기가 조성될 것입니다. 사실 최근에는 삼성전자나 SK하이닉스도 면접장에는 직접 가지만 실제 면접을 볼 때는 비대면 면접처럼 진행되고 있어서 대면보다는 분위기가 주는 압박감이 적을 것 같지만, 그럼에도 불구하고 지원자가 느껴질 압박감은 상당할 것 같다고 생각합니다.

제가 추천하고 싶은 방법은 웃는 얼굴로 아이 컨택을 하는 것이라 생각합니다. 면접 처음부터 끝까지 시종일관 웃고 있으라는 것이 아닙니다. 계속 웃기만 하면 실없어 보이고 그렇다고 웃지 않으면 경직되어 보이거나 차가워 보여 자칫 긴장한 느낌을 줄 수 있기 때문입니다. 또한 아이 컨택도 굉장히 중요한 대화의 방법인데, 최근 비대면 방식으로 면접을 진행하기 때문에 이 부분이 굉장히 어렵다고 생각합니다. 지원자가 화면을 보면 면접관들 입장에서는 지원자의 시선이 다른 곳을 향해 있다고 느끼고 있는 것 같기 때문입니다. 사실 이러한 면접 진행 방법으로 인해서 아이 컨택이 어떻게 가능한지에 대한 의문점이 있을 겁니다. **제가 추천하는 방법은 면접관들이 이야기를 할 때는 화면을 보면서 질문을 제대로 듣고 이후 대답을 할 때는 카메라를 쳐다보면서 면접관들에게 전달하듯이 진행**하면 아이 컨택이 될 것이라고 생각합니다.

참고   삼성전자의 인성 검사

삼성전자의 경우 타 회사와는 다르게 면접 당일에 온라인으로 인성 검사를 실시합니다. 모의 GSAT의 수리/추리 총 30분 진행이 끝나고 바로 이어서 인성 검사를 진행합니다. 하지만 인성 검사 유형의 질문들이 정말 생각보다 까다롭다 보니 고민할 시간이 없습니다.

> 검사를 진행하다 보면 이전에 어떤 유형을 선택했는지 기억도 안 날 정도였습니다.

저자 본인은 그동안 수많은 대기업들의 인성 검사를 진행했음에도 불구하고 삼성전자의 경우가 가장 당황스러웠던 기억이 있습니다. 그 말은 나를 꾸미거나 포장하려고 선택지를 고민하지 못하게 인성 검사를 구성했다는 뜻입니다. 따라서 본인은 어떠한 성향의 사람인지 확실하게 되돌아보고 검사를 진행하길 바랍니다. 인성 검사가 중요한 이유는 바로 이후 진행될 인성 면접(임원 면접)에서 본인의 성향/가치관에 따라 면접 질문지가 구성되기 때문에 신중하게 검사를 진행해야 합니다.

2 인성 면접

　회사마다 차이가 있겠지만 우리가 흔히 말하는 임원 면접은 인성 면접이라고 생각하면 되겠습니다. 인성 면접 경험에 대해 되돌아보았을 때 질문에 관해서 크게 어려운 것은 없었습니다. 하지만 면접관님들이 주는 포스와 면접장의 분위기에 압도되어서 긴장을 하는 것은 사실입니다.

　제가 생각하는 **인성 면접의 핵심 포인트는 '간결함, 솔직함, 겸손함'**이라고 생각합니다. 왜냐하면 임원분들은 여러분들과 같은 지원자들을 수없이 많이 봤었기 때문입니다. 아래에서 핵심 포인트 세 가지를 추가적으로 설명하겠습니다.

1. 간결함

　임원분들은 지원자의 대답 초반만 들어도 다음 질문은 무엇으로 해야 할지 생각하고 있기 때문에 **묻는 말에만 간결하게 대답**하는 것을 추천합니다. 면접관마다 차이는 있겠지만 때로는 지원자의 말을 끊고 다음 질문을 진행하는 분도 있다고 하니 간결한 게 얼마나 중요한지 알겠죠? 앞서 말한 두괄식 표현으로 묻는 말에 답하는 것을 1원칙으로 세우길 바랍니다.

> 왜냐하면 그분들의 질문 자체도 간결하기 때문입니다.

2. 솔직함

　다음으로 솔직함을 뽑은 이유는 사실 인성 면접에서 가장 많이 묻는 질문이라고 하면 저는 무조건 지원 동기라고 말할 것입니다. 우리가 자소서에서부터 지원 동기를 작성하였는데 충분히 회사의 기술력에 대한 내용도 언급했을 겁니다. 하지만 저는 '자소서에서의 지원동기 ≠ 면접에서의 지원 동기'라고 생각합니다. 왜냐하면 본인이 자소서에 작성한 지원 동기를 한 번 주변 친구들에게 말한다고 생각해 보면 납득이 갈 것입니다. 뭔가 회사의 칭찬만을 이야기하는 것 같다면 면접에서는 그 지원 동기는 지양하길 바랍니다. 회사 및 사업부의 지원 동기의 경우 대부분이 회사의 장점을 포함해서 말할 것이기 때문에, 차라리 저는 **구체적인 본인의 직무 지원 동기**로 이야기를 풀어간다면 면접관님들에게 조금 담백하고, 솔직한 느낌을 줄 수 있다고 생각합니다.

> 타 회사에서 신입으로 이직하려는 분들이 가장 자주 받는 질문이자 이 질문에 대한 답을 하냐 vs 못 하냐로 면접의 합격/불합격이 결정됩니다.

3. 겸손함

우리는 흔히 면접을 평가받는 자리라고 생각하여, 본인을 어필하려고 하는 나머지 학점과 같은 보여지는 지표나 직무 경험을 자랑하듯이 얘기하곤 이야기하고는 합니다. 하지만 면접관들이 보기에는 모두 신입 사원처럼 보이기 마련입니다. '번데기 앞에 주름잡다.'라는 표현이 있는 것처럼 모든 것을 아는 듯이 대답하는 것은 정말 Risky하다고 생각합니다. 물론 면접관님들에 따라서 이렇게까지 알고 있는 것에 대해 신기해하는 분들도 있겠지만, 대부분은 면접이 그렇게 흘러갔을 때 어디까지 알고 있는지 꼬리 질문이 계속되어 오히려 분위기에 말려버리는 상황이 발생할 수도 있습니다. 차라리 받은 질문에 대해서만 간결하게 대답하는 방식으로 가는 것이 나을 수도 있습니다. 오히려 본인이 했던 프로젝트나 평가에 관련된 내용은 이후 직무 면접에서 충분히 어필할 기회가 있으니 인성 면접에서만큼은 조금 담백하고, 겸손한 답변을 하기를 바랍니다.

3 직무 면접

코로나로 인해서 비대면 인적성 검사와 면접 진행에 따라서 직무 면접 방식 또한 바뀌게 되었습니다(삼성전자 DS의 경우 창의성 면접 생략).

이전에는 삼성전자와 SK하이닉스의 경우, 직무 PT 면접이라고 하여 미리 30분 동안 주어진 직무 문제를 풀고 나서 면접관님들에게 문제를 풀이하는 방식이었습니다. 하지만 이제는 지원자의 전공에 맞게 그 자리에서 면접관님들이 질의응답을 하는 방식으로 바뀌게 된 것입니다. **본인의 전공에 맞게 질문이 들어오거나 지원자의 자소서에서 직무 관련 경험 기반하에 질문**을 하게 됩니다. 따라서 제가 앞서 이야기했듯이 '1. **이력서와 자소서에 쓴 내용들에 대해서 꼼꼼히 확인하기**'를 진행하여 설령 내가 놓친 부분이 있다면 반드시 확인할 필요가 있습니다. 만약 여기서 본인이 작성한 내용임에도 불구하고 본인이 잘 모를 경우, 면접에서 말 그대로 갑분싸의 분위기를 형성할 수도 있기 때문입니다.

또한 직무 면접은 임원 면접보다도 조금 더 짧은 호흡을 가져가는 것을 추천합니다. 면접관님들은 여러분의 큰 몇 가지 경험 또는 전공 역량을 토대로 면접을 진행하기 때문에 짧은 호흡으로 다음 질문을 이끌어 갑니다. 이 점에 관련해서는 제 개인적인 생각으로는 스터디를 통해서 미리 연습하는 것이 좋은 방법일 것 같습니다. 그 이유는 본인이 혼자 직무 면접을 준비하다 보면 분명히 놓친 세부적인 내용이나, 본인이 작성한 부분에 대해서 제3자가 보기에는 어색하거나 궁금한 부분이 있을 것인데 이러한 것은 스터디를 통해 여러 사람들의 의견을 듣는 것이 도움이 될 것입니다. 마치 후배 또는 친동생한테 전공 지식을 쉽게 설명하듯이 평소에 연습을 한다면, 직무 면접에서도 면접관님들 또한 쉽게 이해하여 흔히 말하는 대화의 티키타카가 될 것입니다.

> 직무 면접은 정말 대화한다는 느낌으로 가는 것이 좋습니다.

또한 직무 면접 특성상 본인이 모르는 질문도 충분히 들어올 수 있다고 생각합니다. 따라서 모르는 부분에 있어서는 인정하시되, 본인의 생각을 조금 논리적으로 접근하여 어떠한 부분까지는 생각해 봤다고 대답하는 것을 추천합니다. 면접관님들은 쉽게 포기하는 것보다는 어떻게라도 문제에 접근하고자 하는 여러분들의 의지를 보기 때문입니다. 모른다고 쉽게 포기하여 면접의 기회를 날려버리는 경우가 없길 바랍니다.

물론 직무 면접인 만큼 기본적인 반도체 지식 관련하여 질문도 들어올 것인데 이 부분만큼은 렛유인에서 판매중인 반도체 이론편과 기출편 도서를 통해서 준비하길 바랍니다. 본인이 공정 기술이면 기본적인 반도체 MOSFET 이론을 비롯하여 공정 부분에 정말 자세하게 기술되어 있으니 추천합니다. 저자 역시 취업 준비생 때 이 책으로 도움을 받아 면접에서도 직무 면접에서는 막힘 없이 대답할 수 있었습니다.

1 취업 준비가 처음인데, 어떤 것부터 준비하면 좋을까?

지금은 졸업한 지 몇 년이 지났지만, 취업 준비를 처음 했던 그 시절을 생각해 보게 되었습니다. 그 당시 저보다 학번이 높은 선배들이 취업 준비를 한다는 이야기를 들었지만, 막상 제가 직접 취업 준비라는 것을 해 보니 부족한 부분이 많았습니다. **'백문이 불여일견'이라는 말처럼 본인이 직접 경험할수록 방향성이 잡혀가던 시절**이었습니다. 그때의 경험을 토대로 이번 파트에서 '미리 알아두면 좋은 정보'에 대해서 이야기하겠습니다.

> 물론 처음부터 맨땅에 헤딩해서 깨우치는 것도 중요하지만 자소서, 면접, 인적성 등 우리가 준비해야 할 게 많다는 게 현실입니다.

1. 지원할 수 있는 조건 갖추기(feat. 영어, 학점)

먼저 취업 준비의 시작은 소제목에서 확인할 수 있듯이 지원할 수 있는 조건 갖추기라고 생각합니다. 토익 스피킹 또는 오픽으로 이야기할 수 있는 영어 말하기 점수를 갖추는 것이 가장 먼저 해야 할 일입니다. 하지만 영어 성적은 2년이라는 유효 기간이 있기 때문에 점수를 획득하는 시기도 중요하다고 생각합니다. 따라서 제가 추천하는 방법은 3학년 여름방학 8월에 영어 학습을 진행하고, 9월에 시험을 치는 것을 권장합니다. 취업에 실패하였더라도 9월 중순~말에 점수를 따는 것이 2년이라는 유효기간과 대부분 대기업 채용 서류 마감일이 9월 중순이라는 것을 감안하면 올해/내년/내후년까지 즉 2년이라는 유효 기간을 거의 3년까지 늘려서 활용할 수 있다는 이점이 있습니다. 물론 취업은 짧고 굵게 끝내는 것이 가장 베스트이지만 만일에 상황에 대비하는 것입니다. 또한 첫 취업 이후 본인이 중고 신입으로 이직을 하려는 상황에 대비해서도 이 방법은 정말 유효할 것이라 생각합니다. 그뿐만 아니라, 영어 성적 최소 요건이 보통 토스 5급, 오픽 IL으로 되어 있는데 가능하다면 토스는 6급, 오픽은 IM까지(최소 등급+1등급) 취득하는 것을 추천합니다. 영어를 잘하는 분들은 최고 등급까지 취득해도 되지만 그렇지 않다면 시간을 많이 투자해서 취득할 필요까지는 없을 것 같습니다.

이번에는 학점에 관해서 이야기하려고 합니다. 코로나 이후에 비대면 강의가 많아져서 학점의 경우에도 이전보다 더 후하게 받을 수 있는 것 같습니다. 물가 인플레이션이라는 말처럼 흔히 말해 학점도 인플레이션이 심해져 코로나 이전보다 높은 학점을 가진 분들의 수가 많아졌습니다.

그렇다 보니 학점이 높은 분들의 메리트가 작아지지 않았나?라는 생각도 했습니다. 그럼에도 불구하고 학점이라는 것은 똑똑함의 척도도 맞지만, 더욱 크게 생각할 것은 그 사람의 성실함을 대변하기 때문에 낮은 것보다는 높은 것이 좋습니다.

처음 취업 준비를 한다면 현재 본인의 학점에 대해 확인하고 앞으로 수강해야 할 학점을 계산하는 것을 추천합니다. 학점이 낮은 분들의 경우 남은 학기 동안 올릴 수 있는 학점에 집중하기를 바랍니다. C 학점을 받은 경우 전체 학점에 큰 영향을 미치기 때문입니다. 더욱 중요한 것은 특히 4학년 2학기에 들어야 할 학점을 줄이는 것입니다. 왜냐하면 마지막 학기의 경우, 대기업 채용 전형이 진행 중이어서 자소서, 인적성, 면접 준비하기도 벅차고 학교 수업도 많다면 정말로 바쁘기 때문입니다.

요약하자면 지난 학점에 대해 냉정하게 판단하고 더 올릴 수 있는 과목의 경우에는 늦어도 4학년 1학기 내로 수강하여 최대한 끌어올리되 마지막 학기에 들어야 할 수업을 최소화하자는 것입니다. 선택과 집중을 하는 것이 취업에 있어서는 가장 큰 무기가 됩니다.

2. 직무 선택과 채용 전형 준비(feat. 현직자 만남)

그 다음으로 해야 할 것은 반도체 산업에서의 직무 선택입니다. 회사 내의 인원 비율은 삼성전자의 공정 기술, 설비 기술, SK하이닉스의 양산 기술 직무가 가장 높지만, 본인에게 어떠한 직무가 많은지 고민이 필요합니다. 앞서 말한 직무에 사람들이 많이 지원한다고 해서 본인 또한 그곳에 지원하는 것은 적절하지 않다고 생각합니다. 따라서 여러분이 '공정 기술'에 대해서 관심이 있는 상황인 만큼 지금까지 제가 설명한 부분을 다시 한번 참고하면서 직무에 대해 선택하는 것을 권장합니다. 공정 기술뿐만 아니라, 다른 직무들도 이 책에서는 다양하게 있기 때문에 한번 읽어보시면 될 것 같습니다.

> 본인이 관심이 없었더라도 시간이 되면 다른 분들의 취업 꿀팁에 대해서도 확인할 수 있습니다.

직무뿐만 아니라 기업의 채용 프로세스에 대한 전반적인 준비를 동시에 진행하는 것을 직접 경험하면서 본인에게 필요한 사항이 무엇인지 어떠한 점이 부족한지를 확실하게 느낄 수 있을 것입니다. 준비하는 과정 속에서 만약 부족한 부분이 인적성이라고 하면, 렛유인의 인적성 강의, 유튜브에 관련된 연관 검색어를 통해서 원하는 정보를 얻을 수 있습니다.

또한 가능하다면 현직자와의 만남을 경험해 보는 것도 좋을 것 같습니다. 물론 이 책 전체에서 직무 관련된 내용은 충분히 있을 것이지만, 실제로 대면해서 이야기를 들으면 더 와닿을 수 있기 때문입니다.

2 현직자가 참고하는 사이트와 업무 팁

공정 기술 직무에 종사하는 저의 경우의 과거 SK하이닉스와 삼성전자에서 참고하는 대부분의 정보처는 사내에서 제공하는 문서 보관함입니다. 문서 보관함을 보는 주된 이유는 공정 기술의 경우, 과거 불량 사례와 해결 방법을 참고하면서 현재 발생하는 불량을 어떠한 시각을 가지고 접근해야 하는지 참고할 수 있기 때문입니다. 다만 취업 준비생이라는 여러분들의 입장에서는 사내 자료를 활용할 수 없기 때문에, **과거 제가 취업 준비를 할 때 주로 이용하였고 최근에도 간간이 이용하고 있는 사이트**를 알려드리려고 합니다.

1. 기업의 홍보 사이트 및 유튜브 채널

(1) 삼성전자

① **직무** : https://www.samsung-dsrecruit.com

해당 사이트의 경우에는 직무 관련된 현직자 인터뷰 형식의 자료가 많이 있습니다. 제가 이 책을 기술하면서 E 공정 기술 내용 위주로 다루고 있다 보니, 여러분들이 궁금해하는 다른 사업부의 공정 기술 내용을 다루지 못한 부분이 있다고 생각합니다. 따라서 이 사이트를 통해 다양한 사업부와 직무의 현직분들의 취업 준비 시절 준비한 방향성과 현재 하는 업무에 대한 실제 정보를 얻을 수 있을 것입니다.

② **반도체 정보** : https://www.samsungsemiconstory.com/kr

해당 사이트에서 활용할 수 있는 부분은 기술 챕터에서 소개되는 반도체+/용어사전/8대 공정/인생 맛집이라고 생각합니다. 특히나 해당 파트의 경우에는 실제 우리가 지원하고자 하는 공정 기술에서 8대 공정 팀들에 대한 정보가 알차게 구성되어 있어서 정말 유용하다고 생각합니다. 또한 분량 자체도 많지 않기 때문에 부담 없이 정독하는 것을 추천하고 관심이 있는 공정 기술팀의 경우에는 따로 정리하길 바랍니다.

(2) SK하이닉스

① **직무** : https://www.skcareersjournal.com/

SK하이닉스의 경우 특이하게 sk커리어스에 SK계열사의 직무 정보가 업로드되어 있습니다. 물론 반도체 정보에 대해서는 뒤에 언급할 예정이지만, 해당 사이트의 경우 입사한 지 오래되지 않은 신입 사원의 시각에서 직무 관련된 인터뷰 형식으로 진행되었기 때문에 여러분들에게 조금 더 와닿는 정보를 줄 수 있다고 생각합니다. 특히나 막 입사한 분들의 취업 준비 과정에 대해서 면접 꿀팁을 포함한 많은 취준썰이 있으니 참고 바랍니다.

② 반도체 정보 : https://news.skhynix.co.kr/

과거 취업을 준비한 시절부터 지금 현재까지도 제가 간간이 이용하는 사이트입니다. 삼성전자를 다님에도 불구하고 간혹 필요한 정보가 있을 때, 이용할 정도로 정보가 깔끔해서 참고하고 있습니다. 취업 준비를 하는 여러분들도 충분히 자소서와 면접을 대비하여 이용하는 것을 적극 추천합니다. 반도체 정보 사이트의 경우에는 삼성전자보다는 SK하이닉스가 조금 더 많은 내용을 담고 있는 것 같습니다. 따라서 시간적 여유가 될 때 처음부터 끝까지 한번 정독하면 반도체 전반적인 과정에 대해서 인사이트를 가질 수 있을 것이라고 생각합니다.

2. 반도체 Youtube 채널

(1) 기업에서 운영하는 채널

Youtube 이용자 수가 증가함에 따라 삼성전자와 SK하이닉스는 Youtube 채널을 통해서 많은 정보를 담아내고 있습니다. 이를 통해 실제 Fab에서의 정보를 채널을 통해 확인할 수는 없지만 (반도체 보안상 촬영 불가), 들어가서 어떠한 일을 하는지 간접적으로 경험할 수 있습니다. 여러분이 직무 체험의 장이라는 삼성전자에서 운영하는 프로그램을 경험하지 않았더라도 해당 채널을 통해 확인할 수 있다는 장점이 있습니다.

(2) 그 외 채널

이번 파트에서는 대내외적으로의 반도체 전반적인 시야를 키울 수 있는 Youtube 채널을 소개할 예정입니다. 제가 주로 보는 채널은 'Gadget Seoul'입니다. 반도체 관련해서 객관적인 자료를 바탕으로 전문가의 관점에서 본인의 의견을 제시한다는 점에서 추천합니다. 정보의 홍수라는 인터넷, 유튜브에서 반도체 관련해서 너무 주관적인 해석이 들어간 채널의 경우에는 정보를 받아들이는 입장에서 어려움이 있다고 생각합니다. 특히나 파운드리 사업부는 세계적으로 관심을 갖는 분야인데, 해당 채널에서 삼성전자 파운드리 사업부에 대해 냉철한 시각으로 평가했기 때문에 파운드리 사업부를 준비하시는 분들이 크게 도움을 받을 수 있을 것 같습니다. 이뿐만 아니라, 메모리 반도체 분야에 있어서도 다양한 내용이 많으니 참고하면 좋을 것 같습니다.

> 물론 이 채널 말고 좋은 정보를 제공하는 다른 채널들도 많습니다.

우리가 반도체 산업에 대해서 공부를 하려면 어느 정도까지 준비를 해야 하는지 감이 안 잡힐뿐더러 그 내용도 방대하다고 생각합니다. 그러나 짧지만 양질의 정보를 찾게 된다면 빠르게 관련된 분야에 대해 인사이트를 가질 수 있으니 유튜브도 잘 활용한다면 강력한 무기가 될 수 있다고 생각합니다.

3 현직자가 전하는 개인적인 조언

저는 현재 렛유인에서 진행하는 현직자 케어 플러스 멘토링 프로그램을 진행하고 있습니다. 그렇다 보니 여러분들의 고민에 대해 많이 들을 수 있는 시간이 있었습니다. 그 중 많은 질문이 "본인의 전공이 OOO인데/학부 연구생을 OOO을 주제로 했었는데, 반도체 공정 기술 직무에 지원해도 괜찮을까요?"라는 질문이었습니다. 학과 후배들한테도 "학부 연구생 주제를 반도체가 아닌 것으로 했는데, 반도체로 지원해도 될까요?"라는 질문으로도 많이 받고 있습니다.

물론 여러분들이 앞서 언급한 질문을 하시는 이유에 대해 저도 충분히 공감합니다. 저 역시도 화학공학과를 졸업했지만 학교 내에서 반도체 관련한 경험이 거의 없었기 때문입니다. 제가 이 파트에서 전해 주고 싶은 조언은 **회사에 본인을 맞추려 하지 말고, 본인의 장점을 회사에 어필하라**는 것입니다.

> 이전에 합격한 사람들의 옷이 아닌 본인만의 개성 있는 옷을 입는 것이 중요합니다.

회사와 직무는 동일하게 입사했지만 입사한 분들은 모두 저마다의 장점이 다를 것입니다. 주변을 한번 둘러보면 본인의 친한 선배 또는 친구들이 모두 고학벌과 고학점 등의 높은 스펙을 가진 분들인가요? 전혀 그렇지 않을 것입니다. 그분들은 각기 다른 장점이 있었기 때문에 취업뽀개기에 성공했습니다. 이처럼 기업에서는 지원자가 반도체 관련 전공 또는 연구를 하지 않았더라도 뽑아서 성장시킬 교육 과정은 충분하기 때문에 가능성에 집중하는 것입니다.

그렇다면 반도체 전공, 학부 또는 석사 연구를 하지 않았지만 본인이 어필할 부분은 무엇이라 생각하나요? 공정 기술에 빗대어 설명하자면, 실험 과정에서 가변 파라미터를 통해 결과값이 다르게 나타나는 현상을 토대로 새로운 가설을 세우고 실험을 진행하는 것입니다. 그뿐만 아니라, 본인의 실험 주제와 관련된 정보를 얻기 위해서 논문을 찾아보는 일련의 행위가 포함됩니다. 큰 틀에서는 이러한 측면이 공정 기술 업무와 유사한 점이 있기 때문에 반도체 전공을 하지 않았더라도 괜찮다는 것입니다.

또한 **과거 본인이 한 학업과 대내외 활동에 대해서 자신감**을 가지길 바랍니다. 간혹 여러분들이 했던 활동에 관해서 확신 없이 '이런 활동을 하면 안 좋게 보겠죠?'라고 질문들을 많이 하는데 자소서, 이력서, 면접에서는 본인 PR이 가장 중요하다고 생각합니다. 그 활동에서 본인이 느낀 것이 무엇이고, 회사에서는 어떠한 업무에서 활용할 수 있는지 깊게 고민해 보면 그 어떠한 활동이라도 메리트가 있을 것입니다.

취업 준비 과정에서 본인 스스로에 대한 확신이 없으면 작은 실패에도 좌절할 것이지만, 스스로에게 '잘하고 있다.'라고 끊임없이 자신감을 가진다면 어려운 취업 시장에서 빠르게 취업뽀개기에 성공할 수 있다고 생각합니다.

MEMO

10 현직자가 많이 쓰는 용어

이번 파트에서는 공정 기술 직무에서 많이 쓰이는 용어에 관해서 설명하겠습니다.

공정 기술 직무의 경우에는 익히 알고 있는 8대 공정의 기술팀 소속으로 업무를 진행하기 때문에 각 팀마다 자주 사용하는 용어가 있을 것입니다. 예를 들어 Photo의 경우 Align, Overlay 등 주로 보는 파라미터를 기본으로 한 용어를 자주 사용합니다. 따라서 각 기술팀 별로 자주 쓰는 용어를 이 챕터에서 나열하게 된다면 학습하고자 하는 내용도 방대할 것이고, 저 또한 제가 소속된 기술팀 외의 팀에 대해서 모두 알지는 못합니다. 따라서 저는 공정 기술 직무 입장에서 주로 사용하는 공통된 용어에 대해서 정리를 해보았습니다.

용어를 선정한 기준은 아래와 같습니다.

① 현업에서 실제로 사용하는 빈도가 높은 용어
② 학부생이 프로젝트나 학부 연구생 등의 직무 학습 과정을 통해 접할 수 있는 수준의 용어
③ 자소서&직무 면접에서 사용하면 면접관들이 좋아할만한 용어
④ 조금만 관심을 갖고 검색을 해보면 충분히 학습 가능한 용어

1. Bottle-Neck 주석 1

병목(Bottle-Neck) 현상은 전체 시스템의 성능이나 용량이 하나의 구성 요소로 인해 제한을 받는 현상을 말합니다. 특히 제조팀이 목표로 삼은 Wafer의 Fab-out된 수량을 맞추기 위해 중간에 정체되어있는 기술팀을 Push 하는데, 이는 Bottle-Neck 공정을 지정하여 빠르게 흘러가도록 하기 위함입니다.

2. FDC(Fault Detection and Classification) _{주석 4}

실시간으로 장비의 센서 Data를 모니터링함으로써 공정의 이상 유무를 감지합니다. 위 그림에서 보듯이 정상과 비정상 파형을 비교하여 어느 Step에서 어떤 파라미터가 불량의 원인인지 파악 가능합니다.

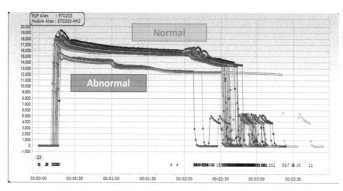

[그림 3-26] FDC (출처: Semiconductor Digest)

3. Spotfire _{주석 5}

Excel 다음으로 많이 사용되는 툴로써 공정 기술 엔지니어에게는 Test 결과 혹은 공정 진행의 경향성을 파악하기 위해 시각화하는 작업이 필요합니다. 이때, 위의 그림처럼 Raw Data 값을 넣어 시각화를 한다면, 부가적인 설명을 하지 않더라도 보는 이로 하여금 정비례하는 경향성을 갖는다는 것을 인지할 수 있게 합니다.

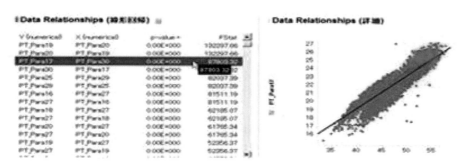

[그림 3-27] Spotfire (출처: Hitachi High-Tech)

4. CP와 CPK(Capablity of Proces, Katayori) 주석 6

현업에서는 Cpk 지수를 토대로 주/월 단위로 Best/Worst 공정 관리를 진행합니다.
- Cp: 공정이 요구하는 스펙에 위치한다고 보고 해당 공정의 능력을 평가하는 지수입니다. 즉, Data 값들끼리 뭉쳐져 질수록 좋습니다.
- Cpk: 기존 Cp에서 스펙으로부터 어느 정도 떨어졌는지 거리를 고려하여 치우침만큼 보정해 준 지수입니다. 즉, 스펙의 중앙값으로 가까워질수록 좋습니다.

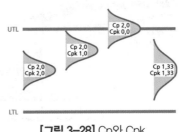

[그림 3-28] Cp와 Cpk

5. CD 계측 Point 주석 7

다음 그림은 Wafer의 Die들을 표현한 것입니다. 색깔로 3가지 CD 계측 Point를 구별했는데, 명칭 그대로 젤 중앙 부분을 Wafer, 이후 바깥쪽으로 Edge, EX_Edge라고 각 Die별로 CD 계측 위치가 다릅니다. 위 세가지 측정 영역에서 CD 값이 유사하다면, 가장 이상적인 CD의 형태라고 할 수 있습니다.

하지만, 실제로는 Wafer → Edge → EX_Edge로 갈수록 CD 값의 차이가 커지기 때문에 이를 Control하는 것이 공정 기술의 목표 중 하나입니다.

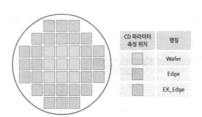

[그림 3-29] 3가지 CD 계측 Point

6. APC(Advanced Process Control) 주석 11

각 공정별 가변 변수를 설정된 계산식에 따라 자동으로 조절하는 프로그램입니다. 즉, 24시간 진행되는 공정의 결과를 Feed-Back Process를 진행하여 가변 파라미터를 자동으로 계산한 후 공정을 진행시킵니다.

* APC Offset: 특정 제품(보통 핵심 제품)을 기준으로, 제품 간 반응 실적치를 바탕으로 일정 기준 차이를 두고 가변을 따라가는 자동 조절프로그램

7. Die vs Chip 주석 14

- Die: 선들이 연결된 회로를 집적화시킨 물리적인 최소 제품 단위입니다. 이는 Wafer에서 소잉(Sawing)되지 않은 상태의 전 공정에서 주로 사용됩니다.
- Chip: 주로 후 공정에서 사용되며, Wafer를 소잉한 후 개별적으로 구분된 상태에서는 다이를 칩으로 칭합니다.

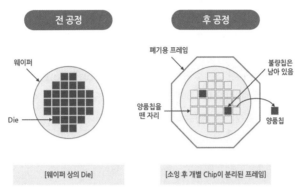

[그림 3-30] Die와 Chip

8. Profile 주석 16

Etch 공정을 비롯한 Patterning을 하는 공정에 있어서 Profile은 매우 중요합니다. 제조하려고 하는 소자의 구동에 있어서 Profile에 따라서 불량 또는 정상으로 판가름나기 때문이죠. 보통 SEM을 이용해서 확인 가능한데, 각 양산 Fab에는 분석을 담당으로 하는 제조 사원들이 있기에 우리는 어떠한 조건에서 Profile이 변화하는지와 원하는 Profile은 얻을 수 있는지만 확인하면 됩니다.

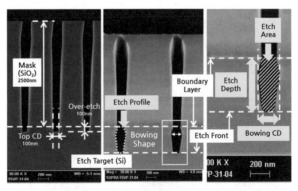

[그림 3-31] Profile[27]

---

27 출처: Ji-Won Kwon 외, 「Development of Virtual Metrology Using Plasma Information Variables to Predict Si Etch Profile Processed by SF6/O2/Ar Capacitively Coupled Plasma」, 2021)

9. NPW(Non Pattern Wafer) 또는 Dummy Wafer 주석 20

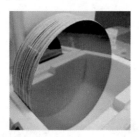

[그림 3-32] NPW (출처: PAM-XIAMEN)

말 그대로 실제로는 Pattern이 없는 Wafer로써 공정 Condition을 형성하거나, 특정 공정의 Performance를 확인하기 위해 사용합니다. 예를 들어, Etch 직후에 어느 정도 식각이 되었는지 아래 식을 이용하여 E/R을 구할 수 있습니다.

$$Etch\ Rate = \triangle \frac{Etch\ 후\ 두께 - Etch\ 전\ 두께}{시간}$$

10. Seasoning 또는 Aging 주석 21

공정을 진행한 직후나 부품을 교환 후에 공정 조건을 안정시키기 위해 여러 번 더미웨이퍼 (Dummy Wafer) 등을 이용하여 진행시킵니다.

공정 진행 전에는 더미웨이퍼에 공정 Recipe로 진행하여 공정 Condition을 형성해준다. 특정 공정별로 최적의 Seasoning Wafer 장수가 차이가 있습니다.

11. Uniformity 주석 22

얼마나 고르게 진행됐는지를 의미합니다. 균일도가 중요한 이유는 회로의 각 부분마다 반응이 진행된 정도가 다르다면 특정 부위에서 칩이 동작하지 않을 수 있기 때문이죠. 반도체 회로의 모든 부분에서 반응이 같은 속도로 같은 양만큼 진행된다면 정말 깔끔한 반도체를 얻을 수 있을 텐데요. 아쉽게도 오차는 존재하기 마련이기 때문에 이러한 균일도를 최대한 높이려고 많은 기업들이 앞다투어 노력하고 있습니다.

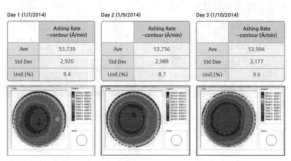

[그림 3-33] Uniformity[28]

12. Net Die과 Die Size

- Net Die: 기술을 감안해 면적을 계산, 제품 기술을 바탕으로 설계해 만들어지는 웨이퍼당 Good과 Fail을 모두 합한 최대한의 다이 개수입니다. 반도체의 수익성 면에서 Net Die가 중요한 이유는 웨이퍼당 판가와 직결되기 때문입니다.
- Die Size: 핵심회로 영역(Core Area)과 주변회로 영역(Peripheral Area)의 제품 기능에 해당하는 순수회로 영역입니다.

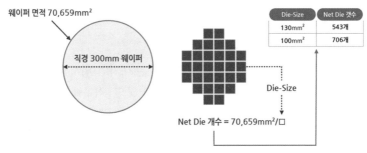

[그림 3-34] Net Die과 Die Size

13. SPC(Statistical Process Control)

통계적 공정관리를 의미합니다. 공정에 얻어진 Data를 통계적으로 해석하여 샘플 Data에 의한 평가의 오류를 최소화함으로써 품질문제 예방을 위한 합리적 대안을 가지게 하는 것입니다. 한 마디로 요약하자면, 양산 Trend관리에 있어서 SPC Rule에 의거하여 Spec Over가 발생하면 Interlock이 걸리는데 엔지니어가 직접 확인하여 문제가 없다면 Interlock을 해제한 후 공정을 진행합니다.

> 공정 기술 엔지니어에게는 마치 카톡 알림이 울리듯이 자주 발생하는 일입니다.

---

28 출처: 피에스케이, 「450mm Wafer 가공용 Dry Strip과 Wet Clean 공정 복합장비 개발」, 2016

11 현직자가 말하는 경험담

1 저자의 개인적인 경험

처음 취업 준비를 할 당시 삼성전자와 SK하이닉스라는 대기업 입사를 목표로 하였습니다. 그 결과 원하는 회사에 들어갈 수 있었지만, 돌이켜 생각해 보면 '직무에 대해서 많은 조사를 하지 않은 것은 아닐까?'라는 생각이 들었습니다. 냉정하게 본다면 양산 기술 혹은 공정 기술 직무의 채용 인원이 상대적으로 많고, 준비해야 할 직무 지식 측면에서도 부담되지 않다 보니 그런 선택을 했던 것 같습니다. 물론 양산 기술 혹은 공정 기술이 나쁘다는 것은 아닙니다만, 회사에 입사한 후 사람들의 퇴사 얘기가 심심치 않게 들립니다. 또한 연봉을 조금 낮추더라도 본인의 전공을 살릴 수 있는 회사로 이직하는 소식도 들렸습니다. 대부분 이직, 퇴사를 결심하는 이유는 직무가 잘 맞지 않다는 것이었습니다.

제가 이 파트에서 얘기하고자 하는 것은 **직무에 대해서 냉철한 고민을 하는 것을 추천**합니다. 회사 내에서도 물론 부서의 이동이라는 기회가 없지는 않지만, 직무를 변경하면서 부서 이동은 정말 흔치 않은 일입니다. 그렇다 보니 본인이 생각했던 직무와는 다른 점을 인지하였을 때는 매일 출근이 괴롭고 다른 회사 채용 공고만을 보고 있는 자신을 보게 됩니다. 한번 그런 생각이 들게 되면 학창 시절 기대했던 높은 연봉도 와닿지 못하는 상황이 올 수도 있습니다.

그뿐만 아니라, 이전에도 언급한 부분인데 4조 3교대를 하시는 제조직분들과 자주 일하는 상황이 오게 됩니다. 그분들의 목표는 생산량 달성이기 때문에 우리가 담당하는 장비의 상태가 썩 좋지 못한 경우에도 무리하게 진행하려고 하다 보니 이해관계가 충돌하는 상황도 오게 됩니다. 개인적인 경험이지만 그런 이유로 퇴근 후에도 전화가 온 적이 있었는데 피할 수 없는 운명인 것 같습니다. 사실 여기에 관련해서는 크게 우리가 흔히 알고 있는 '생산기술'이라는 큰 맥락에서의 직무를 담당하는 다른 회사분들과 비슷하다고 생각합니다. 달리 생각하면 함께 일하는 사람들이고 오랫동안 같이 봐야 할 사람들이기 때문에 인간관계 측면에서는 잘 활용만 한다면 본인에게 큰 무기로 작용할 것입니다. 과거 평가를 하기 위해서 장비를 독점적으로 사용했었는데, 평소에 비즈니스적으로 관계를 어느 정도 형성해 놓은 탓에 원활하게 평가를 진행할 수 있었습니다. 이처럼 제가 공정기술 직무에 대해서 책에 작성한 내용을 기반으로 직무에 대해 정보를 얻어 갔으면 좋겠습니다.

가장 중요한 것은 자소서, 면접 합격을 위해서 직무에 대한 조사보다도 여러 직무의 사람들을 만날 기회가 있으면 꼭 만나 보는 것을 추천합니다.

2 지인들의 경험

**프로 일잘러,
모듈장 A 책임
(H사 공정기술)**

이번에 평가가 수율 Qual도 통과하여 드디어 Release 되었네요. 모두들 그동안 고생했는데 당분간 별일 없으면 일찍 퇴근해도 될 것 같아요.

(공정 기술팀 입장에서 공정 평가가 성공적으로 마무리되었다는 것은 정말 가장 큰 성과입니다. 그동안의 노력의 결실이라고도 생각될 만큼 회사 생활에서 훌륭한 자산이 됩니다.)

**PM 담당자,
전 직장 B 선임
(H사 장비기술)**

장비 Set-Up 기간인데 협력사의 일정이 매번 이렇게 틀어지니 너무 스트레스 받아요. 팀장님 보고할 당시에는 이번 달 말까지 충분히 마무리할 수 있다고 계획 세웠는데 이렇게 되면 다음 달 중순까지 딜레이 되는데….

(양산 기술 中 장비 기술 엔지니어의 경우, 장비 Set-up 기간이 제일 바쁘고 스트레스 받는 기간입니다. 자사의 직원들은 원하는 일정에 차질 없이 진행이 가능하지만, 오히려 협력사의 인력 유출은 매번 존재하기 때문에 일정 조율이 가장 어려운 부분입니다.)

**워라벨 추구형,
현 직장 C동기
(S사 공정기술)**

나는 최근에 테니스를 배우기 시작했는데, 매일 5시 반에 퇴근하다 보니 이번 달 근무 시간이 빠듯한 거 같아서 오늘은 야근을 해야 할 것 같아.

(부서마다 퇴근 분위기가 매우 다르다 보니, 흔히 볼 수 있는 유형입니다. 또한 주말 근무 유/무의 경우도 차이가 있다 보니, 간혹 본인은 주말 근무와 근무 시간이 많은 적은 동기들을 보면서 부러운 마음도 생깁니다.)

**이직 준비형,
현 직장 D동기
(S사 공정설계)**

SK하이닉스는 '해프'라고 해서 한 달에 한 번 금요일 휴가 준대. 우리보다 휴가일이 너무 많아서 부럽고, 비싼 허먼밀러 의자에 통신비 3만원 지원까지 준다니깐 이번에 서류 넣었어. (항상 끊임없이 SK하이닉스와 삼성전자의 복지, 연봉을 서로 비교하는 것이 현실입니다. 회사 생활에 있어서 본인이 추구하는 방향이 연봉, 직무, 지역, 복지에 따라서 우선순위가 다르다고 생각합니다.

12 취업 고민 해결소(FAQ)

💬 Topic 1. 학사 VS 석사 VS 중고 신입

Q1 공정 기술 직무 내에서 학사와 석사 비율이 어떻게 되나요?

A 메모리 또는 파운드리 사업부의 세부 기술팀마다 약간의 차이는 있으나, 학사 대비 석사 비율은 약 10% 정도라고 생각하면 될 것 같습니다.

Q2 현업에서 석사 출신과 학사 출신에 따라 맡게 되는 업무가 다른가요?

A 아닙니다. 석사 출신의 경우 학사에 비해 경력을 2년을 인정받는다는 차이뿐이지 맡게 되는 업무가 다르지는 않습니다. 다만 개인적인 생각이지만 석사의 경우 아무래도 대학원 2년 생활을 통해서 어떠한 과제를 맡았을 때 접근 방법에서 유리한 부분은 있어 보입니다.

Q3 대학원 진학을 고민하고 있는데 과연 취업에 유리한지, 대우가 크게 다른지 궁금합니다.

A 우선, Q2에서 언급한 것처럼 대우는 큰 차이가 없습니다. 또한 대학원 진학이 반도체 분야 관련하여 취업에 유리하다고 단언할 수 없는 것이, 주변 석사 출신분들만 보아도 본인의 연구 주제와는 다른 일을 하고 있기 때문입니다. 제가 여기서 하고 싶은 말은 대학원을 가려는 목표가 단순히 취업인지 아니면 진짜 본인이 그 분야에서 연구를 하고 싶거나, 학사로 졸업했을 때 배움에 있어서 아쉬움이 느껴지는 것인지 고민해 보기를 바랍니다.

Q4
요즘은 다른 곳에서 경력을 쌓고 중고 신입으로 지원하는 경우가 많은데, 공정 기술 직무 내에서 중고신입 비율이 어느 정도 되는지도 궁금합니다!

A
이전 회사에서 몇 년을 일하다가 온 것인지 구체적인 수치의 차이는 있으나 기술 팀 기준으로 10~20% 정도라고 생각하면 될 것 같습니다. 물론 중고신입들의 이전 회사 산업의 경우 반도체뿐만 화학, 자동차, 디스플레이 등 다양하니 참고 바랍니다.

💬 Topic 2. 공정기술 직무에 대해 궁금해요!

Q5
작성해주신 [주요 업무 TOP3]나 [하루 업무 시간표] 내용은 에치 뿐만 아니라 다른 공정들도 전체 흐름이나 업무적인 내용이 비슷한가요?

A
네. 다른 공정들의 경우에도 전체적인 흐름과 업무적인 내용은 비슷하다고 보면 되고, 각 팀별로 사용하는 장비에 따른 용어 등의 세부적인 내용만 차이가 있을 것 같습니다.

Q6
공정 설계와 공정 기술 직무를 구분하기가 어렵습니다. 현직자 입장에서 공정 설계 VS 공정 기술을 비교하였을 때, 업무적 차이나 그에 따른 역량 차이가 어떤 것이 있는지 궁금합니다.

A
업무적 차이는 간단히 비유하자면 공정 설계는 큰 숲을 관리하는 것이라면, 공정 기술은 그 숲을 이루는 나무 하나하나를 관리한다고 생각하면 되겠습니다. 제 입장에서 역량 차이는 전체를 바라볼 수 있는 시각인 공정 설계와 전문적인 기술을 개발하려는 공정 기술 정도라고 생각할 수 있습니다.

Q7 공정 기술 엔지니어가 분석기기나 공정장비를 다룰 일이 많이 있나요?

A   우선 공정을 진행하는 장비의 경우 Fab 안에서 직접 다룰 일은 거의 없습니다. 평가용 Wafer를 불출하는 경우가 아니라면 자주 들어가지는 않습니다. 다만 오피스에서 PC를 통해 해당하는 장비는 빈번하게 다루고 있습니다.
   분석기기의 경우 사업부에서는 분석을 직접 담당하는 제조 사원이 있기 때문에 엔지니어는 분석의 결과만 확인하면 됩니다. 물론 어떠한 분석 기기를 이용해야할지 분석 의뢰를 하기 전에 평가의 목적에 맞게 본인이 판단해야 합니다.

Q8 공정 기술 직무로 지원할 때 반도체 공정 중 특정 공정만 깊게 지식을 쌓는 게 좋을지, 전 공정에 대한 깊은 지식을 쌓아야 되는지, 아니면 전/후 공정에 대해 전체적으로 얕은 지식을 쌓는 것이 좋을지 고민이 됩니다. 현직자 입장에서 어떤 것을 추천하나요?

A   제 개인적인 생각으로는 우선 자소서, 면접에서 활용하실 내용은 구체적인 답변으로 진행해야 하기 때문에 본인이 전 공정 vs 후 공정에 대해 먼저 선택할 필요가 있습니다. 이후에는 예를 들어 전 공정 중에서 Photo 공정만 깊게 지식을 쌓아서 어필하시는 것이 남들보다 더욱 관심을 가진 것처럼 보이기에 플러스되는 요인일 것 같습니다.

Q9 장비가 투입되면 설비 기술은 언제 투입되고 공정 기술은 언제 투입되나요?

A   장비가 투입된다는 것은 달리 말하면, 장비 Set-up을 말하는 것인데 이 과정은 처음부터 끝까지 설비 기술이 담당하는 것입니다. 이후 Set-up이 완료되면 공정기술에서 투입되어 장비에 문제는 없는지 NPW를 통해서 검증하는 절차를 거칩니다. 이 부분은 앞에 '특별한 날 시간표'를 참고하면 될 것 같습니다.

Q10 공정 기술 직무 내 전공자 분포를 볼 때 화공/신소재 쪽이 압도적으로 많나요? 기계/전자/전기/물리 등 다른 전공자들은 많이 없는지, 확실히 화공/소재 쪽 전공자가 어필할 때 유리한지 궁금합니다.

A 화공/신소재의 경우 크게 화학 관련하여 전공이라고 칭하겠습니다. 그러한 전공자들이 대략 60%이고, 나머지 기계/전자/전기/물리 전공을 한 분들로 구성되어 있습니다. 다만 기계공학과의 경우, 대부분 설비 기술에서 근무하고 공정 기술팀 내에는 10% 정도만 있는 것 같습니다.

Q11 교대근무는 필수인가요? 보통 몇 년까지 교대근무를 계속 해야 하는지 궁금합니다.

A 일단 공정 기술에서 교대 근무는 회사, 회사 내 팀마다 편차가 존재하는 것 같습니다. 따라서 정확히 제가 꼭 집어서 '몇 년이다'라고 단언할 수 없지만, 평균적으로는 공정 기술의 경우 4조 3교대로 진행하는 근무의 경우 약 1년이라고 생각하면 될 것 같습니다. 다만 삼성에서는 GY 근무, 하이닉스에서는 야간 백업이라고 하여 밤에 오피스에서 당번처럼 혼자서 업무를 진행하기도 합니다.

Q12 공정 기술의 경우 현장에서 이슈가 발생했을 때 대부분의 이슈는 본인 오피스에서 바로바로 해결이 가능한가요? 현장에도 많이 나가는지 궁금합니다.

A 현장에서 이슈가 발생해서 공정 기술 엔지니어에게 확인해달라는 요청이 종종 옵니다. 이때는 각종 Data를 기반으로 엔지니어 판단하에 장비를 계속 진행해도 되는지 컨펌의 목적이기에 오피스에서 해결이 가능합니다. 현장을 가는 것은 대부분 설비 기술분들이 장비 이슈가 발생했을 때 가는 것입니다.

💬 Topic 3. 공정 기술 직무에 필요한 스펙과 역량

Q13 공정 기술 직무를 준비할 때 필요한 자격증이 있을까요?

A 개인적으로는 공정 기술 직무를 위해서 자격증을 취득할 만한 것은 없는 것 같습니다.

Q14 공정 기술 분야 우대사항에 프로그래밍적 역량과 Data 분석에 대한 내용이 들어가 있는데 현업에서 이 프로그래밍, Data 역량이 어떻게 활용되고 있는지, 그리고 실제로 중요하여 많이 우대하는지 알고 싶습니다!

A 반도체 산업 특성상 24시간 가동되기 때문에 Raw Data는 정말 무수히 많습니다. 따라서 이러한 Data를 프로그래밍적 역량과 Data 분석을 통해서 목적에 맞게끔 가공해야 합니다. 실제 현업에서 자주 쓰이고 있지만, 입사해서 충분히 배울 시간과 교육이 많기 때문에 너무 걱정하지 않아도 됩니다.

Q15 직무역량으로 소자 구조와 동작 특성에 대한 이해가 중요할까요? 공정 기술 직무에 지원할 때 공정뿐만 아니라 소자에 대한 지식도 요구할지, 실제로 면접 시에 물어보는지 궁금합니다.

A 소자 구조와 동작 특성의 경우 깊게 알 필요까지는 없다고 생각합니다. 다만 가장 기본이 되는 Mosfet을 포함해서 반도체 Device가 어떻게 동작하는지는 반드시 알 필요가 있습니다. 실제 면접에서도 앞서 말한 내용은 가장 기본이기 때문에 충분히 나올 가능성이 있습니다.

Q16 현직자 입장에서 공정 기술 엔지니어로서 가장 중요한 역량 또는 성격이 뭐라고 생각하나요?

A 06 직무에 필요한 역량 – 2. 현직자가 중요하게 생각하는 인성 역량에서 언급했다시피 멘탈과 책임감이 개인적으로는 가장 중요하다고 생각합니다. 더 자세한 내용은 이전 내용을 참고하면 될 것 같습니다.

Q17 직무 경험 혹은 프로젝트가 굉장히 중요하다 들었는데 NCS 등의 외부 강의나 실습을 제외하고 추천하는 활동이 있으신가요?

A 제일 좋은 것은 기업에서 인턴으로 근무하는 것이라 생각합니다. 아무래도 NCS 또는 실습도 반도체 교육이라는 목적에서는 좋다고 생각이 드나, 직무 경험에 있어서는 인턴에 비하면 조금은 부족해 보입니다. 여기서 인턴은 반도체 관련 회사면 더욱 좋겠지만, 그렇지 않아도 직무만 공정 기술과 비슷한 곳으로 매칭된다면 더할 나위 없이 좋을 것 같습니다.

Q18 공정 기술 직무 취업을 위해 공정 실습 교육이 필수적이라고 생각하나요? 공정 실습 교육 외에 인사담당자들에게 어필할 수 있는 활동에는 어떤 것들이 있을까요?

A 실습을 통해서 직접 장비를 다뤄볼 수 있다는 점에서는 충분히 도움 된다고 생각합니다만 반드시 들어야 한다고는 생각하지 않습니다. 차라리 저는 바로 위 Q17에서 답을 했듯이 인턴을 하는 것이 제일 어필하기 좋다고 생각합니다.

💬 Topic 4. 현직자에게만 들을 수 있는 솔직 답변

Q19 근무하고 계신 에치 공정 기술에서 가장 좋은 점과 힘든 점은 어떤 것이 있나요?

A   가장 좋은 점이라고 하면, 타 팀 대비해서 같은 팀에 소속된 인원들이 많다 보니 다양한 Resource를 활용할 수 있고 서로에게 업무 분배가 원활하다는 것입니다. 가장 힘든 점이라고 하면, 아무래도 공정 난도가 점점 올라감에 따라서 기존과는 다른 방식의 Etch를 접근한다는 것에 아직도 배워야 할 점이 많다고 생각합니다.

Q20 만약 Etch 레시피대로 업무를 진행했을 때 Etch가 제대로 이루어지지 않았다면, 이 부분은 공정기술 파트에서 레시피를 다시 조정하나요? 아니면 선행연구팀으로 다시 올라가서 진행하는 건가요?

A   공정 기술 엔지니어라고 해서 Recipe 전체를 수정하는 것이 아니고, 가변 파라미터라고 해서 조정할 수 있는 변수가 있습니다. 예를 들어서 O2의 경우에는 특정 Step에서 10~50까지 사용 가능한데 Etch가 제대로 이뤄지지 않았다면 O2 범위 내에서 기존 대비 올려서 사용하여 Etch 유/무를 다시 확인해 봅니다.

Q21 워라밸은 만족하시나요? 공정 기술 엔지니어 근속 연수는 평균 어느 정도인지 궁금합니다.

A   워라밸은 나쁘지 않은 것 같습니다. 일이 많을 때는 조금 더 근무를 하다가 퇴근하기도 하는데, 그렇지 않을 때는 유연하게 근무하고 있습니다. 근속 연수라고 하면, 반도체가 성장한 지 그렇지 오래되지 않아서 본인 스스로가 이직 등의 이유로 퇴사를 하지 않는다면 끝까지 갈 수 있는 것 같습니다(현재까지의 기준으로).

Q22 다른 단위공정팀과의 협업, 교류가 많은가요?

A 다른 기술팀과 협업이 자주 있는 편입니다. 여기서 말하는 협업이란, 예를 들어서 A팀 공정 → B팀 공정 → C팀 공정순으로 공정이 진행된다고 가정하겠습니다. 이때 B팀의 경우, A팀의 공정 결과로써 정상적으로 진행되어 우리 쪽으로 오는지 & 우리는 정상적으로 진행해서 C팀으로 전달해 주는지를 확인하는 과정이 자주 필요합니다. 이처럼 전 공정 & 후 공정에 해당하는 기술팀과의 협업이 자주 있습니다.

Q23 가끔 특정 공정팀의 인원이 부족해서 다른 팀의 공정 일도 하는 경우가 있나요?

A 다른 기술팀의 일을 하는 경우는 절대로 없습니다. 간혹 예를 들어서 이천Etch기술팀에서 인력이 부족하다면 청주Etch기술팀에서 인력을 요청하기도 합니다만 이는 동일한 공정 기술팀에 한해서 발생합니다.

설비기술

들어가기 앞서서

이번 챕터에서는 반도체 공장에서 절대 없어서는 안 될 중요한 업무인 설비기술에 대해 소개하고자 합니다. 반도체 공장은 24시간 운영되어야 하기 때문에 설비도 그에 맞춰 24시간 계속 동작되어야 합니다. 설비 동작이 멈추게 될 경우 전체 공정이 정지되는데, 이때 설비기술 직무의 사람들의 손길에 따라 다시 정상 모습으로 동작될 수 있습니다. 따라서 설비기술 직무는 반도체 산업에서 어느 누구보다도 설비의 상태와 동작에 관한 스페셜리스트가 될 수 있는 직무라고 할 수 있습니다.

01 저자와 직무 소개

저자 소개

세미오

서울 S대학교 신소재공학과 졸업

現 S전자 반도체 메모리사업부 MTC CLEAN공정 설비 엔지니어
1) 반도체 생산기술연구소 전임교수
2) K대 경영전문대학원 졸업
3) 신입사원 채용설명회 및 면접관 경력

　지금 이 책을 보고 있는 분들은 대부분 이제 막 취업 준비를 시작했거나 또는 취업 시장에 뛰어들어서 정보를 얻고자 하는 분일 것입니다. 1차적으로는 선배들 혹은 동기들이 취업하는 것을 보고 나의 수준을 파악하려고 할 것이고, 그 다음으로는 항간의 소문이나 수많은 인터넷 검색을 통해서 취업을 희망하는 기업의 커트라인을 확인해 보려고 할 것입니다. 마치 대학교에 입학하기 전에 수능을 보고 나서 배치표를 확인하고, 나에게 맞는 점수의 학교를 선택하는 과정과 비슷하다고 생각할 수도 있을 것 같습니다. 하지만 실제 취업 시장에 뛰어들면 그것과는 정말 전혀 다른 것을 알 수 있습니다.

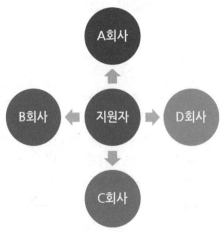

[그림 4-1] 취업준비생의 회사 지원 상황

먼저 대학교의 배치표와는 다르게 1지망, 2지망, 3지망이 있는 것이 아니고, 희망하는 모든 기업에 지원할 수 있다는 점이 다릅니다. 이렇게 보면 지원할 수 있는 횟수가 정말 많으니 기회가 많은 것이 아니냐고 생각할 텐데, 반대로 생각해 보면 빈익빈 부익부라는 말처럼 합격하는 사람은 많은 곳에 합격을 하고, 실패를 거듭하는 사람은 정말 단 한 개의 회사에서도 합격증을 받지 못하는 경우가 허다합니다.

주변에서는 100개 이상 합격을 한 사람도 만나봤습니다.

그리고 **회사마다 지원하는 방식이나 인재상, 필요한 요구 방식 등이 다릅니다.** 어쩌면 점수 하나만으로 평가하는 것이 더 편할 수도 있지만, 실제로 성적과 회사 업무와는 큰 연관성이 없기 때문에 회사 차원에서도 다양한 채용 전형을 통해서 가장 알맞은 인재를 선택하려고 합니다. 어쩌면 채용 방법이 회사마다 다르게 설정이 되어 있기 때문에 다소 불편할 수 있지만, 한편으로는 내가 가장 나 자신을 잘 표현할 수 있기 때문에 나와 맞는 회사를 선택할 수 있는 하나의 기회이기도 합니다.

사실 제조업에 대한 정보는 다소 부족한 편입니다. 특히 반도체의 경우 업계 특성상 정보를 얻기가 상당히 어려운 편에 속하고, 다른 전통 제조업과는 다르게 나름 신업종으로 분류되기 때문에 당장 수업을 하는 대학 교수님조차 반도체 분야에서는 특출난 분을 찾기가 어려운 편입니다. 지금에 와서 생각해 보면 이러한 이유때문에 당시 제가 속해 있던 신소재공학과에 반도체공학이라는 별도의 과목이 있었음에도 불구하고 왜 이론적인 내용에만 치우쳐 있었고, 실제 회사에서 생산할 때 사용하는 공정에 대해서는 전혀 정보가 없었는지를 이해하게 되었습니다.

물론 많은 취업준비생이 정확하게 '내가 이 업종에서 일을 해야겠다'라고 마음먹고 시작하는 경우는 별로 없습니다. 최근에는 취업 시장이 계속해서 냉각 상태이기 때문에 보통은 어떤 회사, 어떤 업종, 어떤 직무 순으로 이름만 들으면 모두가 아는 회사가 인기가 좋을 수밖에 없습니다. 특히 시기에 따라 유행을 타는 업종들이 있는데, 제가 취업 준비를 할 때는 조선업과 해외 플랜트 사업이 최고 호황이었고, 조금 시간이 지났을 때는 '차화정'이라고 불리는 자동차, 화학, 정유가 호황을 이루었습니다. 실제로 제가 속한 업종이 호황으로 바뀐 것은 입사 이후 5년이 지난 시점이었기 때문에 입사 시에 정보가 더 부족하기도 했습니다.

회사 차원에서 채용 인원이 적었기 때문에 지원자가 상대적으로 적어서 정보가 부족했던 것이 아닐까 생각합니다.

저 역시도 사실 회사의 이름을 보고 지원한 것이 아니라고 하면 거짓말일 것입니다. 하지만 저는 당시 어디서나 각광받던 전자나 화공, 기계와 같이 공대의 꽃이라고 불리는 학과 전공자와 제가 전공한 신소재공학 전공자가 자동차나 정유, 중공업 업계에 지원하여 경쟁한다면 쉽지 않을 것이라고 판단했고, 반도체와 같이 각종 소재에 민감한 공정을 다루는 업계에서는 제가 학습했던 부분이 더 경쟁력이 있을 것이라고 판단했습니다. 당시에 삼성전자는 전자 내 모든 사업부 중에 딱 한 군데만 지원할 수 있었는데, 인기가 많았던 무선사업부(스마트폰 생산) 등을 선택하지 않은 것도 제 나름의 전략이었습니다.

당시 반도체 사업부의 경우 소위 다른 국가 뿐만 아니라 자국 내의 기업과도 치킨게임을 하여 서로 출혈경쟁을 겪고 있던 시점이었습니다. 다만 삼성전자의 경우 불과 2~3년 전까지만 해도 최고의 호황으로 인해 회사에서 보너스를 두 번이나 지급할 정도로 저력이 있는 업체였기 때문에 이런 힘든 상황에서 다시 치킨게임에서 승리한다면 이후에도 호황이 올 수 있을 것이라고 판단했습니다. 개인적으로 조금 더 공부를 많이 했던 철강 회사에 합격하고도 반도체 회사를 선택한 이유는 다시 '행복한 시절'이 올 것이라는 나름의 판단때문이었죠.

[그림 4-2] 치킨게임

일단 제가 세운 전략이 나름대로 성공을 거뒀기 때문에, 입사하여 일을 하고 이렇게 글도 쓰고 있습니다. 그리고 현재 반도체 생산라인의 9대 공정 중 하나의 공정에서 근무하고 있습니다. 흔히

> 일반적으로 외부에서 알고 있는 공정은 8대 공정을 의미할 텐데 사내에서는 하나의 공정을 더 올려서 9대 공정이라는 말을 사용하고는 합니다. 나머지 하나의 공정은 '계측 기술'이라고 합니다.

뉴스에서 자주 볼 수 있는 하얀색 방진복을 입고 근무하고 있죠. 사실 입사하기 전까지 '저런 복장을 입고 근무를 할 수 있나?'에 대한 굉장한 의문이 있었는데, 실제로 적응하는 데는 한 달이 채 걸리지 않았습니다. 마치 COVID-19로 인해 온종일 마스크를 쓰고 다니는 것을 미리 준비하고 있었다고나 할까요? 실제로 마스크는 우리가 평소에 사용하는 KF80/KF94 마스크보다 훨씬 통풍도 잘 되고 숨쉬기도 편합니다.

보통 각 단위 공정이라는 표현을 쓰는데, 각 공정을 개별 단위로 표현해서 사용하는 단어입니다. 제가 속해 있는 Clean 단위 공정은 일반적으로 Chemical이나 Specialty Gas를 활용해서 식각이나 세정을 하는 데 필요한 공정으로써, 공정의 이름 그대로 '깨끗하게' 하는 것이 목적인 공정입니다. 저는 실제 대학에서 화학 물질을 사용할 때 액체를 활용하여 실험했던 기억이 많아서 단위 공정을 선택할 때 해당 공정을 선택했고, 실제로 화학식과 같이 기존에 학습한 부분이 있었기 때문에 이해가 쉬웠을 뿐만 아니라 반응성과 위험성에 대해서 사전에 파악하는 것 역시 쉬웠습니다.

설비기술 직무의 경우 모든 단위 공정의 엔지니어가 설비의 유지 및 보수에 중점을 둡니다. 반도체 공정라인은 24시간, 단 1분 1초도 쉬지 않는 곳이기 때문에 설비 고장이나 혹은 다른 이유로 다운이 발생하면 설비 엔지니어는 즉각 대응해야 합니다. 해당 상황에서 설비 엔지니어는 최상의 선택을 해야 하는데, 당장 해결 가능한 문제도 있고 바로 해결되지 않아서 설비의 한 부분을 다운시키거나 임시로 계속 사용할 수 있도록 조치를 취하는 경우도 있습니다. 혼자서 24시간 내내 근무를 할 수는 없기 때문에 제가 하던 업무를 다른 동료에게 인계하는 과정을 거칩니다. 이러한 과정을 통해 24시간 유기적으로 업무를 진행할 수 있습니다. 이 교대 근무 때문에 많은 취업준비생이 관심은 있으나, 선뜻 입사하기를 꺼리는 경향이 있는 업무이기도 합니다.

이제부터 채용공고를 함께 보며 해당 업무에 대해서 자세히 알아보고, 스스로 해당 업무에 적합한지를 고민하는 시간을 가져보도록 하겠습니다.

02 현직자와 함께 보는 채용공고

직무소개 설비기술

반도체 제품의 소형화/집적화에 따라 설비 성능향상, 개조, 개선 등의 역할을 통해 품질/수율/생산성을 향상시키는 직무

[그림 4-3] 직무소개

1 설비 최적화

채용공고 설비기술

주요 업무
1. 설비 최적화 • PM(Preventive Maintenance, 예방 정비)를 통한 설비 가동률 및 성능 향상 • BM(Break Maintenance, 사후 정비)를 통한 설비 고장 분석 및 개선 • 설비부품 관리 및 정비를 통한 원가 절감 및 생산성 향상

[그림 4-4] 삼성전자 설비기술 채용공고 ①

반도체 설비기술은 앞서 언급했듯이 설비의 유지 및 보수를 최우선으로 합니다. 입사 후 다소 놀랐던 점은 설비를 유지한다는 것에 굉장히 낮은 평가를 하는 사람들이 있었다는 것입니다. 개인적으로는 남성분들이 보통 군대에서 각종 포나 총을 유지 및 보수하는 과정을 반복적으로 하거나 억지로 하는 경우가 많아서 그러한 이미지가 생긴 것이 아닐까 생각합니다. 사실 군대에서도 마찬가지겠지만, 특히 반도체 공장의 경우 설비 유지를 담당하는 설비 엔지니어가 없다면 라인이 금방

멈춰버릴 것입니다. 물론 설비의 고장을 모두 설비 엔지니어가 고치는 것은 아닙니다. 설비별 Maker 사에서 수리하기도 하지만 비용적인 문제와 즉각적인 대응이 불가능한 점, **각종 시스템과 불량에 대해서는 오직 설비 엔지니어만이 대응 가능한 점때문에 설비 엔지니어는 없어서는 안 될 존재라고 생각합니다.**

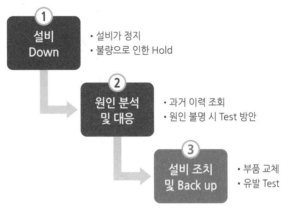

[그림 4-5] 설비 이슈 시 진행 방식

24시간 가동되는 반도체 공정에 맞춰 실시하는 교대 근무를 위해서 보통 자신의 근무 시간 30분 전에는 출근을 합니다. 물론 회사 규칙 상에는 문제가 없기 때문에 제시간에 딱 맞춰서 와도 되지만, 전반적으로 라인에서 발생한 업무를 파악하기 위해서 Inform Site를 확인하고 상황을 파악하는 시간을 갖기 위해서 조금 일찍 출근합니다. 그리고 앞선 근무자로부터 현재 라인의 상황과 처리해야 하는 업무, 인계받아야 하는 내용에 대해서 상세한 설명을 듣습니다. 일반적으로는 다운된 설비를 우선으로 Back-up하는 것을 위주로 하지만, 그 외에 부가적인 업무도 있습니다.

> Inform Site는 업무를 기록해 놓은 사내 인트라넷 사이트를 말합니다.

실제 근무를 하다 보면 설비가 다운되거나 진행하고 있는 공정에서 불량이 발생하여 연락이 오는 경우가 있습니다. 그런 경우 설비 엔지니어가 대응을 하는데, 이때는 엔지니어 스스로 판단해야 합니다. 보통은 다른 설비의 과거 이력을 확인해서 동일한 이력이 있는지를 확인하고 해결하는 과정을 거치는데, 동일한 이력이 있음에도 동일 설비에서 다시 문제가 발생한 것이라면 고질적인 것으로 판단하여 기존에 했던 방식과는 다른 결정을 내려야 합니다. 마치 병원에서 치료가 한 번에 되지 않는 경우에 정밀 진단을 하여 추가적인 수술이나 약 처방이 이루어지는 방식과 유사하다고 볼 수 있는데, 사람의 생명을 다루는 것과는 분명 다르지만 설비 엔지니어는 설비의 주치의가 되어 그들을 치료해야 합니다.

라인에는 공정별로 엄청나게 많은 설비가 존재합니다. 10~20대의 설비가 있는 것이 아니라, 공정별로 최소 100대 이상의 설비가 존재하기 때문에 모든 설비에 대해서 긴 시간이 소요되는 문제의 경우에는 즉각 해결할 수 없습니다. 언제 또 다른 설비에서 문제가 발생할지 알 수 없기 때문이죠. 그래서 보통 교대 근무를 하는 리더는 즉각적으로 처리할 수 있는 것과 연계해야 하는 것, 그리고 연계하더라도 불가능하기 때문에 주간 근무를 하는 인원에게 요청해야 하는 것으로 나누어서 업무를 진행하고는 합니다. 이렇게 다음 근무자가 처리할 수 있다고 판단하면 연계를 하고, 연계를 하더라도 어려움이 있는 것에 대해서는 주간 근무자에게 요청하여 업무가 정상적으로 진행될 수 있도록 합니다. 그러다 보니 대부분의 주간 업무 강도는 교대 근무를 하는 때 보다는 다소 높지만, 교대 근무 때와는 다르게 하나의 업무에 집중할 수 있는 시간이 있기 때문에 설비 Back-up을 완벽하게 할 수 있는 여유가 있습니다. 입사 초기에는 교대 근무를 하다가 일주일 정도 주간 근무를 하는데, 이때 좀 더 천천히 설비에 대해서 배울 수 있는 시간을 가질 수 있습니다.

교대 근무에서 제외가 되는 시점에 이르면 그동안 갖지 못했던 '자신만의 Job'을 갖게 됩니다. 그동안은 주어진 시간 안에 최선을 다해서 업무를 진행하고 마무리하지 못한 업무가 있다면 다음 근무자에게 인계하여 업무가 이어서 진행될 수 있도록 하는 것이 주업무였다면, 이제부터는 '나 아니면 챙겨줄 사람이 없는 업무'를 시작하게 됩니다. 물론 내가 없다고 해서 다른 사람이 그 업무를 전혀 하지 않는 것은 아닙니다. 팀에서 업무별로 할 수 있는 사람을 최소 두 명 이상씩 배치하는데, 휴가나 교육 등의 이유로 자리를 비웠을 때 대신할 수 있는 인원을 배치해 두는 것입니다. 하지만 그 사람들이 전적으로 모든 업무를 해 줄 수는 없기 때문에 자신의 Job이 생기면 스스로 업무를 처리해야 하는 범위가 넓어집니다. 이때부터는 우리 부서의 업무뿐만 아니라 유관 부서와의 협업도 잦기 때문에 기존에 가지고 있던 설비적 지식과 더불어 커뮤니케이션 능력도 하나의 기술로 필요합니다.

부서 내 자신의 Job으로 구성된 여러 업무를 두루 진행하다 보면 설비 업무를 총괄하여 각 인원에게 지시하는 '설비 주무'라는 역할을 맡게 됩니다. 해당 업무를 하기 위해서는 내가 속한 그룹 내 모든 업무에 대해서 정확하게 알고 있어야 하며, 유관 부서와의 커뮤니케이션 능력과 더불어 문서작성능력과 보고능력이 필요합니다. 설비 엔지니어 업무를 하면서 어쩌면 가장 크게 스트레스를 받는 역할이라고 할 수 있지만, 부서의 장이 되기 전에 거치는 업무의 일부로써 업무를 총괄하면서 나무가 아닌 숲을 보는 능력을 기를 수 있습니다.

2 설비 분석 및 자동화

채용공고 설비기술

주요 업무

2. 설비 분석 및 자동화
- 분석 툴을 활용한 설비 문제 원인 분석 및 해결
- 빅데이터 분석을 활용한 설비 자동화 시스템 구축 및 최적화

[그림 4-6] 삼성전자 설비기술 채용공고 ②

　모든 생산 장비에는 기본적으로 하드웨어의 성능이 중요하지만, 그것을 뒷받침해주는 소프트웨어의 기능이나 편의성 역시 굉장히 중요합니다. 특히 엔지니어의 판단을 도와주는 것 중 하나가 바로 분석 Tool입니다. 흔히 설비기술 직무에는 설비의 현황 파악 및 Lot[1]에 대한 현황 그리고 설비 전체의 동작들을 관리하는 툴이 있고, 설비 간의 문제가 발생했을 때 설비를 강제로 다운시키거나 설비 간의 각종 비교를 도와주는 Tool이 있습니다. 이 Tool의 사용법은 입사 후 가장 먼저 배우게 됩니다. 이제는 PC가 없으면 아무것도 할 수 없는 상황이기 때문에 항상 상황에 맞는 Tool을 활용하는 것이 중요합니다.

　또한 최근에는 이러한 시스템을 하나로 묶어서 클라우드 형태로 사내에서 관리하기 시작함으로써 개인 PC가 아닌 다른 PC에서도 방금 전에 진행하던 업무를 그대로 할 수 있는 환경을 만들어 놓았습니다. 이러한 Tool은 사내에서만 사용할 수 있도록 전반적인 명령어가 우리가 익숙하게 알고 있는 것과는 조금씩 다르게 설정이 되어 있는데, 이러한 Tool은 전담으로 하는 센터에서 만들어서 공유합니다. 다만 기술팀마다 본인 기술팀만의 특별한 프로그램이 필요한 경우에는 개발자 형태로 참여할 수 있습니다. 현재는 매우 소수만 작업하고 있으나, 점차 소프트웨어의 중요성이 강조되면서 교육도 늘리고, 인원도 계속 보충하고 있는 상황입니다.

> 예를 들어 Excel의 함수와 동일한 기능을 하는 것도 명령어 자체가 다르게 구성되어 있습니다.

---

1 [10. 현직자가 많이 쓰는 용어] 1번 참고

3 신설비 / 응용기술 개발

채용공고 설비기술

주요 업무
3. 신설비 / 응용기술 개발 • 신설비 최적화를 위한 조건 확보 및 기술 개발 • 차세대 제품 공정 대응을 위한 설비 응용기술 개발 및 적용

[그림 4-7] 삼성전자 설비기술 채용공고 ③

실제 업무와 제시된 표현에는 차이가 있습니다. 정확하게는 설비를 개발하는 연구소가 별도로 구성되어 있습니다. 그리고 삼성전자가 자체 생산한 설비는 드물고, 설비 대부분이 국내외 업체에서 제작한 것을 사용하기 때문에 실질적으로 설비기술 직무의 인원이 설비 개발에 참여하는 경우는 굉장히 드뭅니다. 그래도 기존에는 아예 존재하지도 않았으나, 최근에는 End-user인 설비 엔지니어의 역할도 상당히 중요한 상황이 되었기 때문에 개발을 담당하는 연구소로 파견을 나가 설비 개발에 직접참여하기도 합니다.

설비가 완성되고 연구소에서 테스트가 종료되면 실제 Wafer[2]를 생산하는 라인(양산 라인)에 들어와서 테스트를 진행하는데, 신규 장비의 경우 기존 장비와는 다르게 조건을 잡는 방식부터 까다롭게 진행되기 때문에 장기적으로 테스트를 진행합니다. 이때 설비 엔지니어는 각종 조건을 조정할 수 있는 인원으로 참여하여 공정 조건을 설정하는 공정 엔지니어와 함께 최적의 조건을 만들어 나갑니다.

> 온도/습도/배기/압력/농도 등 다양한 조건을 의미합니다.

---

2 [10. 현직자가 많이 쓰는 용어] 2번 참고

MEMO

03 주요 업무 TOP 3

보통 채용공고를 보고 입사하면 대부분 '설비 유지/보수만이 우리 업무다'라고 생각할 수 있습니다. 말 그대로 설비가 멀쩡하면 우리의 업무는 특별하게 없을 것이라고 속 편하게 생각할 수도 있지만, 그 외에도 다양한 업무가 존재합니다. 누구나 익숙하게 알고 있는 교대 근무를 통한 설비 유지/보수 분야 외에 매일 고정적으로 진행해야 하는 PM, 전산, 부품 업무와 비고정적이긴 하나 반드시 필요한 업무인 Set-up 환경 안전 업무가 있습니다. 이제부터 이와 관련한 내용을 간략하게 알아보도록 하겠습니다.

1 설비 유지 및 보수(교대 근무)

1. 설비 고장 발생 대응

반도체 라인은 완전 자동화로 구성되어 있습니다. 우리가 일반적으로 뉴스에서 봤던 제조업 공장과는 다르게 컨베이어 벨트에 사람이 서 있지도 않고 생산을 위해서 사람이 직접 볼트를 조이는 등의 행위를 하지 않습니다.

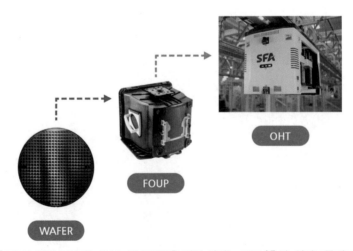

[그림 4-8] FOUP 안에 들어가는 Wafer와 FOUP을 이동 시키는 OHT (출처: 상아프론테크, 전자신문)

라인에서 생산되는 동그란 제품을 Wafer라고 하고, 이것이 최대 25매씩 담겨있는 이동형 보관체를 FOUP[3]이라고 합니다. 또한 이 FOUP을 설비와 설비 사이로 이동시켜 주는 역할을 하는 것이 OHT[4]입니다. 이처럼 OHT가 FOUP을 자동으로 이동시켜 주기 때문에 실질적으로 작업자가 해야 할 일은 없습니다. 하지만 어떠한 이유로 인해서 설비에 고장이 발생하여 멈추게 되면 그 뒤로 진행되어야 하는 공정이 정지되기 때문에 빠르게 문제를 해결해야 합니다.

고장은 설비가 동작하는 과정에서 정상적으로 동작하지 않아서 Sensor에 감지되어 발생하는 하드웨어적인 문제와, 일정하게 유지되어야 하는 수치에서 벗어나서 발생하는 소프트웨어적인 문제로 나누어집니다. **해결 방안의 난이도에 따라서 주간 근무자에게 인계할지 아니면 바로 진행을 할지가 결정되기 때문에 가장 중요한 업무 중 하나라고 할 수 있습니다.**

실제 설비에서 고장이 발생하면 동작에 이상이 생깁니다. 원인은 굉장히 다양하죠. 펌프의 동작이 멈춰서 유체 혹은 기체가 움직이지 않는 경우도 있고, 설비 내부 어딘가에 Leak이 발생하여 진공 조건이 잡히지 않는 경우도 있습니다. 이외에도 다양한 원인이 있죠. 간단하게 에러명만 보고도 쉽게 파악할 수 있는 에러의 경우에는 단순히 A급 부품(새 부품)으로 교체하면 해결이 될 수도 있으나 에러명으로는 판단할 수 없는 경우에는 부품을 옆의 것과 교체하여 테스트하거나 과거에 가장 잦은 이슈를 발생했던 부품을 수급하여 교체하는 방식을 활용합니다. 이런 과정을 가장 능숙하게 해결해 나가는 것이 설비고장 대응에서는 가장 중요합니다.

2. 설비 불량 해결

설비가 고장 없이 정상적으로 가동되고 있더라도 미세한 설비의 변화로 인해서 Wafer에 불량을 유발하는 인자가 생겨 날 수 있습니다. 설비 고장의 경우 해당 부분을 집중적으로 점검하면 문제가 해결되는 경우가 많으나, 불량 발생의 경우 설비를 전체적으로 점검해야 하는 경우가 많고, 실제 공정이 점차 미세화됨에 따라 원인을 판정하기가 굉장히 어려운 경우가 많습니다. 보통 교대 근무 동안에 바로 문제를 해결하기 어려운 경우가 많은데, 불량 발생량이 많은 경우에는 모든 업무를 제쳐 두고 불량 해결에만 집중해야 할 때도 있습니다.

개인적으로는 설비 고장보다 설비 불량의 해결이 더 어렵다고 생각합니다. 고장의 경우 부품 하나만 교체하더라도 전후 비교가 확실하게 되는 편이나 불량 발생의 경우 공정 조건을 계속 변경하여 테스트해야 하기 때문에 원하는 결과가 빠르게 나올 수도, 천천히 나올 수도 있습니다. 다만 최근에는 설비 사양이 좋아지고 각종 Sensor 등에서 하드웨어적인 문제를 사전에 감지할 수 있기 때문에, 불량이 발생할 경우 굉장히 미세한 차이로 불량이 발생되는 것을 알 수 있습니다. 이러한 미세한 차이를 찾아서 해결해야 하기 때문에 설비 고장보다는 더 많은 시간을 투자해야 할 뿐만 아니라 많은 시간과 금전적인 부분을 투자해야 해결할 수 있습니다. 그래도 문제를 해결했을 때 오는 쾌감은 이루 말할 수 없습니다.

---

3 [10. 현직자가 많이 쓰는 용어] 3번 참고
4 [10. 현직자가 많이 쓰는 용어] 4번 참고

2 주간 개인 Job(오피스 업무)

1. PM

설비는 결국 계속 사용하면 서로 맞물리는 부분이나 닿는 부분이 생기기 때문에 결국 교체가 필요한 시기가 옵니다. 그 교체가 필요한 시기가 되면 고장으로 이어지고 설비가 멈추게 되는데, 그런 것을 미연에 방지하고자 PM(Preventive Management)이라고 해서 주기적으로 설비 점검 및 부품을 교체해 주는 작업을 합니다. 이 부분은 반도체뿐만 아니라 여타 제조업에서도 각 회사의 상황에 맞게 진행되는 부분으로, 설비의 갑작스러운 고장에 대비하기 위한 하나의 방법입니다.

다만 주기는 사용하는 Chemical이나 Gas에 따라서 설비별로 차이가 있는데, 설비 대수가 매우 많기 때문에 일정을 정리하는 업무를 진행하는 사람이 필요합니다. 보통 PM 담당자는 이렇게 각 분임조 단위의 전체 PM 일정을 조정하는 역할을 하는데, 설비별로 주기가 있고, 특성이 있는 장비도 있으며, 라인 내의 상황에 따라서 가능 여부를 판단해야 하기 때문에 항상 변동이 있을 수 있다는 생각을 해야 합니다. 또한 부서에 따라서 교대 근무 시간에도 PM을 해야 하는 경우가 있기 때문에 일정관리에 능한 사람이 맡아 진행합니다.

2. 전산/부품

반도체 공정의 설비는 조건을 설정하는 데 굉장한 시간이 소요되기 마련입니다. 온도, 습도, 농도, 시간 등과 같은 변수에 따라서 철저하게 기준안을 두고 활용하는데, 하드웨어적으로 미세하게 변동되는 부분까지 모두 잡아내기 위해서 소프트웨어적인 Interlock을 설정합니다. 단순하게 수치적으로만 설정되는 것이 아니라 Interlock 개별로 조건이 다르기 때문에 그것을 관리해 주는 사람이 필요합니다. 보통 설비기술 직무에서 거의 유일하게 '앉아서' 하는 업무이기 때문에 신입사원으로 오게 되면 가장 부러워하는 업무입니다. 그런데 대부분 다른 업무를 하다가 해당 업무를 하게 되어 '쉽다'라는 의미는 다소 퇴색됩니다. 점점 업무 난도가 올라가고, 요구사항이 많아짐에 따라 쉽지 않은 업무로 바뀌는 상황이기 때문에 그저 앉아서 한다고 무조건 좋아할 업무가 아닙니다.

부품은 이름 그대로 설비에서 활용하는 부품을 청구하여 공급하는 담당자를 말합니다. 반도체 설비 한 대에는 천 개 이상의 부품이 들어가는데, 하나의 회사에서 제작된 것이 아니기 때문에 부품별로 재고 여부나 구매 시 반입되는 시점이 모두 다릅니다. 따라서 이를 확인하고 정리하는 업무를 담당하는 담당자가 별도로 존재합니다.

부품 담당자는 설비가 다운되거나 다양한 이유로 부품을 교체할 때 그에 맞는 제품을 제공해 주는 역할을 합니다. 부품에 규격이 잘 적혀 있는 경우도 있지만, 때에 따라서 적혀있지 않고 동작하는 것만 보고 판단해야 하는 경우도 있기 때문에 기본적으로 설비에 대한 지식이 어느 정도 있어야 합니다. 각종 Maker측 구매 담당자와도 긴밀한 관계를 유지해야 업무를 원활하게 진행할 수 있습니다.

3 필요에 따라 개인 혹은 그룹 업무로 바뀌는 Job(Office 업무)

1. Set-Up

어쩌면 설비기술 직무에서 가장 '꽃'과 같은 업무라고 할 수 있습니다. 기존에 있던 라인에서는 사실 특정 인원이 지정되어서 업무를 진행하는 경우가 많으나, 신규 라인, 특히 평택 라인은 모든 사람이 이 업무에 뛰어들어야 합니다. 이 업무의 경우 회사 차원에서도 전체적인 업무 규정과 순서를 만들어서 진행하고 있으나, 가장 큰 문제로 생각되는 것은 바로 '납기'가 정해져 있다는 부분입니다.

사실 차근차근 단계를 밟아가면서 배운다면 이 업무만큼 많은 것을 배울 수 있는 것도 드문데, 많은 사람이 해당 업무를 하면서 소위 '치가 떨린다'라는 말을 많이 하는 이유는 바로 납기에 의한 압박 때문일 것이라고 생각합니다. 이런 부분을 제외하면 설비에 들어가는 Utility와 각 Chemical 이나 Gas에 대한 위험성 및 성상 그리고 설비의 구성도에 대해서 가장 명확하게 학습하고 이해할 수 있는 업무입니다.

설비 반입 전 준비부터 설비 반입 후의 각종 Utility 연결 및 각종 Chemical과 Gas 연결 방식, 환경 안전 관련 업무를 같이 습득하고 있어야 합니다. 또한 설비가 최종적으로 양산 제품이 진행되기 전까지의 업무를 총괄합니다. 업무가 보통 단기가 아닌 장기간 이어지기 때문에 철저한 계획이 필요하며, 업무량이 많기 때문에 신규 라인에서는 업무를 분할하여 진행하는 경우가 많습니다. 설비 엔지니어로서는 꼭 한 번은 거쳐야 하는 업무 중 하나입니다.

2. 환경 안전

인터넷에 반도체를 검색해보면 항상 나오는 이야기 중 하나가 부상이나 사망사고에 대한 것입니다. 국내에서 가장 큰 규모의 공장을 가진 이곳에서도 이러한 사건/사고가 계속해서 발생하고 있습니다. 다만 과거와는 달리 화학 물질이 누출되거나 Gas가 폭발되는 등의 문제는 거의 일어나지 않지만, 여러 가지 인재 사고는 계속해서 발생하고 있습니다. 이러한 사고를 최대한 방지하고자 회사에서는 하나의 팀을 더 만들고 각 단위 공정 내에 환경과 안전을 전담하는 인력을 두어서 사고를 미연에 방지하고 있습니다.

이 업무는 무엇보다도 사람의 안전을 책임지고, 라인 내 위험한 환경을 해결하는 역할을 함으로써 사고를 방지하는 것이 주 업무입니다. 전반적으로 신입사원보다는 연차가 꽤 많은 인원을 배치합니다. 엔지니어가 하는 업무의 위험성에 대해서 알고 있어야지만 어떤 점이 잘못되었는지 확인할 수 있기 때문에 항상 전반적인 업무 상황이나 위치에 대해서 파악하고 있어야 합니다.

04 현직자 일과 엿보기

1 주요 업무 TOP 3에 해당하는 업무를 진행할 때

출근 직전 (07:00~08:00)	오전 업무 (08:00~11:30)	점심 (11:30~12:30)	오후 업무 (12:30~16:50)
• 전일 발생한 업무 파악 • 작성된 Inform Site 확인 실시	• 업무 회의 실시 • Job Arrange 실시 • SOP 확인 및 필요 물품 준비	• 10가지 이상의 메뉴를 만끽할 수 있는 점심시간 (늦어지기도 빨라지기도 함)	• 오전 업무의 마무리 진행 • 설비 Back-Up 진행 • Inform Site에 진행사항 기록

일반적으로 주간 업무를 진행하기 위해 오전 7시에서 8시 사이에 출근을 합니다. **다른 직군은 자율 출퇴근제를 활용하는 경우가 많지만, 안타깝게도 설비기술 직군에서 자율 출퇴근제를 100% 활용하는 것은 무리가 있습니다.** 물론 개인 사정이 있거나 다른 이유가 있다면 자유롭게 출퇴근을 하는 것에 대해서 문제 삼지는 않지만, 대부분이 혼자서 하는 업무가 아니라 동료와 함께 진행하거나 유관 부서 인력과 동일한 시간대에 진행해야 하는 업무이기 때문에 출근 시간은 항상 일정한 편입니다. 보통 업무를 분배하는 인원이 가장 출근을 일찍 하는 편이고, 대부분 7시 30분 전후로 출근을 완료하는 편입니다.

출근하면 보통 구내 식당에서 포장해 온 음식을 먹으면서 컴퓨터의 전원을 켭니다. 과거에는 같이 모여서 김밥이나 빵을 먹으면서 간단한 대화 시간을 갖기도 했지만, COVID-19 이후로는 모두 각자 자기 자리에서 취식을 하기 때문에 업무 전에 가질 수 있는 쉬는 시간으로 생각할 수 있습니다. 다만 이 시간에 Inform Site를 보면서 전날에 일어났던 일에 대해 확인할 수 있기 때문에 현재 라인에서 발생한 문제를 파악할 수 있는 시간이기도 합니다.

업무가 시작되기 전 모두 모여서 회의를 합니다. 전날 발생했던 전반적인 설비 이슈 사항과 더불어 각 인원에게 업무를 분배하는 시간을 갖습니다. 보통 Top-Down 방식으로 업무를 분배하는데, 회의를 통해서 해당 문제에 대해 어떻게 접근을 할지에 대한 의견을 청취하기도 하고, 업무의 양이 너무 버겁다고 생각하는 인원에 대해서는 조정을 할 수 있는 시간을 갖기도 합니다. 그리고 팀 전달 사항에 대해서 공유하기도 하는데, 부서장에 따라서 전반적인 회의 분위기가 많이 좌지우지되는 편입니다. 신입사원들은 이 시간에 모르는 단어나 이해가 가지 않는 내용을 기록하여 선배에게 문의하거나 직접 알아보는 시간을 가져야 합니다.

또한 나의 업무가 어떤 것인지 확인했으면 SOP를 준비해야 합니다. 이는 업무에 대한 설명서라고 할 수 있는데, 업무를 진행하기에 앞서서 반드시 준비해야 합니다. 저희가 하는 모든 업무는 대부분 SOP가 작성이 되어 있으며, 그 SOP[5]에 의거하여 부품을 교체하거나 점검합니다.

SOP는 Standard Operating Procedure의 약자로, 일반적으로 업무에 관련된 작업 순서서를 의미합니다.

업무 중 SOP에 따라 진행하는 업무가 있는 반면에 정확한 원인을 파악하지 못해 테스트를 통해서 결과에 따라 업무를 진행해야 하는 경우도 있습니다. 의외로 빠르게 끝나는 경우도 있고, 예상외로 며칠간 계속 테스트를 해야 하는 경우도 있습니다. 보통 해당 업무는 부서 내에서 가장 뛰어난 능력을 가진 인원이 전담하여 진행하는데, 고질적인 문제나 평소 겪어보지 못한 업무를 해결하는 데 공헌할 수 있습니다. 개인적으로 가장 엔지니어적인 업무가 아닌가 생각합니다.

점심 식사는 업무에 따라 전부 다른 시간대에 합니다. 보통 고정 회의가 많은 인원은 정해진 시간에 식사를 하고, 라인 내에서 설비 PM 및 유지/보수 업무를 진행하는 인원은 대부분 업무가 마무리 될 때까지 식사를 하지 않는 경우가 많습니다. 신입사원의 경우 되도록 초기에는 식사를 정해진 시간에 할 수 있도록 라인 밖으로 내보내서 먼저 식사하는 인원과 함께 식사할 수 있도록 합니다. 식사는 최대 10가지 이상의 다양한 종류의 메뉴에서 선택할 수 있는데, 보통은 같이 식사를 하러 가더라도 각자 식사를 하는 경우가 많습니다.

오후에는 오전에 하던 설비의 Back-up을 진행합니다. 설비의 부품을 교체하거나 각종 조건의 조절을 통해서 설비의 문제점을 해결했다면 실제로 설비가 가동되기 전에 공정평가를 진행합니다. 보통 Particle Check와 Etch Rate 검증을 진행하는데, 각 단위 공정별로 차이는 있으나 제가 속한 공정에서는 앞서 말한 두 가지의 검증을 통과해야지만 설비를 사용할 수 있다고 판단하고 있습니다.

깨끗한 Bare Wafer를 통해서 설비가 진행되기 전과 후의 차이를 평가하여 Particle 오염을 확인하고, 특정 막질을 덮은 Wafer를 통해서 깎여진 정도와 균일성을 확인하는 과정을 거칩니다. 이것이 진행되는 동안 엔지니어는 설비의 각종 Parameter와 Data에 대한 전후 비교를 진행하는데, 반도체 Wafer는 미세한 차이에도 불량이나 공정 전체가 변화될 요소가 있기 때문에 최대한 기존과 동일하게 사용될 수 있도록 조건을 확인하는 과정을 거칩니다.

공정평가가 마무리되고 정상으로 판정되면 공정 엔지니어에게 설비의 Back-up을 인계합니다. 이때는 실제 생산을 위한 Lot을 투입하기 때문에 기존과 동일하게 Data가 나와야 하며, 생산 Lot에서도 검증 시 정상으로 판정되면 설비는 정상적으로 사용하게 됩니다. 그사이 설비 엔지니어는 다음 근무자를 위해서 Inform을 남깁니다. 모든 기록이 마무리되면 즐겁게 퇴근을 하면 됩니다.

---

5 [10. 현직자가 많이 쓰는 용어] 5번 참고

2 교대근무를 할 때

Day (06:00~14:00)	Swing (14:00~22:00)	GY (22:00~06:00)
• 6시부터 9시 사이에 아침 식사 • 설비 유지 및 보수 업무 진행 • 공정 평가 연계	• 17시 30분부터 20시 사이에 저녁 식사 • 설비 유지 및 보수 • 업무 진행 • 공정 평가 연계	• 00시부터 03시 사이에 야식 • 설비 유지 및 보수 업무 진행 • 공정 평가 연계

반도체 공장은 24시간 가동되기 때문에 그에 맞추어 24시간 대응할 수 있는 인원이 필요합니다. 일반적으로는 입사 후 3~6개월 정도가 지나면 담당을 맡은 지도 선배와 교대 근무에 돌입합니다. 위와 같이 Day, Swing, GY로 구분합니다. 부서마다 차이는 있지만 보통은 일주일 단위로 근무가 변화합니다. 예를 들면 Day → Swing → GY → Office → Day와 같이 순차적으로 근무 시간이 변경되는데, 아마도 초기에 가장 힘든 부분 중에 하나가 바로 시차 적응일 것입니다.

사실 저 역시도 교대 근무라는 것을 알고 그에 대한 준비를 많이 했다고 생각했었고, GY 근무 직후 의외로 멀쩡한 저의 모습을 보면서 '나는 준비된 인재구나'라는 생각을 했던 적도 있었습니다. 그런데 4~5일쯤 지나자 눈은 떠 있는데 정신은 다른 곳에 가 있는 듯한 상황이 생기기도 했고, 새벽에 일어나야 하는 Day 근무 때는 제때 일어나지 못해서 지각하는 경우도 종종 있었습니다. 기상 시간이 자주 바뀌니 항상 긴장하고 있어야 하는 부분이 초기에 참 어려웠던 것으로 기억합니다. 그러나 시간이 흐르면 이러한 교대 근무에도 적응할 수 있습니다. 개인적으로 가장 좋았던 근무 시간대는 Swing 근무였는데, 늦게 일어나도 되고 다른 동료들과 밤에 술자리를 갖는다거나 밤늦게까지 여가생활을 즐길 수 있어서 가끔은 기다려지기도 했던 근무입니다.

실제 교대 근무할 때의 업무는 일반적인 주간 근무와 크게 다르지 않습니다. 다만 차이가 있다면 Day 근무와 Swing 근무는 주간 근무자와 오버랩되는 부분이 있기 때문에 설비 상황상 급한 문제가 생기면 도움을 요청할 수 있습니다. GY 근무자는 문제 발생시 온전히 근무자들의 능력만으로 해결해야 하기 때문에 GY 근무자 중 선임자는 소위 능력 있는 엔지니어를 배치하고는 하는데, 설비에 Down이 많아지거나 화재나 Leak과 같은 돌발상황에 빠른 대응이 필요할 때 중요한 역할을 합니다.

일반적으로 설비 엔지니어는 모든 설비를 정상으로 유지하는 것을 주목적으로 하지만, 교대 근무자의 경우 상황에 따라 모든 설비를 정상으로 유지하는 것이 어려울 수 있습니다. 그때는 선임자의 판단에 따라서 즉각 처리해야 하는 업무와 인계해야 하는 업무를 분리하는데, 되도록 다음 근무자에게 업무가 과중되지 않도록 해당 근무 시간에는 최선을 다해야 합니다.

업무적으로는 항상 라인에서 활용할 수 있는 스마트폰과 PC를 확인해야 합니다. 설비에 문제가 발생하면 문자가 오거나 사내에서 사용하는 UI에서 설비의 Code가 Down으로 전환되는데, 이때 즉각적으로 설비 상태를 파악하고 조치해야 합니다. 매일, 그리고 근무 시간마다 발생 빈도가 다르기 때문에 업무량이 정해져 있지 않고 시점에 따라 다르게 결정됩니다. 가끔은 출근 전에 제가 근무하는 시간에는 아무 일이 없기를 바라는 기도를 하곤 합니다.

교대 근무를 하면 사실 회사 외의 사람을 만나는 게 어려운 경우가 많습니다. 평일과 주말 근무가 혼재되어 있기도 하고, 근무 시간이 동일하지 않아서 약속 시간을 맞추기가 어렵기 때문입니다. 따라서 최근 각광받는 워라밸 측면에서는 그리 좋은 평가를 받기 어렵습니다. 그럼에도 불구하고 생각보다 교대 근무를 선호하는 사람들이 꽤 있는데, 장점은 다음과 같습니다.

〈표 4-1〉 근무수당 지급 체계

항목	교대근무수당		야간/주말 근무수당	주말 야근
조건	6일 이상	10일 이상	토/일/공휴일 동일	주말 8시간 초과
금액	??만	6일의 2배	시급 ×1.5배	시급 ×2배
OFFICE 근무는 9시간 기준 / 교대 근무는 8시간 기준				

교대 근무를 하면 수당이 붙습니다. 게다가 야간에도 근무를 하니 야간 수당이 추가됩니다. 교대 근무만 할 때는 잘 모르는데, 주간 근무만 할 때와 비교하면 월급이 100만 원 이상 차이가 나는 경우도 많습니다. 금전적으로 부족하다면 교대 근무는 피할 수 없는 선택이기도 합니다. 그리고 1일 기준으로 주간 근무에 비해 교대 근무 때는 1시간 적게 일하기 때문에 상대적으로 총 근무 시간이 적은 편입니다. 물론 그 덕분에 근무 시간 중 식사를 한 번밖에 하지 못 하는 것이 단점으로 꼽히긴 하지만, 저는 개인적으로 퇴근을 먼저 하는 것이 더 좋았습니다.

보기만 해도 무서웠던 그 알람 메시지.

Chucking Overtime Error

헉, 올 것이 왔구나. 눈치싸움이 시작된다. 이 에러 코드는 그냥 봐도 Wafer가 부서졌다는 메시지이다. 부서진 것을 치우고 보고서를 쓰면 분명히 안 봐도 야근 각이다. 지금 이 자리에는 나와 교대 근무 리더뿐이다. 과연 누가 먼저 반응을 할 것인가? 아니, 누구든 이미 이 문자를 봤을 텐데, 이제 과연 누가 먼저 조치를 하러 갈 것인가에 대해서 선택을 해야 하는 시간이 왔다.

선배의 눈을 바라본다. 마치 전혀 모른다는 눈초리다. 등에서 식은땀이 나기 시작한다. 퇴근 1시간 전, 과연 내가 가서 이것을 조치해야 할까? 보고서를 쓰기 싫은 마음에 선뜻 먼저 나서기가 싫다. 뭔가 독박 쓰는 느낌이기도 하고. 이따 퇴근하고 동기들과 술 한잔하기로 했는데 나만 늦을 수 없다. 얼마나 오랜만에 만나는 자리인데, 일 때문에 망치고 싶지 않다.

묘한 적막감이 흐른다. 다른 문제라도 생기면 그곳으로 먼저 뛰어가고 싶은데 3분 동안 아무런 문자 메시지가 없다. 이제 이정도면 누군가는 가야 한다.

하아, 후배인 내가 결국 독박을 써야 하는가? 이럴 때 멋지게 선배가 나서 줄 순 없는 것인가? 선배가 갑자기 나를 지긋이 바라본다.

"너도 나랑 같은 생각이지?"

"네?"

"너도 아까 보니까 메신저로 친구들이랑 약속 잡은 것 같은데, 나도 똑같거든. 그러니까 그냥 둘이 빡세게 하고 한 명은 먼저 나가서 보고서 써서 시간 안에 퇴근해 보자."

"네…? 네, 네."

뭔가 속마음을 들킨 것 같지만, 일단 같이 해결하는 것이 더 효율적이기도 하고 업무를 나눠서 하면 좀 더 빠르게 할 수 있을 것 같다. 사실 이렇게 서로 연차가 쌓이면 업무의 어려움을 판단할 수 있기 때문에 눈치를 보는 상황이 나오기도 한다. 어쩌면 이제 머리가 좀 컸다고 해서 살살 편한 것만 찾으려고 하는 본성이 나오는 것이 아닐까 생각해 본다. 하지만 이렇게 멋진 선배들도 있으니 생각외로 일은 즐겁게 할 때도 있다.

아, 여담인데 실제로 이날은 가서 보니까 Wafer도 정상이었고, 설비도 의외로 한 번만 에러가 발생한 이후로는 멀쩡하게 진행되었다. 눈치 싸움을 하기는 했지만, 역시 정의는 승리하듯 해피 엔딩으로 끝나서 너무 좋았다는 아름다운 이야기이다.

그런데 대부분은 아름답지 못하다는 것이 한편으로는 조금 서글프다. 근무 시간이 정해져 있지만, 항상 같은 시간에 끝나는 것은 아니다. 그리고 시간이 자주 바뀌게 되니 외부 친구들과 약속을 잡기가 어려운 경우가 많다. 특히 신입사원일 때는 다른 친구들과 놀고 싶은 경우가 많은데, 이렇게 알람 하나 때문에 약속을 나가지 못하는 경우도 꽤 많다. 그런데 시간이 지나고 보니 꼭 나만 그런 것은 아니었다. 다른 친구들도 가끔 회사에 문제가 생기면 모임에 참석하지 못하는 것을 보면서 내 처지를 원망하지만은 않게 되었다. 뭐, 회사원이 다 그렇지. 그래도 저 알람은 지금도 보기 싫다.

05 연차별, 직급별 업무

21년도 기준 개편 전 직급체계를 토대로 작성하였습니다. 22년도부터 S사는 직급체계가 폐지되었음을 미리 알려드립니다.

1 CL2 (Career Level): 대졸 신입사원의 시작 지점

1. CL2(0~2년 차): 병아리 of 병아리 시절

처음 부서를 배치받고 신기하게 생각하는 점이 바로 사무실에 빈 자리가 매우 많다는 점일 것입니다. 가끔은 출근한 사람보다 출근하지 않은 사람이 더 많아 보이는 경우가 있는데, 이는 반도체 라인 근무자는 교대 근무를 하기 때문에 출근을 하지 않았거나 이미 퇴근을 한 경우도 있고, 현재 라인에 입실해서 업무를 진행하고 있는 경우도 많기 때문입니다.

개인용 PC를 받은 다음 여러 권한을 부여받고 나면 이제 지도 선배를 지정해 주는데, 보통은 입사 초기에 가장 많이 볼 얼굴이기 때문에 친해지는 것이 좋습니다. 대부분은 새로운 후배가 오는 것에 대해서 항상 반가워하는 편이니 너무 부담을 갖지 않아도 됩니다.

지도 선배뿐만 아니라 각 부서에서 개인 업무를 하는 선배들에게 자신의 업무가 어떤 것이고 어떤 때 하는 것인지 설명을 듣습니다. 이렇게 이론적인 것을 배우고 나면 본격적으로 라인에 입실하는데, 이때 당황스러울 수도 있습니다. 바로 방진복과 방진 모자, 마스크와 같이 인터넷이나 TV에서나 보던 복장을 직접 입게 되는데, 어디가 앞이고 뒤인지, 그리고 어떤 순서로 입어야 하는지에 대해 설명을 들어도 생각보다 쉽게 외워지지 않아서 혼자 들어갈 때 실수를 하여 다시 처음부터 벗고 입어야 하는 상황이 생기기도 하기 때문입니다.

그리고 **본격적으로 교대 근무에 들어가면 실제 설비를 다루는 방법부터 필요한 프로그램의 활용까지 쉴 새 없는 배움의 시간이 지나가는데, 보통 2년 정도까지는 근무를 해야지만 교대 근무 시 리더급으로 성장할 수 있는 발판이 마련됩니다.**

2. CL2(3~6년 차): 나 이제 좀 혼자 할 수 있는데?!

보통 입사 이후에 엔지니어의 판단 실수나 업무 실수가 언제 가장 많이 발생할까요? 신입사원 때? 아닙니다. 바로 이 시기입니다. 3년 차가 넘어가기 시작하면 주변 사람의 업무적인 판단보다 스스로 판단하는 것이 더 빠르고 정확한 경우가 많습니다. 그리고 혼자 할 수 있는 업무가 늘어나면서 소위 '밥값 좀 하는 사람'으로 인식되는데, 이때부터는 업무량이 늘어나지만 업무 처리 속도가 빨라지기 때문에 퇴근 시간도 어느 정도 조절이 가능한 경지에 오릅니다.

하지만 자만심 때문에 실수를 하기 마련입니다. 조작이나 전산처리 실수와 같이 정말 초보적인 실수라고 평가받는 것도 오히려 신입사원 때보다 더 자주, 더 심하게 하는 경우가 많습니다. 슬슬 베테랑으로 거듭나지만 사실 불안한 시기이기도 합니다.

3. CL2(7~8년 차): 이제는 핵심 멤버!

이 시기가 되면 이제는 슬슬 진급에 대한 욕심이 커질 때입니다. 아무리 진급에 관심이 없다고 해도 남들 다 하는 CL3 진급 전에 본인만 누락되었다는 사실은 굉장히 창피하기도, 속상하기도 합니다. 그래서 이 시기에는 과거에 했던 잔실수가 급격히 줄어들고, 업무 몰입도가 급격하게 높아집니다.

많은 엔지니어가 이 시기에 성과를 내야 한다는 강박관념에 사로잡히는데, 이에 맞춰서 부서장들은 가장 어려운 업무를 부여하고는 합니다. 원인을 찾기 어려운 불량 해결이라든지 하루에 끝나는 업무가 아닌 한 달 이상의 장기 플랜으로 수행해야 하는 업무를 이 시기의 인원에게 맡기는데, CL3부터는 스스로 완전하게 멀티 플레이어가 되어야 하기 때문에 업무의 난도를 높여서 사전에 준비하는 경우가 많습니다.

부서 상황에 따라 다르지만, 이 시기쯤에는 더이상 교대 근무를 하지 않고 주간 근무로 업무를 진행하는 경우가 많습니다. 앞에서 설명했지만, 주간 근무 때는 온전히 자신이 하지 않으면 업무를 도와주지 않는 경우가 많기 때문에 책임감을 크게 키울 수 있습니다. 부서 내에서 관리자가 되기 위한 사전 준비 과정이라고 볼 수 있죠. 업무가 어려운 만큼 이 시기에 고과가 상당히 좋게 나오는 경우가 많습니다. 그만큼 연봉도 상승하니 사기 진작이 되겠죠?

2 CL3: 관리자로 들어가는 길

1. CL3(0~4년 차): 아직은 햇병아리 관리자

보통 CL3로 진급하면 이제는 부서에서도 '간부'라는 명칭으로 대우를 해 줍니다. 진급하기 전부터 해오던 업무에다가 부서원에게 어려움이 생기면 먼저 도와줘야 합니다. 항상 후배에게 솔선수범하는 모습을 보여 줘야 하는 직책이죠.

하지만 그렇다고 완전히 관리자가 된 것은 아닙니다. 주말에는 교대 근무를 하는 경우가 많고, CL2 시절에 어려워하던 것들을 더 많이 하는 경우도 많습니다. 주간 근무에 필요한 업무때문에 출근 시간이 점차 빨라지기도 하죠. 사실 누가 더 일찍 오라고 하지는 않지만, 본인의 업무가 다른 사람의 업무 시작 전에 준비되어 있지 않으면 일과가 진행되지 않는 경우가 늘어나기 시작합니다. 그러다 보니 자의 반 타의 반으로 출근 시간이 앞당겨지고 퇴근 시간은 늦어지게 됩니다. CL2 시절처럼 몸이 피곤한 경우는 많지 않지만 정신적인 스트레스는 점차 증가합니다. 이 시기에는 부서에서 하는 거의 모든 업무를 할 수 있게 되어서 '슈퍼맨'이 되는 시기입니다. CL2 7~8년 차가 부서의 허리를 담당한다면, CL3 0~4년 차는 부서의 어깨를 담당한다고 할 수 있습니다.

2. CL3(5~8년 차): 드디어 눈앞에 보이는 보직장

이 시기부터는 부서에서 업무를 배분하는 주무의 역할을 하고, 부서 내에 있는 '직장'이라고 하는 보직장을 달 수 있는 시기입니다. 개인적으로 가장 스트레스를 받는, 그리고 가장 빠르게 출근하고 가장 늦게 퇴근하는 직급 중 하나입니다. 업무를 총괄하기 때문에 주변에서 설비의 상황을 문의하는 경우가 많고, 더 높은 분들이 물어보는 질문에도 척척 답해야 하는 시기입니다.

그리고 본인만 열심히 하면 되는 시기가 아니라 후배들을 이끌어 나가야 하는 막중한 책임을 가진 시기입니다. 그동안 기계와 사투를 벌이면서 노하우를 습득하는 시기를 지나 조직 관리를 위해서 다른 사람의 마음을 이해하고 부서원들의 장단점을 파악해야 하는 시기이죠. 직장을 달면 부서원들과 함께 식사할 수 있는 비용이 지원되고, 인사고과를 평가할 때 실제 평가자로서 후배들을 평가해야 하는 상황이 생기기도 합니다. 열 손가락 깨물어서 안 아픈 손가락 없다고 했던가요? 막상 평소에 조금 서운하게 했던 후배는 평가를 낮게 줘야겠다고 생각했더라도, 실제로는 그러기가 참 힘든 자리입니다. 그래도 이 시기부터는 소위 '권력'이라는 것을 갖게 되고, 부서의 장이 되었기 때문에 이루고자 하는 것이 있다면 이 시기에 많이 시도할 수 있습니다.

3 CL4~임원: 이제는 위보다 아래가 훨씬 많은 시기

1. CL4: 더 이상 사원으로서는 올라갈 곳이 없다.

제가 신입사원 교육을 하던 시절, 항상 입과 하는 후배들에게 제일 먼저 하는 질문이 있었습니다.

"여러분은 회사에서 어느 위치까지 가고 싶습니까?"

예전에는 임원이나 대표이사와 같은 포부가 많았는데, 언제부터인가 최고로 잡는 목표가 바로 CL4입니다. 과거 부장/수석의 직책으로, 사원으로 진급할 수 있는 마지막 자리입니다.

적어도 이 자리까지 왔다는 것은 주변에 수많은 경쟁자를 뚫고 올라왔다는 것이고, 회사에서도 부서에서도 인정받았다는 것을 증명합니다. 아마도 CL3 후반부터 보직을 달고 있다가 PL(Part Leader)라는 직책도 넘볼 수 있는 시기입니다. 하지만 한편으로는 설비기술 직무로서의 한계성이 보이는 문제가 생깁니다. 그동안은 오직 설비 하나만 바라보고 살았고, 후배들에게도 오직 '설비 유지 및 관리'라는 모토로만 업무를 진행했는데, 이제는 설비뿐만 아니라 공정의 업무 내용, 각종 공정 지식 등이 없으면 점차 밀려나는 것을 느끼게 될 시기입니다.

부서마다 차이가 있지만, 단위공정 직무로 입사하더라도 1~2년 정도 설비 직무를 경험하도록 하는 이유가 이것 때문이라고 생각합니다. 과거에는 오직 관리만 하면 되는 자리였으나 점차 업무량이 증가하면서 직접 나서야 하는 경우가 많이 생기기도 해서 굉장한 스트레스를 동반하는 자리입니다. Facility, 제조, DME, QA, PIE 등의 대외 부서와 회의가 잦고 굵직한 것을 결정해야 하는 상황이 많아집니다. 또한 인력 관리와 면담, 부하 직원 중 보직을 가지는 직장과 파트장의 어려움을 해결해야 하는 의무를 가지기도 합니다. 제가 알기로는 대부분의 PL이 거의 지정된 야근 시간을 모두 사용하고 있을 정도이니 업무량은 상상을 초월합니다. 하지만 최소 100명 이상의 부하직원을 통솔하는 리더로 거듭날 수 있고, 회사에서 꽃이라고 할 수 있는 임원의 자리를 앞두고 치열하게 경쟁하여 쟁취할 수 있는 시기이기도 합니다.

2. 임원: 회사의 꽃이자 별

사원으로 입사해서 임원을 달 수 있는 사람이 몇 명이나 될까요? 저는 1년에 입사하는 인원 중에 5명도 채 되지 않을 것이라고 단언합니다. 일단 대부분 회사에서 임원이 되면 계약직으로 전환됩니다. 그해 성과에 따라서 당장 집으로 돌아갈 수 있다는 것을 의미하죠. 그런 부분을 제외하면 차량을 지원받고, 비서도 생기고, 개인 집무실도 마련됩니다. 기술팀의 경우 최소 700명 이상 부하 직원을 두니 외부에서 보았을 때는 웬만한 회사보다 더 큰 조직을 이끄는 장이 되는 것입니다.

업무 자체는 CL4 시절 PL과 크게 차이가 나지는 않습니다. 그러나 더 많은 회의와 더 많은 업무량 그리고 더 높은 직책에 있는 분들과 문제를 해결해야 하는 업무를 담당합니다. 이 시기에는 본인의 성향에 따라 팀 전체 분위기가 좌지우지되기도 하는데, 최근에는 MZ세대의 다양한 목소리를 듣고 반영하여 업무를 진행해야 하기 때문에 무조건 전진하면 된다고 외치는 독불장군 스타일의 임원은 점차 보기 드물어지고 있습니다. 다만 목표가 나오면 항상 그것보다 더 큰 성과를 내야 하기 때문에 다양한 방법을 동원해서 부하 직원을 움직이게 하는 의무를 가집니다.

집에 있는 시간보다 회사에 있는 시간이 더 많은 사람들이 대부분이기 때문에 주말에도 거의 출근을 합니다. 어쩌면 이분들에게 워라밸은 있으나 마나 한 단어로 보이긴 합니다만, 정말 많은 사람이 임원을 달기 위해서 부지런히 노력합니다. 이왕 입사해서 일을 시작했으니 이 자리까지를 목표로 하고 달려가는 것도 괜찮을 것이라고 생각합니다.

에피소드 **MBA에 도전하기까지**

신입사원 때부터 약 10여 년간 집과 회사 외에는 다른 것을 생각해 볼 시간이 없었을 정도로 회사 업무에 매달렸었다. 누구도 하지 못하는 설비 문제를 해결했을 때의 카타르시스가 아직도 기억에 남아있는데, 시간이 지나고 점차 업무뿐만 아니라 책임을 져야 하는 위치까지 오게 되니 슬럼프가 왔었다. 그런데 정말 행운이라고 할까? 신입사원의 교육만 담당하는 부서로 임시 파견을 갈 수 있는 상황이 되었다. 비록 기존에 생활하던 곳에서 멀어졌지만, 지금과는 완전히 다른 업무를 할 수 있어 선뜻 지원했다.

다른 사람을 가르치는 것이 생각보다 쉽지는 않았다. 머릿속에는 정말 많은 정보가 있는데 그것을 가공하여 자연스럽게 발표를 하는 게 쉽지만은 않았다. 대부분의 사람이 그렇듯 다른 사람들 앞에서 계속 말을 하는 것이 얼마나 긴장되는 일인지 다시 한번 깨달았다. 그래도 3개월 정도 지나고 나니 점차 적응이 되었고, 기존의 부서와는 다르게 정확한 시간에 끝나는 업무로 인해 시간적 여유를 가질 수 있었다.

우연히 부서장과 고과 관련 면담을 하던 중 나온 이야기가 바로 시간적 여유가 생겼을 때 꼭 한 번 큰 목표를 세워서 그것을 진행해 봐야 한다는 것이었다. 시간이 꽤 많이 남았는데 그 시간을 그저 쉬는 것으로만 활용하면 나중에 후회할 것이라는 이야기를 듣고 그간 생각만 하고 실천하지 못했던 대학원을 준비하기 시작했다. 지금 업무와는 전혀 다른 MBA 과정을 선택하였다.

회사가 내 평생을 해결해 주면 정말 좋겠지만, 지금이 어떤 사회인가? 결국 퇴직을 하게 것이고, 나는 회사를 다닌 시간보다 더 오랜 세월을 살아야 할 것이다. 아무리 이 회사가 높은 연봉을 지급한다고 하더라도 결국 더이상 월급을 받지 못하면 다른 것을 준비해야 하기 때문에 그것을 미리 준비하고 싶었다. 적어도 어디서 일을 하더라도 기본적인 경영학 마인드를 가져야 한다고 생각했고, 당시 교육부서에서 하던 각종 발표를 좀 더 강화하고 싶었던 욕망이 있었다.

서울의 K대와 H대의 MBA 과정에 합격했고, 아내의 의견에 따라 K대로 방향을 잡고 회사 업무와 학업을 병행하기 시작했다. 새로 배우는 학문이었기 때문에 어려움이 있었지만 그간의 관심사이기도 해서 금세 적응을 했고, 수업이 종료되고 진행되는 각종 동아리와 모임들은 내가 10년 전으로 돌아온 것과 같은 착각을 일으키기도 했다.

실제로 대학교 때도 동아리 회장을 해봤는데, 대학원에서도 학생회 부회장과 동아리 회장을 동시에 할 줄은 몰랐다. 학비가 비싸기도 했지만, 다양한 분야의 사람을 만나고 대화하며 얻어가는 지식과 정보들이 그것을 모두 상쇄하고도 남을 지경이었다. 졸업한 선배와도 연이 닿아서 지금의 회사 내에서 가끔 점심을 같이 하고 있으며, 다른 회사에 있는 동기들에게서 많은 정보와 도움을 받고 있다.

누군가 나에게 '엔지니어로서 얻은 것은 없지 않느냐'라고 물어보면 난 절대 '아니'라고 말을 한다. **회사 안에서 엔지니어로만 있으면 우물 안 개구리가 되기 십상이다.** 동료도 오직 내 주변밖에 알지 못하고 조금 멀리 안다고 해도 유관 부서 수준만 알게 된다. 하지만 실제로 관리자가 되고 더 높은 곳으로 가기 위해서는 다양한 지식뿐만 아니라 다양한 사람을 알 필요가 있다. 흔히 리더가 되었을 때 인문학이나 경영학을 배우는 이유는 이것이 꼭 필요한 지식이라는 것을 반증하는 것이라고 생각한다.

회사 내에도 엔지니어 직무에 맞는 각종 역량개발 프로그램이 있다. 다만 이것은 실제 지원하여 입과하면 많은 것을 누릴 수 있지만, 오직 '사내'에서만 활용할 수 있는 부분이 많다. 인생은 길고 내가 할 수 있는 것들은 사실 너무나 많다. '오직 이 회사만을 사랑한다'라고 하면 할 수 없지만, 업무를 하다 보면 언젠가 한 번은 본인에게 기회가 찾아올 것이다. 그 기회에 할 수 있는 것을 항상 준비해 두었다가 실행할 수 있었으면 좋겠다. 이 책이 반도체 회사 입사에 도움을 주기 위한 책이긴 하지만, 평생 반도체만 보고 살 수는 없지 않겠는가? 저자는 개인적인 욕심으로 했지만, 어쩌면 추후에는 필수로 해야 하는 상황이 될 수도 있을 것이다.

06 직무에 필요한 역량

1 직무 수행을 위해 필요한 인성 역량

1. 대외적으로 알려진 인성 역량

"여러분은 삼성전자에 대해 어떤 이미지를 가지고 있나요?"

입사 전에 웹사이트나 지인들을 통해서 받은 삼성전자의 기본 평가는 '굉장히 스마트하고 계획적으로만 움직인다'라는 것이었습니다. 노조의 기운이 상당히 강한 하이닉스의 경우 '강성 노조로 인해서 강한 이미지가 있다'라든가 '굉장히 보수적인 회사'라는 이미지가 있었습니다. 그리고 최근 스마트폰 사업에서 철수한 L사의 경우 '인화라는 이미지 때문에 어떠한 상황에서도 절대 사람을 내치지 않는 온화한 기업'이라는 이미지가 있었습니다. 제가 모든 회사를 다녀본 것은 아니지만, 회사마다 아는 사람들이 있어서 그들을 통해 이야기를 듣고 내린 결론은 계열사마다 분위기가 다르고 부서마다 분위기가 다르다는 것입니다.

그렇다면 각각의 회사에서는 어떤 인성 역량을 중요하게 볼까요? 사실 인성을 객관적인 지표로 평가하는 것은 상당히 위험하다고 생각하지만, 입사 후 가장 적응력이 가장 좋은 사람을 선택하는 것은 인사 담당자들의 의무이기 때문에 어쩔 수 없는 부분이라고 봐야 합니다. 그렇다면 대외적으로 알려진 인성 역량에는 어떤 것이 있을까요?

(1) 성실성

대한민국에 어떤 회사도 이 덕목을 절대 빼놓지 않습니다. 그리고 정말 모든 지원자의 자기소개서에는 반드시 들어가는 내용입니다. 단점을 이야기하라고 하더라도 '성격은 급하지만 성실함은 탁월하다'라든지 'ㅇㅇ 때문에 실패했지만, 성실하게 계속 진행하여 결국 성공으로 바꿨습니다'와 같이 성실성에 대해 모든 지원자가 이야기합니다. 회사에서 성실성이 중요한 것은 사실입니다. 다만 성실성은 기초 역량이지 특별함과는 거리가 멉니다. 그렇기 때문에 자기소개서나 실제 면접에서 성실성을 계속해서 어필하면 다른 지원자와 차별성을 둘 수 없기 때문에 되도록 짧게 소개하는 편이 좋다고 생각합니다.

(2) 다양한 경험

최근에는 인턴십부터 공모전, 자격증, 영어 성적, 해외여행, 마라톤 등을 단기간 내에 스펙을 쌓아 올리듯 경험하는 경우가 많습니다. 자신을 표현할 수 있는 것이 많다는 것은 장점이긴 하나, 이를 보면 마치 공장에서 찍어내듯이 수박 겉핥기로 경험한 경우가 많았던 것 같습니다. 이러한 경험을 설명할 때 발생하는 문제점 중 하나가 바로, 동일한 경험을 한 면접관이 그것에 관심을 갖고 깊게 질문을 했을 때 제대로 답변을 하지 못하면 마이너스 요소로 작용한다는 것입니다.

실제로 제가 면접관일 때의 일화를 하나 이야기해 보겠습니다. 봉사활동을 예로 들어 자신의 이타심을 어필하려는 지원자가 있었는데, 과거 동일한 단체에서 실제로 봉사활동을 했고, 깊게 연관된 분을 면접관으로 만난 경우가 있었습니다. 지원자가 그 경험에 대한 질문을 받았는데 면접관이 잘 알지 못할 것으로 판단하여 거짓말을 하다가 들통이 나서 난감했던 적이 있었습니다.

본인이 실제로 한 다양한 경험을 자기소개서 또는 면접에 자연스레 녹이되, 그에 대해 이야기할 내용을 사전에 준비해야 합니다. 너무 많은 것을 어필하려고 하면 실수할 수도 있으니 자신 있는 것만 이야기하는 것이 더욱 좋습니다.

2. 현직자가 중요하게 생각하는 인성 역량

입사 이후 10여 년이 넘어가면서 일정 지위에 오르게 되자 면접관으로 초빙되었습니다. 당시 신입사원 교육도 병행하고 있던터라 합격 전과 합격 후의 지원자의 태도를 비교할 수 있었는데, 정말 전후가 많이 다르다는 생각을 했습니다. 그렇게 간절했던 곳에 막상 들어와서는 굉장히 실망스러운 행동을 하는 경우가 많았습니다. 개인적으로는 '이런 사람들을 왜 면접에서 거르지 못했을까'하는 아쉬움이 있지만, 그러한 사람의 비율이 높지 않은 것을 보면 삼성전자의 면접 시스템은 그래도 생각보다 잘 작동되고 있다고 생각합니다. 그래서 실제로 입사 후에 필요한 인성 부분에 대해 솔직하게 설명하고자 합니다.

(1) 한결같음

'**여자의 마음은 갈대와 같다**'라는 말이 있죠? 결코 여성 차별을 하고자 이야기한 것은 아닙니다. 여성에 한정하지 않고, 사람의 마음을 알아차리는 것은 어렵고 변화무쌍하다 것을 이야기하기 위해 유사한 의미의 문장을 소개했습니다. 부서에 배치받고 업무를 하다 보면 내가 원하는 것과 다른 것을 지시받을 때도 있고, 불합리함을 느낄 때도 있으며, 가끔은 손해를 볼 때도 있을 것입니다. 최근 MZ세대가 가장 많이 이야기하는 '평등'이라는 측면에서 볼 때, 사실 회사라는 조직은 평등을 논하기에 어려운 곳인 것 같습니다. 그래서 어느 순간에 초심을 잃고 항상 불만을 토로하며 업무에 집중하지 못하고 '어느 정도만' 완료하고 퇴근하기도 하는데, 이러한 사람들이 늘어나면 부서 분위기가 흐려져서 전체가 흔들리는 문제가 발생합니다.

제가 첫 번째로 '한결같음'을 명시한 이유는 많은 분이 단지 벽에 부딪혔다고 해서 입사할 때 가졌던 생각과 다짐을 잊고 우회 경로만 찾는 것을 안타깝게 생각하기 때문입니다. 저뿐만 아니라 많은 사람이 초기의 모습과 현재의 모습이 다른 사람을 그리 신뢰하지 않습니다. 그래서 자기소개서를 볼 때 본인이 한 다양한 경험을 자랑하는 것보다는 하나를 하더라도 꾸준하고 한결같이 했는가에 대해 이야기하는 것이 더욱 좋다고 생각합니다. 그리고 실제로 합격을 해서 입사한다면 항상 초심을 잃지 않는 여러분이 되었으면 하는 바람입니다.

(2) 준비가 된 사람

표현이 굉장히 어렵죠? 어떤 일을 하더라도 준비가 된 사람과 준비가 되지 않은 사람의 극명한 차이는 본인이 원하는 대로 일이 흘러가지 않았을 때 대처하는 방식에서 알 수 있습니다. 면접을 예로 들면 기술 면접의 경우 회사 측에서는 지원자가 아는 선에서 문제를 출제했다고 하지만, 실제로 그 면접에 참여하는 지원자들은 그 문제가 생소하거나 전혀 관련이 없는 경우가 있어서 당황하는 경우가 많습니다. 저 역시도 과거 면접에서 평소에 다루지 않았던 문제가 나와서 매우 당황했던 적이 있습니다. 그게 벌써 10년도 훨씬 더 된 일인데, 그때는 지금보다 더 보수적인 분위기였음에도 저는 일단 '아는 것만 간단하게 설명하고 나머지 설명은 다음 주에 다시 와서 설명하겠습니다'라는 정말 말도 안 되는 답변을 했습니다. 그런데 저는 애초에 모르면 이와 같은 답을 하려고 미리 준비했습니다.

여러분은 본인이 알 수 없는 문제가 발생하거나 혼자 힘으로는 해결되지 않는 문제가 발생했을 때 그것을 해결하기 위한 두 번째, 세 번째 방법을 고민해 본 적이 있나요? 앞으로 여러분은 여러 가지 대비책이 필요한 문제에 맞닥뜨리게 될 것입니다. 비단 면접뿐만 아니라, 실제로 부서에서 어떤 업무를 하더라도 준비가 되어 있지 않으면 당황하고 일을 그르치는 것을 반복할 수 있습니다. 따라서 어떤 상황에서도 준비할 수 있다는 것을 어필하는 지원자가 있다면 저는 꼭 그 사람을 선택할 것입니다. 저뿐만 아니라 주변의 동료들도 비슷한 생각을 하고 있습니다. 그리고 이러한 사람은 어디서든지 빛을 발하게 될 것이라고 믿어 의심치 않습니다.

2 직무 수행을 위해 필요한 전공 역량

삼성전자의 설비기술 직무의 JD를 확인해 보면 다음과 같이 적혀 있습니다.

채용공고 설비기술

추천 과목

3. 신설비 / 응용기술 개발
- 전기전자 : 반도체공학, 기초전자회로, 전자기학, 제어공학개론, 광전자공학 등
- 재료/금속 : 재료물리화학, 재료공학개론, 재료물성, 반도체 재료 및 소자 등
- 화학/화공 : 유기/무기화학, 물리화학, 반응공학, 고분자화학, 고분자공학 등
- 기계 : 고체역학, 열역학, 정역학, 유체역학, 기계진동학, 열전달 등
- 물리 : 전자기학, 반도체물리, 전자기학, 광학, 고체물리 등

[그림 4-9] 삼성전자 설비기술 채용공고 ④

이것을 보면 어떤 생각이 드나요? 여러분이 공과대학을 졸업했다면 자의든 타의든 한 과목 이상은 수강했을 과목입니다. 아마도 전공필수이기 때문에 뭐라도 들어야 졸업을 할 수 있었을 것입니다. 한편으로는 범위가 굉장히 넓기 때문에 공학에 관련된 학과라면 다 된다고 보면 될 정도입니다. 좋게 보면 폭넓은 인재를 채용한다고 볼 수 있고, 나쁘게 보면 정말 아무나 채용한다고 볼 수도 있습니다. 하지만 현직자의 입장에서 설비 직무는 정말 사람이 많이 필요한 직무이기도 하고, 입사 후에 교육을 통해서 배워야 하는 부분이 많기 때문에 다른 직무에 비해서 상대적으로 전공에 대한 관여도가 다소 낮다고 이야기할 수 있습니다. 그렇다고 해서 대학 때 배운 배웠던 것이 전혀 상관없는 것은 아닙니다.

저는 서울에 있는 S대학교의 신소재공학을 전공했습니다. 학교에 다닐 때부터 신소재공학에 관심이 있어서 선택했다는 아름다운 이야기를 하고 싶지만, 제가 대학에 입학할 때는 학부로 입학해서 2학년이 돼서야 과로 나누어졌습니다. 특히 제가 있던 학부의 메인은 기계공학이었는데, 당시 중공업과 엔지니어링의 호황으로 신소재공학과는 굉장히 낮은 위치에 있었습니다. 저는 군 입대와 더불어 이성 친구에 대한 호기심으로 인해서 학부 성적은 거의 바닥에 있었습니다. 제가 신소재공학을 선택하게 된 이유는 다소 슬프지만 학부 성적이 좋지 않았기 때문입니다. 학과가 정해지고 나서 모든 것을 잊고 군대로 향했기 때문에 전공에 관심이 굉장히 없었습니다. 그리고 여느 남학생들이 그렇듯이 제대 이후에 본격적으로 주입식, 암기식 교육에 집중했고, 이렇게 지금의 회사에 입사하게 되었습니다. 입사 초기에는 정신이 없어서 무언가를 배워야겠다는 생각조차 할 시간이 없었지만, 이제 어느 정도 시간이 흘렀기 때문에 여러분이 입사 전에 기본적으로 알아두면 정말 큰 도움이 될 수 있는 부분을 설명할 수 있을 것 같습니다.

1. 반도체공학

조금 실망했나요? 그런데 반도체 회사에 입사하고자 하면서 반도체에 대한 것을 전혀 모른다면 좀 이상하지 않을까요? 그런 점에 있어서 제가 속해 있던 신소재공학과에 개설된 반도체공학은 딱 알맞은 학문이라고 생각합니다. 그런데 아마도 반도체공학에 관련된 책을 보면 알겠지만, 정말 놀랍도록 한문도 많고 영어도 많다는 것을 느낄 것입니다. 처음 보는 용어도 많고, 이해되지 않는 내용도 많을 수 있기 때문에 전반적으로 그냥 책을 '읽는다'라는 생각으로 쭉쭉 넘기는 것이 좋습니다. 애초에 원서를 보고 한 번에 모든 것을 이해하는 것은 말이 안 되지 않나요? 그 한권으로 이해가 되지 않는다면 반도체 관련 도서 여러 권을 한 번씩 읽어보는 것을 추천합니다.

> 반도체 전공서를 읽고 한 번에 모든 것을 이해할 수 있으면, 이제 석박사 과정을 밟고 교수를 향해 가면 됩니다. 반도체공학을 전공하면 적어도 교수 임용에는 문제가 없을 것 같습니다.

그리고 조금 더 깊게 생각해서 '반도체라는 것이 왜 만들어지기 시작했을까?'에 대한 이유를 아는 것이 중요합니다. 반도체는 전기가 통하는 물체인 도체도 아니고 전기가 통하지 않는 물체인 부도체도 아닌 물체로써, 양쪽의 기능을 절반씩 가지고 있습니다. 그것을 구분해 주는 것이 바로 전기인데, 그 전기를 활용해서 내가 원하는 시점에 가동하거나 정지를 할 수 있도록 합니다.

이것을 무엇에 활용할 수 있을까요? 여러분이 익히 알고 있는 PC, 모바일폰, 최근에는 자동차 동작을 제어하는 칩까지, 많은 것을 처리하고 제어할 수 있는 것들을 만듭니다. 사람이 하면 평생 해도 다 하지 못할 일을 반도체의 힘을 빌려서 뭐든 해낼 수 있습니다. 지금에 와서는 국가 간의 핵심 산업으로 기록될 정도로 중요한 산업으로 인정받고 있죠.

책의 서두에서도 잠깐 언급했지만, 반도체 8대 공정에 대한 전반적인 내용을 이해하는 것이

> 삼성전자 내부에서는 9대 공정이라고 하는데, 계측 기술의 경우 공학 내에서는 인정받는 부분은 아니기 때문에 별개로 보겠습니다.

좋습니다. 반도체 공정에 대한 내용을 영상으로 설명하는 콘텐츠가 있으니 참고하면 좋을 것 같습니다. 반도체 공학 전공서가 어렵다고 생각되면 동영상으로 시작하는 것도 나쁘지 않습니다. 깊은 내용은 아니지만 실제 반도체 라인에서 진행되는 공정을 전반적으로 이해할 수 있고, 대부분 어려운 단어 없이 간단하게 설명하기 때문입니다. 내용을 정리하면 이렇습니다.

보통 실리콘으로 반도체 Wafer를 만듭니다. 동그랗고 얇은 Wafer는 처음에 순수하게 실리콘으로만 되어 있습니다. 색은 여러분도 익히 알고 있는 것처럼 영롱한 은색이죠. 이렇게 얇은 Wafer는 초기에는 아무런 기능이 없고, 불순물이 쉽게 접근이 가능한 상태입니다. 그 불순물을 막기 위해서 산화막을 씌웁니다. 이렇게 보호할 수 있는 산화막이 생기면 이제 Wafer에 그림을 그린다고 표현하는 포토(Photo) 공정을 진행합니다. 겉면에 포토레지스트(Photo Resist)라고 하는 감광액을 활용하여 판화를 준비하고, 필요한 기체를 통해서 식각(Etch)을 합니다. 그 이후에는 Wafer가 우리가 원하는 기능(물성)을 갖게 하기 위해서 증착(Chemical Vapor Deposition)

및 확산(Diffusion), 그리고 이온주입(Implantation) 공정을 진행합니다. 이 과정에서 Wafer의 겉면이 매끄럽지 않을 때는 화학적/기계적인 연마(Chemical Mechanical Polishing)를 통해서 평탄화하는 과정을 거칩니다. 그리고 금속의 역할을 해주기 위해서 금속배선 공정(Metal) 공정도 진행합니다.

지금까지 적은 내용 중에는 제가 속한 공정이 없습니다. 어떤 게 빠졌는지 눈치채셨나요? 바로 Clean 공정입니다. 해당 공정이 이렇게 학습할 때는 언급되지 않는 공정인데, 현재 굉장히 많은 비중을 차지하는 중요한 공정입니다. 이름만으로도 뭔가 깨끗하게 하는 것이 느껴지지만, 실제로는 Cleaning뿐만 아니라 각종 공정 간의 식각(Dry/Wet Etch)을 돕는 역할을 합니다. 실제로 배울 때는 이렇게 하나씩 나눠서 배우지만, 실제 입사 후 업무를 진행해 보면 서로 간의 공정에 깊숙이 연관되어 있고 겹치는 부분이 많다는 것을 알 수 있을 것입니다.

이렇게 전반적인 내용을 이해하고 다시 공부하면 조금 더 깊이 있게 공부할 수 있습니다. 이를 토대로 전자의 이동, 전위차, 증착 등에 필요한 다양한 Gas나 Chemical 등을 하나씩 이해하기 시작하면 현업에서 큰 도움이 될 것입니다.

2. 전자공학

회사 이름을 다시 한 번 읽어 보죠. '삼성전자'입니다. 왜 다시 읽어보자고 했을까요? 결국 '전자'라는 이름에서 알 수 있듯이 전자공학이 정말 중요합니다. 개인적으로는 전자기학 과목들이 전부 어려워서 힘들고 싫었는데, 그것을 다시 회사에서 써먹을 생각을 하니 조금 막막했습니다. 그런데 전자공학이라고 적기는 했지만 정확하게는 전자공학의 이론이 중요한 것이 아니고, 각종 기구 등의 전자적 성질이나 회로 구성, 도면 읽는 법 등을 알면 정말 굉장한 도움이 됩니다.

입사 후에 가장 적응을 잘하는 사원은 어떤 사람일까요? 솔직히 말하면 설비기술 직무에는 공업고등학교를 졸업한 학생이 가장 잘 적응합니다. 실제 실습 내용과 현업에서 필요한 업무가 가장 비슷하기 때문입니다. 저는 학교에 다닐 때 각종 도구를 한 번도 사용해보지 않다가 군대에 가서야 처음 사용해 보았고, 그제야 롱노우즈나 니퍼, 뺀찌와 같이 비슷하게 생겼지만 서로 다른 역할을 하는 도구들을 구분할 수 있었습니다.

그런데 도구만 안다고 해서 일을 잘 할 수 있는 것은 아닙니다. 단순히 교체만 하는 일은 말 그대로 설명서만 잘 보면 할 수 있는 일이기 때문에 설비가 고장이 났을 때 필요한 기초적인 지식과 더불어 회로 도면을 이해할 수 있는 능력이 굉장히 중요합니다. 저는 개인적으로 10년이 지나도록 도면 하나를 제대로 보지 못하는 설비 엔지니어들을 많이 보았는데, 원인을 파악할 때 회로도를 명확하게 보고 판정하는 것은 굉장히 중요한 업무 역량입니다. 회로도를 보는 것은 기계공학을 전공해도 배울 수 있습니다. 학부생 때 배운 지식은 쓸모가 없다고 평가 절하하는 경우가 종종 있는데, 제가 판단하기로는 대학에서 배운 내용들이 꼭 필요할 때가 있습니다. 그리고 각 공정의 이론을 이해하기 위해서는 꼭 필요한 학문이기도 합니다.

3 필수는 아니지만 있으면 도움이 되는 역량

1. 건강

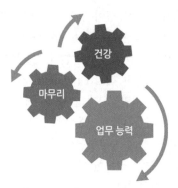

[그림 4-10] 업무의 연결고리

'나이가 어린데 모두 건강하지 않을까요?'라는 것은 사실 잘못된 생각입니다. 우리는 고등학교를 졸업한 직후 인생에서 가장 즐거운 시기를 만끽합니다. 물론 이때 재수를 선택하거나 취업을 선택하는 등의 다른 선택을 한다면 바로 바빠지겠지만, 대부분은 자유의 시간을 가집니다. 저 역시도 이 시기에 정말 많이 놀았던 기억이 납니다. 물론 요즘 MZ세대는 이런 행복을 느끼지 못했을 수도 있습니다. 오히려 대학에 와서 전공 공부에 매진한다거나 스스로를 책임져야 하는 상황이 되어 아르바이트를 다수 한다거나… 하여튼 재미있게 즐기든 공부를 하든 간에 자신의 건강을 해칠 때까지 무언가에 집중하면 젊은 나이에도 건강은 쉽게 망가질 수 있습니다.

이렇게 건강 이야기를 하는 이유는 제가 하는 업무가 결코 앉아서 컴퓨터만 하는 업무가 아니기 때문입니다. 사실 이미 지원하기 전부터 악명 높은 업무라는 이야기를 들었을 텐데, 사실 최근에는 여성 엔지니어도 자주 보일 만큼 업무의 전반적인 강도는 계속 줄어들고 있습니다. 힘이 세다거나 근육이 많은 사람만이 할 수 있는 업무는 아니라는 의미죠.

그럼에도 불구하고 건강을 중요하게 생각하는 것은 계속 이동을 해야 하는 것이 이 업의 숙명이기 때문입니다. 실제로 제가 면접을 진행할 때도 항상 단골로 묻는 것이 바로 건강에 관한 질문이었습니다. 면접 당시에는 다들 건강하고 뭐든 할 수 있다고 합니다. 하지만 솔직히 이야기하면 건강하지 않은 분들은 당일 면접에서도 티가 나는 편입니다. 긴장하는 것과는 다릅니다. 그래서 저는 꼭 필요한 역량으로 건강을 먼저 말하고 싶습니다. 특히 교대 근무의 경우 생활 리듬이 자주 바뀌는 탓에 몸이 바쳐주지 않으면 굉장히 힘들 수도 있는데, 이런 점을 고려해서라도 되도록 운동도 하고 건강한 음식을 많이 섭취하기를 바랍니다.

> 숨쉬기 운동 말고, 땀 흘려서 하는 운동을 말하는 것입니다!

2. 깔끔한 마무리

본인은 일을 할 때 마무리가 깔끔한 편인가요? 사실 저도 입사 전에는 그리 깔끔하게 마무리를 하는 타입은 아니었습니다. 특히 집에서는 정리를 잘 하지 않는 편이기 때문에 제가 집에 들어와서 어떤 동선으로 움직였는지 확인할 수 있을 정도였습니다. 그런데 입사 후에 정말 큰 실수를 하고 나서부터는 항상 제가 이동했던 동선과 업무를 진행했던 구간을 한 번 살펴보고 정리하는 습관을 가지게 되었습니다.

반도체 공정의 경우 온도나 습도, 농도 등에 굉장한 영향을 받습니다. 그래서 해당 항목을 조정하거나 관리할 때는 굉장히 민감하게 살펴봐야 합니다. 그런데 어느 정도 업무가 익숙해지면 '당연히 제대로 했겠지'라는 생각에 단순하게 여기는 업무가 되어 비리죠. 제가 실수했던 그날도 농도계를 교체하고 농도가 정상적으로 나오는 것을 확인하자마자 바로 라인 밖으로 나와서 다음 근무자에게 업무 내용을 설명하고 있었는데, 모바일에 Leak Error가 발생했다는 문자가 왔습니다. 설비에서 액체가 새어 나가고 있다는 것인데, 하필 제가 진행했던 설비에서 발생한 알람이었습니다. 알람 발생 위치가 아무래도 불안했습니다. 라인에 뛰어 들어가면서 머릿속으로 내가 했던 일을 되새김하기 시작했습니다. 그런데 희한하게도 시작하고 중간까지는 기억이 나는데 마지막 문을 닫을 때의 모습이 전혀 기억이 나지 않았습니다. 아마도 마무리가 되었을 때 좋다고 문을 닫았던 것 같습니다. 실제로 가서 문을 열고 확인하니 Chemical이 조금씩 새고 있었고, 그것을 Sensor가 감지하여 알람이 발생했던 것이었습니다. 식은땀이 흘렀습니다. 그나마 빨리 알람이 발생했기에 망정이지 아니었으면 다음 근무자에게 굉장히 혼이 났을 상황이었습니다. 혼나는 것은 두렵지 않았는데, 더 큰 문제가 발생해서 다른 사람들에게 피해가 가는 곤란한 상황이 발생될까봐 조마조마 했습니다.

그래서 그날 이후로는 절대로 마무리하고 그냥 나가버리지 않습니다. 그리고 저와 같이 일하는 동료들의 설비도 나가기 전에 꼭 한 번씩 둘러봅니다. 우연히 제가 발견해서 미연에 방지할 수 있다면 그것만큼 다행인 것이 없을 테니 말입니다.

07 현직자가 말하는 자소서 팁

삼성전자의 서류 심사 당시에 자기소개서는 사실 크게 중요한 역할을 하지 않습니다. 이렇게 이야기할 수 있는 이유는 채용 규모가 매우 크고, 서류 심사를 통해서 많은 사람을 탈락시키는 방식이 아니기 때문입니다. 그래서 다른 회사는 몰라도 적어도 삼성전자의 자기소개서는 가능하다면 편하게 써도 됩니다. 특히 다양하게 '난 이것도 했고 저것도 했고, 그것도 했다'라는 식의 열거는 절대로 추천하지 않습니다.

그래서 추천하는 방법은 하나 혹은 두 개 정도의 내용을 집중해서 써 내려가는 것입니다. 물론 여러분에게 자신만의 엄청난 이력이 있을 것이라고 생각하지만, 무일푼으로 1년간의 세계 일주나 구글 인턴십, 게임 개발 등과 같이 누가 들어도 솔깃한 이야기가 아니라면 주요 내용을 깊이 있게 쓸 필요가 있습니다. 예를 들면 아래와 같이 말입니다.

대학교에 입학한 후 처음 아르바이트를 한식집에서 했습니다. 사실 처음에는 다른 곳보다 시급을 더 많이 준다는 것에 이끌렸고, 처음 2~3일 정도는 시키는 것도 많이 없었기 때문에 할 만하다는 생각을 했습니다. 그런데 일주일이 지나고 이제 본격적으로 일을 하기 시작하면서, 업무 시간은 생각보다 길고. 그릇이 모두 사기 그릇이라서 그런지 너무 무겁다는 생각을 했습니다. 그래도 제가 좋아하는 한식을 골고루 먹을 수 있는 것은 정말 큰 장점이었습니다.

> 네, 이건 제가 쓴 자기소개서 입니다. 벌써 10여 년이나 지난 내용입니다만… 아직까지 괜찮을지는 모르겠네요.

한 달이 지나고 어느덧 3개월이 될 때쯤, 주방에서도 일을 하기 시작했습니다. 라면도 끓일 줄 몰랐던 제가 육개장도 거뜬하게 끓일 수 있고 너비아니도 직접 만들 수 있게 된 것은 그때의 경험 때문이었습니다. 물론 서빙만 하던 시기보다는 육체적으로, 정신적으로 더 힘들었는데, 이는 새로운 영역에 들어간다는 기쁨으로 모두 해소되었습니다.

주방에서 일을 하며 주방 구조를 유심히 살펴보니 설거지하는 위치와 그릇 회수 위치가 너무 멀어서 불편했고, 이를 사장님께 건의했습니다. 처음에는 금액 문제로 곤란해하셨다가 실제로 제가 어떤 방식으로 하면 가장 효율적인 주방이 될 수 있을지를 계속 설명하고 그림으로 보여드렸더니, 설 연휴가 지나고 제가 말씀드린 방식으로 위치를 바꿔 주셨습니다. 단순히 아르바이트생의 입장에서의 느낌이 아니라, 만약 내가 주인이었다면 '이게 더 편하겠다'라도 생각했던 것을 현실로 이뤄낸 경험이었습니다.

많은 다른 아르바이트생이 지나가는 동안 저는 2년을 넘게 그곳에서 일을 했습니다. 지금은 눈 감고도 육개장을 끓일 수 있을 정도로 레시피가 몸에 익었는데, 이제는 그 경험을 발판 삼아 반도체 안에서 업무를 하면서 불합리를 바꿔 보기도 하고. 새로운 업무에 도전해 보고 싶습니다.

위의 내용은 제가 경험했던 것을 바탕으로 적은 것입니다. 제가 적은 글이 완벽하고 멋진 글은 아니라고 생각하지만, 적어도 면접관의 입장에서는 이 사람에게 어떤 질문을 해야 하는지를 생각할 수 있고, 뭔가를 하면 끝까지 하고 불합리에 대해서도 바꿀 수 있는 능력을 가진 사람이라고 생각할 수 있을 것입니다.

자기소개서를 작성할 때 본인의 경험을 잘 녹여서 어떻게 하면 회사 업무와 자연스럽게 연결할 수 있을까 고민해 보면 좋을 것 같습니다. 정말 중요한 것은 조금은 부풀릴 수 있지만 '없는 사실'을 적으면 안 된다는 것입니다. 동일한 경험이 있는 면접관의 눈에 뭔가 이상하다 싶은 내용이 있으면 바로 빈틈이 되어 공격당할 수 있기 때문입니다.

1 전공 관련 경험

여러분은 어떤 것을 전공했나요? 보통은 인문계에 비해서 이공계 학생들이 생각하는 착각 중 하나가 직무를 선택함에 있어서 본인의 전공이 굉장히 중요하다고 생각하는 것입니다. 예를 들어 CMP 파트의 경우 물리적인 연마라는 작업때문에 기계공학과 학생들이 지원하는 경우가 많은데, 실제로 하는 업무는 기계공학 전공과는 아무런 관련이 없습니다. 다만 자기소개서를 쓸 때는 조금 이야기가 다를 수 있습니다. 앞서 언급했듯이 특정 공정의 내용을 자신의 전공과 억지로 엮을 필요는 없습니다. 다만 전공에서 배운 내용이 업무할 때 어떤 역할을 할 수 있는지를 설명하는 것은 중요합니다. 예를 들면 저는 신소재공학 출신으로 결정화 소결에 관한 논문을 썼습니다. 그런데 실제로 논문 내용이 '이렇게 하면 실패한다'라는 결론으로 마무리가 되었는데, 제 자기소개서에는 이 부분을 부각시켜서 '비록 논문에서는 실패로 마무리한 것을 적었지만 입사 후 부서에서는 성공을 할 수 있는 논문으로 바꿔 보고 싶습니다'라는 문구를 적어 냈습니다. 반도체와 직접적으로 연관성 있는 내용을 작성했다면 금상첨화지만, 그렇지 않다면 이렇게 어떤 부분에서 회사에 기여하고 싶은지를 기술하는 것이 좋습니다.

2 창의성을 발휘하거나 도전했던 경험

최근에는 어디서나 가장 중요하게 생각하는 부분입니다. 특히 문제해결능력이라는 부분은 실제 입사 후에도 반드시 필요한 능력입니다. 이 부분의 경우 위와 마찬가지로 학업에서의 경험을 찾는 것도 좋지만, 개인적으로는 전혀 다른 분야의 경험을 이야기하는 편이 실제 면접 시에 다양한 화제로 이야기를 할 수 있는 묘수가 될 수 있을 것이라고 생각합니다. 보통은 봉사활동 같은 외부 경험에서 '어떤 문제를 해결했다'라는 식으로 설명하는데, 해비타트와 같이 직접 집을 지어 본 독특한 봉사경험이 아니라면 자신이 가장 잘 했고, 잘 하는 것을 소재로 활용하는 편이 좋습니다. 면접관으로서 이 부분에서 가장 인상 깊었던 사례는 PC방 아르바이트를 무려 3년이나 한 사례였는데, 문제가 생길 때마다 항상 비슷한 부품에서 문제가 발생하는 것을 파악하고 확인해 보니 초기에 통풍되는 부분이 막혀 있었고 그 부분을 개선했다는 이야기였습니다. 그 사례는 생각보다 신선했고, 현재 해야 하는 업무와 너무 잘 어울려서 좋은 점수를 주지 않을 수가 없었습니다.

3 팀워크를 발휘했던 경험

최근 신입사원들의 가장 큰 장점은 자신감과 본인의 포부가 크고 명확하다는 것입니다. 반대로 가장 취약한 부분은 바로 팀워크입니다. 반도체 관련 업무에서 혼자서 할 수 있는 업무는 하나도 없습니다. 그런데 많은 분이 자기소개나 면접에서 오직 자신의 능력만을 강조하거나 자신 덕분에 성공했다는 내용을 많이 어필합니다. 실제로 업무를 할 때는 리더는 한 명이지만, 팔로워는 매우 많습니다.

따라서 어쩌면 2인자 혹은 리더를 세심하게 도울 수 있는 사람이라는 것도 하나의 장점이 될 수 있다고 생각합니다. 물론 많은 분이 리더십을 더 중요하게 생각하지만, 꼭 리더십만이 돋보일 수 있는 것이 아니라 팀워크 측면에서 세심한 팔로워의 역할도 충분히 돋보일 수 있다고 생각합니다.

MEMO

08 현직자가 말하는 면접 팁

[그림 4-11] 면접

　여러분 면접은 어떻게 생각하나요? 저는 지금 생각해도 면접장에 들어가는 것이 굉장한 스트레스로 작용합니다. 누가 봐도 갑과 을의 관계이고, 누군가 나를 주시하고 있다는 사실이 굉장히 긴장되기 때문이죠. 나에게 질문을 많이 해도 걱정이 되고, 질문을 하지 않아도 걱정이 됩니다. 그래서 면접에 참여하는 지원자 중 절반 가까이는 자신이 가지고 있는 능력을 100% 발휘하지 못 하는 경우가 많습니다. 지나친 긴장은 자신을 움츠러들게 만들기 때문입니다.

　그런 분들이 한 번 읽어 볼 만한 책이 있습니다. 한국온라인광고연구소의 소장이자 오케팅 연구소 대표인 오두환님의 '오케팅'이라는 책입니다. 개인적으로 이 책에서 굉장히 인상 깊었던 내용이 있었습니다. 학벌도 좋지 않고 내세울 것도 없던 오두환님이 내세운 것은 '역발상 전략'이었습니다. 나에게 질문이 오지 않을 확률이 더 높고 주목받지 못할 확률이 높다는 전제하에 간단하게 자기소개를 하면서 아예 면접관에게 질문을 하기 시작한 것입니다. 어려운 질문 자체를 받지 않도록 본인이 면접관에게 계속해서 질문했고, 결국 합격하게 됩니다.

　물론 마케팅 관련 직무에 입사하는 것이 아니기 때문에 이렇게 튀는 방식으로 면접에 임할 수는 없을 것입니다. 다만 여러분이 생각하는 것보다 면접관들은 준비된 상태의 면접관이 아닙니다. 분명 여러분보다 순서의, 그 앞 순서의 지원자도 비슷한 내용으로 본인을 어필했을 것이기 때문에 면접관은 지쳐있을 것입니다. 그런 면접관에게 신선한 한 방이 될 수 있도록 자신있게 행동한다면 주목받을 수 있을 것입니다. 의외로 자신감 넘치는 사람에게 오히려 면접관이 주눅이 드는 경우도 많이 보았습니다.

다른 면접보다 걱정이 되는 부분은 아마도 전공 면접 부분이 아닐까 생각합니다. 사실 현업에 있는 저희도 다시 면접을 보고 입사하라고 하면 못할 정도로 난이도가 상당한 질문을 하기도 합니다. 제가 입사할 때 받았던 질문 중에 아직도 의문으로 남아있는 부분이 있을 정도이니까요. 그런데 내가 잘 아는 내용이라서 설명할 수 있으면 좋겠지만, 정확히 기억나지 않거나 시간이 좀 더 필요한 경우가 있습니다. 이때는 걱정하지 말고 시간을 달라고 하는 게 좋습니다. 그렇다고 한 10분 동안 침묵하는 것은 안 되겠지만, 1분 정도는 면접관도 이해할 것입니다.

그리고 모르는 것에 대해서는 모른다고 이야기하길 바랍니다. 틀린 것을 너무 자연스럽게 말하는 것이 감점 요소가 될 수도 있습니다. 아는 부분만 정확히 이야기하고, 모르는 것에 대해서는 학습하여 확인해 보겠다는 식으로 마무리하는 것을 추천합니다. 제가 면접 때 한 방법을 이야기하면, 저는 다음 주에 와서 다시 설명하겠다고 했었습니다. 물론 다음 주에 다시 가지는 않았지만 말입니다.

면접 때 이야기를 하다 보면 가끔 시선 처리를 어떻게 해야 할지 몰라서 눈동자가 흔들리는 지원자도 있는데, 사실 가장 쉬운 방법은 질문한 사람의 눈을 뚫어지게 쳐다보는 것입니다. 면접에서는 짧은 시간 안에 나를 각인시켜야 하기 때문에 굳이 여러 곳에 시선을 둘 필요가 없습니다. 특히 생각한다는 핑계로 하늘을 쳐다보거나 계속해서 다른 곳을 보는 사람이 있는데, 응시자가 불안한 만큼 면접관도 같이 불안해지기 때문에 시선 처리 부분은 미리 연습하고 가는 것을 추천합니다.

그리고 목소리는 차분하게, 속도는 천천히 하는 것이 중요합니다. 그러나 제가 꼭 이야기하고 싶은 것은 바로 높낮이입니다. 앞서서 수백 명의 지원자가 하는 이야기를 듣다 보면 나중에는 피곤이 몰려 옵니다. 그래서 본인의 이야기에 면접관이 집중할 수 있도록 하기 위해서는 강조하는 부분은 조금 빠른 속도로, 톤을 올려서 설명하는 것이 좋습니다. 흔히 개그맨들이 가장 재미있는 부분을 강조해서 포인트를 주는 것처럼 말이죠. 그래야 전반적으로 면접관들에게도 내가 강조하고 싶은 중요한 내용이 잘 들릴 것입니다.

마지막으로 질문을 받았을 때 알고 있는 내용이라고 해서 '옳다구나'하고 바로 답하지 말고, 마음속으로 셋까지 세고 차분하게 답하는 것이 좋습니다. 대부분의 면접관은 정답을 알기 위해 질문하는 것이 아니라 질문에 어떻게 답을 도출해 나가는지, 그 과정에서의 모습은 어떤지를 평가하고자 합니다. 성급하게 답을 하는 것도, 모른다고 딴짓을 하는 것도 좋은 모습이 아닙니다. 답변을 천천히 한다고 해서 누가 잡아가지 않으니, 조금 여유를 갖고 답하는 것을 추천합니다.

09 미리 알아두면 좋은 정보

1 취업 준비가 처음인데, 어떤 것부터 준비하면 좋을까?

취업 준비가 처음인데 반도체 업계를 지원하는 것은 과연 본인의 선택일까요? 아니면 각종 매체에서 말하는 유망한 업종이기 때문일까요? 이 책을 쓰고 있는 저 역시도 사실 처음에는 반도체 업계를 1순위로 정하고 지원한 것은 아니었습니다. 그래서 입사 초기에 이직에 대한 고민도 많이 했었고 실제로 결혼하기 전까지 다른 회사에 면접을 보러 다니기도 했습니다.

제가 이러한 이야기를 하는 이유는 당장 발 등에 떨어진 불을 끄기 위한 취업이 아니었으면 하는 바람때문입니다. 특히 설비기술 직무는 교대근무를 한다는 점과 PC에 앉아서 하는 업무가 아니라 공장에서 소위 닦고, 조이고, 기름칠하는 업무에 투입이 되는 것이라는 점을 유의하고 지원해야 합니다. 물론 매일 이런 일을 하는 것은 아니지만 말이죠.

따라서 지원하기 전에 본인의 적성에 대해 알아보고 준비했으면 좋겠습니다. 우리가 대학의 간판과 전공 중 무엇을 우선으로 할지를 결정할 때 일반적으로 간판을 보고 진학한 후에 전과를 하고는 하는데, 회사는 학교가 아니기 때문에 본인의 적성에 맞는 업무를 주거나 단기간에 업무를 바꿔 주는 일은 없습니다. 그래서 꼭 사전에 어떤 업무가 자신의 적성에 맞는지 확인한 후에 지원하는 것이 좋습니다.

2 현직자가 참고하는 사이트와 업무 팁

1. Samsung Semiconductor Newsroom (https://www.samsungsemiconstory.com/kr/)

삼성전자의 사내 복지나 업무 이야기, 그리고 반도체 공정에 대한 전반적인 글과 영상이 게재되어 있는 사이트입니다. 보다가 이해가 되지 않는 내용은 주변에 반도체 관련 업무를 하는 분께 문의하면 쉽게 설명해 줄 수 있는 정도의 내용으로 구성되어 있습니다. 간단하지만, 알찬 내용이 담겨있습니다.

2. SK하이닉스 유튜브(https://www.youtube.com/user/SKhynix/videos)

솔직히 삼성전자가 SK하이닉스보다 몇 배는 큰 규모의 회사인데, 홍보나 영상 제작은 SK하이닉스 쪽이 훨씬 뛰어난 것 같습니다. 이 유튜브 사이트는 SK하이닉스 홍보 목적의 채널로 반도체와 관련없는 내용도 있긴 하지만, '반도의 반도체썰'은 반도체 이해에 많은 도움을 받을 수 있습니다.

3. 각 단위 공정별 대표 회사 사이트

〈표 4-2〉 공정별 업무 및 회사 정리

공정	내용	대표회사	비교
ETCH	Wafer 위의 Target 막질을 제거(Dry)	LAM, AMAT, TEL	
CLEAN	Wafer 위의 Target 막질을 제거(Wet) 하거나 표면 Clean 진행	SEMES, TEL, ZEUS	Gas 장비도 도임
CVD	Gas 반응을 보며 원하는 막질 생성 보호막/절연막/MASK 등을 생성	AMAT, LAM, 원익IPS	
PHOTO	Wafer의 회로가 설계된 MASK를 활용 노광/도포 형상을 통해, 표면 회로 그림	ASML, CANON, NIKON	Scanner 공정
CMP	Wafer 표면을 평탄화하는 기계적 연마	TEL, SEMES	Spinner 공정
METAL	각 Wafer 표면에 금속 도금하는 공정	AMAT, TEL, LAM	
DIFF	ETCH가 깍은 곳에 원하는 두께만큼 쌓아 올리는 과정(절연막, 화학반응)	KE, TEL, 원익IPS	
IMP	원하는 종류의 불순물을 투입하여 Wafer 주입	AMAT, MATTSON, AXCELIS	

위와 같이 각종 공정과 각각의 설비를 대표하는 회사가 있습니다. 〈표〉에는 간단하게 적어 두었지만 사실 이정도도 모르는 신입사원이 대부분입니다. 한 줄 정도만 기억하더라도 면접 시에 공정을 전혀 모르는 바보로 낙인 찍히지는 않을 것입니다. 면접 전에 각 대표 회사의 홈페이지는 한 번씩 둘러보길 바랍니다. 각 회사에서 자사를 어떻게 설명하고 있는지 보면 실제 라인에서 활용하는 설비가 무엇인지 알 수 있을 것입니다.

3 현직자가 전하는 개인적인 조언

[그림 4-12] 우리는 왜 소문을 믿을까?

대학교에 처음 입학했을 때 기분이 어땠나요? 고등학교 때의 빡빡한 일정과 비교해서 너무나 자유로운 일정을 보내면서 즐겁지 않았나요? 그런데 막상 시간이 지나면 내가 챙기지 않으면 아무도 챙겨 주지 않는다는 사실을 알게 되고, 취업 시장에 나오기 전이 되면 극도의 스트레스에 시달리게 되죠. 이는 성적순으로 취업을 하는 것도 아니고 정확한 답도 없이 없기 때문입니다. 저 역시도 많은 회사에 지원했었고, 그중에 선택하고 10여 년을 일했고 이렇게 글도 쓰고 있으니 말입니다.

다만 현재 제가 취업을 준비할 때와 다른 점은 '정보의 여부'가 아닐까 생각합니다. 과거에는 정보가 많이 부족해서 뭐라도 하나 더 아는 사람이 대단해 보였는데, 이제는 정보가 너무 많아서 그 정보가 진짜인지 아닌지를 확인해야 하는 상황입니다. 구전으로 전해지는 정보가 너무 많은 것도 한 몫을 하는 것 같습니다. 좋은 멘토가 있으면 좋겠지만, 그렇지 않을 때 본인이 들은 소문의 사실 여부가 정말 궁금하면 차라리 저에게 메일(k60321@naver.com)로 물어보면 답변드리겠습니다.

그리고 어설프게 아는 것이나 틀리게 아는 것은 침묵보다 좋지 않은 결과를 가져올 수 있습니다. 모르는 것에 대해서는 솔직하게 모른다고 이야기하고 자신만의 비장의 무기를 하나쯤 준비해 가는 것이 더 현명합니다. 그것이 눈물 없이 들을 수 없는 스토리인 것도 나쁘지 않습니다. 물론 기본적인 능력은 다 갖춘 상태에서 말이죠.

MEMO

10 현직자가 많이 쓰는 용어

1 익혀두면 좋은 용어

반도체 회사 입사를 희망하는 분들은 여러 새로운 단어를 접하게 될 것입니다. 제가 지원할 때만 해도 정보가 많이 부족해서 면접관이 어려운 단어나 잘 모를 것 같은 단어에 관해 설명하면서 질문을 하고는 했는데, 최근에는 여러분의 지식 수준이 높아져서 아래에 설명하는 용어 정도는 이미 숙지하고 있는 경우가 많습니다. 다만 단어는 아는데 실제로 어떤 의미인지 정확하게 알지 못하는 경우가 있어서 아래와 같이 면접 시 익혀두면 좋은 용어를 정리해 보았습니다.

1. Lot 주석 1

반도체 공정 진행 시 한 개의 물량 단위로써, 일반적으로 1 Lot은 1개의 FOUP에 담겨있는 Wafer를 의미합니다. 현장에서는 보통 1 Foup = 1 Lot으로 표현하고는 합니다.

2. Wafer(웨이퍼) 주석 2

N포털 지식백과에는 부드러운 원료를 혼합해서 만든 유동성의 묽은 반죽을 Wafer를 굽는 오븐에 구운 비스킷이라고 쓰여 있지만, 실제 회사에서는 IC를 제조하는 출발 원료인 실리콘 등 반도체의 얇은 판, 실리콘 기판을 의미합니다.

검색 사이트에서 Wafer를 검색해 보면 빛에 따라 무지개색으로 보이기도 하고 여타 다른 색으로도 보이기도 하는데, 이는 Wafer에 어떤 물질을 도포했느냐에 따라서 다르게 나타납니다. 각 공정에 따라 Wafer 상의 Chip 모양도 다르게 표시됩니다.

3. FOUP 주석 3

Wafer는 공정 진행 시 오염원이 존재하는 설비 외부로 노출되면 안 됩니다. 따라서 Wafer를 담아두고 이동할 수 있도록 하는 도구가 필요한데, 이때 활용하는 것이 FOUP입니다. 일반적으로 300mm Wafer를 25매 담을 수 있으며, OHT를 통해서 이동할 수 있도록 구성되어 있습니다. 실제로 들어보면 25매 기준으로 7kg 이상의 무게이니, 꽤 중량이 나가는 편입니다.

4. OHT(Over Head Transport) 주석 4

[그림 4-13] OHT (출처: 전자신문)

Wafer가 담긴 FOUP을 이송하는 장비입니다. 실제 라인에서 설비와 설비 간에 이동할 때 사람이 직접 나르는 것이 아니라 자동화된 로봇이 이동을 시키는데, 이를 담당하는 장비입니다. 가끔 머리 위로 로봇이 지나가면 저것이 떨어지지 않을까 생각하기도 하는데, 입사 이래 실제로 떨어지는 것을 본 적은 없습니다

5. SOP(Standard Operating Procedure) 주석 5

일반적으로 '업무와 관련된 작업순서서'라고 보면 됩니다. 라인 내에서 진행하는 모든 업무에는 SOP가 필요하며, SOP가 없으면 작업이 불가능합니다. 이는 작업 시 규정과 절차에 맞게 작업할 수 있도록 하기 위함이며, 실제 작업 시 SOP대로 진행하였으나 문제가 발생한 경우 그 책임은 묻지 않고, 보완하는 것으로 계속 SOP를 늘려 나갑니다.

6. Fab(Fabrication) 주석 6

일반적으로 반도체 제조 시설, 즉 하나의 라인을 의미합니다. 이곳은 외부에서 발생할 수 있는 오염원(Particle Source)을 차단하기 위해서 Clean Room으로 지어집니다. 그래서 흔히 하얀색 옷을 입고 바람이 나오는 곳(Air Shower)을 지나서 입장하며, 부식과 오염에 취약한 각종 물건은 반입되지 않도록 조치를 취하고 있습니다. 그래서 항상 검증된 제품만 사용할 수 있도록 교육도 병행합니다.

7. DRAM(Dynamic Random Access Memory)

램의 하나의 종류로, 저장된 정보가 시간에 따라 소멸하기 때문에 주기적으로 재생을 시킬 때 활용합니다. 현재 삼성전자 메모리 사업부의 주력 제품으로써 PC와 각종 모바일 제품, 자동차 등에도 필수 품목으로 사용되고 있으며, 현재는 3개의 회사(삼성전자, SK하이닉스, 마이크론)가 시장을 지배하고 있습니다. 최근에는 DRAM에도 Photo 공정에서 사용하는 EUV가 적용되기 시작했는데, 집적도가 한계치에 온 상태에서 선제적 기술 적용을 통해 더 높은 공정을 활용할 수 있다는 점에서 삼성전자에 유리한 점이 있다고 판단됩니다.

8. Nand Flash

삼성전자 메모리 사업부의 또 다른 주력 제품입니다. DRAM의 경우 속도가 빠른 대신 전원이 꺼지면 저장된 정보가 사라지지만, Nand Flash의 경우 전원이 꺼져도 저장한 정보가 사라지지 않는 메모리 반도체입니다. 일반적으로 PC와 모바일 기기 등에서 저장 장치로 활용이 되고 있으며, 과거 HDD(Hard Disk drive)와 경쟁을 하기도 했습니다. 그러나 HDD가 가졌던 모든 장점을 상쇄하고 남을 기술 수준으로 인해 HDD는 현재 사장된 상태이고, SSD(Solid State Drive)가 모든 전자제품에 필수 품목으로 자리잡게 되었습니다.

반도체 라인에서 DRAM 공정이 Flash 공정보다 상대적으로는 어려운 편으로 인식되지만, Margin 값은 Flash 공정이 더 어렵고 서로 겹치는 공정도 많이 존재합니다. 과거에는 두 제품을 병행하여 생산하는 경우도 있었으나 최근에는 두 제품의 생산 방식이 서로 다르게 진행되어 라인마다 생산 제품을 다르게 구성하고 있습니다.

> 제품 집적도를 늘리는 방식에서 차이가 있습니다.

9. 기흥, 화성, 평택, 천안, 온양 Site

삼성전자 반도체 사업부의 경우 이렇게 5개의 Site를 가지고 있습니다. 기흥과 화성의 경우 서로 거의 붙어있다고 생각할 정도로 바로 옆에 존재하며, 평택은 초기에는 메모리 라인으로 시작해서 이제는 파운드리 라인도 병행하고 있습니다. 천안과 온양의 경우 후공정을 담당하는 TSP 총괄이 있으며, 반도체 개발이나 연구를 담당하는 인원은 전 사이트 걸쳐서 포진되어 있습니다.

이렇게 Site를 설명하는 것은 입사할 때 정해져 있는 Site로 입사하더라도 다른 곳으로 발령이 날 수 있다는 점을 말하고 싶어서입니다. Site마다 주력으로 하는 것이 전부 다르지만, 입사 시에 원하지 않는 곳으로 배정받았다고 해서 항상 그곳에 있는 것이 아니고 상황에 따라 바뀔 수 있으니, 면접 때 이 부분에 대해 너무 민감하게 반응하지 않아도 괜찮을 것이라고 생각합니다.

10. 복기

복기는 보통 바둑에서 게임 종료 후 하나씩 되새김을 하는 과정을 뜻합니다. 현업에서는 업무 진행 이후나 사고가 발생한 이후에 반드시 복기 과정을 거칩니다. 원인 불명의 사고가 발생하더라도 하나씩 복기해 보면 원인을 찾아내는 데 큰 도움이 됩니다.

11. Tool(툴)

[그림 4-14] 여러 가지 Tool

설비 업무에서 빼놓을 수 없는 것이 Tool입니다. Tool을 활용해서 부품의 해체 및 조립을 진행하는데, 니퍼, 롱노우즈, 뺀찌, 플라이어 정도의 간단한 Tool 정도는 알아두면 좋습니다. 모양이 비슷해서 헷갈리는 경우가 있는데, 면접 때 설비직무를 지원하는 지원자에게 Tool에 대해 물어보면서 어떻게 생겼는지 설명해 달라고 질문했던 적도 있습니다.

2 현직자가 추천하지 않는 용어

최근 뉴스나 여타 인터넷 기사에서 얻을 수 있는 정보가 많습니다. 다만 현직자의 눈으로 볼 때 뉴스나 인터넷 기사에서 말하는 기술적인 부분은 깊이에서 차이가 있거나 잘못된 정보를 제공하는 경우가 있기 때문에 그러한 부분을 참고하여 기술적인 부분을 설명하는 것을 그리 추천하지 않는 편입니다.

아래의 용어는 사실 해당 용어를 사용해서 문장을 만들기만 해도 '이 사람은 반도체에 조금 관심이 있긴 한가 보구나'라는 평을 받을 수 있지만, 반대로 공격을 당할 수 있는 상황이 만들 수 있는 것들입니다. 그래서 굳이 추천하지 않는 용어로 정리했으며 해당 용어에 대해 정말 깊게 알고 있고, 자신 있다고 생각할 때 사용하는 것을 추천합니다.

12. EUV

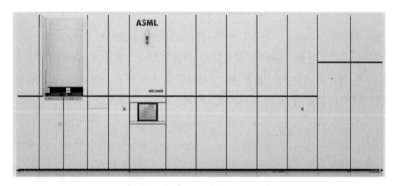

[그림 4-15] EUV (출처: ASML)

최근 가장 주목받는 공정입니다. 현재 네덜란드의 ASML이라는 회사만 생산이 가능하며, 1대에 2,000억을 호가하는 엄청난 장비입니다. 그리고 실제로 유튜브나 인터넷 기사로도 충분히 접할 수 있는 내용이 많습니다.

다만 이 용어를 그리 추천하지 않는 이유는 사실 현직자도 아주 깊게 이해하고 있는 사람이 드물기도 하고, 특정 공정(Photo)에만 한정된 내용이기 때문에 '삼성전자의 인사정책 상 해당 공정으로 가지 못할 경우 어떻게 할 것인가?'에 대한 본인만의 답이 명확하지 않다면 이 용어를 사용하는 것을 그리 추천하지는 않습니다.

만약 이 용어를 언급하고 싶다면 빛의 회절, 렌즈 수차, 도입 배경 등을 완전히 이해하고 가는 것이 좋습니다.

13. 수율 개선

간혹 설비기술 직무를 지원할 때 수율을 개선하겠다는 의지를 피력하는 분이 있습니다. 뭐든 개선이라는 말을 붙이면 좋은 의미로 받아들이는 것이 반도체 업계의 특징이긴 합니다만, 무엇을 통해 수율을 개선할 것인지에 대해 고민하고 언급한 것인지 한 번 더 생각해 보기를 바랍니다.

저는 솔직히 지금 당장 수율을 개선하라고 하면 못하겠습니다. 그만큼 설비기술 직무에서는 수율 개선 자체에 그리 도움을 줄 수 있는 업무를 진행하고 있지 않습니다. 공정기술 직무도, 사실 단위 공정에서도 자주 있는 업무는 아닙니다. 수율 개선을 언급하는 것보다는 수율 개선 업무 시 '평가 업무를 할 수 있을 만한 능력을 갖도록'이라는 표현이 더 무난해 보입니다.

14. 소프트웨어 능력

최근 신입사원 설명회를 가면 어디서나 소프트웨어와 빅데이터를 활용한다는 문구가 적혀 있어서 많이 문의합니다. 소프트웨어적인 능력이 있다는 것은 절대 마이너스 요인은 아닙니다. 다만 삼성전자 내에 S직군(S/W 직군)이 있는데 굳이 설비기술 직무에서 이것을 활용하겠다고 어필하는 것은 그 직군 공채에서는 다른 사람에게 다소 뒤지지만, 이 직군에서는 내가 군계일학과 같은 존재라고 표현하는 것 같습니다.

저는 실제로 소프트웨어 능력이 업무에 도움이 되는지 질문하면 솔직하게 'Office'만 할 줄 알면 전혀 문제가 없다고 설명합니다. 물론 소프트웨어적인 능력이 점점 많이 필요하기 때문에 많은 교육이 진행되고 있긴 합니다. 하지만 그것을 굳이 설비기술 직무에서 자신만이 할 수 있는 특징으로 내세우는 것은 경쟁력으로 보긴 어렵습니다.

15. 공정 개선

공정을 개선하기 위해서 시간을 줄여서 생산 속도를 증가시키거나 온도나 농도 등을 가변하고 Gas의 물성을 변경하여 테스트를 하는 등의 다양한 방법이 동원됩니다. 하지만 공정 개선 역시 설비기술 직무에서의 메인 업무는 아니고 보조 업무 정도라고 할 수 있습니다. 그래서 공정 개선이라는 단어도 사실 면접관에게 어필할 수 있는 단어는 아니라고 생각합니다.

16. 초임계(Super Crystal)

현재 Clean 공정에서 Wet Etching 및 Cleaning 이후 Dry를 하는 과정에서 활용하고 있는 차세대 기술입니다. 진공의 챔버에서 온도와 압력을 초임계 상태까지 끌어올려서 표면장력을 '0'으로 하여 Wafer 표면의 Wetting된 부분을 해결해 주는 공정입니다.

다만 무조건 새로운, 반도체에서만 사용하는 기술이라고 알고 있는 분들이 많아서 정확하지 않으면 언급하지 않는 것이 좋습니다. 실제로는 반도체 공정이 아니라 기름을 짜거나 화장품을 생산하는 공정에서 먼저 사용한 기술을 모티브로 한 것이며, 아직은 불안정한 부분이 많아서 실제 현업에서는 기피하는 공정이기도 합니다.

17. 비메모리 경험

최근 뉴스에서 파운드리 사업을 계속 키우겠다는 경영진의 의지가 표명되고 있습니다. 그로 인해서 다양한 지원자가 메모리와 비메모리 구분 없이 자신의 소신을 비메모리에 적용하여 어필 하는 경우가 많은데, 일반적으로 알고 있는 RAM과 Nand Flash, SSD 등을 제외하고는 대부분 S.LSI나 파운드리 제품입니다.

면접관이 기초 상식 수준에서 물어보는 것 외에 자신의 경험이 이쪽에 맞춰져 있다는 것을 어 필하는 것은 메모리를 담당하는 사람에게 그리 좋은 모습은 아닙니다. 경험을 설명하고 싶다면 비메모리/메모리 구분 없이 Fab 현장 경험을 어필하는 것이 가장 중요합니다.

18. 설비 개발

일반적으로 알고 있는 JD에 분명히 설비 개발이라는 항목도 포함이 되어 있는데, 왜 설비 개발 이라는 것을 설명하는 것이 의미 없다고 기록했을까요? 실제로 '설비기술연구소'라고 설비를 개발 하는 팀이 따로 있기 때문입니다. 최근에 연구소로 파견을 가서 업무를 같이 하는 경우도 있기는 하나 어디까지나 보조 수준의 역할이고, 실제 개발은 연구소에서 진행합니다. 아마 이 부분을 어필 한다면 면접관은 '그러면 여기 말고 다른 곳으로 지원을 하셔야 합니다'라고 이야기할 것입니다.

MEMO

11 현직자가 말하는 경험담

1 저자의 개인적인 경험

라인으로 처음 들어가는 그 순간을 잊지 못합니다.

삼성 그룹사는 부서로 배치받는 과정이 굉장히 깁니다. 처음에 신입사원 교육, 전자에서의 교육, 사업부에서의 교육, 그리고 부서 배치 전에 기본 교육을 위해서 외부에서 직무 교육을 추가로 하고 나면 3개월이 훌쩍 지나갑니다. 처음에는 부푼 꿈을 안고 들어 오지만 시간이 지나면서 조금씩 현실에 가까워지고 걱정이 많아지기 시작합니다. 뭐든 다 할 수 있을 것 같았는데 조금은 어렵고 힘든 것에 대한 걱정이 끊이지 않죠. 나뿐만 아니라 같이 있던 동기들의 걱정이기도 합니다.

부서 배치를 받고 나서 처음 라인으로 들어갈 때 지도 선배를 배정받은 후, 그분과 입실할 때 일단 옷을 갈아입는 장면이 상당히 충격이었습니다. 지금 생각하면 너무나 당연한 일이지만, 목욕탕도 아닌데 옷을 훌렁훌렁 벗는다는 게 좀처럼 적응이 되지 않았습니다. 물론 같은 성별이긴 하지만 왠지 민망했다고나 할까요? 그렇게 옷을 입고 에어샤워라고 하는 공간에 들어갔습니다.

> 물론 속옷만 입고 들어가지는 않습니다. 바지가 준비되어 있습니다.

시원한 바람을 쐬고 지나가는데 몸에 있는 먼지를 사전에 제거하기 위해서 준비된 시스템입니다. 내부 청결을 얼마나 중요하게 생각하는지 알게 되는 대목인데, 심지어 방진복을 입고 다시 한번 하는 것을 보면서 청결을 정말 많이 신경 쓴다고 생각했습니다.

그리고 이제 뉴스에서나 보던 방진복을 입기 시작했습니다. 마스크와 방진모, 방진복, 방진화까지 입고 나서 거울을 보니 이제 어엿한 반도체인 같았습니다. 그런데 숨을 쉬기가 좀 불편했습니다. 여러분도 COVID-19 초기에 마스크를 쓰면 숨 쉬는 게 좀 불편했죠? 그런데 지금은 없으면 어색할 정도로 마스크를 필수품으로 생각하고 있는데, 저는 사실 그 전부터 필수품으로 이렇게 활용하고 있었습니다. 그래서 그런지 COVID-19 때 마스크 쓰는 것이 전혀 어색하지 않았습니다.

다시 에어샤워를 통과하고 라인으로 들어가서 세 가지 사실에 놀랐습니다. 첫 번째는 정말 엄청나게 넓다는 것이고, 두 번째는 내가 상상했던 사람이 엄청 많은 공장이 아니라 모든 것이 기계와 로봇이 일하는 완전 자동화된 공장이라는 것, 그리고 마지막으로 생각보다 소음이 있는데 의외로 금방 적응이 된다는 사실이었습니다. 이외에도 신기한 것 투성이었지만, 처음 저의 라인 투어를 이렇게 이야기할 수 있을 것 같습니다.

최근에는 이런 Fab[6] 내부를 사전 견학하거나 설비를 미리 확인해볼 기회가 많이 있는 것으로 알고 있습니다. 물론 먼저 경험하고 오면 조금 더 빠르게 적응할 수는 있지만, 꼭 그렇지 않더라도 적응에는 크게 어려움이 없을 것입니다. 선배 중에 적응을 어렵게 하거나 불편하게 하는 분은 거의 없으며, 개인의 상황을 어느 정도 반영해서 숨구멍이 있는 방진모나 특수 제작된 방진화, 그리고 몸집이 크거나 작은 사람을 위해서 다양한 크기의 방진복 등이 개인맞춤형으로 구비되어 있으니 미리 걱정할 필요는 없습니다. 그러니 Fab에 대한 걱정은 조금 덜고 오는 것을 추천합니다.

---

6 [10. 현직자가 많이 쓰는 용어] 6번 참고

동료
S전자 CLEAN
기술팀

> 음… 난 얼마 전에 사고친 게 기억이 나. 설비에서 Error가 나서 급하게 Wafer를 빼야 하는 상황이었는데, 평소에 잘 다뤄보지 못한 설비라서 조작법을 업체에 문의하면서 진행했고, 내가 설명을 잘못했는지 Wafer를 빼서 보냈더니 다음 공정에서 급하게 전화가 왔어. Wafer가 전부 뒤집혀 있다고 말이야. 그나마 심각한 공정이 아니라서 무사히 잘 넘기긴 했는데 정말 피가 거꾸로 솟는 듯한 기분이었어. 다음에는 절대 그런 실수를 안 할 거야. 절대!

동기
S전자 FT
시공팀

> 나는 지난번에 너희 부서와 트러블이 생긴 게 기억난다. 우리는 동기여서 서로 의지하면서 꽤 오랫동안 잘 지냈잖아. 그런데 요청 사항이 생각한 것보다 지연되면서 너희 PL까지 찾아와서 나에게 화를 내는데, 네가 좀 상황을 대변해 줬으면 좋겠다는 생각을 했어. 상황이 이해가 가긴 하지만 처음부터 무리한 기간이 아니었나 생각을 했는데 아니나 다를까 너희 부서에서 급한 거였더라. 네가 그 상황을 정리하는데 너무 힘들어 보였어. 양쪽 부서에서 좋게 해결하려고 하던 너의 모습이 잊히지 않네.

지금까지 직무 수행하면서 자부심을 느꼈을 때는 언제였어?

**후배
S전자 Dram
개발팀**

우리 개발실은 보통 선행 공정을 두 팀으로 나눠서 번갈아 가며 진행하는데, 개발에 대한 압박이 상당한 편이라서 차세대 공정이 원하는 수율이나 성능이 나오지 않으면 굉장히 스트레스를 받아. 그래서 많은 사람이 매우 급해지면 야근도 많이 하고 주말에도 나와서 근무하는 일이 많아.

사실 결과적으로 좋은 수율과 성과가 나오면 그보다 더 행복한 건 없지. 뭔가 내 자식같은 느낌이랄까?

**선배
S전자 CLEAN
기술팀**

회사에서는 연봉과 승진으로 나를 나타낸다고 하지?

나는 솔직하게 연봉이 처음으로 '억' 단위를 넘어가기 시작할 때랑 지금은 표시되지는 않지만 수석으로 진급할 때에 가장 자부심이 있던 시기였던 것 같아.

회사에서도 나를 인정해 주고 어디 나가서도 '나는 이정도의 사람이다'라고 말을 할 수 있잖아? 대신 그만큼 책임도 늘어나는 것 같아서 한편으로는 걱정도 많이 되더라.

12 취업 고민 해결소(FAQ)

Q1 설비기술 직무를 준비하고 있어서 주로 공정을 공부하고 있는데, 밴드갭 같은 기초적인 것부터 DRAM, NAND 등 소자 관련 내용을 공부하는 것이 필요한지, 그리고 면접에서 실제로 자주 질문하는지가 궁금합니다.

A 전반적으로 기술적인 부분을 물어볼 때는 당연히 공정에 대해 질문합니다. 다만 질문의 난도가 높다면 애초에 질문에 대한 답을 할 수 없는 경우가 많거나 실제로 현직자조차도 모르는 경우가 있어서 질문의 난도는 그렇게 높지 않은 편입니다.

제가 면접을 진행할 때는 답이 맞고 틀리고의 문제가 아니라 본인의 의견을 피력하는 방식, 문제 자체를 해결하는 방식에 대해서 평가했습니다. 모든 것을 알면 좋겠지만 모른다고 해서 무조건 탈락시키진 않으니 아는 수준에서 답하고 부족한 부분이 있다면 다른 질문에서 더 돋보이도록 하는 편이 좋습니다.

Q2 설비기술 직무로 입사하면 최소 10~15년은 교대근무를 해야 하나요?

A 많은 분이 걱정하는 부분이긴 합니다. 다만 정확하게 이야기하면 현재 상황으로는 대부분 '8~10년 내외 수준까지는 할 수 있다'라는 것입니다. 교대근무 때문에 지원자 상당수가 지원하고 후회하기도 하는데, 의외로 교대근무 때문에 오히려 야근 상황이 더 줄어드는 효과도 있습니다.

하지만 최근 회사 내에서도 이러한 부분에 대한 개선책으로 직군에 대한 분리나 시간 변경 등과 같은 대책을 준비하고 있으니, 여러분이 실제로 입사하는 시점에는 다소 달라지는 점이 있지 않을까 생각합니다.

Q3 설비기술 업무를 할 때 도움이 된 자격증이나 역량이 있나요?

A 개인적으로 '자격증'이라는 것을 실용성이라는 측면으로 보았을 때는 그리 유용하지 않다고 생각합니다. 자기만족이나 서류 심사 때 유리한 고지를 점하기 위해서 있으면 '좋다' 정도이지, 실질적으로 일할 때는 '전기적인 지식'이 있는 것이 좀 더 유리합니다.

다만 많은 분이 너무나 당연하게 '이런 건 누구나 할 수 있을 거야'라고 말하는 '엑셀'이나 '파워포인트'가 실제 업무에서 크게 능력을 발휘하고는 합니다. 여느 회사나 마찬가지겠지만 자신의 업무 결과를 잘 설명하고 표현하는 것은 성과 창출의 하나 표현 방법이기 때문에 이러한 부분이 사전에 준비되어 있다면 크게 도움이 될 것입니다.

Q4 설비기술 직무는 확실히 기계 전공이 유리한지, 실제로 대부분의 현직자가 기계과 전공인지 궁금합니다.

A 기계 전공이라고 유리하지는 않습니다. 굳이 유리하다고 하면 기계가 아니라 전자/전기 쪽이 더 유리하다고 할 수 있습니다. 반도체는 전자제품이기 때문에 해당 전공이 주요 전공으로 되어 있습니다. 사실 기계의 경우 반도체 회사에서는 그렇게 선호되는 전공은 아니죠. 제가 있는 부서에서도 기계과는 손에 꼽을 수 있을 정도입니다. 그러나 공과대학뿐만 아니라 이과대학의 전공도 굉장히 다양하게 포진되어 있습니다. 설비기술 직무는 개인적으로는 전공에 크게 구애받지 않는다고 생각을 해 볼 수 있겠네요.

Q5 설비기술 직무의 채용공고에 '분석툴 활용', '빅데이터 분석' 키워드가 있는데, 현업에서 실제로 많이 사용되고 중요한지 궁금합니다. 그리고 분석 및 빅데이터 역량을 쌓는 것이 도움이 될지 궁금합니다.

A 실제로 최근에는 소프트웨어를 활용하여 분석하는 방식이 많아지고 있습니다. 수집하는 Data의 양이 방대하고 그것을 가공할 수 있는 능력이 있는 인원을 많이 원하고 있습니다. 어떤 조건에서 발생하는 문제인지 분석하는 업무와 여러 Sensor를 동시에 연동하여 하나의 Sensor로 만드는 방식 등 업무적으로 사용하는 폭이 넓어 실제로 입사하면 기회를 가질 수 있습니다.

다만 본업이 설비 유지/보수이기 때문에 이 방향으로 공부나 업무를 하고 싶다면 더 많은 시간을 투자해야 하기 때문에 많은 분이 선뜻 나서지는 않고 있는 것이 사실입니다. 따라서 기회의 문이 열려 있기 때문에 시간을 투자해서 툴 등을 학습한다면 향후 좋은 기회가 찾아올 것이라 믿어 의심치 않습니다.

Q6 장비가 투입되면 설비기술은 언제 투입되고 공정기술은 언제 투입되나요? 주로 어떤 부서와 협력하는지도 궁금합니다.

A 보통 신규 라인이 지어지고 장비가 투입되면 설비기술 엔지니어는 각종 업체와 유관부서(Facility, 건설, 전기 등)와 조율하여 설비의 Utility가 연결될 수 있도록 진행합니다. 이후 설비의 Utility가 모두 연결되고 전기가 Turn on이 되면 공정 엔지니어는 설비에서 사용하는 레시피를 Set-Up하고 설비 엔지니어가 해당 레시피를 통해서 공정 조건을 완성하면 실제 Lot을 진행시켜서 수율과 Particle 등의 공정평가를 진행합니다.

설비기술 엔지니어가 실제로 몸을 쓰면서 일을 하진 않지만, 일정을 조율하는 과정에서 여러 부서와 업체와의 시간적 조율이 필요하기 때문에 광장히 꼼꼼하게 챙겨야 합니다.

Q7 설비기술 직무 특성상 남자의 비율이 높다고 알고 있는데, 요즘 남자 엔지니어와 여자 엔지니어 비율이 어느 정도 되는지 알고 싶습니다!

A 이건 부서마다 다르긴 하지만 대략 10 : 1 수준이라고 생각합니다. 여자 엔지니어 분들도 최근에는 지원을 많이 하고 있고 같이 생활할 수 있는 여건이 충분히 만들어지고 있지만, 아직은 남자 사원이 월등히 높은 비율을 차지하고 있습니다.

개인적으로는 여자 엔지니어의 경우 남자 엔지니어와 경쟁함에 있어서 100% 동일한 능력이 아니더라도 어느 정도의 수준을 유지한다면 좋은 평가를 받을 수 있기 때문에 노력 여하에 따라서는 남자 엔지니어보다 더 빠르게 진급을 할 수 있습니다.

Q8 설비기술 직무에서 파운드리 사업부와 메모리 사업부의 차이점은 무엇인가요? 파운드리 또는 메모리 사업부로 이동할 수 있나요?

A 메모리 사업부의 경우 세계 1위를 유지하고 있는 기간이 굉장히 오래 됐습니다. 전반적으로 체계가 잡혀 있고, 설비들이 동일한 제품을 만들어 내기 때문에 한 대에 문제가 발생하더라도 우회할 수 있는 루트가 있어서 다소 여유가 있는 편입니다. 다만 생산에 굉장히 민감하기 때문에 원하는 Output이 나오지 않으면 엄청난 스트레스를 받습니다.

파운드리 사업부의 경우 다품종 소량생산이기 때문에 설비마다 다른 제품을 생산하는 경우가 많아서 설비가 Down되는 경우에 곤란한 경우가 많습니다. 또한 제품을 쌓아 놓는 것이 불가능하기 때문에 호황과 불황과의 업무량 차이가 매우 큰 편입니다.

각 사업부 간의 이동은 꽤 빈번하게 진행되고는 합니다. 메모리 사업부의 경우 세계 1위에 걸맞은 인프라와 지원을 받을 수 있는 반면, 파운드리 사업부의 경우 미래라는 꿈을 먹고 사는 사업부이기 때문에 지금은 조금 힘들 수는 있지만 나중에 더 큰 과실을 얻을 수 있다고 생각합니다.

Q9 화성과 평택 근무지의 차이점이 궁금합니다!

A 현재 메모리 사업부의 상당수 인원이 평택으로 내려가고 있습니다. 현재 있는 화성의 라인은 용수 등과 같은 Utility 문제와 공간 부족으로 인해서 건물을 더 짓고 싶어도 지을 수가 없는 상황입니다. 평택의 경우 현재도 계속 진행 중인 곳으로 신입사원 대부분은 평택으로 발령이 납니다.

근무하는 것 자체는 화성이나 평택이나 큰 차이는 없지만, 화성의 경우 동탄1, 2 신도시 등 거의 완성된 도심지이기 때문에 각종 인프라를 활용함에 있어서 불편함이 없으나, 평택의 경우 고덕 신도시 등이 있긴 하나 아직 개발이 전부 되지 않아서 주변 인프라가 부족한 편입니다. 다만 회사 차원에서 평택에서 근무하는 인원에게 혜택이 돌아갈 수 있도록 각종 복지와 지원책을 제시하고 있으므로 향후 화성과 같은 수준의 인프라가 제공될 것이라고 생각합니다.

PART 03
현직자 인터뷰

Chapter
01

CS Engineer

저자 소개

Vin

재료공학과 학사 졸업

前 외국계 반도체 기업 A사 1년
現 외국계 반도체 장비 기업 A사 CS 엔지니어

💬 Topic 1. 자기소개

Q1 간단하게 자기소개 부탁드릴게요!

A   안녕하세요. 렛유인에서 현직자 멘토로 활동하고 있는 Vin 멘토입니다. 현재 외국계 반도체 회사인 A사에 근무하며 CS Engineer로 근무하고 있습니다. 학부 때 재료공학과를 전공하며 반도체 커리큘럼을 수강했습니다. 정적인 업무보다는 직접 장비를 다루고 기술적인 업무를 하는 것이 적성에 맞다고 생각하여 외국계 반도체 회사로 오게 되었습니다.

Q2 다양한 이공계 산업 중 현재 재직 중이신 산업에 관심을 가지신 이유가 있으실까요?

A   재료공학과를 전공하면서 2차전지와 반도체 커리어를 준비했는데 두 산업의 미래를 스스로 그려 보니 반도체 산업이 더 메리트가 있을 것 같다고 생각하여 반도체 산업으로 오게 되었습니다. AI, 자동차 등 산업이 발전하면서 반도체 산업도 빠르게 발전하였고 관련 기업들도 타 산업보다 빠르게 성장 중이라고 생각합니다. 회사의 성과도 좋다 보니 급여도 따라와서 산업에 대한 만족도 또한 높습니다.

현재 재직 중이신 산업에서 많은 직무 중 해당 직무를 선택하신 이유는 무엇인가요?

A   직무를 선택할 때 먼저 제가 잘할 수 있는 게 무엇인지 그리고 성향이 어떤지에 대해서 고민을 많이 했습니다. 대학생 때도 실제로 제작하고 실습 위주의 수업의 성적이 좋았습니다. 그래서 실제로 활동적이고 내가 직접 장비를 조작하는 직무에 대해 알아보던 중 CS 엔지니어를 알게 되었습니다. 현재까지도 성향에 잘 맞아서 만족하며 근무 중입니다.

Q4 취업 준비를 하셨을 때 회사를 고르는 기준이나 현재 재직 중이신 회사에 지원하게 된 계기가 있으실까요?

A   반도체 산업에서 앞으로 잠재력이 크고 성장 가능성이 높은 기술력을 가진 회사가 어디일지에 대한 고민을 많이 하였습니다. 이러한 회사에서 일한다면 회사와 동반 성장하고 산업에서 스스로의 입지도 잘 다질 수 있다고 생각하였고 A사에 지원하게 되었습니다.

PART 03 현직자인터뷰

Chapter 01 CS Engineer

💬 Topic 2. 직무&업무 소개

Q5

현재 재직 중이신 직무에 대해 좀 더 자세하게 설명 부탁드리겠습니다!

A

CS 엔지니어는 고객사에 신규, 이설 장비를 셋업하고 유지보수하는 역할을 수행합니다. 외국 본사에서 제작한 장비가 정상 동작을 하면 그 장비를 다시 분해하여 한국에 들여오고 조립하는 업무를 수행합니다. Installation, Maintenance 두 개의 팀으로 나누어져 있으며 Installation 팀은 장비를 조립하고 소프트웨어를 설치한 후 정상 동작 시키는 작업을 수행합니다. 이 과정에서 문제가 발생하면 Trouble Shooting 하며 업무를 수행합니다. Maintenance 팀은 완성된 장비가 양산에 들어간 후 문제가 발생할 때 문제를 Trouble Shooting 하여 해결하는 업무를 담당합니다.

Q6

취업을 준비할 때 가장 먼저 접하게 되는 공식 정보는 채용공고입니다. 그런데 정작 채용공고가 간단하게 나와 있어서 궁금하거나 이해가 되지 않는 내용이 생기는 경우가 많은데, 현직자 입장에서 직접 같이 보면서 설명해주실 수 있으실까요?

A

먼저 역할을 설명하기에 앞서 선호 전공으로 다양한 전공들이 제시되어 있는데 선호 전공으로 표시되지 않은 학과를 졸업한 엔지니어들도 많습니다. 선호 전공과 비선호 전공자의 비율은 7:3 정도 되는 것 같습니다. 취업을 준비할 때 크게 고려하지 않아도 되는 사항이라고 생각이 듭니다.

Customer Support Engineer는 고객사에 신규 이설 장비를 셋업하고 유지보수하는 역할을 수행합니다. 고객사에서 장비 설치 일정이 할당되면 담당자와 의사소통하면서 Set-up 일정을 조율하고, 그 과정에서 어떤 문제가 생기면 서로 긴밀한 협력을 통해 문제를 해결합니다. 또한 기술적인 문제가 발생했을 경우 2nd Line Engineer와 협업하여 문제를 해결합니다. 그렇기 때문에 중간에서 인터페이스 역할을 수행한다는 것이 중요한 역량으로 요구됩니다.

1st Line 엔지니어는 CS엔지니어들을 통상 지칭하는데 라인에 상주하며 장비 문제가 발생했을 경우 1차적으로 조치를 취하는 엔지니어를 말합니다. 장비에 문제가 발생했을 경우 에러 로그를 띄우게 되는데 에러 로그를 보면서 가이드라인과 전공지식, 경험을 활용하여 해결하는 역할을 수행합니다.

1st Line 엔지니어가 해결하지 못한 문제는 2nd Line 엔지니어에게 협업 요청을 하게 됩니다. 라인 내에서 알기 힘든 정보나 더 심층적인 전공 지식을 제공해 주고 협업을 통해 문제를 해결해 나아가도록 도와주는 것이 2nd Line 엔지니어입니다.

Field Application Engineer 같은 경우엔 타 부서의 R&D 부서와 동일합니다. 새로운 장비의 개발과 Customer별로 요구하는 Spec에 맞춰 기존 장비를 개선하는 업무를 수행합니다.

Technical Support Engineer 같은 경우 그동안 쌓인 Data를 활용하여 1st Line Engineer들이 해결하지 못하는 이슈가 발생하면 기술적인 협력을 통해 같이 해결하는 부서입니다.

채용공고 Customer Support Engineer

주요 업무

- Fab Hardware Generalist 로서 ASML 을 대표하여 고객과의 인터페이스 역할을 수행
- 고객사에 ASML 시스템을 관리 및 모니터링
- ASML 장비의 이상 여부를 확인, 장비에 대한 제반 사항을 전담
- 고객사 현장에서 복잡한 문제를 분석하고 2nd line engineer와 협업하여 문제를 해결

※선호전공: 전기, 전자, 물리, 기계, 제어계측, 반도체, 재료공학, 메카트로닉스, 수학 (학사학위 이상 소지자)

채용공고 Field Application Engineer

주요 업무

- 고객사 Product 에서 발생하는 복잡한 이슈들을 분석, 해결 방안을 고객, 본사에 제시
- 새로운 비즈니스 니즈를 위해 고객의 기술적인 수요 파악 및 Node Project Leader 서포트
- 새로운 장비의 도입과 Lithography/Metrology 시스템의 검증
- 고객사 공정에 대한 명확한 이해와 ASML Application 을 통한 기존 제품 향상을 위한 요건 파악 및 개선을 리드
- Application Service 및 솔루션 제공

※선호전공: 전기, 전자, 물리, 재료공학, 광학, 화학 (석사학위 이상 소지자)

채용공고 Technical Support Engineer

주요 업무

- 데이터 분석 및 솔루션을 찾아 고객사에 제공하는 역할
- 각 모듈별 전문화된 엔지니어로 근무 (Illumination System&Source/Mechatronics/Metrology/Flow&Temperature&Vacuum system/CO2 laser/Software)
- ASML의 여러 오피스의 엔지니어들과 협업을 통해 문제를 해결하기 위한 솔루션 제공
- 고객에게 ASML 시스템 문제에 대한 내용을 설명하고 이에 관련된 기술 정보 제공
- 한국 외에도 다른 국가에서 발생하는 여러 업무에 관련하여 프로젝트 수행 등의 업무를 진행

※선호전공: 전자, 기계, 물리, 기계공학, 광학 (석사학위 이상 소지자)

[그림 1-1] ASML 채용공고

Q7 회사에서 주로 하루를 어떻게 보내시나요?

A

출근 직전 (08:00~09:00)	오전 업무 (09:00~12:00)	점심 (12:00~13:00)	오후 업무 (13:00~21:00)
• 하루 일과 계획 수립 • 편안한 옷차림	• 전 근무자와 인수인계 진행 • 오늘 진행해야 하는 작업 정리(작업 일정표 참고) • 전 근무에서 발생한 문제 Trouble Shooting	• 동료와 식사 후 휴식	• 작업 일정표를 참고하여 잔여 작업 진행 • 저녁식사 및 휴식 • 오전 근무 혹은 전 근무에서 발생한 Trouble Shooting

• **출근 직전**: 직전 근무자들에게 어떤 작업을 했는지, 어떤 작업이 남아있는지에 대한 업무 인수인계를 진행합니다.
• **오전 업무**: 장비 특성에 맞게 Set-up Procedure를 보며 Installation을 진행합니다.
• **점심**: 보통 고객사 혹은 고객사 주변에서 점심식사를 하고 Vendor Room에서 따로 휴식을 취합니다.
• **오후 업무**: 특성에 맞게 Set-up Procedure를 보며 Installation을 진행합니다.

Q8 CS엔지니어로 연차가 쌓였을 때 연차별/직급별로 추후 어떤 일을 할 수 있나요?

A
　　먼저 CS엔지니어로 입사하는 신입 엔지니어분들은 지원한 혹은 배정된 직무에 대한 교육을 받고 팀원들의 작업을 서포트 하는 엔지니어로서의 작업을 수행합니다. 학부에서 배운 내용과 다른 업무를 수행하더라도 교육 시스템이 체계화되어 있어서 교육 자료를 활용하여 스스로 공부가 가능합니다. 1~3년 연차가 쌓이면 팀 리더가 되어 직접 프로젝트를 담당하고 주도적으로 업무를 수행하게 됩니다. 장기적으로 말하자면 A사의 경우 직무 이동이 비교적 자유롭습니다. CS엔지니어로 커리어를 계속 진행하는 엔지니어도 많지만 Office 근무, Technical Engineer 혹은 Application Engineer로 직무를 바꾸는 엔지니어도 많습니다. 또한 해외 지사로 이동하여 근무하는 엔지니어도 많습니다. CS엔지니어로 입사하면 Installation부터 배울 수 있어서 어떤 직무로 이동해도 잘 적응할 수 있다고 합니다.

💬 Topic 3. 취업 준비 꿀팁

Q9 해당 직무를 수행하기 위해 필요한 인성 역량은 무엇이라고 생각하시나요?

A **CS엔지니어로서 핵심 역량은 의사소통 능력이라고 생각합니다.** 먼저 CS 엔지니어는 팀 단위로 작업을 수행합니다. 이 과정에서 서로 작업하는 내용에 대한 인품과 전후 근무자들과 인수인계가 되어야 작업에 차질이 생기지 않습니다. 따라서 대내외 활동에서 팀 단위로 일한 경험이나 혹은 의사소통 능력을 어필할 수 있다면 자기소개서에 큰 도움이 될 것이라고 생각합니다. **또한 분석적 사고와 문제해결능력도 중요하다고 생각합니다.** 반도체 장비들이 빠르게 발전하면서 Data가 쌓이지 않은 새로운 문제들이 자주 발생합니다. 담당하는 업무에서 이러한 문제가 발생한다면 전공 지식을 활용하여 문제를 추측하고 해결하는 과정까지 담당하게 됩니다. 그렇기 때문에 위 두 역량을 갖춘 사람이 직무 적합도도 높고 회사에서도 선호할 것이라고 생각합니다.

Q10 해당 직무를 수행하기 위해 필요한 전공 역량은 무엇이라고 생각하시나요?

A **CS엔지니어는 기계공학적 지식이 필수적이라고 생각합니다.** 장비의 동작 메커니즘과 부품들이 어떻게 유기적으로 상호 작용하는지에 대한 이해를 한다면 장비를 Set-up 할 때 능숙하게 할 수 있을 것입니다. 장비 동작에 대한 공부는 입사 후 체계적으로 할 수 있습니다. 교육 자료를 잘 활용한다면 엔지니어로서 빠르게 성장할 수 있을 것입니다.

또한 공정 전반에 대한 이해도 필수적입니다. EUV 장비의 경우 Plasma를 발생시키는데 Plasma 동작 과정에서 문제가 발생했을 경우 전공 지식을 활용하여 어떤 메커니즘이 어긋나서 문제가 발생했는지 해결하는 경우가 많습니다. 각 회사마다 다루는 공정이 다르고 장비의 특성이 다르므로 입사를 원하는 회사에서 다루는 공정을 공부하는 것이 중요하다고 생각합니다.

PART 03 현직자 인터뷰

Chapter 01 CS Engineer

Chapter 01. CS Engineer • **383**

해당 직무에 지원할 때 자소서 작성 팁이 있을까요?

A   ASML 같은 경우 자소서가 자유 형식이기 때문에 더욱 더 차별화하여 작성해야 한다고 생각합니다. 저 같은 경우엔 지원 동기, 직무 역량, 입사 후 포부의 형태로 자소서를 작성하였습니다. 지원 동기는 반도체 산업을 전체적으로 타깃하여 쓴 것이 아니라 왜 **ASML이어야만 하는지**에 대해서 서술하였고, 직무 역량은 **회사가 선도하고 있는 노광 공정에 대한 이해와 경험**을 살려 작성하였습니다. 입사 후 포부는 **CS 엔지니어로서 내가 만들고 싶은 커리어**에 대해서 작성했습니다. 자소서 형식이 있는 일반 기업에 지원할 때에는 자소서 항목에 내 경험을 맞췄다면 ASML 같은 경우엔 내 경험을 ASML에 맞춰서 어필했습니다.

Q12 A사는 서류 합격 후 온라인 테스트와 영어 테스트를 보는데 해당 테스트에서 팁이 있을까요?

A   **1. 온라인 테스트**

   AI 테스트는 인성검사와 돌발질문, 게임으로 이루어져 있습니다. 인성검사에서는 일관성이 있는 답변을 선택하는 것이 중요하다고 생각합니다. 무조건 좋은 쪽으로만 선택하는 것이 아니라 본인의 성격에 맞게 일관성 있는 답변이 합격률이 높았던 것 같습니다. 돌발질문은 면접에 대한 준비가 잘 되어있으면 쉽게 답변할 수 있는 정도의 난이도였습니다. 게임 영역에서는 게임에 대한 이해도와 의도치 않은 상황이 벌어졌을 때 스스로 마인드 컨트롤을 하며 차분한 모습을 보여주는 것이 합격률이 높았던 것 같습니다.

2. 영어 테스트

   영어 테스트는 평소에 영어 회화에 자신이 없어도 준비할 수 있다고 생각합니다. 기본적인 면접 질문들을 영어로 같이 준비하면 쉽게 답변할 수 있는 정도의 난이도입니다. 개인마다 편차는 있지만 본인 스스로에 대한 가치관을 묻는 질문이 많은 편입니다. 스스로에 대해서 소개하는 것을 위주로 준비한다면 합격에 가까워질 수 있다고 생각합니다.

Q13 해당 직무에 지원할 때 면접 팁이 있을까요? 면접에서 가장 기억에 남는 질문은 무엇이었나요?

A

1. 1차 실무진 면접

실무진 면접에서는 전공 위주의 질문이 나왔습니다. 특히 본인이 학부 때 배웠던 내용을 리마인드하는 질문들을 많이 물어봤고 회사가 다루는 공정에 대한 질문들도 많이 물어봤습니다. 반도체 공정 중에서도 이 회사가 담당하는 공정이 어떤 부분인지만 잘 알고 있다면 쉽게 답변할 수 있을 것입니다.

2. 임원진 면접

임원진 면접에서는 인성 위주의 질문이 나왔습니다. 회사에 대한 관심도가 어느 정도 인지, 본인에 대한 가치관이 잘 확립이 되어있는지, 입사 후 어떤 식으로 커리어를 발전시켜 나갈지에 대해서 많이 묻는 편이었습니다. 오래 같이 일할 엔지니어를 뽑으려고 하다 보니 회사의 인재상과 어우러지는 사람들을 선호하는 것 같습니다. 회사의 인재상을 잘 보고 준비한다면 합격할 수 있을 거라 생각합니다.

Q14 앞에서 직무에 대한 많은 이야기를 해주셨는데, 머지않아 실제 업무를 수행하게 될 취업준비생들이 적어도 이 정도는 꼭 미리 알고 왔으면 좋겠다! 하는 용어나 지식을 몇 가지 소개해주시겠어요?

A

1. 현업에서 실제로 사용하는 빈도가 높은 용어

트러블슈팅: 어떤 문제가 발생했을 경우에 전공 지식 혹은 여러 지식을 활용하여 문제를 추측하고 일련의 과정을 통해 해결해 나간다는 의미입니다.

2. 학부생이 강의, 프로젝트, 학부연구생 등의 직무 학습 과정을 통해 접할 수 있는 수준의 용어

스캐너: A사의 장비에서 80% 이상을 차지하고 있는 부분입니다. 스캐너가 하는 역할이 무엇인지에 대해서 잘 공부한다면 면접에서도 크게 도움이 될 것이라고 생각합니다.

3. 자소서 & 직무면접에서 사용하면 면접관들이 좋아할 만한 용어

- **트러블슈팅:** 문제 해결 역량이라고 보통 자기소개서에 작성하는데 트러블슈팅을 해 본 경험은 누구나 다 있다고 생각합니다. 현업에서 사용하는 용어를 사용하면서 직무에 대한 이해도가 높다는 것을 어필해 주면 합격에 도움이 되지 않을까 생각합니다.
- **이슈:** 라인에서 발생한 문제들을 보통 이슈라고 합니다. '장비 문제 발생 시' 보다는 '장비 이슈 발생 시'라는 용어를 더 많이 사용하기 때문에 이 부분을 어필하는 것도 도움이 될 것 같습니다.

4. 조금만 관심을 갖고 검색을 해보면 충분히 학습 가능한 용어

플라즈마: 포토 장비에서 가장 중요한 부분이라고 생각합니다. 플라즈마가 왜 필요한지, 그리고 플라즈마를 발생시키기 위해 어떻게 해야 하는지 공부를 한다면 채용 모든 과정에서 도움이 될 것입니다.

🗨 Topic 4. 현업 미리보기

Q15 회사 분위기는 어떤가요? 다니고 계신 회사를 자랑해주세요!

A 회사 분위기는 정말 좋습니다. 외국계 회사의 장점답게 개인의 의견과 자유를 최대한 존중해 주는 분위기입니다. 또한 선배 엔지니어들이 그동안 쌓아왔던 교육 자료, 그리고 신입 엔지니어일 때 어려움을 겪었던 부분들을 다 자료로 남겨 두어서 보고 공부할 자료가 풍부합니다. 스스로 노력한다면 엔지니어로서, 회사의 일원으로서 빠르게 회사에 적응할 수 있다는 것이 장점입니다. 교대 근무가 힘들다고는 하지만 개인마다 편차가 있다고 생각합니다. 대부분의 엔지니어들은 교대 근무의 장점을 살려 만족하고 있습니다. 저 같은 경우에도 3일 휴일이 생기면 국내외 여행을 다니면서 스스로 워라밸을 실현하고 있습니다. 또한 복지가 부족하다고 생각하는 엔지니어는 없을 만큼 엔지니어를 위한 복지 체계도 잘 되어있습니다.

Q16 해당 직무를 수행하면서 생각했던 것과 달랐던 점이나 힘들었던 일이 있으신가요?

A 입사 전 CS 엔지니어에 대한 조사를 하면서 하드웨어 작업을 할 때는 신체 조건이 좋아야 하고 힘을 많이 요구하는 작업들이 많아서 어려울 줄 알았는데 작업 공구가 잘 되어 있어 생각보다 어려운 것은 없었습니다.

또한 CS엔지니어는 라인에 들어가서 하드웨어적인 작업만 하는 줄 알았는데 생각보다 소프트웨어 작업도 많았습니다. 소프트웨어 작업은 업무 강도도 낮아서 피로가 오히려 풀리기도 하고 작업이 잘 진행되면 라인에 들어가지 않고 원격시스템을 이용해서 작업하는 경우도 많습니다. CS 엔지니어가 육체적인 노동만 하는 이미지가 있지만 생각보다 많이 힘들지는 않다고 말하고 싶습니다.

이제 막 취업한 신입사원들이나 취업을 준비하고 있는 학생들이 CS엔지니어에 대해 오해하고 있는 카더라 내용과 많이 궁금해 하는 질문들을 뽑아왔습니다! CS엔지니어 현직자로서 직접 답변 부탁드려요!

A [카더라1] CS엔지니어가 하는 일은 단순 반복 업무이고 다른 엔지니어 직군에 비해 전문성이 떨어져 커리어를 쌓는데 한계가 있다?

A) CS엔지니어가 하는 일이 단순 반복 업무라고 생각될 수 있지만 전공 지식이 없다면 수행할 수 없는 업무입니다. 그리고 CS엔지니어로 입사하더라도 직무 이동은 매우 자유롭고 이 또한 본인의 선택입니다. 공정을 이해하기 앞서 장비의 동작 원리를 이해한다면 더 효율적인 공정 레시피를 제안할 수 있습니다. 그 예로 CS엔지니어로서 경력을 쌓고 공정 직무로 이동하여 우수한 성과를 내는 엔지니어도 많습니다.

[카더라2] CS엔지니어 직무를 선택하면 계속 교대 근무를 해야 하고, 근무 일정을 조율하는 것이 어렵다?

A) 교대 근무를 수행하는 경우 야근이 발생하지 않고 근무 일정은 몇 달 전 미리 짜여져서 나옵니다. 그렇기 때문에 휴가를 조율하거나 본인의 일정을 조율하는 것은 오히려 더 쉽습니다. 또한 원하는 날짜에 근무 변경을 하여 휴가를 사용하고 여가 시간을 보내는 것도 매우 자유로운 편입니다.

[카더라3] CS엔지니어는 워라밸이 안 좋다?

A) 1주일에 3일 휴일이며 휴일에 근무는 절대 발생하지 않습니다. 타 기업과 비교하여 높은 급여와 상대적으로 긴 휴일이 워라밸이라고 생각합니다.

[질문1] 반도체 관련 수업을 많이 듣지 않아 지식이 별로 없거나, 반도체 관련 경험이 부족한 상태인데 반도체 CS엔지니어로 지원하는 것은 무리일까요?

A) 반도체 관련 경험보다 의사소통 역량과 배우려고 하는 학습 의지가 자기소개서와 면접에서 드러난다면 합격할 수 있다고 확신합니다.

[질문2] 반도체 공정실습을 많이 하는데 도움이 확실히 될까요? 요즘에 다들 많이 하다 보니 안 하면 오히려 마이너스가 되는 것 같습니다.

A) 공정실습을 하면 라인 근무에 대한 이해를 할 수 있다고 생각합니다. 이 과정에서 스스로가 라인 근무가 잘 맞는지 아닌지 알 수 있습니다. 반도체에 대한 지식을 쌓는 것보단 적성을 찾는 데 시간을 할애한다고 생각하시면 될 것 같습니다. 하지만 공정실습을 안 한다고 마이너스가 된다고 생각하지 않습니다.

[질문3] 외국계 반도체 장비회사가 많다 보니 CS엔지니어 직무가 영어를 중요시하는 경우가 많은데 실제로도 영어를 많이 사용하고 뽑을 때 중요하게 보는지 궁금해요.

A) 주재원들과 근무하거나 메일 혹은 교육이 대부분 영어로 진행됩니다. 그렇기 때문에 기본적인 영어 역량은 필수적이라고 생각합니다.

[질문4] CS엔지니어로 지원할 때 전공이 많이 중요할까요?

A) 전공은 중요하지 않다고 생각합니다. 이공계뿐만 아니라 자연과학 분야에서 합격자들도 많습니다. 본인의 적성과 잘 맞고 반도체 산업에 대한 이해가 잘 되어 있다면 충분히 합격할 수 있다고 생각합니다.

Q18 요즘 취업이 어렵다 보니 중소/중견기업에서 경험을 쌓고 중고 신입으로 입사하거나 경력직으로 이직하는 경우가 많습니다. 실제로 이직을 통해 A사로 입사하셨는데 이직하실 때 노하우를 알려주실 수 있으실까요?

A 취업난으로 인해 중소/중견 기업에서 경험을 쌓고 중고 신입으로 입사하는 경우가 많습니다. CS 엔지니어는 경험이 중요하다고 생각합니다. 경험이 있으면 라인 근무에 대한 이해도 높고 CS엔지니어로서 다루는 공구에 대한 이해도 높기 때문에 업무를 잘 수행할 수 있습니다. 그렇기 때문에 오히려 가산점이 된 부분이 많다고 생각합니다.

또한 저는 이직을 결심한 후, 근무를 하면서 문제가 발생할 경우 어떻게 해결했는지를 기록하며 성과를 메모하였습니다. 무작정 경험을 쌓는 것이 아니라 이직을 위한 경험을 쌓는다고 생각하고 준비하는 것이 핵심이었던 것 같습니다. 또한 공정 공부도 소홀히 하지 않고 영어 공부도 꾸준히 하였습니다. 이 모든 과정이 이직할 때 도움이 되었던 것 같습니다.

Q19 해당 직무의 매력 Point 3가지는?

A   1. 우수한 워라밸, 2. 높은 급여, 3. 시간이 잘 간다는 것이 Key Points인 것 같습니다. 먼저 짜여진 스케줄표가 변동되는 경우가 적기 때문에 휴가 계획이나 일정 조율이 편합니다. 그렇게 때문에 업무와 여가 시간의 균형 잡힌 삶을 실현할 수 있다고 생각합니다. 또한 교대 근무의 장점으로 높은 급여가 있습니다. 교대 근무에 적응하지 못한다면 힘들 수 있겠지만 스스로 스케줄링을 하고 피로 관리를 하면서 적응한다면 오히려 장점이 더 크다고 느낄 수 있습니다. 마지막으로 라인 내에서 직접 움직이며 근무하다 보니 지루하지 않고 시간이 잘 간다고 느끼는 경우가 많습니다. 본인의 적성과 잘 맞는다면 최고의 직무가 될 수 있을 것입니다.

💬 Topic 5. 마지막 한마디

Q20 마지막으로 해당 직무를 준비하는 취업준비생에게 하고 싶은 말씀 있으시다면 말씀해주세요!

A   CS엔지니어라는 직무를 준비하면서 고민이 많았습니다. 앞서 말한 바와 같이, '전공 관련 경험이 적고 학점이 낮아서 반도체 산업에 잘 녹아들 수 있을까?'라는 고민을 먼저 했습니다. 현업에서 일을 하다 보니 새로 배우는 내용에 대한 습득력만 좋다면 아무 문제가 되지 않는다는 것을 몸소 깨달았고 기본 지식만 갖추고 있다면 바로 도전해도 된다고 말하고 싶습니다.

또한 '타 직무보다 커리어를 발전시킬 기회도 적어지지 않을까?', '너무 힘든 업무 강도 때문에 미래에 지속 가능성이 있을까?'라는 고민을 했었는데 실제로 일을 해보니 오히려 타 직무보다 장점이 더 많은 직무라는 생각을 했습니다. 장비를 직접 인스톨 하면서 원초적인 부분부터 다 알게 되었고, 그 과정에서 생기는 문제와 양산 중에 생기는 문제 등 여러 가지 문제도 접하면서 전공적으로 더 깊게 배울 수 있었습니다. 또한 직무 이동도 상당히 자유롭기 때문에 직무에 대한 걱정보다는 회사라는 큰 그림을 보고 취업 준비를 한다면 만족하는 회사 생활을 할 수 있을 것이라고 생각합니다.

MEMO

Chapter

02

평가 및 분석

저자 소개

후니훈

통계학 학사 졸업

現 S사 평가 및 분석
前 I사 은행
前 SAS KOREA, Milliman KOREA 인턴

💬 Topic 1. 자기소개

Q1 간단하게 자기소개 부탁드릴게요!

A   안녕하세요, 통계학을 전공하고 현재 삼성전자에서 평가 및 분석 업무를 하고 있는 멘토 후니훈입니다. 파운드리 사업부에서 Data 분석 업무를 한 지 약 3년차에 접어 들었습니다. 첫 직장은 은행이었지만, 경직된 조직문화와 구조로 자유를 찾아 삼성전자에 입사했습니다.

    취준생 시절 렛유인으로부터 많은 도움을 받았고, 이제는 도움을 줄 수 있는 멘토가 되어 설레는 마음으로 펜을 들었습니다. 이 글을 읽고 많은 분들이 반도체 산업, 특히 평가 분석 직무에 대해 알아 갔으면 좋겠습니다.

Q2 다양한 이공계 산업 중 현재 재직 중이신 산업에 관심을 가지신 이유가 있으실까요?

A   '한국은 반도체 강국이다.'라는 한 문장으로 설명이 될 것 같습니다. 사실 반도체 산업도 산업이지만, 삼성전자라고 하는 국내 최고의 기업에서 일하고 싶다는 마음이 컸습니다. 그러다 보니 자연스럽게 반도체 산업에 관심이 생겼고, 글로벌 사회에서 한국이 반도체 강자로 자리를 잡은 과정을 알게 되었습니다. 국가 간 첨단 산업의 역학적 구조를 인지하면서 반도체에 매료되었습니다.

Q3 현재 재직 중이신 산업에서 많은 직무 중 해당 직무를 선택하신 이유는 무엇인가요?

A 전공이 통계였고 학부 시절부터 머신러닝 분야와 Data 분석에 관심이 많았기 때문에 자연스럽게 선택했습니다. 직무 소개를 보며 평가 분석 직무가 저의 자리임을 확신했습니다. 공정설계나, 공정기술 및 회로 분야보다는 Data를 보는 것이 훨씬 능숙했기 때문입니다.

학창 시절부터 숫자를 해석하고 문제를 해결하는 것을 좋아했고 어렸을 때는 특히 레고를 좋아했습니다. 대학생이 되고 나서 Data 속에 숨은 인사이트를 찾는 것에 빠지면서 무언가를 평가하고 분석하고 검증하는 것에 많은 재미를 느꼈습니다.

Q4 취업 준비를 하셨을 때 회사를 고르는 기준이나 현재 재직 중이신 회사에 지원하게 된 계기가 있으실까요?

A 오랜 기간 취업 준비를 하면서 회사를 고르는 가치관을 세웠습니다. 타인의 시선보다는 제 자신의 취향을 이해하는 것이 중요했습니다. 그래서 '금전적인 보상, 자기계발의 보장, 기업 브랜드'라고 하는 3가지 가치를 세웠고 해당 기준으로 회사를 골랐습니다.

이 질문은 많은 분들이 하고 있는 고민일 것 같습니다. 취업에 있어 가장 중요한 것은 '나 자신'입니다. 회사 동료들을 보면 은행을 가든 반도체 회사를 가든 불평불만을 쏟아내는 직원이 있고, 그 반대로 만족하며 자신의 길을 찾는 직원들이 있습니다. 그 차이는 '내가 좋아하는 것이 무엇인지 아는 것'입니다. 그것이 워라밸이든 금전적 보상이든 업무의 난이도이든 상관없습니다. 여러분이 무엇을 좋아하는지 깨닫는 것이 첫 번째 단계입니다.

💬 **Topic 2. 직무 및 업무 소개**

Q5 재직 중이신 부서 내에서 직무가 다양하게 나누어져 있는데 현재 재직 중이신 직무에 대해 좀 더 자세하게 설명 부탁드리겠습니다!

A   저는 평가 및 분석 직무에서 업무를 하고 있습니다. 풀어서 설명하자면 '반도체 제조 과정을 평가하고, 불량의 원인이나 공정 특성을 분석하는 것'이라고 말할 수 있습니다. 쉽게 말하자면 반도체 제조 전반에 걸친 **품질 업무**를 담당한다고 이해하면 됩니다.

그 중에서 특히 제가 맡은 업무는, 반도체 제조 과정 중 발생한 불량을 분석하는 '불량 분석' 업무입니다. 제조 산업은 고객의 납기와 수많은 양산 제품을 관리해야 하기 때문에, 구조적으로 전수조사를 진행할 수 없습니다. 제조되는 제품들의 일부만 샘플링하여 검사할 수 있습니다. 반도체 하나를 만들 때 진행하는 수천 가지의 공정 중 고작 많아야 몇 십 번의 불량 검사가 진행됩니다. 이런 한정된 검사 Data를 가지고 발생한 불량이 어떤 공정에서 어떤 원인으로, 어떤 설비에서 발생했는지 Data 기반으로 분석을 하는 업무입니다.

물론 공정 STEP마다 검사를 하면 Data도 많고 원인을 찾는 데 훨씬 수월하지만, 언급했다시피 제조 양산이 중요한 이 산업에서는 그럴 수가 없습니다. 한정된 Data를 갖고 원인을 자세히 분석하는 Data 분석 역량이 중요하고, 그렇기에 산업공학과나 통계학과 전공자들이 많이 분포해 있습니다.

Q6 취업을 준비할 때 가장 먼저 접하게 되는 공식 정보는 채용공고입니다. 그런데 정작 채용공고가 간단하게 나와 있어서 궁금하거나 이해가 되지 않는 내용이 생기는 경우가 많은데, 현직자 입장에서 직접 같이 보면서 설명해주실 수 있으실까요?

A

메모리	파운드리	TSP 총괄	글인총
Product Engineering		TEST 최적화 및 Tool 개발	전사 기술 지원
품질 보증/관리			클린룸/환경
Data Science	EDS 기술	Data Science	요소기술

※ Job Description을 참고하여 작성한 도표입니다.

[그림 2-1] 삼성전자 내 평가 분석 지구

평가 분석 직무는 크게 위와 같이 나누어져 있습니다. 여기서 대표적인 Product Engineering, 품질 관리, Data Science에 대해 이야기를 나눠 보겠습니다.

Product Engineering(이하 PE)은 제품 설계에서부터 출하까지 발생할 수 있는 품질 요건들을 정립하고, 공정에 대한 평가 및 수율 연관성을 분석하는 직무입니다. 하나의 부서에서 이 모든 업무를 하는 것이 아니고, PE 안에서도 여러 부서로 나뉜다는 점을 인지하기 바랍니다. 반도체 제품은 연구 – 개발 – 양산 – 출하의 단계를 거치게 되는데, 제품마다 특성이 다르고 공정 조건이 다르니 각 제품에 맞는 Test Process가 필요합니다. 이 Process를 정립하고 Tool을 개발하기 위해선 C와 C++을 다루는 사람도 필요하고 품질 공학을 이해하고 있는 엔지니어도 필요하며, Oscilloscope와 같은 툴을 다루는 엔지니어도 필요합니다. 한 명이 이 업무를 다 하는 것이 아니라, 여러 평가 분석 엔지니어들이 힘을 합쳐 PE업무를 진행하는 것입니다.

Data Science는 제조 공정에서 발생하는 제조/공정 Data를 다루는 분석가를 말합니다. 반도체 불량은 크게 Systematic Defect과 Particle Defect으로 구분됩니다. 공정 설계나 소재, 공정 조건에 의한 불량은 Systematic이라고 하고 설비나 단발 사고성으로 발생하는 불량은 Particle Defect이라고 합니다. 제조 과정에 생성된 방대한 Data를 가지고 어떤 불량이 발생하였을 때 어떤 원인 때문에 발생하였는지 분석하는 업무를 진행합니다. 통계적 수치와 Data를 잘 다루어야 이러한 추론이 가능합니다. 이것 외에도 공정 스케줄링을 최적화하거나 공정 모델링을 하는 등 Mathematical 분야에 관련된 여러 업무를 담당하고 있습니다.

품질 보증/관리는 고객과 품질 스펙에 대한 협의를 진행하기도 하고 특정 공정 조건에 대한 관리 방안을 제시하기도 합니다. 반도체 제품의 고객사는 일반적으로 SET업체(IT 제품 조립 업체)나 Vendor사(부품/모듈 조립 업체) 등이 됩니다. 이들은 자신의 회사에서 생산하는 제품과 호환되는 제품, 특정 환경에서도 작동하는 반도체를 받고 싶어 합니다. 이런 부분에 대한 신뢰성이나 품질에 대한 보증과 관리를 담당하고 있는 직무입니다.

Q7 회사에서 주로 하루를 어떻게 보내시나요?

A

출근 직전 (07:30~08:30)	오전 업무 (08:30~12:00)	점심 (12:00~13:00)	오후 업무 (13:00~18:00)
• 셔틀버스 • 아침식사 • 커피타임	• 메일 확인 • Data 확인 • Issue 정리 • 내부 회의	• 점심식사 • 낮잠 • 커피타임	• Data 분석 • 개인 프로젝트 진행 • 유관부서 의견 전달 • 자료 작성 • 유관부서 회의

저희 부서는 Defect Data를 분석하는 업무를 하기 때문에 출근이 이른 편입니다. 수율과 품질사고에 관련이 깊기 때문이죠. 이 부분은 부서마다 다르니 참고 바랍니다.

출근 전에는 든든하게 아침 식사를 하고 오는데 회사 식당에 들르면 되니 대부분의 직원들은 아침을 굶지 않고 출근합니다. 그래서 에너지가 넘치는 것 같습니다. 또 직장인들에게 커피는 필수이기에 업무 시작 전에 사내 카페에서 커피를 사서 옵니다.

> 요즘은 사내 식당에서도 아이스 아메리카노를 제공해 줍니다.

오전은 주로 메일 확인과 Issue를 정리하는 시간입니다. 당일에 진행할 업무의 우선순위를 정하고, 전날에 처리되지 않은 업무를 마무리하는 시간을 보냅니다. 가끔 정기 회의를 진행하며 1 ~ 2주간의 업무를 Review하며 점검하는 회의도 진행합니다. 최근 회사에서 자료 작성 시간과 회의 시간을 줄이려는 문화가 확산되고 있어 좋은 것 같습니다.

오후는 본격적인 업무 시간인데 오전에 어느 정도 업무들이 정리된 상태라 긴 시간 동안 업무에 집중할 수 있습니다. Data 분석이 필요한 Issue의 경우 보고서를 작성하고 솔루션을 도출하는 업무도 하며 유관부서와 회의를 진행하기도 합니다. 공정 조건을 바꾸려고 해도 공정 설계팀과 제품담당자의 의견이 필요하고 해당 공정 기술팀의 의견도 필요합니다. 특정 Defect이 발생하여도 부서 홀로 처리하는 경우가 없기에 유관 부서와 회의를 통해 솔루션을 도출하는 시간입니다. 만약 부서 내부에서 해결해야 할 중요한 Issue가 생기지 않으면 개인 프로젝트를 진행하기도 합니다. 각자가 부서에서 맡은 역할과 담당 업무가 있기에 개인 업무 일정을 관리하는 것도 중요한 역량입니다.

A 직무 안에서도 여러 가지 부서로 나뉘기에 '어떤 업무를 할 것이다.'라고 확정 짓기는 어렵습니다. 일반적으로 삼성전자는 CL2, CL3, CL4와 같은 차등 직급으로 분류합니다. CL2는 사원 · 대리급, CL3는 과장 · 차장급, CL4는 부장 · 리더급으로 이해하면 좋습니다.

입사 후 1년 정도는 교육에만 집중하고, 이후부터 3~4년차까지는 부서의 기본적인 업무에 대해 배우고 4~7년차의 실무자들의 업무를 서포트하는 역할을 합니다. 평가 분석 직무는 대부분 품질에 기여하는 직무이기에, 불량 Data를 다룰 확률이 큽니다. 불량 Data의 종류도 제조 공정 중 발생하는 SEM이미지나 Defect 차트, 전기적 특성 Data 등 다양합니다. 이 Data를 기반으로 원인을 찾는 업무를 배우고 타 부서와의 협업을 통해 품질을 개선하는 업무를 합니다. 이 품질 개선 업무란 권한 관리부터 결재 승인, Data 분석 후 결과 전달, 회의 진행 등 다양합니다.

4~7년차가 되면 업무가 숙달되어, 부서의 KPI(성과지표)를 담당하고 개선하는 일을 하기 시작합니다. 본격적인 실무자가 되는 과정입니다. 이 시기에는 저연차 사원보다 능동적이고 적극적으로 업무를 할 수 있습니다. 품질을 개선할 수 있는 기술을 제안하거나, 유관부서를 회의에 소집하여 개선 Item을 발굴하는 일을 할 수도 있습니다. 품질 업무는 품질을 관리하는 부서의 의견이나 제안이 중요하기 때문에, 제조 공정에 악영향을 끼치지 않는 현실적인 의견을 내는 것이 중요합니다.

이후 CL3라고 하는 책임급에 도달하면, 부서를 대표할 수 있습니다. 유관 부서에게 업무 협의에 대한 의사결정을 내릴 수 있으며, SOP(업무 프로세스)를 개정하거나 프로젝트를 이끌어 나가는 단계가 됩니다. 기존의 품질 관리 방식을 뒤바꿀 수 있는 고난도 기술을 도입하여 성공시키는 프로젝트나 혹은 새로운 평가 시스템을 개발하는 것이 그 예입니다. 인력 관리나 업무 배분같이 경영적인 업무도 맡게 되고 부서에서 중요한 핵심 KPI를 맡아 개선하는 역할을 합니다. 또 리더급과 사원급의 중간다리 역할을 하니 신경 쓸 부분이 많아 스트레스가 가중되는 시기라고 생각합니다.

💬 Topic 3. 취업 준비 꿀팁

Q9 해당 직무를 수행하기 위해 필요한 인성 역량은 무엇이라고 생각하시나요?

A 평가 분석 직무는 숫자를 다루는 업무이고 기본적으로 유관부서 함께 일하는 환경이 조성되어 있습니다. 그렇기에 꼼꼼한 성격과 소통 역량이 중요합니다.

우선 숫자에 대한 이야기를 하겠습니다. 품질은 기본적으로 숫자와 통계로 이루어집니다. 전수 조사를 할 수 없으니 여러 가설과 추정, 통계적인 지표들을 동원하기 때문입니다. 이 숫자는 제조 공정에 지대한 영향을 끼칩니다. 품질 지표가 잘못되어 사고가 발생하거나 이상 Data가 탐지되면 제조 공정이 멈출 수도 있습니다. 물론 양산성과 납기에 손해가 발생하지만, 품질 사고로 인한 손해보다 적다는 판단 때문입니다. 이후에 원인을 규명하고 대책을 수립하면, 해당 요소에 대한 공정이 다시 진행되는 형태입니다.

만약 이 순간에 여러분이 숫자를 잘못 기입하여 실수가 나면 품질에 문제가 생길수 있습니다. 그렇기에 평가 분석 직무는 숫자를 꼼꼼하게 점검할 수 있는 사람이필요합니다.

소통은 이것과는 결이 조금 다릅니다. 품질 부서는 사고가 나지 않도록 공정 기술팀 혹은 설계팀과 긴밀한 협업을 해야 합니다. 물론 우리 품질 부서를 위해 아주 깐깐한 기준을 만들고 이를 통과하는 제품만 내보내면 되지만 실제로는 그럴 수 없습니다. 각자 부서가 바라보는 목표와 KPI가 다르기에 유관 부서와의 상황도 살펴 가며 조율을 해야 합니다.

예를 들어 A부서의 공정 조건을 바꿨는데 이것이 B부서의 공정을 악화시켜 품질사고를 야기할 수도 있습니다. 혹은 품질 개선을 위해 A부서가 큰 인력과 비용을 들이는데, 정작 A부서에게 이득이 되는 것이 없다면 A부서는 품질을 개선할 이유가없을 것입니다.

이와 같이 품질 업무는 여러 유관부서의 이해관계가 얽혀 있으니, 여러 부서의 상황을 이해하고 상생을 추구할 수 있는 소통 능력이 중요한 것입니다.

A 필요한 전공 역량은 통계, Data분석, 품질 관리 역량입니다. 쉽게 말해서 숫자, Data를 분석하는 역량입니다.

평가 분석 직무 합격자를 살펴보면, 크게 두 가지 유형으로 나뉩니다. Data(품질 업무)를 잘 이해하고 있는 반도체 전공자, 혹은 반도체를 잘 이해하고 있는 Data(품질 업무) 전공자입니다. 전자 같은 경우는 신소재, 전자공학, 기계공학 등 다양한 전공이 분포되어 있고 후자 같은 경우는 수학과나 통계학, 산업공학같이 숫자와 관련된 전공이 분포되어 있습니다.

제가 계속 Data를 강조하고 있는데 이는 무언가를 평가하고 분석한다는 것이 전부 Data 기반으로 이루어지기 때문입니다. 반도체는 '수율(Yield)'이라고 하는 대표적인 품질 지표가 있습니다. 어떤 반도체 제조 회사든 이 지표는 매우 일반적인 숫자라고 할 수 있습니다. 평가 분석 Eng'r들은 '하나의 Wafer에 몇 개의 Chip이 정상적으로 제조되는지' 뜻하는 수율 지표를 분석합니다. 수율이 떨어지면 왜 떨어졌는지, 갑자기 이상점이 발생하면 어떤 특성, 어떤 공정 때문에 발생했는지 찾아야 합니다.

이 때문에 Python이나 R과 같은 프로그래밍 언어를 통해 통계적, 품질적 Data를 분석하는 역량이 필요합니다. Data 관련 전공자가 아니라면, Data 분석 관련 교육이나 Data 관련 자격증을 취득한 경험이 필요합니다. 혹은 공학적 문제를 Data 기반으로 해결한 사례도 좋은 경험이 될 수 있습니다. 반면에 Data 전공자라면, 반도체 Data를 다뤄본 경험이나 반도체 관련 교육을 이수한 것이 도움이 될 수 있습니다.

Q11 위에서 말씀해주신 인성/전공 역량 외에, 해당 직무 취업을 준비할 때 남들과는 다르게 준비하셨던 특별한 역량이 있으실까요?

A 취준생 시절 취업 경쟁력에 대한 본질을 고민했을 때 내린 결론은 '참신함'이었습니다. 요즘은 취업 경쟁률이 워낙 심해서, 우스갯말로 100명 중 1등이어도 합격이 불확실합니다. 일단은 나머지 99명보다 더 끌리는 지원자가 되는 것이 중요합니다. 단순히 학점 0.1점 높다고 해서 취업할 수 있는 것이 아니라는 뜻입니다.

저는 참신함을 어필하기위해 크게 두 가지 경험을 키웠습니다. 첫 번째는 학회 활동이었고, 두 번째는 블로그 운영이었습니다. 남들이 하지 않는 활동 = 참신한 활동이라는 공식하에 진행한 활동입니다.

우선 학회 활동은 정말 해당 역량을 키우고 싶은 학생들이 모인 곳입니다. 자연스럽게 학회 주제에 대해 접할 기회가 많아지고 운이 좋으면 마음이 맞는 친구들과 컨퍼런스나 공모전에 참여할 수도 있습니다. 이런 경험들이 자산이 되어 직무 관심도가 높은 지원자로 연결됩니다. 더욱이 공모전 수상경력도 쌓으면서 '썰을 풀 수 있는 거리들'이 많아졌고 자소서나 면접을 준비할 때 좋은 경쟁력이 되었던 것 같습니다.

블로그 활동은 정말 좋아하지 않은 면접관이 없었을 정도로 칭찬을 많이 받았습니다. 단순히 취미가 아닌 직무나 산업에 관련된 포스팅을 꾸준히 해 왔기 때문입니다. 블로그 포스팅을 준비하며 제가 남들에게 설명해야 하는 부분을 자연스럽게 공부하는 것은 덤이고 직무 관심도와 창의적 활동, 공부하는 습관 등 여러 가지 매력을 어필할 수 있었던 경험이었습니다.

자격증이나 학점 같은 일반화된 스펙도 좋습니다. 하지만 남들이 하지 않는 수해 복구 자원봉사, 축제 먹거리 판매 사업, 국제 인턴십과 같이 '여러분'만 가질 수 있는 경험을 쌓다 보면, 여러분 이름 자체가 브랜드가 되는 날이 올 것이라고 생각합니다.

A 자소서를 작성할 때 꼭 기억하셔야 할 두 가지 팁이 있습니다. 바로 기승전결의 스토리텔링과 두괄식 문단 구조입니다.

이번 질문에 대한 제 답변을 보면 두괄식 문단 구조로 서술되어 있는데, 첫 문장을 읽자마자 '아, 어떤 이야기를 하겠구나.'가 바로 예상될 것입니다. 하지만 이런 두괄식 구조를 무시하는 분들이 많습니다. 면접관도 사람입니다. 하루에 수십 장, 수백 장의 자소서를 읽다 보면 맥락 없이 흐리멍덩한 글은 몰입도가 떨어져서 읽지 않게 됩니다. 이렇게 되면 안타깝지만 탈락입니다.

일반적으로 글의 첫 문장은 '후킹'이라고 합니다. 독자가 글을 집중해서 읽을지, 아니면 그냥 넘길지 결정하는 중요한 순간입니다. 우리가 자소서 문단마다 소제목을 고민해서 작성하는 이유도 이것과 일맥상통합니다.

스토리텔링에 대한 이야기를 해 보자면, 많은 분들이 자소서를 '재미있게' 쓰고 있지 않습니다. 경험했던 스펙을 나열식으로 늘어놓기만 합니다. '~를 했습니다. ~한 경험이 있습니다. ~ 한 상을 받았습니다.' 이렇게 되면 글을 읽는 사람이 따분하게 됩니다. 이럴 때 좋은 방법은 경험과 경험 사이에 '맥락과 근거'라는 윤활유를 넣어주면 아주 좋은 글이 됩니다.

예를 들어, 'A라는 역량을 쌓기 위해 @@에 도전하였으나, ~~한 어려움을 마주하여 크게 실망했습니다. 하지만 A는 저에게 큰 약점이었기에 포기할 수 없었고, @@한 방법까지 동원하여 ●●라는 기법을 알게 되었습니다. 처음 마주하는 기술이었지만, 밤을 새워 가며 노력한 결과 ●●를 성공적으로 적용할 수 있었고, 결국 @@ 상까지 수상하며 해당 프로젝트를 성공적으로 마무리할 수 있었습니다.'

위와 같이 글을 구성하게 되면 짧은 문장이지만 본인의 문제 해결 역량과 끈기, 도전, 성과를 한 번에 보여 줄 수 있는 글이 됩니다. 글 사이마다 '포기할 수 없었고, 처음 마주하는 기술, 밤을 새워 가며' 등의 윤활유를 발라주었기 때문이죠. 언급한 두 가지만 지켜 주어도 꽤 매력적인 자소서를 빚어낼 수 있습니다.

A   면접에서 기억나는 질문은 두 가지입니다. 질문이 기억나는 이유가 각기 다른데 그 이유를 설명해보겠습니다.

첫 번째 질문은 "파괴분석과 비파괴분석에 대해 설명해 보세요."였습니다. 평가분석 직무는 반도체 품질을 다루는 직무기에 공학적인 평가 방식도 잘 알고 있어야 했죠. 하지만 저의 대답은 "잘 모르겠습니다."였습니다. 이 질문이 기억에 남는 이유는, 면접에 나와서 해당 개념을 찾아보니 너무나 기초적인 개념에 대한 질문이었기 때문입니다. 면접이 끝나고 제대로 준비하지 못했다는 사실에 후회를 정말 많이 했습니다.

두 번째 질문은 "어떻게 이런 것까지 공부했어요?"였습니다. 제가 잘 아는 신뢰성과 품질 공학에 관한 질문을 받았는데 당시에 나름 면접을 리드하겠다는 자신감이 있었습니다. 품질 공학에 대한 설명이 끝나고 예시를 들어 반도체 구조와 소자에 대한 품질 개선 사례를 설명하였습니다. 제가 공부했던 반도체 용어들과 지식을 최대한 짜내어 설명했습니다. 이렇게 했던 이유는, 제가 반도체 분야에 대한 공부를 따로 했다는 점을 어필할 기회가 없을 거란 생각에 묘수를 둔 것입니다.

면접관 중 한 분이, "반도체 수업도 안 듣고 통계학과인데 어떻게 이런 것까지 공부했어요?"라고 여쭤 보았습니다. 인터넷 강의와 구글링을 통해 공부했다고 답하니 적극성이 맘에 든다며 좋게 평가받을 수 있었습니다.

저는 취준생 당시 40여 곳의 회사에 지원하면서 삼성전자에 오기 전까지 여러 기업에서 면접 연습을 할 수 있었습니다. 제가 생각하는 면접의 중요한 요소는 '담백하게, 그리고 자신감 있게'입니다. 받은 질문에 대해 자신감 있게 답하고, 답변 중간마다 담백하게 저의 역량을 은근히 어필하는 것입니다. 면접에서 제가 가진 모든 것을 보여줄 수 없기 때문에 짧게 한두 문장씩 다른 역량을 끼워 팔기 하는 연습이 필요합니다. 물론 이렇게 하려면 면접 스터디를 여러 번 거치며 다듬어야 합니다.

앞에서 직무에 대한 많은 이야기를 해주셨는데, 머지않아 실제 업무를 수행하게 될 취업준비생들이 적어도 이 정도는 꼭 미리 알고 왔으면 좋겠다! 하는 용어나 지식을 몇 가지 소개해 주시겠어요?

A

- **수율(Yield):** 반도체 양산의품질을 대표하는 값
- **GCR:** Good Chip Ratio, 양품 칩의 비율
- **Module(FEOL, BEOL):** 반도체 공정 Process Sequence를 구분하는 단위
- **Recipe, Process ID:** 공정 레시피와 세부 공정 조건을 일컫는 말
- **Systematic Defect, Particle Defect:** 불량을 의미하는 단어
- **파괴분석, 비파괴분석 종류, Wafer Test 종류:** 반도체 평가 기법 종류(XPS, Probe Card, SEM, TEM 등)
- **Spec, Interlock:** 제조 공정 Data를 관리하는 기준

위의 단어들을 보면 대부분 품질에 관련된 단어입니다. 단어들을 선정한 이유는, 평가 분석 직무가 기본적으로 품질과 관련된 업무를 진행하기 때문입니다. 현업에서 사용되는 비중이 높지만, 실무적으로 사용되는 실무 전용 단어이기 때문에 지원자분들이 놓치고 지나갈 수 있는 단어들로 선정하였습니다.

특히 평가 기법의 종류에서, SEM과 TEM은 반도체를 공학적으로 분석하는 기법이고, Probe Card는 전기적 소자 특성을 평가하는 도구입니다. XPS와 같은 Tool들은 공학적 분석이 가능하도록 하는 설비 종류의 예시입니다. 이런 용어들을 공부하고 지원을 하면 경쟁력을 갖출 수 있을 겁니다.

위의 단어들은 반도체 관련 석사학위를 취득한 분들은 대부분 숙지하고 있지만, 전자공학이나 신소재공학, 산업공학이나 통계학 등 일반 학문에 계신 분들은 기초적인 단어임에도 모르는 경우들이 많습니다.

Topic 4. 현업 미리보기

회사 분위기는 어떤가요? 다니고 계신 회사를 자랑해주세요!

A
　　회사 분위기를 한 문장으로 요약하자면 '자유와 책임, 존중'입니다. 개인적으로 인턴을 포함해서 총 4군데의 회사를 다녀 보았는데, 조직문화로서는 삼성전자가 국내 최고라는 생각이 듭니다. 이 모든 것을 가능하게 하는 것은 'SCI'라고 하는 삼성전자 조직문화 평가 제도입니다. 임직원들이 각 부서의 문화와 불편한 점을 익명으로 평가할 수 있고, 인사팀은 이를 통해 중앙 관제를 할 수 있습니다. 이런 제도 덕에 투명하고 수평적인 조직 구조를 가질 수 있게 되었습니다.

　　'자유와 책임'은 좋으면서도 단점이 될 수 있는 양날의 검이지만, 임직원 스스로가 주도적으로 업무를 할 수 있다는 점에서 개인적으로 회사의 강력한 장점이라고 생각합니다. 예를 들어 출퇴근이 늦거나, 근무시간이 적어도 괜찮습니다. 단, '업무 성과를 잘 낸다는 가정 하'에서입니다. 부서마다 차이는 있겠지만, 휴가를 사용하는 것도 자유롭고 개인 사생활에 대한 터치가 없습니다. 오후에 사내에 있는 은행이나 병원도 자유롭게 다녀올 수 있습니다. 하지만 이 모든 것은 업무를 책임지고 마칠 수 있다는 가정이 들어가 있습니다. 당연한 이야기지만 업무를 수월하게 하지 못하거나 업무를 뒤로 한 채 개인 행동하는 직원들은 동료들로부터 잔인할 정도의 무시와 질타를 받을 수 있습니다. 이를 통해 자정 작용이 된다고 생각합니다.

　　'존중'은 회사에서 제가 가장 좋아하는 부분입니다. 물론 사람마다 차이가 있지만, 선배라고 해서 후배를 무시하지 않고 리더라고 해서 실무자들을 무시하지 않는 편이라고 생각합니다. 유관 부서끼리 업무를 할 때로 이성적 근거와 논리적인 토론을 통해 업무를 합니다. 목소리를 크게 낸다고 업무가 유리하게 진행되지 않습니다. '아는 것이 힘이다.'라는 논리가 깊게 자리 잡혀 있다고 생각합니다. 물론 이런 부분 때문에 개인주의 문화를 만들 수도 있습니다. 하지만 구성원으로서 존중받는다는 사실은 그 누구에도 좋은 문화라고 느껴질 것입니다.

Q16 해당 직무를 수행하면서 생각했던 것과 달랐던 점이나 힘들었던 일이 있으신가요?

A 평가 분석 직무가 아니라 모든 직무에 해당하는 이야기일 수 있습니다. '여러분이 생각했던, 하고 싶었던 업무를 할 확률'은 낮다는 사실입니다.

여러분들은 학부생이나 대학원 시절, 전공과 관련한 여러 기술을 쌓고 역량을 키웠을 것입니다. 하지만 회사는 연구소가 아니기 때문에 여러 서면 작업과 결재 업무들이 쌓여 있습니다. 쉽게 말해 '시스템 업무'라고 하는데, 이 업무는 지루하고 매뉴얼로 하는 경우가 많습니다. 대기업 종사자들이 설문조사에서 '나는 부품이라고 느낀다.'라고 답변하는 데 가장 큰 영향을 미치는 부분이기도 합니다.

저도 처음엔 고난도의 알고리즘을 구축하고 기계학습 모형을 모델링하는 것을 기대했지만 단순한 시스템 업무, 간단한 엑셀 작업만 하게 되니 답답했습니다. '현타'가 온 것입니다. 그런데 꾸준하게 리더분들께 의견을 내고, 개선할 부분을 찾아 제시하니 어느 새부터 저에게 그런 업무들을 맡기기 시작했습니다. 제가 원하는 업무를 하게 된 거죠. 이런 케이스는 주변을 봐도 드물게 일어납니다. 스스로 문제를 찾고 해결하고자 하는 사람들에게 이런 기회가 올 것입니다.

Q17 해당 직무에 지원하게 된다면 미리 알아 두면 좋은 정보가 있을까요?

A 회사 채용 홈페이지에 게시된 Job Description(이하 JD)을 꼼꼼히 읽어 보고 그와 관련된 역량을 집중적으로 공략하면 좋습니다. 평가 분석 직무 안에서도 요구하는 역량이 굉장히 다양한데 그 이유는 평가 분석 직무도 세부 직무로 나누면 다양하기 때문입니다. JD에 게시된 모든 역량을 갖추려고 하지 말고 그 중에 본인과 가장 잘 맞는 역량, 잘 맞는 포지션을 선정하여 집중적으로 어필하셨으면 좋겠습니다.

통계 분석이나 Data Science, 품질 쪽으로 준비하는 분들은 구글링이나 인터넷 강의를 통해 약점이 되기 쉬운 부분인 반도체 기초 지식들을 탄탄히 쌓기를 바랍니다. Data 관련 전공자가 아닌 분들은 품질경영기사나 빅데이터 분석기사 자격증 책을 통해 관련 지식을 쌓아도 좋은 경쟁력이 될 수 있습니다.

마지막으로 평가 분석 직무에 관심 있는 모든 지원자분들은 반도체 품질 사고 사례를 한 번씩 읽고 마인드 셋을 해보시면 좋을 것 같습니다. 인터넷에 게시된 사례도 많고 품질 직무를 체험할 수 있는 프로그램도 다양합니다.

Q18 이제 막 취업한 신입사원들이나 취업을 준비하고 있는 학생들이 오해하고 있는, 해당 직무의 숨겨진 이야기가 있을까요?

A "평가 분석 업무에 Data 분석 역량이 꼭 필요할까요?"라는 질문을 많이 받습니다. 정답은 'NO'입니다. 평가 분석 업무는 요구하는 역량이 다양합니다. 품질 사고는 여러 가지 원인으로 발생합니다. 전기적 소자 특징 문제일 수 있고, 공정 설계 관점에서 생긴 문제일 수 있고, 소재 특성 때문에 발생한 문제일 수 있습니다.

평가 분석 직무는 '꼼꼼함'이 중요한 것이지 파이썬과 같은 Data 분석 역량이 본질이 아니라는 뜻입니다. 물론 Data 분석 역량이 있으면 좋습니다. 하지만 그것조차 평가 분석 직무 안에 포함된 하나의 직무라는 것을 깨달았으면 좋겠습니다.

여러 지원자분들께서 겁먹고 흔히 말하는 '하향 지원'을 하시는데, 두려워하지 말고 본인이 하고 싶은 직무라면 용기 내어 지원하기를 바랍니다.

Q19 해당 직무의 매력 Point 3가지는?

A 평가 분석 직무의 가장 큰 매력은 제가 맡은 업무가 회사 품질에 직접적으로 연관된다는 것입니다. 이는 실제 글로벌 고객을 만족시키기 위한 중요한 부분이고, 제가 관리하는 제품이 세계 각지의 전자제품 사용자들에게 닿을 수 있다는 뜻입니다. 반도체는 구조적으로 어떤 전자제품의 부품으로 사용되기 때문에, 제가 담당한 제품이 수율을 지키지 못해 출하가 늦어진다면 모든 것이 꼬일 수 있습니다. 여러 IT 제품을 만드는 글로벌 고객사는 다른 부품들이 있어도 제가 맡은 제품이 없다면 생산 자체를 할 수가 없게 됩니다.

그리고 반도체 제조 공정 전반에 대해 이해할 수 있다는 점도 큰 장점입니다. 물론 이 부분은 전문성이 흐려질 수 있는 단점이 될 수도 있지만, 국가 기술로 분류되는 첨단 산업의 전체 프로세스를 공부할 수 있는 기회는 정말 흔치 않을 겁니다. 남들이 보지 못하는 기밀 정보를 다룰 수 있다는 것은 업무적으로 만족도를 느끼게 해 줄 수 있을 것입니다.

마지막으로 문제 해결에 대한 성취감입니다. 일반적으로 품질 사고는 기존 시스템이 잡을 수 없는 형태의 불량이 발생하여 일어납니다. 평가 분석 종사자들은 빠르고 정확하게 불량 원인을 찾는 역량이 요구됩니다. 만약 수많은 평가 분석 엔지니어 중 제가 가장 먼저 정확하게 원인을 규명하고 해결책을 제시한다면 이보다 더 큰 성취감은 없을 겁니다. 한 번 맛을 본 엔지니어라면 문제 해결에 상당히 고무적인 태도가 될 거라고 확신합니다.

💬 Topic 5. 마지막 한마디

Q20 마지막으로 해당 직무를 준비하는 취업준비생에게 하고 싶은 말씀 있으시다면 말씀해주세요.

A 제가 취업 특강이나 강연을 할 때, 마무리하는 멘트로 '취업은 내가 먹고 싶은 그 빵을 찾는 과정이다.'라는 말을 하곤 합니다. 세상에 빵집은 많고 맛있는 빵도 많습니다. 그런데 내가 먹고 싶은 '그 빵'은 인기가 너무 많아서, 어느 빵집을 가도 구하기가 어렵습니다. 빵집을 돌아다닐수록 배고픔은 더해지기만 합니다. 이런 시간이 계속될수록 어느새 마음속에 '배고픈데 그냥 아무 빵이나 먹을까?'하는 생각이 듭니다. 왜냐하면 어느 빵집을 가도 당장 배고픔을 채워 줄 맛있는 빵들은 많기 때문입니다.

취준생들이 특히나 가고 싶은 기업은 인기가 워낙 많아서 두드린다고 쉽게 들어가기가 어렵습니다. 그런 과정에서 숱하게 많은 거절을 받을 것이고 당연하게도 자존감이 바닥으로 떨어지는 경험을 할 것입니다.

사실 제가 그랬습니다. 저는 3평짜리 고시원에서 취업 준비를 했는데, 침대도 없는 이 방은 어찌나 좁던지 바닥에 누우면 머리맡에 신발이 닿은 채로 잘 수밖에 없었습니다. 지원한 모든 기업에서 탈락하고 1년 반 정도를 그렇게 생활하고 나니 제 자신이 정말 쓸모없게 느껴졌습니다. 시간이 지날수록 우울증이 극에 달해 정신이 혼미해졌습니다. 앞으로의 인생이 막막해지고 캄캄한 현실이 저를 덮칠 무렵, 결국에 '그 빵'을 먹을 수 있었습니다. 제가 원했던 3곳의 기업에서 동시에 최종 합격을 받았습니다.

저는 여러분들이 힘들어도 지금의 고통을 버텼으면 좋겠습니다. 우리가 먹고 싶은 '그 빵'은 어딘가의 빵집에는 무조건 들어올 예정이거든요. 제가 지금 이 글을 쓰고 있는 이유도 과거의 저와 같은 상황에 처해 있을 취준생분들께 힘을 주고 싶기 때문입니다. 숱한 탈락, 타인의 시선, 지인의 취업 성공 소식들은 우리를 더욱 힘들게 하겠지만 그럼에도 불구하고 이겨 냈으면 좋겠습니다. 응원하겠습니다.

후공정 공정기술

저자 소개

Wilson

메카트로닉스 공학부 학사 졸업

前 OSAT 기업 H사 공정 기술 5년
前 반도체 소재(접착제) 기업 O사 소재 영업 3년
前 OSAT기업 A사 공정 기술 2년
前 OSAT기업 H사 공정 기술 재입사
現 직무변경/공정기술팀 연구소(R&D)

Topic 1. 자기소개

Q1 간단하게 자기소개 부탁드릴게요!

A 안녕하세요. 반도체 후공정 중견기업에서 근무 중인 윌슨이라고 합니다. 반도체 후공정 공정기술 엔지니어로 근무하며 반도체 패키징 기술에 대한 이론적인 지식과 경험을 쌓았고, 그 경험을 바탕으로 동 기업의 연구소에서 생산 기술을 바탕으로 한 반도체 패키징 신기술 연구를 담당하고 있습니다.

● OSAT 기업 공정기술팀(8년)

반도체 패키징&테스트(OSAT) 기업의 공정기술(Process Engineering) 직무 담당자는 반도체 패키징 제품의 초기 개발부터 생산, 출하까지의 모든 과정에서 기술적 업무와 관련된 모든 영역을 담당합니다. 이때 그 업무 영역이 개발 및 평가, 생산의 기술적 영역 관리, 고객 대응, 분석 및 개선 등으로 매우 다양하기 때문에 업무 경험과 연차에 따라 담당하는 업무가 달라지게 됩니다.

● OSAT 기업 연구소(R&D, 2년~)

반도체 패키징&테스트 기업의 연구소(R&D) 직무 담당자는 보급화된 다양한 반도체 패키징 제품의 개선 검토/연구 또는 선진 경쟁사의 제품 검토/연구 등을 담당합니다. 이러한 기술 내재화를 통해 타사의 특허권에 침해되지 않고 제품화가 가능하도록 개발하고 생산까지 연계될 수 있도록 업무를 추진합니다.

공정기술 엔지니어에서 연구소로 전배된 것이 흔한 경우는 아니지만 대부분의 연구소가 생산 현장에 대한 이해가 부족하기 때문에 현장 중심의 기술 경험이 충분한 인원을 선발하고자 했고, 여기에 부합하는 경력과 경험을 보인 것이 새로운 기회를 얻게 된 것으로 생각합니다.

Q2 다양한 이공계 산업과 직무 중 현재 재직 중인 산업/직무에 관심을 가지신 이유가 있으실까요?

A   대학교 재학 중에는 산업용 로봇 분야에 관심이 있었고, 품질팀 관련(품질 개선) 직무를 목표로 공부하였습니다. 고등학생 때부터였던 것 같은데 TV에서 여러 기업의 '품질명장'이라는 대통령상을 받은 사람들을 소개하는 프로그램이 있었고, '저도 언젠가는 품질 개선의 전문가가 되어서 '품질명장'이라는 상을 받아 보겠다.'라는 목표가 생겼습니다.

이때, '품질명장' 이라는 상을 받으려면 당연히 품질팀 직무를 수행해야 하는 것으로 받아들였고, 당시 저에겐 제품의 형태/종류와는 무관하게 직무의 종류만 중요했던 것 같습니다.

그래서 여러 기업에 이력서를 제출하고 면접을 보던 중, 현재 재직 중인 H사 면접 당시에 특별한 제안으로 입사를 하게 되었습니다. 그 당시에도 품질팀 관련 직무에만 이력서를 제출하고 면접을 보게 되었는데, 면접 자리에 동석하셨던 기술 팀장님의 "입사를 하면 어떤 일을 제일 해보고 싶냐."라는 질문에 "제품은 잘 모릅니다. 하지만 제품 생산과정에서 발생되는 다양한 문제의 원인을 파악하고 개선하는 업무를 배우고 잘 하고 싶습니다."라는 대답을 했었고, 그 자리에서 "그렇다면 품질팀에서 일할 것이 아니라 공정기술팀에서 일하는 것이 맞을 것 같다."라는 답변을 듣게 되었습니다. 그 후 합격 통지와 함께 공정기술팀 입사 제안과 별도의 안내(설명)를 받고 제가 목표로 하는 직무 방향과 일치한다는 판단으로 입사를 하게 되었습니다. 아마도 직무 목표가 뚜렷하기 때문에 회사의 생산 제품에 대한 이해가 부족했음에도 좋은 점수를 받고 입사가 가능했던 것 같습니다.

Q3 취업 준비를 하셨을 때 회사를 고르는 기준이나 현재 재직 중이신 회사에 지원하게 된 계기가 있으실까요?

A   다른 친구들과는 조금 다른 방향이었지만… 대기업 지원보다는 중소/중견 기업을 주로 지원하였던 것 같습니다. 스스로의 성취 욕구를 중소/중견 기업을 통해 더 얻을 수 있지 않을까 하는 생각 때문이었는데, 그 과정에서 제가 지원하고자 했던 3박자(품질 관련 직무＋중견기업＋반도체 관련)와 딱 맞는 H사에 지원했고 합격한 후 다른 기업에는 추가 지원하지 않게 되었습니다. 조금 많이 순진했었습니다.

💬 Topic 2. 직무&업무 소개

A   반도체 후공정 산업을 일반적으로 OSAT(Outsourced Semiconductor Assembly and Test) 기업이라 부르는데, 반도체 전공정을 통해 생산된 Wafer를 받아 전자 제품에 실장이 가능하도록 패키징 된 형태로 조립과 양품 선별을 위한 Test를 진행하기 때문입니다.

이러한 반도체 후공정 회사에는 다양한 직무가 있지만, 우리가 알아 두어야 하는 반도체 후공정 개발/제조와 관련해서 직/간접적으로 연관된 직무는 아래와 같이 구분할 수 있습니다.

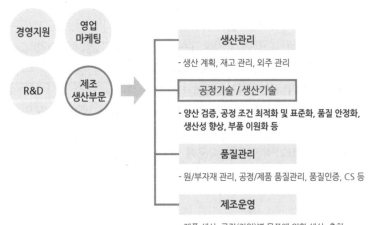

[그림 3-1] 후공정 제조 관련 직무

먼저, 공정 기술(Process Engineering)의 의미에 대해서 이해할 필요가 있습니다. 공정(工程, Process)이란 사전적으로 '한 제품이 완성되기까지 거쳐야 하는 하나하나의 작업 단계'를 의미합니다. 그리고 Engineering의 종류는 매우 다양한데 기계, 화학, 의학, 건축 등 각 분야의 전문 지식을 기반으로 일하는 전문가로, 공정 기술(Process Engineering)이란 하나의 제품이 완성되기까지 모든 과정을 관리하고 운영하는 직무라고 보면 됩니다.

이때 반도체 후공정은 그 요구 특성에 맞는 공정 순서(Process Flow)를 가지게 되고, 전체 제조 공정이 매우 복잡하며 각 단위 공정마다 전문적인 지식이 요구되기 때문에 단위 공정별로 팀을 나누고 인원을 배분해 공정별 전문 공정 기술 엔지니어로서 업무를 수행하게 됩니다.

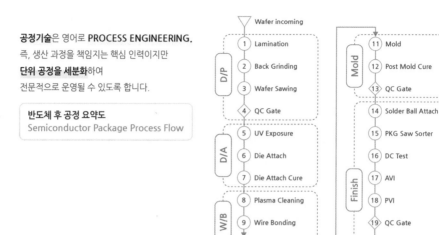

공정기술은 영어로 **PROCESS ENGINEERING.**
즉, 생산 과정을 책임지는 핵심 인력이지만
단위 공정을 세분화하여
전문적으로 운영될 수 있도록 합니다.

반도체 후 공정 요약도
Semiconductor Package Process Flow

Wafer incoming

D/P
① Lamination
② Back Grinding
③ Wafer Sawing
④ QC Gate

D/A
⑤ UV Exposure
⑥ Die Attach
⑦ Die Attach Cure

W/B
⑧ Plasma Cleaning
⑨ Wire Bonding
⑩ QC Gate

Mold
⑪ Mold
⑫ Post Mold Cure
⑬ QC Gate

Finish
⑭ Solder Ball Attach
⑮ PKG Saw Sorter
⑯ DC Test
⑰ AVI
⑱ PVI
⑲ QC Gate
⑳ Packing
㉑ Shipping

[그림 3-2] 후공정 공정 기술 업무

공정기술 직무는 신제품 개발 기획 및 평가, 생산 조건 수립, 생산 중 발생된 부적합(불량)에 대한 원인 분석과 개선대책 수립, 생산성 향상 등 생산 전반의 기술적인 요구가 필요한 영역을 담당하는 직무라고 보면 됩니다.

1. 공정 관리 및 기술 개발
- 신제품 양산을 위한 공정 조건 최적화
- 수율/품질 개선을 위한 공정 및 작업 조건 표준화
- 공정 모니터링을 통한 불량 제품 조치 및 품질 관리

2. 공정 기반기술 연구
- 공정 진행 중 발생하는 특이사항 분석 및 개선
- 단위 공정 적합 소재 연구 및 적용, 생산성 향상 및 원가 절감
- 단위 공정 Test 및 Data 확보, 신뢰성 향상
- 차세대 공정 및 생산기술 확보

3. 공정 및 설비 관리
- 공정 및 설비 이상점 모니터링
- 공정/설비 문제 발생 시 원인 분석 및 해결책, 재발방지 대책 마련
- 공정 및 설비 생산성, 효율 극대화를 위한 시스템 구축

[그림 3-3] 공정 기술 직무의 주요 역할

A

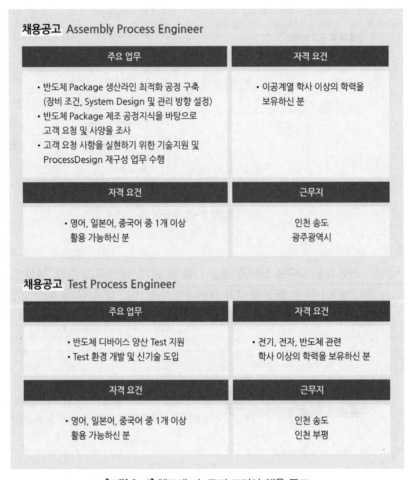

채용공고 Assembly Process Engineer

주요 업무	자격 요건
• 반도체 Package 생산라인 최적화 공정 구축 (장비 조건, System Design 및 관리 방향 설정) • 반도체 Package 제조 공정지식을 바탕으로 고객 요청 및 사양을 조사 • 고객 요청 사항을 실현하기 위한 기술지원 및 ProcessDesign 재구성 업무 수행	• 이공계열 학사 이상의 학력을 보유하신 분

자격 요건	근무지
• 영어, 일본어, 중국어 중 1개 이상 활용 가능하신 분	인천 송도 광주광역시

채용공고 Test Process Engineer

주요 업무	자격 요건
• 반도체 디바이스 양산 Test 지원 • Test 환경 개발 및 신기술 도입	• 전기, 전자, 반도체 관련 학사 이상의 학력을 보유하신 분

자격 요건	근무지
• 영어, 일본어, 중국어 중 1개 이상 활용 가능하신 분	인천 송도 인천 부평

[그림 3-4] 앰코테크놀로지 코리아 채용 공고

앞서 후공정 산업과 직무 설명으로 이야기했지만 조금 더 구체적으로 설명하겠습니다.

반도체 후공정 산업은 OSAT(Outsourced Semiconductor Assembly and Test) 기업으로, 반도체 전공정을 통해서 생산된 Wafer를 받아서 전자 제품에 실장 될 수 있도록 조립(Assembly)하고, 완성된 조립품을 고객에게 납품하기 전에 불량을 선별하는 Test 공정을 수행합니다. 그래서 많은 반도체 후공정(OSAT) 기업에서 Assembly Engineer와 Test Engineer를 담당할 인력을 찾고 있습니다. 참고로 반도체 후공정 산업은 하나의 반도체 Chip(혹은 Die라고 부름)을 외부의 오염이나 충격으로부터 보호하는 목적을 가지고 있기 때문에 Assembly(조립)가 아닌 Packaging 산업이라고 부르기도 합니다.

반도체 패키지란?

Wafer 1장에는 Size에 따라 수 십~수 백, 수 천개의 IC Chip이 있는데,
그 자체만으로는 반도체 부품으로서의 역할을 할 수가 없기 때문에
패키징(반도체 후 공정 또는 Assembly)을 통하여 IC Chip의 기능이
전자 제품에 물리적으로 연결될 수 있도록 하는 Path를 연결해 주어야 한다.
이때, IC Chip(Die라고도 부름)과 전자제품 Board 사이에 전기적인 Path(통로)만
만들어 주면 그 Chip의 동작 여부는 확인할 수 있겠지만 실제 사용자 환경에서
전자제품의 원하는 기능이 수행되기 위해서는 외부의 충격이나 오염으로 부터
오랫동안 보호되고 견딜 수 있도록 하는 패키징 기술이 필요하다.

반도체 패키지 목적

- IC chip (Die)와 실장되는 전자제품의 보드까지 전기적인 신호 연결
- 오염 및 충격받기 쉬운 Si IC Chip의 보호
- 다양한 사용 환경에서 장시간 사용할 수 있도록 신뢰성 확보

[그림 3-5] 반도체 패키지

Assembly(혹은 Packaging)를 담당하게 될 Engineer는 입사 후 여러 개의 제조 공정 중 하나의 공정을 담당하는 전문 Engineer로 배우고 성장하게 되며, 하나의 반도체 완제품을 만들기까지 필요한 모든 기술적 요구에 대한 업무를 수행하게 됩니다. 이때 기술적 요구가 필요한 업무 영역으로는 신제품의 개발 기획과 공정 조건 평가, 생산 조건 수립, 생산 중 발생된 부적합(불량)에 대한 원인 분석과 개선대책 수립, 생산성 향상 등입니다.

그리고 Test 공정을 담당하게 될 Engineer는 신제품에 대한 Test 조건 수립 및 평가, 생산 제품 Test를 위한 기술적인 요구에 대한 전반적인 모든 업무를 담당합니다. 반도체 조립 완제품(Packaging 완제품)을 Test 한다는 것은 단순히 전기의 흐름을 Test 하는 것이 아니라, Test가 필요한 특정 반도체의 전기적인 신호가 정상적으로 처리됨과 동시에 그 반도체가 가지는 기능이 정상적으로 동작을 하는지를 Test 합니다. 뿐만 아니라 반도체가 사용되는 다양한 환경을 예상하여 다양한 물리적인 악조건 속에서도 반도체가 정상 작동할 수 있는지 Test 해야 하기 때문에 반도체와 관련된 다양한 이론 지식들을 학습하고 경험을 쌓아 나가야 합니다.

반도체 후공정 기업의 조립 공정 기술 직무를 담당하시는 분들의 전공 사항을 보면 전자전기, 기계공학, 재료/소재공학, 메카트로닉스공학, 화학공학 등 매우 다양합니다. 공학계열 중 특별히 제한되는 전공은 없는 것으로 봐도 좋겠지만, 정보통신/IT를 전공한 분들은 접근이 조금 어려울 수 있습니다.

> 기업에서 지원을 제한하지는 않지만, 관련성과 지식 범위가 다르기 때문에 선입견은 생길 수 있다는 이야기입니다.

그리고 Test 분야의 경우 위 언급한 전공을 포함해서 프로그래밍 관련 전공을 졸업한 분에게 유리한 부분이 있습니다. Test 설비 운영을 위해서 프로그래밍이 필요한 부분이 있기 때문입니다.

또, 언어 중 영어를 기본적으로 우대하는 기업이 많은데 그 이유는 직무 자체가 영어를 많이 사용하기 때문이기도 하지만 후공정 기업 중 대기업인 경우 고객이 대부분 해외 고객이기 때문에 공정 기술 엔지니어가 고객이 필요로 하는 기술적인 요구에 영어로 대응해야 하는 경우가 많습니다.

> 간혹 중국어, 일어, 불어 등에 우대 사항을 넣기는 하지만 영어 실력만 겸비해도 충분합니다.

이 밖에 우대사항으로 전기, 전자, 반도체 관련 전공 졸업자인 경우가 있는데 서류에서 우대 사항이 될 수는 있겠지만 비전공자라도 관련된 지식을 충분히 겸비하고 있다면 문제될 것은 없습니다.

Q6 회사에서 주로 하루를 어떻게 보내시나요?

A

업무 시작 직전 (08:00~08:30)	오전 업무 (08:30~12:00)	점심 (12:00~13:00)	오후 업무 (13:00~17:30)
• e-mail 확인 • 주요 일정 확인 • 제조 현장의 특이사항 발생 여부 확인 • 지속 중인 업무 진행 • 현황 점검 등	• 일정에 따른 업무수행	• 점심 식사 후 휴식	• 일정에 따른 업무수행

업무 시작 전 업무 일정 점검, E-mail 확인 등을 주로 하며, 일정에 따라 오늘 하루의 업무가 어떻게 진행되어야 하는지 팀원들과 간단한 회의 후 업무를 수행합니다.

공정 기술 직무의 엔지니어가 담당하는 업무의 종류는 기술 관련의 개발, 생산성 향상, 불량 원인 분석 및 개선, 생산 조건 최적화 등 매우 다양하고 많기 때문에 각 단위 공정 리더의 지휘 아래 업무를 나누어 받아 수행하게 됩니다. 이 업무들은 하루에 모두 완료될 수도 있고 며칠 혹은 몇 달에 걸쳐 업무를 수행해야 할 수도 있습니다. 필요한 경우 정해진 근무 시간을 초과하여 연장 근무를 할 때도 있습니다.

Q7 연차가 쌓였을 때 연차별/직급별로 추후 어떤 일을 할 수 있나요?

A

1. 사원 단계: 입사 ~ 3, 4년 차

신입 사원으로 입사를 하게 되면 누구나 그렇듯 회사의 많은 사람들이 사용하는 용어조차도 낯설고 생소하게 느껴집니다. 내가 입사한 회사가 어떤 제품을 생산하는지 알고 입사했다고 하더라도 아무것도 모르는 무지한 상태가 되는 것도 마찬가지입니다.

때문에 회사에서 함께 일하는 사람들이 어떤 언어를 사용하는지, 회사가 어떤 제품을 어떻게 생산하고 있는지, 각 부서의 담당자들을 각자가 어떤 역할을 담당하며 서로 협업을 어떻게 하는지 등등 많은 부분에서 적응을 해야 하는 단계입니다.

> 같은 한국어라도 전혀 알아듣지 못하는 상태입니다.

업무 자체로만 본다면 아래와 같은 일을 주로 하게 되는데, 주로 아주 빠른 시간 내에 처리/완료가 요구되는 업무들입니다.

① Test Sample 제작 (1년~)	② 불량 원인 분석 및 개선 (2년~)
• 고객 Test 요청 Sample 제작 • 자재 준비부터 제작과정 종료까지 전부 다 진행 • 설비 Operation 및 기능도 배움 • Data Gathering 직접 다함 • 전/후 공정 담당자들과 연계하여 협업 문제 발생 시 공유, 함께 해결 • 제품 생산 과정을 직접 체험함 • Sample 제작 완료 후 Report도 작성	• 생산 진행 중 다양한 원인으로 불량 발생 • 치명 불량 발생 시 생산이 중단됨 • 신속한 원인 분석 및 사고 범위 파악 • 생산 재개 가능여부 판단 / 미팅 소집 • 해결 방안 및 재발방지 대책 마련 • 보고서 작성

[그림 3-6] 사원 단계의 주요 업무

2. 선임(대리) 단계: 3, 4년 차 ~ 7, 8년 차

내가 일하고 있는 회사가 어떤 제품을 어떻게 생산하는지, 본인이 어떤 역할을 담당하는지 충분히 알게 되었기 때문에 기술적 창의성이나 기획력을 요구하는 업무를 수행하게 됩니다. 그 업무 영역으로는 신제품 개발을 위한 담당 공정의 기획을 포함하며, 제품 개발/생산에 필요한 부품, 소재, 설비 공급 업체 담당자들과도 협업하면서 생산성 향상, 신기술 적용 및 개선 등을 논의하고 제조 현장에 적용하기 위한 Test를 기획/평가 합니다.

당연한 이야기지만 기업은 더 저렴하고 품질이 우수한 부품, 소재, 설비를 사용해 제품을 생산하고자 하는데 이러한 요구에 기술적인 Solution을 제공하기 위해 공정 기술 엔지니어는 끊임없이 연구와 시장 조사, 학습을 병행해야 합니다.

③ 부품, 소재, 설비 관리 및 개발(4년~)
• 부품, 소재 품질 Monitoring • 설비 모니터링, 이상점 분석, 개선 • 부품, 소재, 설비 업체와 협업 • 부품, 소재, 설비 이원화 관리 • 원가 절감 방안 마련 • 신규 소재 발굴 또는 개발(업체 협업)

[그림 3-7] 선임 단계의 주요 업무

3. 책임(과장) 단계: 7, 8년 차 ~ 13, 14년 차

공정 기술 업무 중 중간 관리자로서의 역할을 수행하게 되는 단계입니다. 본인이 담당하고 있는 단위 공정의 리더로서 업무를 수행하거나, 담당 고객을 지정받아 PM(Project Manager)으로서의 역할을 수행하게 됩니다.

좀 더 자세히 이야기하면 제조 회사에서 고객과 소통을 필요로 하는 직무가 많이 있지만 기술적인 요구사항에 대해서 전문적으로 소통하는 역할은 공정 기술팀에서 주로 수행합니다. 이때 이야기하는 고객은 그 수가 매우 많기 때문에 공정 기술 담당자 중 기술적인 전문성과 원활한 의사소통이 가능한 공정 기술 엔지니어를 지정하여 전담하게 합니다.

이 밖에 기업은 해외 법인 확장을 통해 수익을 창출하고자 계획하는데, 이때 기술 인력의 해외 파견이 필요한 경우 큰 책임감이 수반되는 업무이기 때문에 책임(과장) 단계에 있는 인력을 파견합니다. 물론 책임급이 아니더라도 해외 업무를 수행할 수 있는 충분한 역량을 갖추었다면 회사의 판단에 따라 파견이 될 수도 있겠습니다.

④ 담당 고객 지정 PM(7년~)
- 고객사별로 제품 관리 및 신제품 개발 운영
- 기술 인력 중 PM(Project Manager) 지정
- 신제품 설계 및 개발, 생산 과정을 관리하고, 각 단위 공정 담당자와 협업
- 고객과의 기술 관련 소통 창구 역할
- 생산 제품의 출하 및 Test, Module화 과정까지 Monitoring, 신뢰성 향상
- 수율 관리 및 향상, 생산성 향상, 원가관리

⑤ 해외 법인 설립 기술 지원(10년~)
- 해외 인력 교육 기획 및 교육 진행
- 신규 설비 구매 검토 및 단가 협의
- 제품 BOM 및 설비 List 검토
- 표준 및 일반 문서 검토, 영문화
- 해외 법인 파견 (현지 업무 진행)
- 공정 Lay-out 검토 및 설비 Set-up
- 자동화 시스템 점검 및 적용
- 제품 생산 조건 Test 및 양산화 적용

[그림 3-8] 책임 단계의 주요 업무

4. 수석(차장/부장) 단계: 13, 14년 차 ~

PM 역할을 지속해서 수행하거나 공정 기술팀 기획/총괄/관리 등 전체 업무의 관리 차원으로 업무가 확대됩니다. 이때부터는 지금까지 이야기한 기술 직무와 관련된 업무를 직접 수행하기보다는 총괄하는 역할이기 때문에 각자의 역량에 따라 그 업무 범위가 매우 달라질 수 있습니다.

해당 연차에 있는 사람에게는 회사가 파악한 역량에 따라 전혀 다른 업무를 맡기기도, 기존의 업무에서 연장선에 있는 업무를 맡기기도 합니다. 냉정하게 보자면 이때부터는 본인이 지금까지 쌓아온 경험과 역량, 능력에 따라 그 역할과 업무 방향, 진로가 달라지는 순간이라고 볼 수도 있습니다.

💬 Topic 3. 취업 준비 꿀팁

해당 직무를 수행하기 위해 필요한 인성 역량은 무엇이라고 생각하시나요?

A

다른 중요한 인성 역량이 있겠지만 다음 두 가지를 이야기하고 싶습니다.

첫 번째, 실행력(추진력)을 갖춘 인재를 필요로 합니다. 실제로 아무리 이론적인 지식이 풍부하고 현황을 보는 눈과 계획이 정확하다 해도 실행이 되지 않으면 아무 소용이 없습니다. 구태여 현업을 예로 들지 않더라도 우리가 살아가는 모든 순간에 우리를 가장 괴롭히는 것은 두려움과 귀찮음으로 볼 수 있는데, 현업에서는 이것이 업무 추진을 방해하는 경우가 매우 많습니다. 이를 강한 실행력으로 극복할 수 있는 역량이 필요하며 이를 통해 제조 현장에서의 변화와 안정을 이끌어 낼 수 있습니다.

두 번째, 꼼꼼함과 신중함을 매우 중요한 역량으로 볼 수 있습니다. 우리 엔지니어는 다른 직무보다 더 많은 자료와 Data를 마주해야 할 때가 많습니다. 그런데 시간에 쫓기고 업무량이 많다 보면 전체 내용을 꼼꼼하게 보지 않고 대충 넘기는 나쁜 습관이 발동됩니다. 이러한 경우 언제나 오류가 발생되며 큰 사고로 연결되기도 합니다. 공정 기술 엔지니어는 어느 순간에도 꼼꼼함과 신중함을 무기로 주어진 현상, Data, 자료 등을 정확하게 파악하고 분석해서 업무를 수행할 수 있도록 해야 하는데, 이는 우리 회사의 생산 기준은 언제나 공정 기술 엔지니어가 수립하기 때문입니다. 공정 기술 엔지니어 1명의 잘못된 판단은 곧 회사 전체의 손해로 이어질 수 있는 만큼 매우 중요한 직무임을 기억해야 합니다.

해당 직무를 수행하기 위해 필요한 전공 역량은 무엇이라고 생각하시나요?

A

반도체 후공정은 반도체 완제품을 제조하는 공정을 가지기 때문에 반도체 제조에 대한 기본적인 이론에 대해서는 어느 정도 숙지하는 것이 필요하며, 앞서 말한 것과 같이 공정 기술 엔지니어라는 직무 자체가 제품의 생산 전반에 걸친 기술적인 부분을 두루 담당해야 하기 때문에 생산시스템 영역과 관련된 다양한 이론을 알고 있으면 매우 도움이 됩니다.

이와 관련된 학습을 할 수 있는 과목으로 6 Sigma 이론, 품질경영 산업기사/기사 등이 있으며 주로 생산이 이루어지기까지 필요한 기획, 개발 방법, 원인 분석, 개선 및 재발 방지, 품질 관리 등의 다양한 현장 이론을 다루고 있습니다.

그리고 최근 Data 분석과 관련된 요구도 많은데, 주로 Data 분석 및 시각화 Tool로 많이 사용 중인 Minitab 또는 JMP(Jump라고 부름) Program이 현업에서 많이 사용되고 있으므로 어느 정도 사용할 수 있다면 매우 큰 도움이 될 수 있습니다. JMP의 경우 해당 홈페이지에 방문하면 구직자를 위한 무료 교육도 진행 중이니 방문해서 정보를 확인하면 큰 도움이 될 것입니다.

Q10 위에서 말씀해주신 인성/전공 역량 외에, 해당 직무 취업을 준비할 때 남들과는 다르게 준비하셨던 특별한 역량이 있으실까요?

A 남다르게 준비한 역량은 기억이 정확하지 않기 때문에 추가로 갖추면 좋을 두 가지 역량을 이야기하고 싶습니다.

첫 번째, 생산 기본 요소의 이해입니다. 생산 기본 5요소는 Men(사람), Machine(설비), Material(자재), Method(방법), Environment(환경)로 말할 수 있는데, 이 5가지 중 한 가지라도 없으면 생산이 이루어질 수 없습니다. 이 다섯 가지를 4M1E로 이야기하는데 4M1E 각 요소의 역할과 서로의 유기적인 역할을 이해한다면 공정기술 엔지니어로서의 역량을 갖추었다고 볼 수 있습니다.

두 번째, 빠른 현황(상황) 파악 능력입니다. 공정 기술 엔지니어는 제조 현장을 언제나 모니터하며 특이사항이 발생되는 경우 신속하게 문제를 해결할 수 있는 문제해결능력을 겸비해야 합니다. 하지만 그 전에 문제가 발생된 현장(현상, 현황)을 제대로 파악할 수 있는 통찰력이 없다면 잘못된 방향으로 업무가 진행될 가능성이 매우 높습니다. 이때 공정 기술 엔지니어의 신속하고 정확한 현황(상황) 파악 능력은 매우 중요하며, 파악한 현황이 세부적/구체적이고 정확할 때 문제 해결은 더욱 수월하게 진행될 수 있습니다.

Q11 해당 직무에 지원할 때 자소서 작성 팁이 있을까요?

A 간혹 구직자분들의 자소서를 검토할 경우가 있는데, 이때 안타까운 것이 작성을 요구하는 분량은 매우 작은데도 불구하고 본인의 여러 장점을 복합적으로 이야기하기 위해서 앞/뒤 문맥도 잘 맞추지 않고 여러 가지 상황과 이야기를 나열하듯 말하는 부분입니다. 이렇게 되면 작성된 이야기도 읽기 싫어질 뿐만 아니라 무슨 말을 하고 싶은 건지 알 수 없는 경우가 생깁니다. 그렇기 때문에 자소서에 자신의 강점과 포부 등을 작성할 때에는 1가지씩만을 정해서 강점을 구체적으로 그리고 사례를 꼭 덧붙여서 이야기 했으면 합니다.

 특히 사전 학습이 가능하다면 지원하는 직무의 협업 선배들이 가지고 있는 고민들이 무엇인지 배워 보고 그 고민들을 내가 합격한다면 어떤 방법으로 해결해 나갈 것인지 본인이 가진 역량을 바탕으로 작성해 보는 것도 좋은 방법이 될 것 같습니다.

Q12 해당 직무에 지원할 때 면접 팁이 있을까요? 면접에서 가장 기억에 남는 질문은 무엇이었나요?

A 저희 회사는 인성 면접과 전공 면접을 따로 구분 짓고 있지는 않아 종합하여 말씀드리겠습니다.

 저는 비교적 면접에서 좋은 점수를 받고 취업했던 경우인데 "회사에 입사하면 어떤 업무를 제일 하고 싶고, 자신이 있냐?"라는 질문에 "저는 생산 과정 중에 발생되는 문제/불량에 대한 원인 분석과 개선대책 수립 업무를 하고 싶습니다."라는 대답과 함께 '원인 분석과 개선 대책'에 관심을 가지게 된 이유, 제 대학교 재학 중 문제를 해결했던 사례를 간략하게 설명하였습니다. 그리고 뜻밖에 '품질팀이 아닌 공정기술팀에 입사해서 일을 시작해보지 않겠냐.'라는 제안을 받게 되었고 몇 차례의 설득과 이해 과정을 통해 입사 후 현재까지 업무를 이어 오고 있습니다.

 당시를 돌아보면 직무 자체에 대한 애매한 이해보다는 특정 업무(어떤 일)에 대한 정확한 이해와 확고한 목표, 개인적인 경험이 잘 전달되었기 때문에 면접관에게 같이 일을 해 보고 싶은 사람이라는 인상을 주지 않았나 생각합니다.

 우리 취업 준비생 여러분들은 본인이 어떤 회사에 대해 깊이 있게 이해하고 있다는 인상을 주기는 힘들기 때문에, 본인이 하고자 하는 업무/직무의 한 부분이라도 정확하게 이해하고 있음을 더불어 해당 일을 통해서 본인이 도달하고자 하는 어떤 목표가 있음을 보여줄 수 있다면 높은 점수를 받을 수 있지 않을까 생각해 봅니다.

Q13 앞에서 직무에 대한 많은 이야기를 해주셨는데, 머지않아 실제 업무를 수행하게 될 취업준비생들이 적어도 이 정도는 꼭 미리 알고 왔으면 좋겠다! 하는 용어나 지식을 몇 가지 소개해 주시겠어요?

A 아직은 반도체 후공정 분야를 국내 대학 과정에서는 구체적으로 소개하고 있지 않고, 그동안 반도체 전공정 분야의 중요성만을 대학 과정, 언론, 각종 매체를 통해서 많이 다루어 왔기 때문에 반도체 후공정에 대한 기본적인 이론에 대해 많은 학생들이 잘 모르고 접근하는 경우가 많습니다.

심지어 반도체 직무에 지원을 한다면서도 반도체 전공정에서 생산되는 제품이 무엇인지 이것이 후공정과 어떻게 연결되며 어떤 관계를 가지고 있는 산업인지조차 모르는 구직자분들이 대다수입니다.

구직자 분들이 반도체 후공정 산업(반도체 패키징 산업)을 지원한다면 이 산업에서 생산되는 완제품의 형태는 무엇이며 이 완제품이 어디에 사용되는 목적으로 만들어지는 것인지 이해하는 것이 첫 번째가 될 것이며, 이 과정에서 반도체 전공정이 반도체 후공정과 어떻게 연관되고 있는지 반드시 이해하는 것이 그 다음 중요한 요소가 될 것 같습니다.

그리고 중요한 용어로는 'Wafer' 1가지만 이야기하도록 하겠습니다. 반도체 후공정 산업에서 제품 생산의 시작점이 반도체 전공정에서 생산된 제품인 Wafer입니다. 그런데 이 Wafer의 특징과 종류만 어느 정도 이해하고 있어도 반도체 후공정 산업의 전반을 이해하고 있다고 해도 과언이 아닙니다. 'Wafer'와 관련해서는 인터넷상에 수없이 많은 정보가 있는데 반도체 후공정과 연결시켜서 정보를 찾아보고 습득하는 것을 제안합니다.

> Wafer의 종류는 반도체 패키징의 종류와 밀접한 연관이 있습니다.

PART 03 현직자 인터뷰

Chapter 03 후공정 공정기술

💬 Topic 4. 현업 미리보기

회사 분위기는 어떤가요? 다니고 계신 회사를 자랑해주세요!

A

제가 근무 중인 회사는 설립된 지 20년이 조금 넘은 회사입니다. 그럼에도 지속적인 발전으로 최근 국내 반도체 후공정 기업 중에서는 가장 높은 매출을 기록하고 있는 회사이기도 합니다. 그리고 앞으로가 주목되는 회사로 손꼽히기도 합니다.

그만큼 많은 직원들이 회사의 성장에 기대를 가지고 본인의 업무를 열심히 해 나가고 있습니다. 직설적인 의미로 보자면 회사의 Name Value가 상승한다는 것은 곧 나의 연봉이 많아진다는 의미이기도 합니다. 직장인들에게는 가장 크게 기대되는 한 부분이기도 합니다.

이뿐만 아니라 해외 법인도 함께 성장하고 있기 때문에 일을 통해서 다른 나라에서의 삶을 살아볼 수 있는 기회를 얻기도 합니다.

Q15 해당 직무를 수행하면서 생각했던 것과 달랐던 점이나 힘들었던 일이 있으신가요?

A

앞서 이야기했던 것처럼, 제가 제조 회사에 취업하면 가장 하고 싶었던 일은 문제가 발생했을 때 그 원인이 무엇이지 분석하고 개선 대책과 재발 방지 대책을 수립하여 생산 현장을 안정화시키는 것이었습니다.

그런데 취업 전 이론과 각종 매체를 통해서 배운 것에는 그 문제가 발생된 현황을 분석하고 여러 요인을 파악하며 파악한 원인의 정확성을 검증하는 등의 구체적인 과정은 빠져 있어서 이것이 실제로 얼마나 힘든 업무인지 직접 경험을 해 보고 나서 알게 되었습니다. 게다가 제조 현장을 직접 경험해 보니 여러 문제들이 발생되는 빈도가 너무 높아 언제나 시간에 쫓기고 어떤 일을 먼저 시작하고 끝내야 할지를 몰라 무척 힘들었던 기억이 많습니다.

물론 시간이 지나 일도 익숙해지고 경험도 많아지면서 업무를 더 잘 수행해 나갈 수 있게 되었고, 여러 상황들도 더 나아지게 되었지만 회사의 성장이 빠르게 진척되는 과정이었기 때문에 더 힘든 시간이 아니었나 생각하게 됩니다.

해당 직무에 지원하게 된다면 미리 알아두면 좋은 정보가 있을까요?

A

반도체 산업 전반의 흐름과 현황, 반도체 전공정과 후공정 산업을 통해 생산되는 제품이 무엇인지에 대한 지식, 반도체 전/후공정의 기본 생산 순서 이 세 가지 정도만 알고 있어도 공정 기술 엔지니어로서 지원하고자 하는 제품/산업에 대한 기본적인 이해는 될 것이라고 생각합니다.

특히 다음 용어들을 Google을 통해 검색하여 많은 정보들을 학습하면 좋겠습니다.
- 반도체 패키징(Packaging) 산업
- 반도체 패키징 종류(Packaging Type)
- 반도체 Wafer의 이해
- 반도체 패키징 동향 (Semiconductor Packaging Trend)
- Advanced Semiconductor Packaging Type
- 반도체 후공정 순서 (Semiconductor Packaging Process Flow)

이 외에도 반도체 후공정의 각 단위 공정에 대한 기본적인 지식도 함께 습득한다면 큰 도움이 될 것입니다.

Q17

이제 막 취업한 신입사원들이나 취업을 준비하고 있는 학생들이 오해하고 있는, 해당 직무의 숨겨진 이야기가 있을까요?

A

막 취업한 신입사원들 특히 MZ 세대의 후배들의 경우 입사와 동시에 가장 크게 신경 쓰는 부분이 워라밸과 연봉, 근무 강도, 정시 퇴근 등인 것 같습니다. 그리고 더불어 회사의 선후배 간의 끈끈한 관계에 대한 희망도 많이 가지게 되는데 실제 현업을 경험하고 얼마 되지 않아 이러한 기대가 무너지면 매우 빠른 시간 안에 퇴사를 결심하는 것 같습니다.

하지만 이러한 경우 본인의 경력에도 도움이 되지 않을뿐더러 전문 지식의 습득이라는 기회의 시간을 놓치게 될 수 있습니다. 본인과 업무 적성이 맞지 않는다고 판단한다면 빠른 선택을 통해서 새로운 진로로 나아가는 것이 옳겠지만, 전문 인력으로 성장하는 것을 목표로 입사했다면 최소 1~2년 이상의 시간을 투자하여 전문성을 갖기 위한 노력을 해 보는 것을 추천하며, 그 과정에서 회사의 어떤 부분이 마음에 들지 않는다면 인내의 시간을 통해 더 나은 조건으로 이직을 추진할 것을 생각해 봤으면 합니다.

많은 신입사원 혹은 구직자분들이 생각하는 것보다 오랜 전문성을 가짐으로써 확장시켜 나갈 수 있는 커리어 패스는 다양하고, 본인이 그리는 진로 로드맵에 따라 얼마든지 새로운 길을 개척해 나갈 수 있습니다. 그 예시로 제 경험과 제 주변 지인들의 경험을 녹여 아래와 같이 커리어 패스의 다양성을 소개하겠습니다.

본인이 **어떤 선택을** 하는지에 따라 다르겠지만,
단위 공정의 전문가 또는 **전체 공정의 마스터로 성장**하며 커리어패스는 다양해질 수 있습니다.

공정 직무 및 경험의 `연계` - 해당 공정 전문가로 해당 회사의 전문 인력으로 성장
- 동종 업계로의 이직, 스카우트 (상위 회사로 진출)
- 해당 공정의 부품, 소재, 설비 업체의 기술영업 직무로 진출
- 공정기술 엔지니어 → 제품 Project Manager → 기술 관리자
  → CTO(최고기술경영자)

공정 직무 및 경험의 `확장` - 상위 고객사의 외주 기획 또는 외주 관리 회사로 이직
                  ex) 반도체 회사의 경우 : 모바일, 가전, 자동차 완제품 회사의 반도체 기획, 외주 관리팀 이직
- 차세대 기술 확보 및 개발을 위한 연구소(R&D)로 진출
- 품질 기술 / 원인분석 및 기술, 개선 관련 전문 강사

[그림 3-9] 공정 직무의 커리어 패스

Q18 해당 직무의 매력 Point 3가지는?

A   개인적으로 생각하는 공정기술 직무의 장점과 단점을 아래에 적어두었지만 이것은 장점이 될 수도 단점이 될 수도 있습니다. 따라서 아래 내용은 업무적인 측면에서 볼 때의 단점과 개인의 성장에서 보는 장점으로 이해한다면 더 좋겠습니다. 더불어 앞서 이야기한 커리어 패스와 연관 지어 본다면 장점으로 볼 수 있는 측면이 더 클 수 있겠습니다.

장점	단점
• **업무 영역이 다양하다.** 　- 단계별로 다양한 업무를 접할 수 있다. 　- 단계별 성장에 의한 성취 욕구를 충족시킬 수 있다. • **새로운 지식, 기술에 대한 학습이 이루어진다.** 　- 기존의 제한된 전공 지식에서 벗어나 새로운 지식과 　　기술로의 접근이 가능하다. 　- 학습한 지식, 기술을 활용하여 업무 전환 또는 　　이직이 가능하다. • **불량 분석, 원인 파악, 개선 및 재발방지 대책 등 　분석적인 업무로 상황을 정확하게 보는 눈이 생긴다.** • **업무 성과의 측정이 쉽다.**	• **업무 영역이 너무 포괄적이다.** 　- 업무의 학습을 위해 많은 시간을 필요로 한다. 　- 새로운 업무에 대한 부담감이 생긴다. • **현장에서 불량, 이슈 발생 빈도가 높으면 　심리적인 부담과 스트레스가 커진다.** • **부서간 협업을 이끌어 내야하는 경우가 많다.** 　- 타 부서의 도움이 필요한 경우가 많으나, 비협조적인 　　경우 업무 진행에 어려움이 따르는 경우가 많다.

[그림 3-10] 공정기술 직무의 장점과 단점

💬 Topic 5. 마지막 한마디

Q19 마지막으로 해당 직무를 준비하는 취업준비생에게 하고 싶은 말씀 있으시다면 말씀해주세요!

A 다른 격려의 글보다 반도체 산업에 지원하는 것을 목표로 한 취업 준비생분들께 다음의 이야기를 꼭 하고 싶습니다.

이미 모두가 아는 바와 같이 대한민국은 반도체 분야의 강국입니다. 하지만 반도체 산업 중 메모리 반도체 Wafer 개발/생산 분야에서의 강대국입니다. 조금 더 깊이 있게 들여다보면 반도체 비메모리 분야, 반도체 후공정 분야뿐만 아니라 반도체 개발/생산을 위해 필요한 소재, 부품, 장비(소/부/장)에 있어서는 아직도 가야 할 길이 멀고 험한 상태입니다.

그러나 최근 반도체 산업에 대한 위기의식과 함께 대한민국 정부 차원에서의 막대한 투자와 여러 기업들의 도전이 동시에 진행되고 있기 때문에, 앞으로의 대한민국 반도체 산업 분야는 지속적인 성장이 있을 것이라고 생각합니다.

그만큼 반도체 어떤 분야에서든 전문 인력으로 노력과 지식, 경험을 쌓고 성장한다면 세계 무대에서 빛을 발할 수 있는 인재가 될 수 있을 것이고 경제적인 측면에서도 크게 남부럽지 않는 생활을 영위할 수 있을 것입니다.

여러분들이 확고한 목표와 이해, 비전을 준비해서 원하는 기업의 인재로 성장할 수 있도록 응원하겠습니다.

취업 준비 전, 나의 수준에 맞는 준비방법이 궁금하다면?

지금 무료로 진단받고 내게 맞는 준비방법을 확인하세요!

취업 준비 전, 나의 수준에 맞는 준비방법은 무엇일까요?

무료 레벨 테스트

지금 바로 무료로 실력 진단하고 **당신에게 딱 맞는 취업 준비 방법** 확인해보세요!

실제 6개년 기출 문제 기반! 산업별 무료 레벨 테스트

| 반도체 ▶ | 디스플레이 ▶ | 제약·바이오 ▶ | 2차 전지 ▶ |

반도체/디스플레이/제약바이오/2차전지까지
6개년 기출 문제 기반으로 출제된 산업별 레벨 테스트부터
삼성그룹 대표 인적성 시험인 GSAT 레벨 테스트까지
무료로 진단받고 여러분에게 딱 맞는 준비방법을 확인하세요!

지금 무료 레벨 테스트를 통해
맞춤 준비전략을 알아보세요!

혼자 찾기 어려운 이공계 취업정보,

매일 정오 12시에 카카오톡으로 알려드려요!

이공계
채용알리미
오픈채팅방

TALK

이공계 취준생만을 위한 엄선된 **채용정보**부터!
합격까지 쉽고 빠르게 갈 수 있는
고퀄리티 취업자료 & 정보 무제한 제공!

30,429명의 합격자를 배출한
10년간의 이공계생
합격노하우가 궁금하다면?

이런 것도 있어요!

더 이상 인터넷 속 '카더라'에 속지 마세요
산업별 현직자와 1:1 상담으로 직무·취업고민 해결!

반도체/2차전지/디스플레이/제약바이오/자동차 등
5대 산업 **현직 엔지니어만이 알려줄 수 있는 정보**로
취업 준비방법부터 직무 선정까지 모두 알려드려요!

답답했던 이공계 직무·취업 고민,
검증된 현직자와 1:1 상담을 통해
단, 1시간으로 해결하세요!

필요한 부분만 정확하고 완벽하게!

취업을 위한 '이공계 특화' 기업분석자료를 찾고 있다면?

'이공계특화' 렛유인 취업기업분석 구성 공개!

· 기업개요/인재상 등 **기업파악 정보는 핵심만 '15장'**으로 정리

· 꼭 알아야 하는 핵심사업을 담은 **기업 심층분석** 수록

· 서류, 인적성, 면접까지 **채용 전형별 꿀팁** 공개

· SELF STUDY를 통해 **중요한 내용은 복습**할 수 있도록 구성

불필요한 내용은 모두 제거한
이공계 취업특화 기업분석자료로
취준기간을 단축하고 싶다면?

지금 나의 전공, 스펙으로 어떤 직무를 선택해야 할까…?

합격 가능성이 높은 직무를 추천해드려요!

이공계 스펙의 표준 렛유인이 제시하는
직무를 찾는 새로운 방법

이공계 직무 LBTI TEST

1만 명 이상 참여 중! 나의 **LBTI** 유형은?

START

전공, 수강과목, 자격증, 보유 수료증, 인턴 경험 등
현재의 상황에서 가장 적합한 직무를 제시해드려요!
추가로 합격자와 비교를 통한 **직무 적합도와 스펙 차이**까지
합격을 위한 가장 빠른 직무선정을 도와드립니다!

지금 나의 상황을 입력하고
합격 가능성이 높은 직무선정부터
필요한 스펙까지 확인해보세요!